国家出版基金项目
NATIONAL PUBLICATION FOUNDATION

液态金属物质科学与技术研究丛书

液态金属印刷半导体技术

刘 静 李 倩 杜邦登 著

LIQUID METAL

上海科学技术出版社

图书在版编目（CIP）数据

液态金属印刷半导体技术 / 刘静，李倩，杜邦登著
. -- 上海 : 上海科学技术出版社，2023.7
（液态金属物质科学与技术研究丛书）
ISBN 978-7-5478-6234-6

Ⅰ．①液… Ⅱ．①刘… ②李… ③杜… Ⅲ．①液态金
属－半导体技术 Ⅳ．①TN3

中国国家版本馆CIP数据核字（2023）第109683号

封面图片来源：视觉中国

液态金属印刷半导体技术
刘　静　李　倩　杜邦登　著

上海世纪出版（集团）有限公司
上海科学技术出版社　出版、发行
（上海市闵行区号景路 159 弄 A 座 9F - 10F）
邮政编码 201101　　www.sstp.cn
上海展强印刷有限公司印刷
开本 787×1092　1/16　印张 21.75
字数 350 千字
2023 年 7 月第 1 版　2023 年 7 月第 1 次印刷
ISBN 978 - 7 - 5478 - 6234 - 6/TN・39
定价：228.00 元

序

　　液态金属如镓基、铋基合金等，是一大类物理、化学行为十分独特的新兴功能材料。常温下呈液态，具有沸点高、导电性强、热导率高、安全无毒等属性，同时还具备常规高熔点金属材料所没有的低熔点特性，其熔融状态下的塑形能力更为快捷打造不同形态的功能电子器件创造了条件。然而，由于国内外学术界以往在此方面研究上的缺失，致使液态金属蕴藏着的诸多新奇的物理、化学乃至生物学特性长期鲜为人知，应用更无从谈起。这种境况直到近年来才逐步得到改观，相应突破为众多新兴学科前沿的发展提供了十分重要的启示和极为丰富的研究空间，正在催生出一系列战略性新兴产业，将有助于推动国家尖端科技水平的提高乃至人类社会物质文明的进步。

　　早在 2001 年前后，时任中国科学院理化技术研究所研究员的刘静博士就敏锐地意识到液态金属研究的重大价值，他带领团队围绕当时在国内外均尚未触及的液态金属芯片冷却展开基础与应用探索，以后又开辟了系列新的研究方向，他在中国科学院理化技术研究所和清华大学创建的实验室随后也取得众多可喜成果。这些工作涉及液态金属芯片冷却、先进能源、印刷电子与3D打印、生命健康以及柔性智能机器等十分宽广的领域。经过十多年坚持不懈的努力，由刘静教授带领的中国科学院理化技术研究所与清华大学联合实验室在世界上率先发现了液态金属诸多有着重要科学意义的基础现象和效应，发明了一系列底层核心技术和装备，建立了相应学科的理论与技术体系，系列工作成为领域发展开端，成果在国内外业界产生了持续广泛的影响。

　　当前，随着国内外众多实验室和工业界研发机构的纷纷介入，液态金属研究已从最初的冷门发展成备受国际瞩目的战略性新兴科技前沿和热点，科学及产业价值日益显著。可以说，一场研究与技术应用的大幕已然拉开。毫无疑问，液态金属自身蕴藏着十分丰富的物质科学属性，是一个基础探索与实际应用交相辉映、极具发展前景的重大科学领域。然而，遗憾的是，国内外学术界迄今在此领域却缺乏相应的系统性著述，这在很大程度上制约了研究与应用的开展。

  为此,作为国际常温液态金属物质科学领域的先行者和开拓者,刘静教授及其合作者基于实验室近十七八年来的研究积淀和第一手资料,从液态金属学科发展的角度出发,系统而深入地提炼和总结了液态金属物质科学前沿涌现出的代表性基础发现和重要进展,编撰了这套《液态金属物质科学与技术研究丛书》,这是十分及时而富有现实意义的。

  本丛书中的每一本著作均系国内外该领域内的首次尝试,学术内容崭新独到,所涉及的学科领域跨度大,基本涵盖了液态金属近年来衍生出来的代表性科学与应用技术主题,具有十分重要的科学意义和实际参考价值。丛书的出版填补了国内外相应著作空白,将有助于学术界和工业界快速了解液态金属前沿研究概况,为进一步工作的开展和有关技术成果的普及应用打下基础。为此,我很乐意向读者推荐这套丛书。

周　远

中国科学院院士

中国科学院理化技术研究所研究员

前　言

近一个世纪以来，半导体凭借其性能优势及产业带动作用，在推动现代科学技术和社会进步方面发挥了极为重要的引领作用。发展至今，半导体行业主要由四代材料的更迭所驱动。第一代以硅(Si)和锗(Ge)为代表，始于20世纪50年代；第二代以砷化镓(GaAs)和磷化铟(InP)等为主，出现于20世纪80年代；第三代主要是氮化镓(GaN)和碳化硅(SiC)，可追溯到20世纪末；第四代则以兴起中的氧化镓(Ga_2O_3)为代表。半导体行业一直是资本、人力和技术最为密集的制造业，迄今为止几乎所有经典的半导体生长技术，如分子束外延、脉冲激光沉积、金属有机化学气相沉积(MOCVD)和原子层沉积(ALD)等，均严重依赖于高温处理和十分苛刻的真空条件、水电资源，一套芯片制程往往涵盖数十道复杂工序，涉及从最初晶片生产到生产线上的切割乃至最终的封装、检查和测试等，环节中发生的任何错误都将导致晶片最终报废以及随后引发的巨大经济损失。

随着现代信息技术的飞速发展，半导体行业对高功率、高频微电子器件提出了前所未有的需求。具有先天性能优势的宽禁带半导体材料脱颖而出，以GaN和SiC为代表，正凭借其大幅降低电力传输中能源消耗的显著优势，在功率器件和射频系统等领域大放异彩，成为全球半导体行业关注的焦点。而作为新型超宽禁带半导体材料 Ga_2O_3 的出现也为此带来了新风向，由此制成的功率器件具有高耐压、低损耗、高效率、小尺寸等特点，应用范围极广。由于这些因素，第三代、第四代半导体技术陆续成为国际热点和大国技术竞争的制高点。

笔者实验室自21世纪初以来长期致力于液态金属物质科学领域的基础研究和应用实践，先后提出了液态金属印刷电子学与印刷半导体的全新理念与技术途径，所倡导的基于液态金属印刷及后处理工序(如氧化、氮化、离子注入和更多化学修饰，以及借助激光、微波或等离子体等辅助手段)，以期快速制造图案化半导体如 Ga_2O_3、GaN、In_2O_3、SnO 等乃至更多衍生半导体、晶体管、功能器件及集成电路的基本技术路线，近年来逐一得到证实，研发的有关液态金属电子制造装备及电子材料产品已陆续实现了规模化产业应用及普及。

不同于传统的是,液态金属印刷理念打开了半导体制造的新视野。众所周知,经典的半导体制造通常受制于价格高昂的设备成本、复杂的前驱体配置及较低的生长速度,使得大规模、低成本及高效率生长材料的生产面临极大挑战。此外,一些关键半导体材料如 Ga_2O_3 以往主要仅有 n 型材料,p 型 Ga_2O_3 材料极度欠缺,限制了对功率更高、散热性更强、稳定性更好的大功率器件的实现。针对这一现状,笔者实验室提出了基于液态金属自下而上掺杂、图案化印制半导体乃至终端功能器件的原理和解决方法,建立了不同于传统光刻路径的直接印制半导体乃至集成电路的变革性方案。比如,在印制 n 型及 p 型掺杂 Ga_2O_3 的新方法中,半导体的合成与掺杂同时发生,由此省去了多步掺杂工艺的繁琐性和复杂度,全部制程可在较低温度下完成,所构建的二极管、整流器、场效应晶体管及光电探测器等展现出优异的性能。这些新方法的提出,为今后更多半导体新材料合成及各种功能器件的大面积、低成本、个性化制造和集成提供了便捷、高效的策略。

另外,液态金属印刷为半导体制备带来了观念性变革。比如,在第三代半导体的制造方面,传统上制备 GaN 薄膜的经典方法同样需要极高的温度,如 MOCVD(约 950~1 050℃)和 ALD(>250℃)。同时,有毒物质往往难以避免。即便如此,要实现 1 nm 厚度 GaN 半导体薄膜也存在巨大技术挑战。与此不同的是,笔者实验室从自下而上的制造理念出发,建立了等离子体介导的液态金属限域氮化反应原理,在室温下即可实现大面积印刷宽禁带超薄 GaN 半导体,印制出了厚度从 1 nm 到 20 nm 以上可控的 GaN 二维薄膜材料继而构筑晶体管,相应发现也改变了传统认识,使得 Ga 的室温氮化反应成为现实,在无须配置复杂前驱体及高昂设备的情况下直接集成出性能优良的晶体管。室温印制 GaN 薄膜技术的建立显著节省了第三代半导体工艺的制备成本和能耗,这类方法具有一定的普适性,意味着更多半导体制程可由此迎来一个新的开端,对于制造业节能减排也具有重要现实意义。

总的说来,液态金属印刷半导体技术正为下一代电子器件、集成电路乃至用户端芯片的快速成型开辟新路,可望给半导体制造业注入前所未有的活力。今后,随着液态金属印刷半导体材料家族的持续扩大及更多制程方法的完善和丰富,将促成一系列低成本与节能降耗绿色制造技术以及电子显示、集成电路、芯片制造、光伏发电、功率器件及新能源汽车电子等的迭代和进步,预计会带来重大产业变革。

为促成液态金属印刷半导体领域的繁荣和发展,本书作者基于实验室多年来的研究积累并结合国内外进展,对该领域前期发展起来的典型路线予以介绍,旨在促成学术界和工业界的共同思考、研发和应用,继而推动普惠电子技术的进步。

本书之所以主要从液态金属物理学与材料学角度探索半导体,一切皆因作者专业背景和思维习惯使然,这种交叉对于发现新知识新技术是有益的,但也会因此受自身经验制约而存在短板。限于作者水平和认识的局限性,本书不足甚或谬误之处,恳请读者批评指正。

刘　静　李　倩　杜邦登

2023 年 4 月于北京中关村

目录
Contents

第1章　绪论 ·· 1

1.1　半导体材料及其基本制造途径 ························· 1

1.2　经典半导体制备工艺面临的困境 ····················· 4

1.3　通向普惠制造的印刷电子技术 ······················· 5

1.4　变革性的液态金属印刷半导体技术 ··················· 7

　　1.4.1　基本技术概要 ································· 7

　　1.4.2　液态金属直接印刷第三代半导体技术 ········· 9

　　1.4.3　液态金属直接印刷第四代半导体技术 ········· 9

1.5　液态金属印刷半导体先进制程的优势 ················ 10

1.6　液态金属印刷半导体面临的机遇与挑战 ·············· 11

　参考文献 ··· 12

第2章　液态金属元素半导体及化合物半导体 ············ 15

2.1　引言 ·· 16

2.2　物质相态转移与常温制造 ···························· 17

2.3　典型的液态金属材料及其化合物半导体 ·············· 17

2.4　液态金属超常物质特性 ······························ 21

2.5　液态金属正重塑半导体材料学 ······················ 23

2.6　种类无限的液态金属合金及复合材料 ················ 24

2.7　液态金属微纳尺度半导体材料学 ···················· 25

2.8　液态金属是催生电子及半导体技术变革的强劲引擎 ···· 25

2.9　小结 ·· 27

　参考文献 ··· 28

第3章 液态金属基础物理化学特性 ························· 30

3.1 引言 ··· 30

3.2 印刷电子概况 ··· 31

    3.2.1 常规印刷技术 ······································ 31

    3.2.2 常规电子油墨 ······································ 32

    3.2.3 打印方法 ·· 32

    3.2.4 烧结方法 ·· 33

3.3 液态金属印刷电子及半导体 ······························· 33

3.4 液态金属电子墨水的基本特点和优势 ······················· 34

3.5 液态金属电子墨水物理性质 ······························· 35

    3.5.1 热物理性质 ·· 36

    3.5.2 流体性质 ·· 36

    3.5.3 可弯曲及拉伸电子特性 ······························ 37

    3.5.4 半导体性质 ·· 37

    3.5.5 磁学性质 ·· 38

    3.5.6 力学性质 ·· 38

    3.5.7 其他重要物理属性 ·································· 39

3.6 液态金属化学性质 ··· 39

3.7 液态金属典型电子及半导体墨水制备途径 ··················· 40

    3.7.1 合金化 ·· 40

    3.7.2 组合化 ·· 41

    3.7.3 纳米化 ·· 41

    3.7.4 氧化 ·· 41

    3.7.5 氮化 ·· 42

    3.7.6 更多化学后处理措施 ································ 43

3.8 液态金属印刷电子及半导体对当代社会的意义 ··············· 45

    3.8.1 节能意义 ·· 45

    3.8.2 对环境保护的意义 ·································· 46

    3.8.3 对健康技术的影响 ·································· 46

　　　3.8.4　新兴应用 ………………………………………………… 46

　3.9　挑战与机遇 ……………………………………………………… 47

　3.10　小结 …………………………………………………………… 48

　参考文献 ……………………………………………………………… 49

第4章　液态金属电子薄膜及物件的印刷 ……………………………… 52

　4.1　引言 ……………………………………………………………… 52

　4.2　传统的电子印刷及油墨 ………………………………………… 53

　4.3　液态金属印刷电子油墨 ………………………………………… 54

　4.4　液态金属电子墨水的可打印性 ………………………………… 56

　　　4.4.1　可调节的黏附性 ……………………………………… 56

　　　4.4.2　润湿性 ………………………………………………… 57

　4.5　液态金属电子功能薄膜印刷方法 ……………………………… 57

　　　4.5.1　液态金属电子手写方式 ……………………………… 58

　　　4.5.2　液态金属全自动打印电子 …………………………… 59

　　　4.5.3　普适性液态金属喷墨印刷 …………………………… 60

　　　4.5.4　液态金属转印方法 …………………………………… 62

　4.6　液态金属3D电子及半导体打印方法 ………………………… 65

　4.7　液态金属印刷电子商用设备的发展及应用 …………………… 67

　4.8　小结 ……………………………………………………………… 73

　参考文献 ……………………………………………………………… 74

第5章　液态金属印刷电子与半导体互联技术 ………………………… 77

　5.1　引言 ……………………………………………………………… 77

　5.2　液态金属导电图案化打印及与常规半导体器件互联 ………… 79

　5.3　碳纳米管薄膜印刷及液态金属制备 …………………………… 84

　　　5.3.1　碳纳米管薄膜印刷 …………………………………… 84

　　　5.3.2　液态金属的制备 ……………………………………… 85

　5.4　液态金属-碳纳米管光伏电池印制 …………………………… 85

　5.5　高性能柔性液态金属-碳纳米管晶体管 ……………………… 88

5.6 用液态金属和有序排列的碳纳米管制造光电子器件 ⋯⋯⋯⋯⋯⋯ 92

5.7 小结 ⋯⋯⋯⋯⋯⋯⋯⋯⋯⋯⋯⋯⋯⋯⋯⋯⋯⋯⋯⋯⋯⋯⋯⋯⋯ 93

参考文献 ⋯⋯⋯⋯⋯⋯⋯⋯⋯⋯⋯⋯⋯⋯⋯⋯⋯⋯⋯⋯⋯⋯⋯⋯⋯ 93

第6章 液态金属剥离法印刷氧化物半导体 ⋯⋯⋯⋯⋯⋯⋯⋯⋯⋯⋯⋯ 96

6.1 引言 ⋯⋯⋯⋯⋯⋯⋯⋯⋯⋯⋯⋯⋯⋯⋯⋯⋯⋯⋯⋯⋯⋯⋯⋯⋯ 97

6.2 SiO_2/Si 基底上 $\beta - Ga_2O_3$ 薄膜的表征 ⋯⋯⋯⋯⋯⋯⋯⋯⋯ 98

6.3 半导体薄膜的形成及晶体管印制与刻画 ⋯⋯⋯⋯⋯⋯⋯⋯⋯⋯ 101

6.4 $\beta - Ga_2O_3$ 器件制造及性能评估 ⋯⋯⋯⋯⋯⋯⋯⋯⋯⋯⋯⋯ 102

6.5 击穿电压与电容变化 ⋯⋯⋯⋯⋯⋯⋯⋯⋯⋯⋯⋯⋯⋯⋯⋯⋯⋯ 105

6.6 小结 ⋯⋯⋯⋯⋯⋯⋯⋯⋯⋯⋯⋯⋯⋯⋯⋯⋯⋯⋯⋯⋯⋯⋯⋯⋯ 107

参考文献 ⋯⋯⋯⋯⋯⋯⋯⋯⋯⋯⋯⋯⋯⋯⋯⋯⋯⋯⋯⋯⋯⋯⋯⋯ 107

第7章 液态金属掺杂实现氧化物半导体的改性和印制 ⋯⋯⋯⋯⋯⋯⋯ 109

7.1 引言 ⋯⋯⋯⋯⋯⋯⋯⋯⋯⋯⋯⋯⋯⋯⋯⋯⋯⋯⋯⋯⋯⋯⋯⋯⋯ 110

7.2 液态金属基 n 型和 p 型 Ga_2O_3 薄膜的直接印刷 ⋯⋯⋯⋯⋯ 111

7.3 Ga_2O_3 薄膜形貌、化学成分及晶体结构等性能的表征 ⋯⋯⋯ 114

7.4 n 型和 p 型 Ga_2O_3 在 FET 电子器件中的应用 ⋯⋯⋯⋯⋯⋯ 124

7.5 小结 ⋯⋯⋯⋯⋯⋯⋯⋯⋯⋯⋯⋯⋯⋯⋯⋯⋯⋯⋯⋯⋯⋯⋯⋯⋯ 135

参考文献 ⋯⋯⋯⋯⋯⋯⋯⋯⋯⋯⋯⋯⋯⋯⋯⋯⋯⋯⋯⋯⋯⋯⋯⋯ 135

第8章 液态金属氮化物半导体室温印刷 ⋯⋯⋯⋯⋯⋯⋯⋯⋯⋯⋯⋯⋯ 139

8.1 引言 ⋯⋯⋯⋯⋯⋯⋯⋯⋯⋯⋯⋯⋯⋯⋯⋯⋯⋯⋯⋯⋯⋯⋯⋯⋯ 140

8.2 等离子体介导的 Ga 液态金属与 N_2 限域直接反应 ⋯⋯⋯⋯⋯ 141

8.3 室温制造 GaN 半导体的材料及设备 ⋯⋯⋯⋯⋯⋯⋯⋯⋯⋯⋯ 143

8.4 GaN 半导体室温印制及表征 ⋯⋯⋯⋯⋯⋯⋯⋯⋯⋯⋯⋯⋯⋯ 144

8.5 超薄 2D GaN 薄膜的性质 ⋯⋯⋯⋯⋯⋯⋯⋯⋯⋯⋯⋯⋯⋯⋯⋯ 150

8.6 印刷超薄 2D GaN 薄膜在电子器件中的应用 ⋯⋯⋯⋯⋯⋯⋯ 154

8.7 小结 ⋯⋯⋯⋯⋯⋯⋯⋯⋯⋯⋯⋯⋯⋯⋯⋯⋯⋯⋯⋯⋯⋯⋯⋯⋯ 157

参考文献 ⋯⋯⋯⋯⋯⋯⋯⋯⋯⋯⋯⋯⋯⋯⋯⋯⋯⋯⋯⋯⋯⋯⋯⋯ 158

第 9 章　液态金属印刷制备磷化物和硫化物半导体薄膜……………………… 162

9.1　引言 …………………………………………………………………… 162

9.2　液态金属 Ga 表面磷化反应制备二维半导体薄膜 …………………… 164

9.2.1　液态金属 Ga 表面生长二维 GaP 半导体 ………………… 164

9.2.2　液态金属 Ga 印刷制备 2D 磷酸镓 ………………………… 167

9.3　液态金属表面硫化反应制备二维半导体薄膜 ………………………… 169

9.3.1　液态金属 Ga 印刷制备 2D GaS ……………………………… 169

9.3.2　液态金属 Sn 印刷制备 2D SnS ……………………………… 171

9.4　液态金属印刷制备二维半导体器件 …………………………………… 173

9.4.1　液态金属 Ga 印刷制备 2D GaS 晶体管 …………………… 173

9.4.2　液态金属 Sn 印刷制备柔性 2D SnS 压电纳米发电机 …… 175

9.5　镓基液态金属室温印刷 P、S 半导体薄膜 …………………………… 176

9.6　小结 …………………………………………………………………… 178

参考文献 ……………………………………………………………………… 178

第 10 章　液态金属印刷多元化合物半导体 …………………………………… 180

10.1　引言 …………………………………………………………………… 181

10.2　多元合金及 GaInSnO 和 InSnO 多层膜制备工艺 ………………… 183

10.3　印刷型超薄 GaInSnO 半导体薄膜的性能 ………………………… 185

10.4　基于多层膜印制的电子器件集成及应用 …………………………… 195

10.5　小结 …………………………………………………………………… 203

参考文献 ……………………………………………………………………… 203

第 11 章　在不同基底表面上的液态金属电子及半导体印刷 ………………… 209

11.1　引言 …………………………………………………………………… 209

11.2　有较宽基底适应性的半液态金属电子油墨印刷特性 ……………… 212

11.3　Ni 基液态金属油墨印制电路的刻画 ……………………………… 216

11.4　三维基材表面的电子及半导体印制 ………………………………… 223

11.5　三维电子及半导体墨水材料刻画 …………………………………… 224

11.6　液态金属三维印刷电子器件及功能 ………………………………… 225

11.7 小结 ……………………………………………………… 235

参考文献 ……………………………………………………… 236

第 12 章 一维纤维形状与结构液态金属电子及半导体印刷 …… 238

12.1 引言 ……………………………………………………… 238

12.2 导电纤维及半导体材料制备 …………………………… 240

12.3 导电纤维机电特性及热稳定性 ………………………… 242

12.4 智能响应型液态金属纤维丛及半导体 ………………… 248

12.5 小结 ……………………………………………………… 256

参考文献 ……………………………………………………… 256

第 13 章 液态金属印刷集成电路及芯片 …………………… 258

13.1 集成电路发展概况 ……………………………………… 259

13.1.1 1940 年代至 1950 年代(晶体管阶段) ………… 259

13.1.2 1960 年代至今(IC 阶段) …………………… 259

13.1.3 印刷 IC …………………………………………… 260

13.2 改变集成电路及芯片制造模式的液态金属印刷技术 … 261

13.3 液态金属导电油墨的改性和增强 ……………………… 263

13.4 液态金属导电体印制及材料表征 ……………………… 264

13.5 柔性基材上印刷的液态金属碳纳米管薄膜晶体管 …… 268

13.6 高性能柔性液态金属碳纳米管薄膜晶体管 …………… 269

13.7 印刷液态金属-碳纳米管基薄膜晶体管器件的稳定性 … 275

13.8 液态金属印刷集成电路发展路线图 …………………… 279

13.9 小结 ……………………………………………………… 281

参考文献 ……………………………………………………… 282

第 14 章 液态金属印刷半导体工业应用 …………………… 286

14.1 引言 ……………………………………………………… 286

14.2 印刷 2D 半导体光电探测器基本材料及测试工具 …… 288

14.3 液态金属基 2D 半导体印刷及表征 …………………… 289

14.4 印刷 2D 半导体材料的光电特性 ⋯⋯⋯⋯⋯⋯⋯⋯⋯⋯⋯⋯ 295

14.5 基于 β - Ga₂O₃/Si 异质结的全印刷日盲紫外光电探测器⋯⋯⋯ 298

14.6 液态金属印刷光伏发电器 ⋯⋯⋯⋯⋯⋯⋯⋯⋯⋯⋯⋯⋯⋯⋯ 305

14.7 小结 ⋯⋯⋯⋯⋯⋯⋯⋯⋯⋯⋯⋯⋯⋯⋯⋯⋯⋯⋯⋯⋯⋯⋯ 306

参考文献 ⋯⋯⋯⋯⋯⋯⋯⋯⋯⋯⋯⋯⋯⋯⋯⋯⋯⋯⋯⋯⋯⋯⋯ 307

第 15 章 面向消费者和个人用户的液态金属普惠印刷半导体 ⋯⋯ 311

15.1 引言 ⋯⋯⋯⋯⋯⋯⋯⋯⋯⋯⋯⋯⋯⋯⋯⋯⋯⋯⋯⋯⋯⋯⋯⋯ 311

15.2 液态金属普惠印刷电子及半导体 ⋯⋯⋯⋯⋯⋯⋯⋯⋯⋯⋯⋯ 313

15.3 商业产品开发及产业化路线图 ⋯⋯⋯⋯⋯⋯⋯⋯⋯⋯⋯⋯⋯ 316

15.4 迎接液态金属半导体普惠印刷时代的到来 ⋯⋯⋯⋯⋯⋯⋯⋯ 320

15.5 小结 ⋯⋯⋯⋯⋯⋯⋯⋯⋯⋯⋯⋯⋯⋯⋯⋯⋯⋯⋯⋯⋯⋯⋯ 321

参考文献 ⋯⋯⋯⋯⋯⋯⋯⋯⋯⋯⋯⋯⋯⋯⋯⋯⋯⋯⋯⋯⋯⋯⋯ 322

索引 ⋯⋯⋯⋯⋯⋯⋯⋯⋯⋯⋯⋯⋯⋯⋯⋯⋯⋯⋯⋯⋯⋯⋯⋯⋯⋯⋯ 325

第1章
绪　论

　　半导体是制造电子器件和功能产品最为关键的要素之一,传统的半导体制造对设备和环境要求极高,过程冗长繁琐,成本及水电消耗严重,导致终端产品价格高昂,这一基本路径也使得半导体个性化制造长期停滞不前。直接写出半导体乃至终端功能产品,就如在办公室采用打印机在纸上打印图片那样简捷,是电子工业乃至人类社会长久以来的梦想[1]。近年来,不受空间、时间与成本限制的电子及半导体常温打印技术的出现,为该目标的实现迈出了关键的一步。在各种努力中,基于液态金属电子墨水材料及其所依托的直写或打印装备[2],逐一制造出各种电子互联、半导体乃至完成封装,是比较有前景的新动向,且发展日益提速,而已得到工业化验证的实用化液态金属桌面电子电路打印机的逐渐普及[3],正将此类技术推向消费者层面。通过液态金属功能电子墨水及半导体器件印制工艺的研发,以及一系列工业化设计和优化,如材料品质、机器可靠性、打印分辨率、自动控制、人机界面、软件、硬件以及软硬件之间的整合,可迅速完成高品质电子器件的单件或批量制造。液态金属印刷电子及半导体作为变革性的先进制造工具,正展示出巨大发展机遇,并对许多特殊需求发挥出日益重要的作用,继而催生出更多新兴技术。可以预见的是,在不久的将来,液态金属印刷半导体技术可望进入学术研究、工业制造和普惠电子等领域的方方面面,成为基本的制造工具[4]。本章内容针对构筑电子器件的要素,介绍半导体及液态金属印刷电子的基本概况。

1.1　半导体材料及其基本制造途径

　　半导体是介于导体和绝缘体之间的材料,由此制成的器件如二极管、三极管、场效应晶体管、晶闸管等在电子工业领域有着极为广泛的应用。半导体器件一般由导电部分、半导体部分及绝缘部分按一定结构组成,半导体器件制造一直是电子工业领域的核心和焦点。近一个世纪以来,半导体凭借其性能优势和行业驱动特性,在推动现代科学技术和社会进步方面始终发挥着关键作用。到了当今的半导体新时代,技术发展速度甚至比以往任何时候都更快。

业界普遍认为,半导体产业主要由四代材料的更迭所驱动[4]:第一代半导体是 Si 和 Ge,主要发端自 20 世纪 50 年代;第二代出现于 20 世纪 80 年代,以 GaAs 和 InP 为代表;第三代半导体集中于 GaN 和 SiC,可追溯到 20 世纪晚期;如今,业界逐渐将 Ga_2O_3 归类于第四代半导体的代表。

毋庸置疑的是,第一代半导体材料 Si 仍是当前应用最为广泛的材料之一,它构成了几乎所有逻辑器件、各种类型分立器件的基础,并在集成电路、信息网络工程、功能产品、航空航天工程和光伏产业中得到了极为普遍的应用。第二代半导体材料主要用于开发高频和发光电子器件,是制造高性能微波和毫米波器件和发光产品的优良材料,它们还广泛应用于卫星通信、移动通信、光通信和全球定位系统(GPS)导航等领域。第三代半导体具有比前两代更宽的禁带宽度,因此也被称为宽禁带半导体。特别地,与 Si 基半导体相比,由 GaN、ZnO、SiC、金刚石和 AlN 代表的这类材料显示出更为优异的性能,如适应高频、高效率、高功率、耐高压、耐高温和耐辐射等。

迄今为止,半导体器件的加工一直沿用十分复杂的制造工艺,程序相当繁琐,能耗大,污染严重,清洁处理费用高[5],使得一般只有较强工业基础及资金雄厚的企业才具备生产条件。之所以如此,是因为传统技术中用于构建半导体器件的材料本身属性所限。器件中的半导体及导电部分一般通过高温沉积,要求的工艺条件较高。半导体材料按化学成分一般可分为元素半导体和化合物半导体两大类。其中,Ge 和 Si 是最为常用的元素半导体;化合物半导体一般包括 GaAs、GaP 等Ⅲ~Ⅴ族化合物,CdS、ZnS 等Ⅱ~Ⅵ族化合物,Mn、Cr、Fe、Cu 等的氧化物,以及由Ⅲ~Ⅴ族化合物和Ⅱ~Ⅵ族化合物组成的固溶体如镓铝砷、镓砷磷等。由于这些材料的熔点极高,使得加工制造和掺杂处理存在较大难度。有了半导体后,要形成功能电子器件,还必须经过切割、光刻工艺,通过曝光和显影在光刻胶上加工出几何图形结构,再进一步通过刻蚀工艺将光掩膜上的图形转移到所在基底,如各种半导体晶圆、金属层、介质层包括玻璃、蓝宝石等,继而集成出器件和芯片。在这些制程中,光刻胶和光刻机不可或缺,而高品质的设备更是确保器件制造精度的保障,无疑,由于相应装

备的天价和复杂性,这些设备主要集中于极少数企业甚至国家和地区,极大制
约了半导体及芯片制造的全球普及化和个性化。

可以看到,以上经典半导体制造遵循的是典型的自上而下(top down)策
略,制造过程涉及一系列电、水、材料消耗和去除。那么,是否存在自下而上
(bottom up)逐步堆叠印刷出功能器件的制程呢? 答案无疑是肯定的,其中的
一种突破性方案就蕴藏于本书集中讨论的液态金属印刷半导体技术中。众所
周知,低熔点金属及其合金由于在常温下具有像水一样优良的流动性[6],这为
新一代电子油墨的配制和应用提供了天然的保障,此类墨水的引入首先是解
决了电子的互联问题[7],其独特之处还在于可印制到各种材质表面如面料纤
维或线状纤维[8]等实现导电。结合有关印刷设备,几乎所有的固体表面均可
印制上液态金属导电图案[3],对这些液态金属再作进一步的化学后处理,即
可形成对应特性的半导体。作为功能化的电子器件和芯片,借助上述增材
制造过程可依序印刷出各种半导体单元,对此加以集成可形成完整的电子
功能。随着研究的推进,数量众多的液态金属合金及其复合材料正被不断
研究和认识,为半导体的常温印刷提供了巨大空间,也迎来了一系列前所未
有的机遇。

不同于传统光刻工艺的是,采用液态金属印刷方式,半导体器件的制作依
托简化得多的自下而上的增材制造步骤完成[5],其中的典型过程可归纳为:
① 常温下在特定基底上印刷出液态金属(如镓或镓基合金、铋基合金或其纳
米材料复合物)导线或图案;② 视需要,对此图案化液态金属表面作局部高温
处理(所涉及的合金化过程主要起掺杂作用),或直接对表面施以化学处理如
氧化或氮化(也可采用更多化学试剂实施),即可在基底上原位形成 n 型或 p
型半导体;③ 根据器件功能需要,结合可印刷的绝缘材料及漏极、源极电子墨
水,可分别印刷出 pn 结、三极管、晶体管乃至集成电路,最后采用绝缘涂覆材
料予以封装,即可形成预期的半导体器件或芯片。需要指出的是,由于液态金
属也可只作为电子互联部分,此时对应的半导体直接采用其他类型如有机或
无机半导体墨水配合印制,也可完成功能器件的集成和构筑。这些过程总体
上是以印刷方式形成图案化半导体的,且直接形成功能器件,因而应用起来十
分便捷直观。若采用自动化设计软件的控制,可望实现全过程的打印和叠加,
由此,无处不在的个性化终端功能器件和芯片制造正在成为现实。

从理论上讲,液态金属电子墨水易于加载各种纳米颗粒形成可印刷墨
水[9],这为常温掺杂形成各种半导体材料提供了手段,原则上迄今各代半导体

所能提供的性能,一定程度上均可采用液态金属及其复合材料加以打印,再结合进一步的后处理工序予以实现,这将打开诸多普惠电子应用的大门。可以预计的是,随着液态金属印刷半导体技术的成熟,未来有可能部分取代传统的光刻技术路径,毕竟,后者对能源、材料和设备的依赖性是巨大的,而前者的普惠特点有助于获得广泛层面的大规模应用。未来,人人都是电子工程师或许不再是梦想[10]。

1.2 经典半导体制备工艺面临的困境

半导体业作为资本、人力和技术最为密集的制造业领域,面临着诸多严峻的挑战。首先,在生产开始之前,水和电必须先行。到目前为止,几乎所有的经典半导体生长技术,如分子束外延(MBE)、脉冲激光沉积(PLD)、金属有机化学气相沉积(MOCVD)和原子层沉积(ALD)等设备,都严重依赖于高温处理和几近完美的真空环境[4],这些条件基本上均要求设备具有较大的功率和稳定性。以芯片为例,其制造是跨越多个学科领域的最为复杂的步骤之一,从最初的晶圆生产和在线切割,到最终的封装、检查和测试等,整个过程通常涉及数十个工序(图1.1)[11, 12]。过程中出现的任何错误都将导致最终的晶圆报废和随后的巨大损失。因此,对于半导体制造业来说,其电源往往必须承受极高的电能质量和巨大的能耗成本,是一个耗电量大的行业,因此其节能降耗不仅是必需的,而且是必要的。

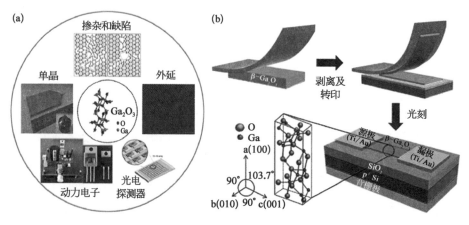

图 1.1 Ga$_2$O$_3$ 半导体从材料改性、晶圆制备到形成功率器件(a)[11]及 β-Ga$_2$O$_3$ 基场效应晶体管结构(b)[12]

　　这就引申出一个重大需求,即若半导体器件的制造工艺能以自下而上直接印刷的方式进行,则将颠覆性地实现高度快捷的生产制造,从而大幅度改观半导体工业的现状,乃至建立前所未有的高效、绿色化的半导体器件生产行业。为此,近年来学术界逐渐尝试改变传统半导体器件的制备工艺,着力简化制作过程,以期达到降低成本的目的,此方面的有益尝试如提出了有机半导体器件技术,通过采用有机物、聚合物和给体-受体络合物等半导体材料及其掺杂性复合材料,可使制造工艺大为简化,所实现的器件也表现出良好的性能。然而,一个半导体器件中涉及导体、半导体和绝缘体等元件,已有技术尚难以确保全部器件均能通过室温下直写或印刷的方式实现,即使有机半导体材料或绝缘材料可以采用喷涂方式印制,导体部分的印刷始终是一个瓶颈。众所周知,导体一般为金属如 Cu、Al 等,其熔点极高,若要实现印刷,首先必须将其熔化并在极高温度下喷涂,这会对器件上的低熔点有机半导体材料乃至基底造成破坏,因而,此种印刷途径仍然面临不少困难。为此,人们提出了有机或聚合物导体材料,但这类材料的导电性一般较弱,且溶液化和可印刷性存在一定问题[3]。为获得更好的溶液化,研究者们继而通过在有机或聚合物中添加高导电性纳米颗粒来实现可印刷墨水,但实际的制造过程仍需先印刷,再通过一定的高温处理使这类墨水发生一定化学反应乃至烧结,最后沉积下所需的导体部件,所以,整个程序仍然相对复杂。总的说来,工业界尚未找寻到完整快速简捷的可完全直接印刷、直接成型的成熟半导体器件及其制备方法。

1.3　通向普惠制造的印刷电子技术

　　2011 年英特尔在其 22 nm 逻辑技术引进变革性的三闸极晶体管时,半导体行业还在继续遵循著名的摩尔定律。由于半导体工艺变得日益先进和复杂,为晶体管的智能生产找到替代方法的需求也在与日俱增。2000 年学术界曾报道了使用喷墨技术实现有机半导体、导体和绝缘体制造的全聚合物晶体管,一度触发了大量针对打印电子产品的深入研究。打印有机晶体管通常在两方面引起人们的重视:第一,传统的矿物型晶体管可使用有机材料制造;第二,打印技术可用于制造电子器件。尽管印刷电路板(PCB)已颇具规模,但仍然在直接印刷上面临困境。在寻找低成本、大规模和快速制造电子产品的过程中,世界各地开展了许多出色的工作。这些努力可归纳为两类,即印刷策略或材料创新。除喷墨打印外,其他制造策略是通过微接触印刷、卷对卷印刷和丝网印刷方式实现的。迄今为止,人们已对多种重要的功能性印刷材料[13]进行了深入探索。其中,Ag 纳米颗粒油墨是最为突出的导电油墨之一。在此阶段,发展 Ag 纳米颗粒油墨的主要挑战来自印后工艺所要求的高温烧结、相对较大的电阻率和印刷导线会出现潜在断裂等。为解决高温烧结工艺的不足,研究者合成了只需中等温度(90℃)退火来获得特高导电性的活性 Ag 油墨,其导电性一定程度上可与 Ag 的块材接近。

目前已经提出了具有内置烧结机制的新型 Ag 纳米颗粒导电油墨,由此避免了后烧结处理。然而,大多数打印材料仍要承受其他不相宜的特点,如繁复的制造工艺和印刷条件等。迄今为止,传统的电子产品制造策略仍显得不够环保,消耗了大量的时间、水和能量,并强烈依赖于过于昂贵的装置。在很大程度上,这些缺点阻碍了电子产品制造在现代商业中的普及应用,尤其是在面向个人使用时更是如此。可以说,直接写出电子产品,就像用办公室打印机在纸上打印图片一样简单,是电子产品行业长久以来梦寐以求的目标。

为提供可靠和真正直接的电子和半导体制造,笔者实验室通过引入由低熔点液态金属或其合金衍生的电子墨水材料体系,首次提出了从根本上区别于传统的电子直写打印策略,并将相应方法命名为"基于合金和金属油墨的电子产品直写/直印技术"(其英文缩写为 DREAM Ink—direct writing/printing of electronics based on alloy and metal ink,中文寓意梦之墨技术)[1]。通过对一系列不同打印原理的持续探索,笔者实验室于 2013 年推出了全球首台可供个人使用的液态金属电子电路打印机[14, 15],该设备旋即促成了产业化企业——梦之墨公司的创立,所推出的产品如今已在全国范围逐步得到普及应用[16]。基于液态金属制造,可在一系列柔性或硬质承印物上打印出具有较高分辨率的各种电子和半导体图案(图 1.2),精度在 $10\sim80~\mu m$ 范围乃至纳米级。这些图案包括单根导线和各种复杂的结构,如集成电路、天线、传感器、射频识别(RFID)、电子卡、装饰工艺品、古典绘画和其他自己动手做(DIY)的电路,整个过程只需 15 min 左右甚至更短,最快者可在 10 s 内完成 A4 纸大小的电路印刷[17]。除此之外,液态金属比较有价值的地方还在于可以印刷出半导体材料,其尺寸甚至小至原子尺度[18]。液态金属打印正在快速成为在室温下制造电子产品的基本方法。作为面向未来的普惠型电子制造技术,液态金属打印机在 2014 年前后就达到了工业化生产制造工艺的要求,这种使用简捷和面向个人的桌面电子产品自动打印设备体现了显著的普适价值。随着不断实践,正在显著赋能和激发个人的创新动力。

图 1.2　快速发展的液态金属印刷电子及半导体技术[16]

1.4　变革性的液态金属印刷半导体技术

1.4.1　基本技术概要

事实上,以节能和环保的方式制造电子和半导体一直是整个电子行业的雄心勃勃的目标。液态金属印刷半导体技术的核心原理在于,首先印刷液态金属以形成特定的电子图案,然后对其进行物理化学处理以原位形成预期的半导体。在笔者实验室 2012 年发表的文章中[1],我们特别阐述了通过液态金属印刷和相关处理(如氧化、氮化和更多化学修饰,包括借助激光、微波或等离子体等外部能量辅助以及离子注入)制造半导体的典型方法,特别归纳指出各种不同类型的半导体,如液态金属氧化物 Ga_2O_3、In_2O_3、GaN、Ga_2S_3、$AgGaS_2$、$GaSe$、$GaAs$ 等,均可采用这种直写方式制造出来,而且液态金属作为最基础的底层电子材料,可通过各种微纳米材料掺杂及物理化学手段加以改性,由此衍生出更多的半导体材料,对应的电子制造总能以一种增材方式实现器件逐层印刷。从这个意义上讲,即使是一个集成电路和芯片,将所有必要的电气元件和匹配的半导体结合在一起,均可以自下而上的方式打印出来。基于这种改变电子制造规则的 DREAM Ink 技术,自 2014 年以来,一系列商用液态金属打印机以及由此制造的电子产品逐步进入工业界[2]。如今,随着世界各地越来越多实验室的加入,液态金属印刷电子领域进入了前所未有的快速发展阶段。

需要指出的是,可通过液态金属印刷出来的潜在半导体种类是相当广泛的。在众多候选材料中,Ga_2O_3 是最容易在室温下于环境空气中实现并打印的材料。通过揭示天然形成的 Ga_2O_3 在改性液态金属电子墨水中的润湿机制,笔者实验室 Gao 等[19]第一次证明在软或硬基材(如环氧树脂板、玻璃、塑料、硅胶、纸、棉花、纺织品、布和纤维等)上进行液态金属印刷或书写功能电子产品的可行性。作为当前逐渐被理解的液态金属印刷半导体,氧化物层可以在大气条件和室温下形成于液态金属(如 Ga)的表面上[20]。值得指出的是,这种纳米级氧化物层实际上是理想的二维平面超薄半导体材料,它可以很好地黏附到几乎所有常用的电子器件基底(如 SiO_2 或 Si 等)[21],而母体金属则不能。这允许在广泛目标表面上牢固地打印液态金属电路或半导体[22]。事实上,液态金属印刷原理具有广泛的适用性,除了快速制造金属氧化物外,还可以采用更多化学物质或其组合来制造具有所需功能的半导体[5]。

液态金属印刷半导体技术的提出,改变了传统电子功能器件的制造理念,这种印刷式半导体器件及制作方法,基于可全部直接印制的室温附近或更高温下呈液态的低熔点金属油墨及其纳米复合物,借助简便快捷的化学处理措施,易于实现半导体及电子互联的图案化和功能化。用以构建半导体器件的全系列功能墨水在常温下均可印刷,如低熔点金属墨水、半导体墨水、绝缘墨水以及它们的纳米复合物,由此可通过相应的印刷直写设备实现对诸如二极管、三极管、场效应管、晶闸管、晶体管等半导体器件在各类基底上的直接打印,在此基础上还可实现集成电路和芯片的全印刷,如:片上高频电路开关、光电探测器、LED、激光器等。可以预见的是,这会助力液态金属印刷集成电路时代的到来。由于这种制造模式的普适性、低成本化和节能特点,随着其打印精度和集成度的提升,未来可望部分取代当下盛行的半导体光刻工艺,对于未来芯片制造业的影响会相当显著。

1.4.2　液态金属直接印刷第三代半导体技术

除了前面所述的 Ga_2O_3 半导体易于在室温下直接印制外,理论上基于液态金属或其合金印刷半导体的适用范畴十分广泛[4],尽管这一领域还处于诞生和萌芽初期,但已展示出众多可能性,这在本书后续章节中会进一步阐述。本章作为引言,特别以第三代半导体的典型代表 GaN 的室温印刷为例对此予以解读。从不同于传统高温制造方法之外的途径出发,笔者实验室[23]证实了大面积室温印刷宽带隙超薄准二维 GaN 半导体的可行性。作为这一领域的首次试验,该方法通过引入等离子体介导实现了液态金属 Ga 的限域氮化反应。我们将此新的化学反应公式命名为: $N_2 + 2Ga \xrightarrow{\sim 25℃} 2GaN$。作为在自然界中几乎是不可更改的铁律,人们一般认为经典的惰性气体 N_2,即使在高温下也不能与 Ga 直接反应。然而现在这一基本知识正被革新,关键原因在于等离子体介导反应机制的引入,使得 Ga 的室温氮化成为现实。该现象背后的核心机制在于,所施加的 N 等离子体是热力学激发的稳定状态和离子形式,因此这种化学反应的活化能比较低,允许基于 N 等离子体和液体 Ga 之间直接发生反应继而生成 GaN 半导体。

以往,制备 GaN 膜的经典方法通常在高温下实施,如 MOCVD(约 950～1 050℃)和 ALD(>250℃)。同时,有毒物质往往无法避免。这对于大规模半导体工业生产肯定是不利的。例如制造 GaN 的典型 MOCVD 反应遵循: $Ga(CH_3)_3 + NH_3 \xrightarrow{950℃ 以上} GaN + 3CH_4$。 与此不同,最新取得的进展[23]为显著降低关键半导体 GaN 制造中的能耗和成本开辟了一条相当便捷的道路。值得注意的是,这种室温印刷具有广泛用途,允许制造厚度从 1 nm 到 20 nm 及以上的 GaN,它们也被称为准 2D 半导体,是形成高质量微电子器件的候选材料,这意味着半导体产业的某些新开端。尽管在当前阶段,该方法尚未得到足够完整的认识,但有许多解决方案可对之进一步优化。例如,针对印刷 GaN 膜中存在的潜在缺陷,可以采用快速热退火来有效消除晶体缺陷。半导体技术从一开始就伴随着晶体缺陷的研究,而在实践中,有缺陷的晶体不一定会导致劣质器件,化学和结构完整的半导体可用于调整材料性能。同时,控制(减少、消除)缺陷和利用缺陷将有助于提高器件性能和成品率。

1.4.3　液态金属直接印刷第四代半导体技术

到目前为止,虽然一些方法仍然依赖于高达数百摄氏度的高温环境,需要多步骤的化学处理,但在世界范围内的实验室中,通过液态金属的印刷已经获得了一系列具有代表性的半导体,如 Ga_2O_3[24]、Bi_2O_3[25]、In_2O_3、SnO[18] 和 SnO_2[26] 等。总体而言,由于具有优异的溶解度、流动性和反应性,液态金属可以很好地用作溶剂、反应物和界面,并且它们与某些后处理工艺的结合将能进一步制备更多的半导体材料,如 $GaPO_4$[27]、GaN[23, 28]、GaS[29]、Ga_2S_3[30],无论其本质上是层状的还是非层状的均大体类似。此外,应当指出的是,目前可用的液态金属印刷半导体种类仍然有限。但随着时间的推移,可以通过不断的探索打开巨大的材料空间。特别是,通过遵循液态金属材料基因组的基本原理[31],可以筛选出大量液态金属材料,继而以之作为印刷半导体的种子,借助更多的液态金属合金材料、液态金属复合材料[5, 32],可按需设计制造出各种预取性能的半导体。总体上,GaN、Ga_2O_3 等半导体室温印刷的成功表明,重塑现代电子工业的先进制造路线已经在路上。

1.5 液态金属印刷半导体先进制程的优势

液态金属室温印刷半导体与几乎所有上述半导体工业密切相关。这进一步彰显了其在降低能源消耗和环境保护方面的独特价值[4]。在现代社会,工业界已经清楚地认识到宽禁带半导体可以实现 Si 材料难以企及的功能。在与 Si 材料交叉的某些领域,这种半导体也可能带来更高性能和更低的系统成本,因此被视为后摩尔时代的关键参与者。此外,如今对电力和低碳环保的需求日益增长,迫切需要充分利用更智能、更高效的能源生产、传输、分配和储存方式。为摆脱对传统化石燃料的依赖,减少环境污染,世界各国政府已经开始大力发展可再生能源产业,液态金属印刷半导体的研究和开发可能为新能源的转型提供越来越重要的支持。由于宽禁带半导体可以提供低阻抗以减少传导损耗并实现能量高效利用,因此被视为电力电子领域的一种颠覆性技术,液态金属印刷技术可望催生制造业的新时代。

与需要高温、高真空、高能耗和复杂工艺的化学气相沉积等传统方法不同,由液态金属在室温下制造的半导体材料如今已开启了它们的征程[4]。这种液态金属半导体印刷是直接和稳定的,不取决于基材的性质,可以根据需要沉积在各种目标表面上,包括那些低成本的柔性材料,如塑料、纸张和织物等。这将大大加强柔性电子产品的普及制造和使用。特别是,它可以提供具有批量生产能力的大面积印刷。集成电路芯片加工目前可以用 300 mm 的最大晶圆直径实现,而印刷半导体和器件的直径可以在 1 m 以上。由于液态金属的反应性、非极化性和模板化性质,它们促成了许多有效的解决方案,可望应对半导体领域面临的技术挑战。在传统半导体制备工艺中,炉内温度可高达 1 000℃。例如,工业硅炉的功耗为 6 300 KVA。除了酸洗不消耗太多的电,其他都是高能耗。但是,酸洗时 Si 芯和 Si 棒排出的酸一旦没有得到妥善处理,很容易对环境造成污染。与此不同,半导体液态金属印刷成本低且环保,主要来自金属原材料和印刷设备,一套设备就可能处理所有的印刷制造过程。尽管就不同方法功耗增益的完整取决于特定的工作环境,但新方法将 MOCVD(950～1 050℃)和 ALD(250℃以上)制造场景转变为室温下约 25℃,节能效果是相当有希望且巨大的。而且,基于增材制造的印刷风格是完全绿色的。一方面,这种制造节省了原材料,减少了潜在污染。另一方面,印刷模式本身不依赖高温过程,因此节省了大量能源并减少了碳排放。总体而言,广泛的半导体材料和高性能功能器件的液态金属印刷正日益扩展。随着这一领域不断取得技术进步和基础发现,此类半导体印刷将对即将到来的高效能社会和环境保护做出应有贡献。

1.6　液态金属印刷半导体面临的机遇与挑战

应该指出的是,虽然液态金属印刷半导体材料为下一代高性能电子器件和集成电路提供了许多机会,但这一领域仍处于发展初期,面临着大量技术挑战[4]。第一,在材料层面,通过单元素液态金属氧化物获得的半导体材料的种类仍然有限。选择适合与液态金属合金化的金属可以扩展半导体材料体系。目前,最常用的液态金属是 Ga 及其合金。然而,从热力学角度来看,Ga_2O_3 生成的吉布斯自由能为 -998.3 kJ/mol。对于氧化物生成吉布斯自由能高于 Ga(Ga_2O_3)的金属,不可能与镓基液态金属共合金化。因此,用于制造半导体材料的液态金属的范围应显著扩大,以提供更多选择,例如 In(In_2O_3,-830.7 kJ/mol)、Sn(SnO_2,-515.8 kJ/mol)和 Bi(Bi_2O_3,-493.7 kJ/mol)或合金氧化物的组合,而后过渡金属和稀土金属氧化物,也值得进一步探索。此外,使用低熔点液态金属合金允许将该方法扩展到其他高熔点金属,理论上,元素周期表中的各种元素包括稀土材料均可尝试用于室温掺杂液态金属及其合金,再经后续物理化学处理,形成对应性能的半导体,这种材料技术理念将迎来数量众多的先进半导体材料的创制以及印刷工艺的建立。第二,高质量、大面积的单晶半导体材料对于满足电子器件质量要求以及在高密度半导体器件与集成电路中的应用是必要的,并且有利于工业化生产。液态金属具有形成特定晶体取向的大单晶圆的液固相变能力,并且可用作 CVD 工艺中的生长基底。另一方面,可以采用非晶液态金属作为基底,以克服基底对称性的限制。此外,半导体单晶用作基底,可通过层间耦合生长单晶,形成多层二维(2D)半导体单晶或垂直异质结构。液态金属半导体制造今后面临的一些挑战是将这种半导体组装成 2D 异质结构,其在制造功能器件方面具有巨大的应用潜力,值得进一步探索。使用范德华(Van der Waals)堆叠技术并将其与转印相结合,可以实现2D 半导体和其他 2D 材料的不同类型的异质结。液态金属具有高度的金属活性和导电性,因此适用于其表面的电化学氧化还原过程。液态金属表面上的反应可以采用含有这种金属的前体设计,这些前体可被携带到液体金属表面,使得设计的化学相互作用可在其表面上产生超薄 2D 半导体。当然,这些研究仍处于初级阶段,未来通过在液态金属表面设计适当的电偶取代反应,可以制造出由更多金属制成的 2D 半导体。

在不久的将来,人们还可以通过在液态金属表面上设计适当的能量耦合取代反应来制造由更多金属组成的 2D 半导体。范德华剥离技术可用于在原子水平上剪裁和组装这些均匀的 2D 半导体单分子膜,这可能导致超晶格和异质结构保留量子器件的制造。液体基材提供超快、清洁和高度可控的滑动运输策略。通过集成现有的基于液态金属的浮动平板玻璃技术,可以在液态金属表面上实现大面积高质量 2D 半导体的受控转印,并有望在今后的工业制造中发挥关键作用。

总之,液态金属印刷半导体的出现为下一代电子器件、集成电路及功能芯片的快速制造开辟了一条充满前景的道路,这给半导体制造业带来了新的动力。尽管第三代、第四代半导体材料的种类还有限,但随着液态金属印刷半导体材料家族的不断丰富,可进一步开发出种类繁多的新型半导体材料,这将激发第五代、第六代半导体的创制,从而为更广泛的研究和应用奠定物质基础。所有这些技术将促成基于半导体材料创新和能源革命的重大产业变革,人类社会可望迎来一个液态金属印刷半导体及集成电路时代的到来。

参 考 文 献

[1] Zhang Q, Zheng Y, Liu J. Direct writing of electronics based on alloy and metal

(DREAM) ink: a newly emerging area and its impact on energy, environment and health sciences. Front Energy, 2012, 6(4): 311 - 340.

[2] Yang J, Yang Y, He Z Z, et al. Desktop personal liquid metal printer as pervasive electronics manufacture tool for the coming society. Engineering, 2015, 1(4): 506 - 512.

[3] 刘静,王倩. 液态金属印刷电子学. 上海:上海科学技术出版社,2019.

[4] Li Q, Liu J. Liquid metal printing opening the way for energy conservation in semiconductor manufacturing industry. Front Energy, 2022, 16: 542 - 547.

[5] 刘静. 印刷式半导体器件及制作方法. 中国发明专利 CN201210357280.2, 2012.

[6] 刘静,周一欣. 以低熔点金属或其合金作流动工质的芯片散热用散热装置. 中国发明专利 CN02131419.5,2002.

[7] 刘静,李海燕. 一种液态金属印刷电路板及其制备方法. 中国发明专利 CN201110140156.6,2011.

[8] 刘静,杨阳,邓中山. 一种含有液体金属的复合型面料. 中国发明专利 CN201010219755.2, 2010.

[9] Ma K Q, Liu J. Nano liquid-metal fluid as ultimate coolant. Phys Lett A, 2007, 361: 252 - 256.

[10] Chen S, Liu J. Liquid metal printed electronics towards ubiquitous electrical engineering. Jpn J Appl Phys, 2022, 61: SE0801.

[11] Yuan Y, Hao W, Mu W, et al. Toward emerging gallium oxide semiconductors: a roadmap. Fundamental Research, 2021, 1(6): 697 - 716.

[12] Nikolaev V I, Stepanov S I, Romanov A E, et al. Gallium oxide, single crystals of electronic materials-growth and properties. Woodhead Publishing Series in Electronic and Optical Materials, 2019: 487 - 521.

[13] 崔铮,等. 印刷电子学:材料技术及其应用. 北京:高等教育出版社,2012.

[14] Zheng Y, He Z Z, Yang J, et al. Direct desktop printed-circuits-on-paper flexible electronics. Sci Rep, 2013, 3: 1786 - 1 - 7.

[15] Zheng Y, He Z Z, Yang J, et al. Personal electronics printing via tapping mode composite liquid metal ink delivery and adhesion mechanism. Sci Rep, 2014, 4: 4588.

[16] Chen S, Liu J. Pervasive liquid metal printed electronics: from concept incubation to industry. iScience, 2021, 24: 102026.

[17] Guo R, Yao S, Sun X, et al. Semi-liquid metal and adhesion-selection enabled rolling and transfer (SMART) printing: a general method towards fast fabrication of flexible electronics. Sci China Mater, 2019, 62(7): 982 - 994.

[18] Li Q, Lin J, Liu T Y, et al. Gas-mediated liquid metal printing toward large-scale 2D semiconductors and ultraviolet photodetector. npj 2D Mater Appl, 2021, 5(36): 1 - 10.

[19] Gao Y X, Li H Y, Liu J. Direct writing of flexible electronics through room temperature liquid metal ink. PLoS ONE, 2012, 7(9): e45485.

[20] Gao Y X, Liu J. Gallium-based thermal interface material with high compliance and wettability. Appl Phys A, 2012, 107: 701 - 708.

[21] Zhang Q, Gao Y X, Liu J. Atomized spraying of liquid metal droplets on desired substrate surfaces as a generalized way for ubiquitous printed electronics. Appl Phys A, 2014, 116: 1091 - 1097.

[22] MIT Technology Review. Liquid Metal Printer Lays Electronic Circuits on Paper, Plastic, and Even Cotton. November 19, 2013.

[23] Li Q, Du B D, Gao J Y, et al. Room-temperature printing of ultrathin quasi-2D GaN semiconductor via liquid metal gallium surface confined nitridation reaction. Adv Mater Technol, 2022, 2200733: 1 - 11.

[24] Lin J, Li Q, Liu T Y, et al. Printing of quasi 2D semiconducting β - Ga_2O_3 in constructing electronic devices via room temperature liquid metal oxide skin. Phys Status Solidi R R L, 2019, 13: 1900271.

[25] Messalea K A, Carey B J, Jannat A, et al. Bi_2O_3 monolayers from elemental liquid bismuth. Nanoscale, 2018, 10: 15615.

[26] Yuan T B, Hu Z, Zhao Y X, et al. Two-dimensional amorphous SnO_x from liquid metal: mass production, phase transfer, and electrocatalytic CO_2 reduction toward formic acid. Nano Letters, 2020, 20: 2916 - 2922.

[27] Syed N, Zavabeti A, Ou J Z, et al. Printing two-dimensional gallium phosphate out of liquid metal. Nat Commun, 2018, 9: 3618.

[28] Chen Y X, Liu K L, Liu J X, et al. Growth of 2D GaN single crystals on liquid metals. J Am Chem Soc, 2018, 140(48): 16392 - 16395.

[29] Carey B J, Ou J Z, Clark R M, et al. Wafer-scale two-dimensional semiconductors from printed oxide skin of liquid metals. Nat Commun, 2017, 8: 14482.

[30] Alsaif M Y A, Pillai N, Kuriakose S, et al. Atomically thin Ga_2S_3 from skin of liquid metals for electrical, optical, and sensing. ACS Appl Nano Mater, 2019, 2: 4665.

[31] Wang L, Liu J. Liquid metal material genome: initiation of a new research track towards discovery of advanced energy materials. Front Energy, 2013, 7: 317.

[32] Chen S, Wang H Z, Zhao R Q, et al. Liquid metal composites. Matter, 2020, 2(6): 1446 - 1480.

第2章
液态金属元素半导体及化合物半导体

　　半导体材料一般可分为元素半导体、化合物半导体和固溶体半导体。常温液态金属一系列研究与应用的开展,使得这类以往只被零星研究过或只在相当特殊领域引发关注的材料逐步进入大众视野,促成了一系列崭新的科学发现和技术突破。可望从单质金属到多元合金形成的液态金属材料种类十分广泛,对应的物理化学性质千变万化。特别是液态金属可从室温直到2 000℃以上均保持液态,这为多种组元材料的合金化、复合化乃至各种温区的化学反应创造了便捷条件,此类材料的出现为半导体材料如氧化物半导体、氮化物半导体、硫化物半导体、磷化物半导体、砷化物半导体乃至更多的掺杂半导体的合成、改性乃至直接印制提供了全新机遇。以往由于受传统技术理念的限制,半导体常常需在特定超净环境下借助高温条件和化学反应实现,再对形成的晶圆半导体予以分割以供后续使用,整个过程耗时、耗能、耗材。液态金属印刷电子和半导体技术的出现,对传统半导体制程工艺带来了底层变革。这是因为,液态金属墨水易于在常温下实施印刷,而这样的墨水本身可以结合各种材料并借助合适的化学反应,自下而上形成大量的化合物半导体,正是由于制造过程的简捷,使得许多液态金属合金及其掺杂后的衍生材料可望与特定的物理化学后处理过程相结合,从而实现预期性能的半导体印刷及图案化,由此催生了各种新型半导体材料的合成和应用方式。最为鲜明的是,这样的印制是在常温或比传统工艺低得多的温度下完成的,因此打开了普惠电子技术的大门,也孕育了许多半导体科学与技术。本章内容介绍液态金属可望衍生出的半导体材料、基本合成思路、物态调控、常温制造理念及相关科学问题。

2.1 引言

与人们耳熟能详的金属相比,常温液态金属可以说是令人惊异的物质存在[1]。液态金属泛指处于液态的金属,传统意义上是指熔点在数百摄氏度甚至更高的金属的熔炼和加工成型方面的内容,研究相对成熟。当前在世界范围引发广泛瞩目,已成重大科学热点的主要是常温液态金属(表 2.1),其通常指熔点在室温附近的金属或合金,这也是本书讨论的主题内容。其实只要深入了解一下,就会意识到常温液态金属在自然界的存在是很奇特的事。在元素周期表 118 个元素中,非金属只占 22 种,而金属则高达 96 种。然而在如此多的金属中,只有零星几类在常温下处于液态,如 31 号元素镓(Ga,熔点29.76℃)、37 号元素铷(Rb,熔点 38.89℃)、55 号元素铯(Cs,熔点 28.44℃)、80号元素汞(Hg,熔点−38.86℃)以及 87 号元素钫(Fr,熔点 27℃),其余金属熔点多在上百摄氏度乃至更高。在这 5 种金属中,Hg 在中国历史上从古至今一直为人所知,其现代最为典型的应用是基于液态 Hg 的体温计、血压计、电极、旋转镜面天文望远镜,基于气态 Hg 的日光灯,基于合金化的补牙用汞齐,以及由混合物制成的 Hg、丹砂杀菌药材等,但由于 Hg 在常温下极易弥散出剧毒性蒸气,致使制作和使用存在风险,因而在日常生活中正逐步被禁用。Rb、Cs、Fr 具有放射性,三者与钠钾合金($NaK_{77.8}$,熔点−12.6℃)均极为活泼,易与水甚至冰发生剧烈反应产生爆炸,因而只在特殊场合得到应用。在整个周期表中,Ga 的安全无毒和综合优势都是极为罕见的,其巨大而广泛的应用价值与已有声望并不相符,可以说是被严重忽视的元素之一,今天许多关于液态金属的研究与应用正是从 Ga 开始的[2]。

表 2.1 一些低熔点金属的主要物理性质[3]

金 属	熔点(℃)	密度(g/cm³)	电阻率($10^{-6} \Omega \cdot cm$)	热导率[W/(m·K)]
Ga	29.77	5.907(300 K)	55.8(303.3 K)	29.232(302.77 K)
In	156.6	7.28(293 K)	2.15(465 K)	36.4(429.75 K)
Na	97.82	0.927(370.82 K)	9.64(370.82 K)	87.0(370.82 K)
K	63.2	0.828(336.2 K)	12(336.2 K)	54.0(336.2 K)
Hg	−38.8	13.595(273 K)	9 615	7.772(273 K)
Na₂₂₂K₇₇.₈	−12.6	0.875(260.4 K)	33.5(260.4 K)	21.8(293 K)

再从物态调控及应用角度看,还可进一步体会到常温液态金属存在的独特性。纵观人类获得的千千万万种材料,不得不说液态金属所能提供的价值十分稀缺。众所周知,物质通常存在固、液、气三相。固态物质往往有着一成不变的形状和体积,质地坚硬,一般分为晶体和非晶体,前者由于内部周期性结构所致具有固定的熔化温度,后者则不具备这样的长程有序,因而并无固定的熔化温度,也因此被称为玻璃态。顾名思义,液态物质就是指处于液体状态、无固定形状可以流动和变形的物质。从这一点看,液态与非晶态类似,因而也有人将非晶态金属称作液态金属,但实际上其在常温下仍是固体。气态与液态有些类似,但扩散力强、体积不受限制。

2.2　物质相态转移与常温制造

由于在生产生活中发挥作用的一切器具都需要经历一个从原材料到终端器件与系统的加工过程,其间材料会根据需要在不同物态间转换,如借助熔化和凝固成型可制得金属器具,通过气相沉积可获得各种金属和非金属功能涂层等。传统上,这些过程要么必须经过高温处理,要么依赖于纷繁复杂的物理化学过程,操作繁琐。这样就引申出一个极为重大的技术概念和现实需求[1],即常温制造。而若要实现电子、光学、磁学、半导体等功能化,金属的采用往往不可或缺。所有这些需求均不约而同指向常温液态金属,由于这样的材料无须高温冶炼,安全无毒,易于在常温下实现各种物态、功能态的转化,因而大大缩短了从原材料到终端器件的距离乃至逆向的循环利用渠道,由此开启了不同于传统的制造理念。

液态金属常温或低温下印刷半导体的独特之处就在于充分结合了室温下液态金属及其复合材料的可印刷性和快捷的物理化学处理特性,由此以效率上显著优于传统制程的方式实现了原位形成半导体前后的物态转换,这一基本原理具有普遍意义,可以扩展到许多元素化合物半导体的制造和图案化打印上。当前,借助液态金属印刷所实现的半导体还相对有限,这一领域的大门正被徐徐打开,大量研究和应用正纷至沓来。

2.3　典型的液态金属材料及其化合物半导体

可以说,几乎所有的液态金属均可发展成化合物半导体。作为当前明星般存在的液态金属Ga,虽然早在100多年前就已被发现,但长期未被重视。一个很有意思的现象是,Ga是制造许多关键半导体的核心元素,只是以往主要以化合物方式得到应用,如Ga_2O_3、GaN、GaAs、GaP等均是经典的半导体材料,但因使用总量小,Ga的开采量一度远高于需求,我国有关企业曾因此而关停并转,相关市场也出现大幅度上下波动。此外,铟镓基半导体的制备通常对设备要求极高,此类材料的加工、处理和应用主要限于投资齐全的实验室或工业界,所以也导致Ga材料一度未被公众认识。Ga真正的普及化应用和研究直到近20年来才开始,由于使用极为便利,由此打开了广阔的科技与工业领域[2],并激发出科学家对更多液态金属的探索,为此业界也将有关成果赞誉为"人类利用金属的第二次革命"。如今回顾起来(表2.1),常温液态金属之所以长期藏在深山无人知,原因之一或许是Hg一类传统液态金属的毒性和危险性让人望而却步[1],另一因素也由于Ga等相关材料被归为稀散金属、价格相对昂贵所致,事实上这类金属在地球上的丰度并不低,性价比极高,足以保障远多于当前的全面应用。

除了单质呈液态的金属外,可供大量使用的液态金属需从合金中寻找,图2.1列举的许多金属如Bi、In、Sn、Zn等自身熔点虽在150°以上,但通过适当

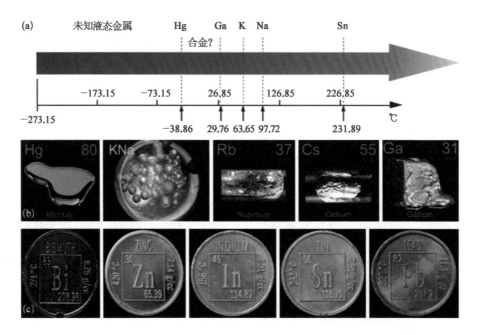

图2.1 元素周期表中常温单质液态金属及可组成常温液态合金的金属[1]

(a) 处于不同温区的潜在液态金属;(b) 常温液态金属;(c) 液态金属组元。

配比,可以制得常温液态金属合金,且种类还在不断扩展。21 世纪以来,随着诸多发明的取得,镓基、铋基合金这类以往只被零星研究过或只在相当特殊领域引发注意的常温液态金属日益进入人们视野,揭开了许多非凡的物质科学属性,也打开了诸多变革传统的技术大门,可以说它们是液态金属家族中的材料之星,而且它们一经与各种材料结合,还可促成无数的材料革新。借助于液态金属印刷的基本技术思想,实现更多高性能半导体乃至终端产品的直接制造正在变成现实。

应该指出,当前所能得到的液态金属还比较有限,能够全面满足成本、安全性和功能要求的可用材料和种类还需大大丰富,而用于"合成"液态金属材料和高品质半导体的更多元素组成也亟待挖掘。为应对上述挑战,笔者实验室曾于 2013 年提出液态金属材料基因组研究倡议[4],旨在发现新的低熔点合金,以满足各种日益增长的需求。此方面涉及材料设计、相图计算、第一性原理计算、统计热力学、分子动力学等范畴以及对应的并行试验策略等。

如前所述,对单质液态金属予以适当的后处理可以原位形成特定类型的半导体,这对于图案化半导体的印制十分有利。就拿最典型的 Ga_2O_3 来说,存在 5 种同素异形体,分别为 α、β、γ、ε、δ,其中 β - Ga_2O_3(β 相氧化镓)最为稳定,因此实际应用中主要以 β - Ga_2O_3 为主。进一步的研究发现,对液态金属 Ga 予以合金化掺杂再予以对应的化学处理,可将原本为 n 型的半导体转化为 p 型[5],反之亦然,这实际上对于快速形成 pn 结二极管、三极管、晶体管乃至集成电路和芯片的阵列化打印奠定了基础。而液态金属合金的种类选项十分丰富,如表 2.2 中列出了各种组成。原则上,对这些印制后的合金予以后处理,可望形成大量性能各异的半导体材料,预计可扩展的空间很大。

表 2.2　部分低熔点无铅合金及其主要物理性质(熔点低于 200℃)[3]

合 金 类 别	组成(%)	熔点(℃) 固相/液相	密度 (g/cm³)	电导率 (10^6 S/m)	热导率 [W/(cm·℃)]	热膨胀系数 (×10^{-6}/℃)
Ga - In	75.5Ga - 24.5In	16	6.35			
	95Ga - 5In	16/25	6.15			
Ga - In - Sn	62.5Ga - 21.5In - 16Sn	11	6.50			
Ga - In - Sn - Zn	61Ga - 25In - 13Sn - 1Zn	7/8	6.50			
Bi - In	67Bi - 33In	109	8.81			

（续表）

合金类别	组成(%)	熔点(℃) 固相/ 液相	密度 (g/cm³)	电导率 (10⁶ S/ m)	热导率 [W/ (cm·℃)]	热膨胀 系数 (×10⁻⁶/℃)
Bi‐In‐Sn	57Bi‐26In‐17Sn	79	8.54			
	54Bi‐29.7In‐16.3Sn	81	8.47			
Bi‐Sn	52Bi‐48Sn	138/151				
	57Bi‐43Sn			4.5	0.19	15
Bi‐Sn‐Ag	56Bi‐43.5Sn‐0.5Ag	三元共晶				
	57Bi‐42.9Sn‐0.1Ag	138/140	8.57			
Bi‐Sn‐Ag‐Sb	56Bi‐40.5Sn‐2Ag‐1.5Sb	137/145				
Bi‐Sn‐Ag‐Sb‐In	54Bi‐39Sn‐3Ag‐2Sb‐2In	99/138				
Bi‐Sn‐Ag‐Sb‐Cu	54Bi‐39Sn‐3Ag‐2Sb‐2Cu					
Bi‐Sn‐Cu	55Bi‐43Sn‐2Cu	138/140				
Bi‐Sn‐Fe	54.5Bi‐43Sn‐2.5Fe	137				
Bi‐Sn‐In	56Bi‐42Sn‐2In	126/140				
Bi‐Sn‐In‐Cu	56.7Bi‐42Sn‐1In‐0.3Cu	132/138				
Bi‐Sn‐Sb	57Bi‐42Sn‐1Sb	138/149				
Bi‐Sn‐Zn	55Bi‐43Sn‐2Zn	三元共晶				
Bi‐Sb	95Bi‐5Sb	— 275/308				
In‐Ag	97In‐3Ag	143	7.38	23	0.73	22
	90In‐10Ag	141/237	7.54	22.1	0.67	15
In‐Bi	66.3In‐33.7Bi	72	7.99			
	95In‐5Bi	125/150	7.40			
In‐Bi‐Sn	48.8In‐31.6Bi‐19.6Sn	59				
	51.0In‐32.5Bi‐16.5Sn	60	7.88	3.3		22
In‐Sn	52In‐48Sn	118	7.30	11.7	0.34	20
	50In‐50Sn	118/125	7.30	11.7	0.34	20
In‐Sn‐Zn	52.2In‐46Sn‐1.8Zn	108	7.27			
In‐Ga	99.4In‐0.6Ga	152	7.31			
Sn‐Bi	55Sn‐45Bi	138/164				
	60Sn‐40Bi	138/170	8.12	5	0.30	
Sn‐Bi‐Ag	78Sn‐19.5Bi‐2.5Ag	138/196				
Sn‐Bi‐Ag‐Cu	90Sn‐7.5Bi‐2Ag‐0.5Cu	193/213	7.56			
	90.8Sn‐5Bi‐3.5Ag‐0.7Cu	198/213				

（续表）

合 金 类 别	组成(%)	熔点(℃) 固相/ 液相	密度 (g/cm³)	电导率 (10⁶ S/ m)	热导率 [W/ (cm·℃)]	热膨胀 系数 (×10⁻⁶/℃)
Sn – Bi – Cu	50Sn – 48Bi – 2Cu	138/153				
Sn – Bi – Cu – Ag	48Sn – 46Bi – 4Cu – 2Ag	137/146				
Sn – Bi – In – Ag	80Sn – 11.2Bi – 5.5In – 3.3Ag	170/221				
	80.8Sn – 11.2Bi – 5.5In – 2.5Ag	169/200				
Sn – Bi – Zn	65.5Sn – 31.5Bi – 3Zn	133/171				
Sn – In	52Sn – 48In	118/131	7.30			
	58Sn – 42In	118/145	7.30			
Sn – In – Ag	77.2Sn – 20.0In – 2.8Ag	175/186	7.25	9.8	0.54	28
Sn – In – Ag – Cu	88.5Sn – 8In – 3Ag – 0.5Cu	196/202				
Sn – In – Bi – Ag	80Sn – 10In – 9.5Bi – 0.5Ag	179/201				
	78.4Sn – 9.8In – 9.8Bi – 2Ag	163/195				
Sn – In – Zn	77.2Sn – 20In – 2.8Zn	106/180				
	83.6Sn – 8.8In – 7.6Zn	181/187	7.27			
Sn – Zn	91Sn – 9Zn	199	7.27	15	0.61	
Sn – Zn – Bi	89Sn – 8Zn – 3Bi	192/197				
	88Sn – 7Zn – 5Bi	185/194				
Sn – Zn – In	87Sn – 8Zn – 5In	175/188				
Sn – Zn – In – Bi	86.5Sn – 5.5Zn – 4.5In – 3.5Bi	174/186	7.36			

2.4　液态金属超常物质特性

　　液态金属及其合成半导体蕴藏着极为丰富的物质科学属性,是一个基础探索与应用实践交相辉映、极具发展前景的重大科学领域,正在促成信息、能源、电子、先进制造、生命健康以及柔性智能机器等广泛领域的全面突破,可望推动若干高新技术产业的形成和发展。液态金属各种单质、合金或其衍生材料,有着诸多匪夷所思的新奇物质特性。特别是,在智能材料、柔性机器人领域,液态金属一系列独特科学现象与效应的发现,改变了学术界对于传统物质及经典物理学的认识。其中,可变形液态金属基础现象的发现,被认为"预示着柔性机器人新纪元";而液态金属自驱动现象的揭开,则迎来了对人工生命的全新理解。

液态金属是典型的软物质,若能实现对更多金属的常温液化和软化具有重要理论和实践意义。笔者实验室曾为此提出了一种通用的软化目标物质的理论策略和潜在技术途径[6],通过在原子水平上调控物质的内边界,可以显著降低物质熔点,这将有助于未来研制更多的软物质和印刷半导体。

液态金属由于同时兼具金属性和固有的流体性质而表现出迷人的特性,其与不同气体、液体和固体之间相互作用会发生令人惊异的化学行为[7],这些基本效应的揭示在化学合成、半导体加工、能量转换、柔性机器和印刷电子等方面具有重大用途(图2.2)。正如生物需要水分一样,液态金属由于溶液体系的引入,迎来了一系列独特机器效应与现象的发现;液态金属与特定气体和溶

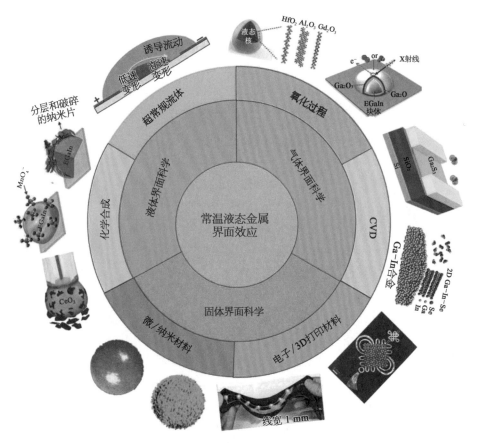

图2.2 常温液态金属在不同介质中的界面效应[1]

液发生反应形成的薄膜,具有一系列材料效应包括半导体效应;而液态金属与各种金属或非金属固体发生合金化或渗透行为,则促成了新材料的改性和应用。

2.5　液态金属正重塑半导体材料学

半导体是电子工业的基本要素。液态金属在半导体及电子工程领域的重大应用体现在印刷电子学、柔性电子、生物医学电子等方面。当前可得的核心制造材料主要以 Ga、Bi 及其合金为代表,具有优异的电阻率、巨大的拉伸性/弯曲性、可调附着力和表面张力。制造方面则涉及从个人电子制造(直接绘画或书写、机械印刷、丝网印刷、纳米印刷等)到三维印刷的一系列突破[8],对此液态金属进行后处理将形成各种半导体,从这种意义上讲,实现半导体的原位印刷并不受限于特定基底,这将显著扩展传统半导体的应用范畴。许许多多液态金属元素衍生出的半导体在大量的领域正在发挥着不可或缺的作用。这里仅举部分案例,更多的情况在本书后续还将陆续讨论。如表 2.3[9] 所示,Ga 元素半导体可用以制造各种可见光及紫外光 LED。不同于液态金属室温印刷的是,传统上这些半导体器件大多基于耗时耗能的制程实现,液态金属及其合金所提供的大量半导体选项和快速制造技术是一个巨大的宝库,为今后的工业应用打开了前所未有的空间。沿此路径,更多的经典半导体化合物[10]均可尝试这一印刷方式。已经得到证实的是,如今已能在实验室以图案化方式,快速印刷制备出液态金属的一系列化合物半导体,如掺杂半导体[5]、氧化物半导体[11]、氮化物半导体等[12],更多的半导体如硫化物半导体、磷化物半导体及砷化物半导体等还将不断涌现。随着相应技术的发展和成熟,未来液态金属印刷电子及半导体在集成电路、微/纳电子器件乃至终端用户产品直接制造中会发挥更加广泛的作用。

表 2.3　与 Ga 元素为代表制成的成熟化合物半导体及其 LED 特性[9]

光　色	半导体材料及荧光体	发光波长 (nm)	光度 (cd)	外部量子效率(%)	发光效率 (lm/W)
红色	GaAlAs	660	2	30	20
黄色	AlInGaP	610~650	10	50	96
橙色	AlInGaP	595	2.6	>20	80
绿色	InGaN	520	12	>20	80
蓝色	InGaN	450~475	>2.5	>60	35

（续表）

光 色	半导体材料及荧光体	发光波长（nm）	光度（cd）	外部量子效率（%）	发光效率（lm/W）
近紫外	InGaN	382～400		＞50	
紫外	AlInGaN	360～371		＞40	
拟似白色	InGaN 蓝光＋黄光荧光体	465，560	＞10		＞100
三波长白光	InGaN 近紫外＋RGB 荧光体	465，530，612～640	＞10		＞80

2.6 种类无限的液态金属合金及复合材料

值得指出的是，纯液态金属或其合金在满足某些需求时会遇到一定瓶颈，作为一种替代，液态金属复合材料有望解决这一挑战[13]，通过将液态金属（单元或合金）与各种宏观或微观的匹配材料加以协同集成可按需设计出一系列新的目标材料（图 2.3），此方面可供探索的科学与技术范畴十分广泛，可望促

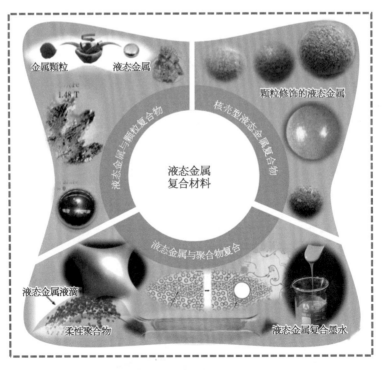

图 2.3 典型的液态金属复合材料类型[13]

成新的半导体材料的发现和创制,未来将见证大量液态金属半导体复合材料的涌现,相应成果将大大有助于保障未来全功能系列半导体墨水和前驱材料的开发和应用。

2.7　液态金属微纳尺度半导体材料学

一些情况下,宏观液态金属会因自身高表面张力和大尺寸在灵活性上受到限制。为应对这一挑战,可通过微/纳米技术手段进行创新[14],以赋予液态金属更加多样化的性能。与传统刚性微/纳米材料不同的是,这些新型功能材料不仅具有液态金属的柔软性,还表现出诸多优异的性能,如良好的自愈合能力和对刺激响应的变形能力。与刚性无机微/纳米材料相比,软液态金属微/纳米材料拥有优异的柔韧性和可调性,已展示诸多应用机遇和前景。

迄今为止,几乎所有的量子器件均由刚体材料制成,其形状无法变形、分割,一旦制备出来,一般只能按特定结构实现对应功能。若采用液态金属及其对应材料将量子器件予以液态化,则可望实现全新概念的液态量子器件[15]。通过对液态金属以及相应的二维材料、量子材料及拓扑材料予以操控及化学处理,可望获得各种可变形量子效应器件、二维半导体乃至集成器件,由此实现不同于传统刚体系统的量子存储、计算与人工智能系统等。

2.8　液态金属是催生电子及半导体技术变革的强劲引擎

作为一大类新兴的基础功能物质,常温液态金属、合金及其复合材料由于易于在固相和液相之间切换的特性,赋予其强大的非常规能力,相应范畴涵盖了几乎所有物理、化学、生物学和工程领域(图 2.4)[8]。在电子工程学领域,液态金属印刷电子/半导体技术与室温 3D 金属打印的发明,正在重塑现代电子、半导体、集成电路和芯片制造规则。所有这些突破表明,液态金属正为下一代科学、技术和工业提供强劲动力。

众所周知,人类对技术的终极追求就是制造一切,其中的关键在于功能制造,而电子和半导体器件又首当其冲。已有的制造方法大多昂贵、耗时、耗材及耗能,液态金属印刷电子学的出现[8],被业界普遍认为,"找到了室温下直接制造电子的方法,就意味着打开了极为广阔的应用空间乃至通过家用打印机制造电子器件的大门"。这一全新的电子制造模式,打破了传统技术的瓶颈和

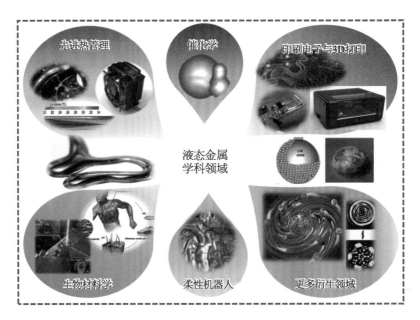

图 2.4　常温液态金属在广泛领域的应用

壁垒,使得在低成本下快速、随意地制作个性化电子电路、半导体特别是柔性功能器件成为现实,预示着一个人人触手可及的电子制造时代的到来。

除了电子和半导体制造,液态金属还赋予了我们各种重大技术畅想。在超常规信息技术方面,液态金属可变形计算机乃至量子计算机正开启重大机遇。正如人类历史文明启示的那样:"一类材料,一个时代。"如果说可以像历史上那样用金属去刻画一个时代的话(图 2.5),液态金属或可部分用以定义其即将到来的新时代,即液态金属时代。

石器时代　　　青铜器时代　　　　铁器时代　　　液态金属时代

图 2.5　人类历史上几个经典时代及未来已来的液态金属时代[1]

基于液态金属不断催生出许多重大的科学和应用技术问题的态势,2017年 9 月,在中国科协新观点新学说专项支持下,题为"常温液态金属:将如何改变未来"的学术沙龙在中国科学院理化技术研究所举办,来自学术界、产业界及战略研究等领域专家学者齐聚一堂,展开了不设限的热烈探讨,各种观点的碰撞激发出了新的思想火花,汇集了专家们在材料学、物理学、化学、热学、电子学、生物医学以及柔性机器人等方面交流观点和思考脉络的文集也得以出版[16],展示了经过深入讨论所凝练出的若干个液态金属新概念(如液态金属量子计算机)、新效应(如液态金属类生命现象)、新观点(如液态金属可变形机器人)等。

正是在此次会议上,本书作者之一刘静应邀就"液态金属:无尽的前沿""液态金属:构筑全新的柔性智能机器人"以及"液态金属:变革传统的未来医学技术"三个专题进行了解读,并特别总结了液态金属物质科学面临的十类基础问题:① 决定液态金属熔点的要素及固液相变机制;② 液态金属软物质特性;③ 液态金属多相体系奇异流体动力学问题;④ 液态金属超高表面张力的成因;⑤ 液态金属空间构象转换机理;⑥ 液态金属外场作用下的宏微观特性及量子效应;⑦ 液态金属与其他材料的界面作用机制;⑧ 液态金属微重力效应;⑨ 液态金属多材料合金体系组合规律;⑩ 自驱动液态金属机器效应。最后作者还特别用"液态金属:即将爆发的科学"予以结束。事实上,这一结语已完全被最近几年全球范围的液态金属研发热潮加以证实,从大量论文短时间爆发就可看出。

不过,也应指出的是,任何新生事物的发展并非总是一帆风顺的,这可从液态金属印刷电子从概念孕育到工业化实践中呈现出的波动性和渐进性特点[8]略见一斑。实际上,这种情况几乎发生在液态金属产业的所有领域,正确的态度是适应波折中的渐进发展。随着研发的持续投入、技术的日益成熟和产品化不断验证,各新兴领域总会迎来其辉煌的"高峰期"。

2.9　小结

当前,半导体科技正处于变革的新阶段,以物质、能量、生物和信息为特征的液态金属前沿学科堪称催生突破性发现和技术变革的科技航母。液态金属科学前沿涉及液态金属物质属性的方方面面,如电学、半导体、磁学、声学、光学、热学、流体、力学、化学、生物医学、传感、柔性可变形机器效应等,已展示出很多可供探索的途径和新方向。对这一领域的重要主题,如:液态金属材料及其物质基本属性、半导体合成途径及基本效应、表面和界面物理特性、流体效应、驱动机制、热学效应、电学效应、磁学效应、化学效应、力学效应、光学效应、传感效应、柔性可变形机器效应、生物学效应以及各种衍生出的问题加以探索,将迎来层出不穷的科学与技术突破。可以说,未来已来的液态金属印刷半导体时代已跃然入画。

参 考 文 献

[1] 刘静. 液态金属:无尽的科学与技术前沿. 科学,2022,74(2):14.

[2] 刘静. 液态金属物质科学基础现象与效应. 上海:上海科学技术出版社,2019.

[3] Zhang Q, Zheng Y, Liu J. Direct writing of electronics based on alloy and metal ink (DREAM Ink):a newly emerging area and its impact on energy, environment and health sciences. Front Energy, 2012, 6(4):311 - 340.

[4] Wang L, Liu J. Liquid metal material genome:initiation of a new research track towards discovery of advanced energy materials. Front Energy, 2013, 7(3):317 - 332.

[5] Li Q, Du B D, Gao J Y, et al. Liquid metal gallium-based printing of Cu-doped p-type Ga_2O_3 semiconductor and Ga_2O_3 homojunction diodes. Appl Phys Rev, 2023, 10:011402.

[6] Chen S, Wang L, Liu J. Softening theory of matter:tuning atomic border to make soft materials. arXiv:1804.01340, 2018.

[7] Fu J H, Liu T Y, Cui Y T, et al. Interfacial engineering of room temperature liquid metals. Adv Mater Inter, 2021, 8(6):2001936.

[8] 刘静,杨应宝,邓中山. 中国液态金属工业发展战略研究报告:一个全新工业的崛起. 昆明:云南科技出版社,2018.

[9] 田民波. 集成电路(IC)制程简论. 北京:清华大学出版社,2009:185.

[10] 许并社,刘旭光,梁建,等. 半导体化合物光电原理. 北京:化学工业出版社,2013.

[11] Li Q, Lin J, Liu T, et al. Gas-mediated liquid metal printing toward large-scale 2D semiconductors and ultraviolet photodetector. npj 2D Mater Appl, 2021, 5:36.

[12] Li Q, Du B D, Gao J Y, et al. Room-temperature printing of ultrathin quasi - 2D GaN semiconductor via liquid metal gallium surface confined nitridation reaction. Adv Mater Technol, 2022, 2200733:1 - 11.

[13] Chen S, Wang H Z, Zhao R Q, et al. Liquid metal composites. Matter, 2020, 2(6):1446 - 1480.

[14] Zhang M K, Yao S Y, Rao W, et al. Transformable soft liquid metal micro/nanomaterials. Mater Sci Eng R Rep, 2019, 138:1 - 35.

［15］ Zhao X，Tang J B，Yu Y，et al. Transformable soft quantum device based on liquid metals with sandwiched liquid junctions. arXiv：1710.09098，2017.

［16］ 中国科协学会学术部. 第 120 期新观点新学说学术沙龙文集《常温液态金属：将如何改变未来》. 北京：中国科学技术出版社，2019.

第3章
液态金属基础物理化学特性

半导体在电子产品如印刷电路板(PCB)、晶体管、射频识别标签(RFID)、有机发光二极管(OLED)、太阳能电池、电子显示器、芯片上实验室(LOC)、致动器和传感器等中不可或缺,充分应用液态金属的物理化学特性,可获得一系列高价值半导体。包含半导体在内的集成电路(IC)的传统制造策略通常消耗太多的能量、材料和水,并且不环保,其蚀刻过程必须消耗大量的原材料。此外,光刻和微制造通常需在"洁净室"中进行,这限制了IC制造的普及化,导致高生产成本。作为替代方案,液态金属基电子材料、半导体及制造技术的出现,正在重塑现代电子工业及相关领域。液态金属印刷电子及半导体的技术理念,通过引入由低熔点液态金属或其合金制成的电子墨水以及对印刷后电子单元予以化学处理形成目标半导体,实现了电子产品真正的直接书写或印刷。借助于这种被命名为DREAM Ink(梦之墨)的液态金属印刷电子及半导体技术,一系列功能电路、半导体、传感器及电子元件可在一瞬间轻松地写入各种柔性或硬质基材上。随着越来越多技术进步和基础发现的取得,这一领域正对电子和半导体领域产生巨大影响。本章内容总结液态金属电子墨水技术的基本物理化学特性,特别对常温液态金属,如Ga及其合金以及由此形成半导体的物理化学策略予以重点介绍。可以看到,液态金属印刷半导体材料将在现代社会中开辟一系列非常规应用,甚至在不久的将来进入人们日常生活的方方面面。

3.1 引言

20世纪初兴起的电子工业现在已成为价值巨大的全球工业。IDTechex

的市场研究清楚地描绘了印刷电子产品的美好未来[1]。光伏、OLED 和电子显示器快速增长,随后是薄膜晶体管电路、传感器和电池。便携式移动电子设备,如手机、平板电脑等,目前正朝着质量更轻、体积更小、功能更强、可用性更稳定、价格更低和更换频率更高的方向高速发展。到目前为止,创新电子器件的最重要技术之一是集成电路制造。多晶硅是一种常规的 IC 材料,其晶粒尺寸影响硅膜的电子特性。增加晶粒尺寸的工艺需要高温,然而,高温与柔性基材不相容。尽管可以制造薄的柔性硅膜,但高加工温度使其难以适应柔性基底。除了硅电子产品的高生产成本外,它对环境造成的污染也使得有必要寻找更多的替代方法。迄今为止,印刷电子技术正被越来越多地探索,通过这种技术,电子产品可以在柔性表面上大规模印刷。人们已经尝试了多种电子墨水,其中一些甚至已经投入使用。从这些导电油墨中,电子器件的制造过程被简化为两个主要步骤:印刷和固化。

为实现电子器件的可靠和真正的直接制造,笔者实验室提出了完全不同于传统蚀刻去除法制造电路的策略,通过引入常温液态金属或合金油墨,以增材制造方式来直接写出电子器件[2]及传感器[3]。借助这种被命名为基于合金和金属墨水的电子直写,简称 DREAM Ink[4]的方法,一系列功能电路、传感器和电子设备可以很容易地制作在各种柔软或硬质基材上[5]。相应过程十分简捷,看起来就像是在纸上签名或绘画一般。DREAM Ink 技术的基本思想在原理上具有普遍意义,已扩展到印刷功能电子产品的一系列低成本方式,如导电纤维[6]、电子面料[7]、电阻器、电感器、电容器等电气元件及其组合[8]、血糖生化传感器[9]、半导体器件如二极管、三极管或晶体管、印刷介电弹性体执行器[10]、废热收集装置[11]、动能收集装置[12]、纸上微流体器件[13]和可打印太阳能电池[14]等。

3.2　印刷电子概况

3.2.1　常规印刷技术

与传统的制造集成电路的方法如物理气相沉积(PVD)(包括 RF 溅射、脉冲激光沉积以及磁控溅射和湿沉积等)不同的是,印刷电子技术朝着高效和简化的电子制造迈出了一大步[15],这比以前的做法有很大好处。例如,PVD 由于不可避免的真空工艺和欠湿化学图案化要求而导致生产成本高,限制了大规模个性化应用,而酸和碱废物在湿沉积过程中的排放,会引发环境污染。

电子产品的可印刷性为低成本制造提供了宝贵机会,这使得许多新的消费电子产品成为可能,包括印刷电子标签、印刷集成电路、印刷有机发光二极管和印刷太阳能电池等。在电子产品的制造中,图案打印是相当经济的,这是因为其吞吐量高,整个生产过程可以在室内环境中完成。如前所述,印刷电子器件是一种通常使用印刷设备或其他低成本装备在各种基材上制造电子器件的印刷方法,可按需在基材上获得确定的图案,如丝网印刷、凹版印刷、平版印刷和喷墨印刷等,这期间必须严格控制表面张力和固体含量。此外,润湿性、附着力、溶解度和固化过程也显著影响最终结果。

3.2.2 常规电子油墨

由于塑料基材(如聚对苯二甲酸乙二醇酯)通常将器件加工温度限制在150℃以下,业界因此对有机半导体进行了广泛探索。有机半导体的电子性质与 a-Si 的电子性质相似。为改善有机半导体的电子性能,研究人员将一系列金属如 Au、Ag 等添加到有机化合物中,比如采用聚噻吩、聚[5,5′-双(3-十二烷基-2-噻吩基)-2,2′-双噻吩]通过喷墨印刷沉积出半导体。

碳纳米管(CNT)具有良好的物理性能,如优异的机械强度、高导热性、可选的半导体/金属性质和先进的场发射性能,这保证了在许多不同器件中的应用。纳米化学的进展使 CNT 能够在各种溶剂中进行溶解和分散。此外,人们还探索了诸如 ZnO 和氧化铟锡(ITO)等金属氧化物的电子和半导体物理化学特性。

3.2.3 打印方法

电子油墨可以使用接触式或非接触式直接书写印刷到卷筒纸或单张基材上。接触印刷技术通常包括柔版印刷、凹版印刷和丝网印刷[16],油墨通过承载的图像主模板转移到基材上。喷墨打印是最为广泛使用的直接书写方式,打印墨水从喷嘴喷射到基材上[17]。喷墨打印方法可分为脉冲打印和连续打印。脉冲印刷更为常用,包括两种形式:① 压电系统,使用由电信号控制的喷嘴将微小的墨滴喷射到基底上;② 热气泡系统,通过快速加热将墨滴喷射在基底上。

典型的喷墨打印头有 300~600 个喷嘴,可以形成直径小到 50 μm 的不同颜色的墨点。为正确理解和控制射流形成和喷射材料的后续运动,需要研究液滴的电荷以及射流和液滴在飞行过程中的气动和静电相互作用。喷墨印刷法已用于制造晶体管、光伏、天线、传感器、有机发光二极管（OLED）、印刷电路板（PCB）和更多组件和电子产品。其他非接触式直接书写或印刷方法，如气溶胶喷射印刷，已用于有机薄膜晶体管（OTFT）、太阳能电池及更多电子设备。

微笔（micropen）属于基于流体的直接写入。在操作中，可以是液体或颗粒浆料的可流动材料被加载到注射器中，然后注射器连接到微笔的书写头，注射器的柱塞由气动柱塞压缩，材料被压入称为"块"的书写头。书写头包括流体通道、金属双活塞缸和微毛细管书写头。送入"块"的可流动材料被加压至13.8 MPa，并通过笔尖予以递送。通过某些技术改进，这些成熟的方法已部分应用于印刷电子领域。

3.2.4　烧结方法

传统的印刷电子方法中，对印刷油墨予以烧结是制造最终器件的必要步骤。纳米颗粒油墨烧结通常在烤箱/熔炉或热板上进行。烧结温度约为100～400℃，这取决于配体壳的粒度和结合强度。然而，烘箱烧结有诸多缺点。这是一个耗时耗能的过程；许多低成本基材暴露于高温时会发生变形；从加热基底中会产生不希望的气体排放，并且必须烧结整个结构。因此，一些替代性烧结方法相继被提出，如激光烧结、微波烧结、化学烧结、等离子烧结、电烧结（RES）和基底制造烧结（SUFS）等。激光烧结在其基本架构上有点类似于立体光刻。通过激光烧结减少了热影响区。在不影响周围基底的情况下，随着激光跟随导电轨道并选择性地烧结，可使能量递送变得更加有效。烧结特征尺寸和质量可通过改变光束尺寸、施加的激光功率和扫描速度加以控制。微波烧结较之激光烧结成本低，可以提供快速、均匀和体积加热。当与电荷载流子或旋转偶极子耦合时，微波辐射可被有效吸收。高导电材料通常具有较小的穿透深度。SUFS方法基于通过与印刷基底涂层的相互化学作用去除纳米颗粒稳定配体。笔者实验室指出[4]，当使用液态金属印刷方法制造复杂的电子器件和半导体时，所有这些烧结方法均可被采用，这一论述不断被后续十余年来的工作证实。

3.3　液态金属印刷电子及半导体

印刷电子是一个综合性领域，需要在材料品质、油墨、打印机和设备方面达到高标准[5, 15, 18]。此前,学术界研究了含有有机和无机材料的新型导电油墨,例如由纳米银、纳米铜、碳纳米管等制成的导电油墨,但面临诸多障碍。例如,导电油墨的电子性能不如(多晶硅)晶体硅的性能。事实上,印刷电子产品成功的关键在于高性能油墨,它们应是具有优异导电性、环境稳定性的可印刷材料,并可扩展印刷电子产品的潜力。基于这些考虑,不同于传统的液态金属印刷电子及半导体策略得以被提出[4]。这项工作开创了一种基于合金和金属墨水的电子及半导体直接书写的通用方法。通过调节电子墨水几何尺寸及组件,自下而上叠加打印可构成各种复杂功能器件。根据这项技术,人们所看到的只是想要打印的东西。该方法的成功归结于低熔点金属或其合金油墨在常温下可流动并直接印刷。这为采用极其简捷且低成本的方式直接制造功能电子提供了可能性,其方式如同在纸上签名或绘画一样简单。如果任务提出者并非熟练用户,也可以在电子设计软件辅助下完成制造。这意味着,预先编码的计算机程序将驱动打印机,提前加载不同的液态金属墨水系列,按照用户需要直接打印出各种电子元件、半导体和电路。在软件帮助下,即使是没有经验的人也可以快速打印出原始概念的器件原型。这将大大缩短电子设计周期,对现代电子工程的普及实践很有帮助。在这种情况下,任何人都可以成为电子制造商。这会有助于孵化出"自己动手"的消费电子产品。液态金属墨水的影响不仅可以在工业中感受到,也可以在教育领域感受到,例如大学、中学甚至小学,教师们可以向学生传授使用液态金属印刷电子及半导体技术的第一手知识,这将对广泛领域产生巨大影响。

3.4 液态金属电子墨水的基本特点和优势

在电子油墨类别中,低熔点金属是一大类性质独特的材料,在室温至200℃的温度范围内呈液态。然而,在现代消费电子产品中,这种流体状材料,特别是常温液态金属的直接使用长期被严重忽视。经过多年持续努力,常温液态金属的许多重要特征逐渐被揭示出来[19]。DREAM 墨水的概念,可催生不同领域的替代电子产品。通过这种方法,用作油墨的液态金属或其合金可以在常温下直接印刷或书写在柔性或硬质基材表面上,根据需要进一步经过后处理如合金化、氧化或氮化等工序形成半导体,这是由于这种金属油墨与特定金属或非金属基材材料的兼容性,符合特定的功能要求,特别是对于柔性基材更是如此。DREAM Ink 的适用性相当普遍。对于宽范围的应用,可以通过改变合金类型和调整匹配金属的成分来制备具有特定半导体功能的前驱金属油墨。

　　一般来说,液态金属和合金在低温或正常情况下比其他墨水具有更好的导热性[20]、导电性乃至电磁特性[21],且可通过纳米颗粒的加载将相关性能进一步提升[22]。同时,液态金属具有良好的柔韧性,特别适合用于柔性基材。众所周知,电路中传统电线的主要部件是金属。因此,如果用于电子领域,液态金属也具有突出的性能。正是这种双重能力使得它成为优秀的导电墨水和半导体前驱材料,可以直接书写各种电子产品[23]。直接写在纸上的电容器和电感器等电气元件显示出良好的稳定性和广泛的适应性,尤其是在一些高频电路的应用中也是如此。此外,通过将液态金属油墨与现有非金属油墨结合在一起而直接写在纸上的振荡电路也表现出良好的稳定性,这意味着几乎每种功能电路都可加以书写。液态金属或合金通过特定处理后具有优异的润湿性和黏度特性。此外,金属或其氧化物含有大量独特的半导体、磁性或光学性质。

　　传统的导电材料,由于熔点较高,必须在极高温度下蒸发沉积,因此需要强大的能量。液态金属印刷技术的最大优点之一是"直接书写"。传统的电路板通过蒸发、溅射、空气喷射等方法沉积在基材上。一些作品使用蒸发和溅射沉积在纸张表面上形成金属图案。蒸发和溅射沉积虽适用于多种金属,但需要昂贵的设备、高真空度、较低的速率和较高的能量要求。通过蒸发和溅射沉积方法制备的传统典型单面柔性印刷电路板主要包括五层:聚酰亚胺基底层;一层黏合剂;一层 Cu;第二黏合剂层;以及聚酰亚胺覆盖层。制备过程复杂且耗时、耗材,而且一旦沉积后,进一步的掺杂工艺同样面临高温复杂处理工艺,因而最终的半导体性能会受到限制。与传统技术相比,液态金属墨水在制造柔性电子及半导体方面可以发挥得更为有效和经济,印制过程不会产生过多的废弃物和污染物,合金化的室温掺杂及后处理无须复杂的制备工艺和高能耗。电子行业是世界上最大的行业之一,液态金属印刷半导体技术预计将在很大程度上重塑许多相关领域。

3.5　液态金属电子墨水物理性质

　　常温液态金属材料,通常以 Ga 及其合金为代表,由于金属性和流动性的综合性质,为制造柔性电路提供了独特选择,这使其特别适合在软基材上印刷。一般来说,用以合成液态合金的低熔点金属元素包括 Ga、Bi、Pb、Sn、Ge 和 In。其中,$Ga_{75.5}In_{24.5}$ 是常用的合金,它是 75.5wt%Ga 和 24.5wt%In 的混合物。对于相同的成分,不同的比例可能会导致合金性能发生很大变化。有时,即使质量比的微小变化也会导致材料行为出现强烈变化,这在调控液态金属合金半导体材料的带宽等特性上十分有利,由此可为大量新型半导体材料的研发和应用创造机遇。这是因为,通过加载某些微量元素,合金可以对应显示出额外性能。因此,引入材料基因工程手段[24],改变合金化学材料的比例或添加一些微量元素除了可以调节熔点和其他性能外,还将能满足今后半导体制造中的许多特定需求。

3.5.1 热物理性质

1. 低熔点

作为导电油墨,金属油墨的熔化温度在印刷电子产品的严格要求中起着重要作用。这是因为高印刷温度对基材和设备提出了挑战,将导致表面的高耐热性问题和更多能耗。此方面,常温液态金属及其纳米复合材料在满足这些要求上具有天然优势[24]。除了这些油墨之外,其他在正常条件下容易液化的低熔点金属和合金(如低于 200℃)也可作为有效解决除常温情况以外关键问题的理想候选油墨。这样的金属或合金存在很多选项。

值得一提的是,液态金属油墨的熔点可以根据具体需要通过改变合金的化合物比例或向金属或合金中添加一些元素来改变。

2. 热导率

液态金属及其合金在工业中有非常广泛的应用,如在冶金、化学工业和核工业领域。液态金属的热导率远高于水,可在从室温至 2 000℃以上的温度范围内保持液态,这就使得液态金属电子油墨拥有相当宽的打印温度范围。例如,Ga 在大气环境中的熔化温度为 29.8℃,热导率为 29.4 W/m^2,比热容为 409.9 $J/(kg \cdot ℃)$。也由于这样的优势,液态金属热界面材料正日益成为高集成芯片和半导体封装领域不可或缺的材料,其导热性能显著超越了传统产品如硅油一类的复合材料。

3.5.2 流体性质

喷墨油墨的黏度通常为 0.001~0.01 Pa・s。具有相对低黏度的油墨可以形成近似牛顿液体,而不会产生假黏性现象,这将有利于墨滴从喷嘴输出,以及墨滴的形成和完整性。研究表明,Ga 在 30℃温度下的黏度为 0.002 037 Pa·s,并随着温度升高而降低。这种流动性和黏附性使得 Ga 成为电子墨水的最佳候选者之一,通过对 Ga 及其合金添加其他金属元素,可以形成各种纳米复合墨水,再进一步结合后续化学处理可形成特定半导体,此方面有更多的液态金属复合方式和掺杂半导体材料亟待进一步研究。由于室温可打印性,液态金属电子墨水根据需要和工序安排,既可形成电子互联,也可印制出图案化、集成化的半导体器件。

3.5.3　可弯曲及拉伸电子特性

液态金属的超级拉伸特性在制造柔性电子中具有独特优势。Zheng 等进行了一项试验,通过测量印刷液态金属线在弯曲时的电阻值,研究 $-180°$、$-90°$、$0°$、$90°$ 和 $180°$ 弯曲对电路稳定性的影响。弯曲时液体金属的电阻稳定性表明,液体金属印刷线可以很好地用于制造柔性电子器件[25]。而且,通过弯曲循环测量试验,可以看到电阻值在 $1\sim1\,000$ 次循环之间仅有细微波动,这表明了液态金属电阻线的稳定性。总的说来,液态金属在用于柔性印刷电子产品时具有可靠的柔性。

电阻率是物体传导电流的能力,一般来说,金属的电导率比非金属的电导率好。电导率通常随着温度升高而降低。同时,不同的合金组成比和添加剂含量会导致不同的电阻率。因此,通过不同的组合设计来调整电导率,可以满足各种应用要求。

3.5.4　半导体性质

对液态金属及其合金加以化学处理后,易于形成半导体[4],随着研究的扩展,这类组合的巨大研发空间得以被认识,可望催生出前所未有的半导体材料创制和常温印刷方法的建立。一些来自低熔点金属的化合物如 Ga_2O_3、$GaAs$、GaN 等具有特殊的半导体性质。例如,Ga_2O_3 是一种透明氧化物半导体材料,在光电子器件中具有关键用途。$GaAs$ 尽管是一种有毒性的材料,但其电子性质比 Si 更好,如高饱和电子速率和高电子迁移率,是一种重要的半导体材料,可制造微波集成电路、红外发光二极管、半导体激光器单元和太阳能电池(光伏特性)。GaN 也是一种可用于高功率和高速光电器件的半导体。事实上,它已经作为 n/p 型半导体广泛应用于 LED。图 3.1 给出了 $GaAs$ 和 GaN 的原子结构。

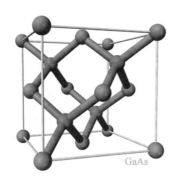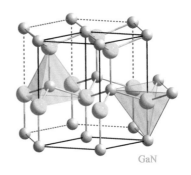

图 3.1　GaAs 及 GaN 半导体的原子结构[4]

3.5.5　磁学性质

液态金属可被用于制造电磁传感器、电磁泵等。液态金属电子油墨本身的导电特性可以通过电磁泵方便地加以驱动和控制,这为印刷提供了便利条件。此外,Ga 及其合金已被证明是一种良好的磁性纳米颗粒载体流体[26],这种同时兼具导电性和磁响应特性的材料与传统磁流体存在许多不同,也因此打开了更多的应用空间。

3.5.6　力学性质

液态金属及其相关合金此方面性能主要包括表面张力、机械强度、黏度和润湿特性等。

1. 表面张力

表面张力对喷墨过程中液滴的形成和印刷质量有重要影响[27]。若表面张力过高,油墨很难形成液滴,可能导致出现一些长时间的断裂,这会直接影响印刷产量。然而,如果表面张力太低,则会引起液滴不稳定,更容易形成星状溅射点。应控制材料表面张力的大小,以使油墨满足在喷墨过程中在基材上平滑铺展和形成足够小液滴的要求。

2. 机械强度

液态金属油墨的机械性能决定了其应用范围和使用寿命[28]。合金的机械强度主要包括拉伸强度、屈服强度、杨氏模量和剪切强度等。不同的施加载荷

（如拉伸、压缩、扭转、冲击、循环载荷等）通常对材料的性能有不同要求。根据测量，某些添加剂在一定程度上可提高液态合金固化后的剪切强度。

3.5.7　其他重要物理属性

此方面包括光学和声学特性等[4]。Ga_2O_3 是一种透明氧化物半导体材料，在光电子器件中具有广泛的潜在应用。铜铟镓硒化物（CIGS）薄膜太阳能电池在光伏薄膜市场中的份额正在增加。CIGS 是一种直接带隙材料，其可见光吸收系数高达 105 /cm，适用于薄膜太阳能电池。其他液态金属形成的化合物如 InP、GaAs 也是光伏薄膜材料。GaN 材料系列是理想的短波长发光器件材料，覆盖从红色到紫外带隙的光谱范围。到目前为止，对液态金属声学特性的研究还相对较少，进一步可探究电声器件的印刷实现方式，比如印刷式超声压电半导体器件的直接打印，此方面存在着不少可行的液态金属合金及其化学处理方式可供选用。

3.6　液态金属化学性质

液态金属具有高度的化学稳定性，与空气接触时不会燃烧，其低饱和蒸汽压有利于在高真空环境中得到应用。然而，这也表明了常温液态金属电子油墨固化的困难，应研究各种低温固化方法。一些液态金属如 Ga 是两性金属，可以溶解在酸和碱中[4]。在室温下，Ga 通常在表面形成致密的氧化膜，以防止进一步被氧化，这也被称为自限性氧化。Ga 或其氧化物可在正常条件下与 NaOH 反应，反应方程式如下：

在加热情况下，Ga 与 NaOH 溶液反应产生 H_2 和 $NaGaO_2$：

$$2Ga + 2NaOH + 2H_2O == 2NaGaO_2 + 3H_2 \qquad (3.1)$$

Ga_2O_3 也能与 NaOH 反应，形成 H_2O 及 $NaGaO_2$：

$$Ga_2O_3 + 2NaOH == 2NaGaO_2 + H_2O \qquad (3.2)$$

这些机理以及类似的化学反应可作为发展溶液化制造半导体的方法，利用这些特性的后处理措施，可望在将油墨写入基材后产生预期的性能如阻抗、导电性及半导体特性等。此外，Ga 可以与其他非金属如 NH_3、H_2S、As、卤素、P 等发生反应，在特殊条件下形成化合物，这也可成为发展半导体印制的基本途径[4]。本书后续会有更多阐述。

同时,Ga 对 Al 等少数金属具有腐蚀性。因此,Ga 适合放置于由石英、石墨或聚乙烯材料制成的容器中。就印刷表面而言,应事先考虑这种性质。当然,这种腐蚀性(实际上是合金化)对于制造半导体其实相当有利,比如形成AlGa 合金后,进一步氧化、氮化以及发生更多化学反应可用以制造各种先进半导体。

值得指出的是,以往由于对液态金属认识上的不足,也因这类材料的应用未得到重视,致使更多的液态金属合金乃至复合材料的化学反应研究存在很大空白,这些知识对于寻找新型半导体及印制工艺至关重要,亟待全面深入的探索。

3.7　液态金属典型电子及半导体墨水制备途径

对于液态金属印刷电子及半导体来说,找到适用于常温工作的液态金属及其处理方法至关重要。上述常温液态金属或低熔点合金主要含有 Ga、镓铟合金、镓锡合金、铟锡合金、镓铟锡合金、镓铟锡锌合金、镓镓锡锌铋合金等[21]。

可以很容易地发现,对于具有相同成分的合金,不同的质量比具有不同性能。当向某些合金中添加微量元素时,可以根据需要改善性能。Ga、In、Sn、Zn 及其合金、Bi 基合金等具有相对低的熔点,在未来可特别注意此类印刷半导体材料的研究和应用。根据发现的规律,可望在不久的将来制备更适用和通用的半导体油墨。

当然,也需强调,液态金属电子油墨的许多重要的物理或化学性质仍然远未完备,某些特殊功能,如半导体、磁性或光学性质等,尚比较有限。为获得具有各种性能的印刷半导体材料,可以采用如下一系列方法来对印刷金属油墨加以改性,以实现期望功能。沿着这些方向进行的探索有望带来新的基础发现和技术进步。

3.7.1　合金化

合金化是指通过将液态金属与更多金属或化学物质混合掺杂,加热成均匀的液体或微/纳米颗粒复合的多相流体,然后固化,从而使金属元素的原子级排列发生变化,继而制成具有金属特性的化合物油墨。由此,可以改进金属的特性以满足特定的性能要求。金属合金化、改变合金成分或向合金中添加一些元素可获得优异的物理性能,如降低熔点,改变电导率、热导率、黏度等,在此基础上的化学处理如氧化或氮化可形成带宽得以调节的高性能半导体。未来,通过对数量众多的液态金属合金及外界颗粒掺杂加载方式进行开发和研究,可望筛选和设计出更多适合印刷半导体产品的电子油墨和后处理方法。

3.7.2　组合化

通过向油墨中添加一些有机、无机或金属颗粒以获得特定的复合材料,是制造新型导电及半导体油墨的合理方法。添加剂通常含有非金属元素、炭黑粉末、有机金属化合物和其他溶液。液态金属和其他匹配溶液或材料之间的结合将导致更多有用的油墨。这一措施被证明是一种高效的方法,可以改变液态金属油墨诸多期望的物理/化学性质和印刷技术,同样,在此基础上的化学后处理可望形成半导体特性得以显著改观的终端材料和器件。

3.7.3　纳米化

正如 Ma 和 Liu 所首次提出的,向液态金属中添加纳米颗粒可以助力制造高性能金属流体[29]。显然,液态金属油墨的不同物理和化学性质也有望通过掺杂加载纳米颗粒来改变。这里,纳米结构方法还意味着通过使用金属油墨印刷纳米结构。纳米颗粒可以是一些金属颗粒,如 Au、Cu、Ag、Ni 等,也可以是一些磁性氧化物,如 Fe_3O_4。一些无机或半导体颗粒,如 Si、SiO_2、SiC 等也非常有用。不同颗粒可以通过特定剂量添加到液态金属油墨中,调控出各种预期的功能。颗粒分散体的均匀性和稳定性将直接影响油墨质量,需加仔细研究。可以考虑使用一些分散剂来增强颗粒的均匀性和稳定分散。分散剂吸附在固液界面,会显著降低界面自由能,从而使固体粉末在液体中均匀分散,而不是聚集成团。目前,常用的分散剂可分为两类:无机分散剂,包括硅酸盐(如水玻璃)和碱金属磷酸盐(如三聚磷酸钠、六偏磷酸钠和焦磷酸钠等);有机分散剂,包括三乙基己基磷酸、十二烷基硫酸钠、甲基戊醇、纤维素衍生物、聚丙烯酰胺、瓜尔胶、脂肪酸聚乙二醇酯等。寻找适合液态金属油墨的分散剂将是另一个值得付出努力的重要课题。总体而言,纳米液态金属有望成为制造各种电子墨水和半导体的快捷解决方案。

3.7.4　氧化

氧化可以说是印制半导体最为快捷和低廉的途径。液态金属氧化物如

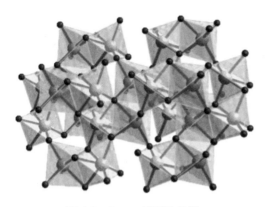

图 3.2 Ga₂O₃ 原型结构[4]

Ga₂O₃、In₂O₃ 可望作为 LCD、太阳能电池等的重要透明半导体材料。通过改善纯液态金属的黏附力,可以满足基底的不同需求。液态金属掺杂纳米氧化物或对其部分予以氧化,可以增加黏附力[30]。图 3.2 显示了 Ga₂O₃ 的原型结构,对印刷金属油墨在低温下均匀氧化的研究具有重要意义。对于难以进行的化学处理,Zhang 等特别提出[4],可通过激光、微波、等离子体甚至是电的方法进行选择性氧化。进一步地,通过对液态金属 Ga 墨水在室温下加载 Cu,印制后再辅以氧化处理[31],可将原本呈 n 型的半导体调制为 p 型半导体,这对于形成功能电子器件十分有用。

3.7.5 氮化

众所周知,GaN 由于其宽带隙和热稳定性,是制造高功率和高温场效应晶体管(FET)、激光器和 LED 等的理想候选者。图 3.3 显示了 Ga 尘和 GaN 透明六方晶体的情况。传统上,制作 GaN 膜总是一个高能耗的过程。作为替代方案,笔者实验室提出了先印刷 Ga 膜,然后将其予以氮化的基本原理[4],沿此技术路线还可结合液态金属合金化、氧化等处理印制出更多半导体如氮氧镓、氮化镓铟等。这种不同于传统的方法,在基材上印刷液态金属油墨后,可根据具体设计进行氮化处理。这被证明是获得可印刷半导体的重要途径。而传统的常规制造途径则是将 Ga 或 Ga₂O₃ 置于加热器内的 NH₃ 气氛中,通过高温反应形成 GaN。然而,加热温度过高,不能用于普通柔性基材。基于 Ga 的液态金属油墨可以印刷在基底上,然后通过类似的方法固化,如以下化学方程式所示:

$$Ga + NH_3 \longrightarrow GaN + 3/2H_2 \tag{3.3}$$

与此不同的是,在文献[4]中,笔者特别提出通过其他一些方法如激光氮化、微波氮化以及等离子烧结等辅助,也可实现 Ga 和 N 之间的局部反应,从而在常温下获得 GaN 半导体。这些途径中的一些重要措施近年来逐一得到证实并正处于快速发展中[32],本书后续章节会对此专门介绍。

图 3.3　Ga 尘和 GaN 的透明六方晶体[4]

(a) GaN 晶体很小,金属杂质使其呈褐色;(b) 生长技术已能产生直径达 2 in 的令人惊叹的六边形晶体。

3.7.6　更多化学后处理措施

除上述化学处理方法外,液态金属或其合金也可与 C、As 或其他化学元素反应形成半导体。比如,加热时,Ga 会与卤素、S 和 Se 迅速反应。笔者实验室为此提出了一些用于调制预印刷金属膜性质的基本方法[4]。

1. Ga_2S_3,Ag_2S,$AgGaS_2$ 薄膜制备

目前,$AgGaS_2$ 薄膜已可通过复杂工艺制备。Zhang 和 Huang 通过"离子层吸收和反应(SILAR)"方法制备了 $AgGaS_2$ 薄膜[33]。CH_3CN 和 $Na_2S_2O_3$ 分别作为溶剂和硫化源,$AgNO_3$ 和 $GaCl_3^+$ 作为阳离子试剂。基底上吸收的 Ga^{3+} 离子可根据下述反应与由 $Na_2S_2O_3$ 溶液形成的 H_2S 进行反应:

$$2H^+ + S_2O_3^{2-} \rightarrow H_2 \tag{3.4}$$

$$H_2S_2O_3 + H_2O \rightarrow H_2S + 2H^+ + SO_4^{2-} \tag{3.5}$$

$$2Ag^+ + H_2S \rightarrow Ag_2S + 2H^+ \tag{3.6}$$

$$2Ga^{3+} + 3H_2S \rightarrow Ga_2S_3 + 6H^+ \tag{3.7}$$

在重复循环这样的 SILAR 沉积 200 次之后,将所得样品在不同温度的 Ar 气氛中退火 4 小时。最后,根据如下公式可得到大约 $1\ \mu m$ 厚的 $AgGaS_2$:

$$Ag_2S + Ga_2S_3 \rightarrow 2AgGaS_2 \tag{3.8}$$

常温下黄色的 $AgGaS_2$ 是一种三元半导体化合物。因此,在基底上直接写入镓铝基液态合金后,可以采取措施,如与浓 HNO_3 溶液反应以产生 Ga^{3+} 和 Ag^+ 离子,然后 H_2S 气体可与这些离子接触产生 $AgGaS_2$。此类方法,今后可进一步扩展和完善。

2. GaAs 制备

尽管 GaAs 在某种程度上是有毒的,但它具有优异的光电特性,目前广泛用于太阳能电池。GaAs 可通过元素直接反应制备,如同在许多工业过程中得到应用的那样。

晶体生长使用 Bridgman - Stockbarger 技术中的水平炉进行,Ga 和 As 蒸气在其中发生反应,自由分子沉积在炉的较冷端的晶种上。

液体包封直拉法(LEC)生长可用于制备具有半绝缘特性的高纯度单晶。

生产 GaAs 膜的替代方法包括[33]:

气态 Ga 金属与 $AsCl_3$ 发生气相外延(VPE)反应:

$$2Ga + 2AsCl_3 \rightarrow 2GaAs + 3Cl_2 \tag{3.9}$$

三甲基镓和砷化物发生金属有机化学气相沉积(MOCVD)反应:

$$Ga(CH_3)_3 + ASH_3 \rightarrow GaAs + 3CH_4 \tag{3.10}$$

Ga 和 As 的分子束外延(MBE):

$$4Ga + As_4 \rightarrow 4GaAs \tag{3.11}$$

或者 $$2Ga + As_2 \rightarrow 2GaAs \tag{3.12}$$

目前的一大挑战是,如何实现比较安全的常温印制 GaAs。此方面,预先印刷的 Ga 薄膜允许上述一系列化学反应,直到最终制成所需的 GaAs 膜,但相应的工业实践中需要建立安全可靠的印制工艺和设备,比如引入等离子体介导的封闭加工,可于常温合成图案化 GaAs。

3. GaSe 制备

当加热时,Ga 可以与 Se 反应。以往,一种开放框架型硒化镓 $Ga_4Se_7(en)_2 \cdot (enH)_2$,已可通过 Ga 和 Se 在乙二胺(en)[4]中直接反应制备。

除上述 Ga 材料外,其他低熔点金属如 In 也可与 As、N_2 等反应。简而言之,这些化合物是电子工业中重要的半导体材料。如能实现直接印刷,基于液态金属的电子油墨将对现代电子产生巨大影响。尽管这些化合物还不能直接打印出来,但基于创新的解决方案实现常温下低成本快捷印制是完全可行的。Ga 或一些相关合金可首先写入合适的基底上,然后对之加以后续处理,即可通过上述方法获得具有特定半导体功能的材料,但制造过程应尽可能进一步简化,并实现图案化打印。

4. 离子注入

离子注入被认为是一种可行的材料改性方法。离子注入是用于对液态金属及其衍生半导体材料表面进行处理的新一代技术[4],高能离子束进入目标材料后,会引起一系列物理和化学变化,可用以改善材料的表面性质和半导体特性。对于 GaAs,可以注入包括 Zn^+、Cd^+、Mg^+ 和 Be^+ 的 p 型掺杂离子,包括 S^+、Se^+ 和 Si^+ 的 n 型掺杂离子来制造理想的器件。但注入过程中的退火会提高整个过程的上限温度,从而缩小基底材料的范围,并使固化过程复杂化。

3.8　液态金属印刷电子及半导体对当代社会的意义

金属油墨可应用于许多电子产品,如印刷电路板(PBC)、射频识别(RFID)、有机发光二极管(OLED)、太阳能电池、电子显示器、传感器和电子封装等。当然,还有更多其他潜在应用。例如,可折叠薄膜太阳能电池是一种利用非晶硅结合光电二极管技术制成的薄膜太阳能电池。该系列产品柔软、便携、耐用,光电转换效率高,可广泛应用于电子消费品电源、远程监控/通信、军事和航天等领域。喷墨打印可用于在相同基材上沉积不同材料,而每个沉积步骤之间没有干扰。这对于在芯片上制造传感器阵列很有利。液态金属印刷电子及半导体作为一种新兴方法,可望引发新一轮电子工业革命,对能源、环境、材料、制造业和其他行业也将产生显著积极的影响。

3.8.1　节能意义

新技术有望显著降低印刷电子产品的成本,提高生产效率。传统集成电路的制造过程既繁琐又复杂。包含氧化、光刻、扩散、外延、溅射、真空沉积的传统集成电路的高成本处理需要大量材料、水、气体和能量消耗。传统电子工业和印刷电子之间最显著的区别之一在于加工技术,两者分别是减法和加法策略。液态金属印刷技术提供了一种改变游戏规则的变革性方法,以其直接加成性、更高导电性、更低成本、节省材料、更易制备、更低能耗和更高效率,进一步推动了印刷电子的发展。

3.8.2 对环境保护的意义

传统集成电路的典型制造方法在制造过程中对环境要求很高,少数工艺环节会产生对环境有害的气体和颗粒。因此,集成电路通常是在将有害物质排放到外部环境的洁净室中制造的。同时,包装过程中使用的含 Pb 焊料因其对人体和环境有潜在毒性,而被相关法规禁止使用。此外,会直接污染环境的IC 废物回收利用也是一个有待解决的问题。

液态金属制备过程可在常温或正常条件下完成,对环境没有特殊要求。液态金属合金本身具有焊料或印刷电子器件功能。因此,液态金属印刷无须传统上的那种焊料和器具。随着科学和技术中的关键问题得以突破,液态金属墨水将给环境生态带来诸多有益影响。

3.8.3 对健康技术的影响

由于液态金属油墨可以印刷在柔性基材上,因此,将监控个人健康状况的装置集成为智能"芯片上医院"的便携式设备可更容易地制造出来。电路、半导体和太阳能电池也可进行打印,组成一个完整系统,随时随地在衣服上检查生理状况。打印的电子标签可以作为用户和产品的身份识别。金属墨水可被写在皮肤上,作为电极来监测人的心跳或热电偶来监测体温。这种方法也可用于在弹性腰带上印刷化学传感器以及用于制造探测水下危险环境的可打印传感器。

3.8.4 新兴应用

液态金属印刷方法开辟了许多潜在的应用领域。最重要的是,较低的印刷温度赋予了它更直接的直写方式,甚至可以立即在纸或其他柔性表面上生成电子和半导体。无论是折叠还是弯曲,油墨的性能都将得以保持。简而言之,液态金属油墨为半导体电子工业的进一步发展乃至普及化带来了新的机遇。由于结构简单、易于制造、性能稳定、成本低、效率高、油墨固化温度低,潜在的应用领域包括印刷电子,特别是柔性印刷电子、传感器领域、测量行业、显示器、微芯片、电子服装、航空航天领域,甚至生命科学领域。

鉴于某些金属氧化物的优良半导体性能和光伏特性,此方面可用于开发新的可印刷 p 或 n 型无机半导体来代替 Si。因此,通过在纸张、衣服、公文包、汽车甚至建筑物的栅栏结构等各种基材上印刷,可以方便、高效地生产新型薄膜太阳能电池。

3.9　挑战与机遇

液态金属墨水的高性能保证了其在印刷电子产品中的未来应用。然而,印刷电子及半导体是许多学科都会遇到的一个综合领域。在新兴电子工业应用得到完全接受之前,尚须克服诸多科学问题和技术挑战。

以下是一些有待妥善解决的科学问题:

1. 关键问题还在于材料

尽管先前列举的液态金属油墨的潜在候选材料包含多种合金,但仍有很大一部分合金乃至复合物的物理性能有待挖掘,以便在更宽温度范围内制造出更合适的油墨。即使通过改变合金成分或在合金中添加一些不同的元素,半导体性能也可以根据需要得到改善,但必须开展进一步的研究以验证液态金属或合金是否能够满足应用要求。

首先,尽管传统 IC 制程存在不足,但其技术相对成熟。同时,对合金的物理性能,如机械性能、拉伸性能等方面,仍有许多问题有待解决。此外,液态金属油墨可大面积印刷在不同表面,尤其是与三维印刷相关的柔性基材上,此方面尚待更多深入研究以澄清这些合金在不同表面上的性能,包括确保液态金属材料的连续性和均匀性。当在基材上印刷金属油墨时,存在一些重要的限制因素,例如防止液态金属由于液相线特性而流动和变形,这可能会降低产品的电气性能。

其次,就像传统的电子油墨一样,液态金属是从基底上的液相线固化的,在此过程中,一些金属很可能被氧化。因此,金属的导电性可能由于具有不良电性质的氧化而恶化,也会导致后续的氮化以及更多物理化学处理工序无效。此方面需要相关措施来方便地在空气中对其予以保护。由于液态金属在基底上书写之前遵循固化原理,因此基底和基底上作为功能部件的其他材料将在固化过程中受到影响,此方面需要开发合适的处理工序和装备。另外,不少半导体的形成需引入特定化学反应空间,以确保相应过程的高质量实现,这都需要在进一步的工业化过程中不断完善。

最后,金属的导电性、黏度等特性与温度、湿度等密切相关。因此,也需加以研究,以确定产品能否在特定温度和湿度范围的环境(包括磁场和光学)中满足应用要求。

2. 不同液态金属和基材之间的互连和兼容性是可能阻碍这些新型油墨应用的其他关键方面

此外,当印刷在柔性表面上时,须了解材料在弯曲或翻转柔性基材后是否能够保持高性能。例如,纯 Ga 与一些基材的黏合不太理想,可以尝试部分氧化的 Ga,但要牺牲电性能,也影响半导体设计及有关化学处理工艺。在提高附着力和保持适当的电子、半导体特性之间存在最佳解决方案。显然,找到最佳解决方案十分关键。液态金属油墨和基材之间的接触电阻可能随环境的温度和湿度而变化。在投入实际使用之前,在不同的环境中,确保黏附力和接触电阻在一定范围内稳定足够长的时间将是一个挑战。

与此同时,仍有一些技术挑战有待克服。首先,大多数低熔点金属和合金较为昂贵。因此,Ga 等贵金属油墨须考虑回收。此外,并非所有传统的印刷方法都可用于液态金属油墨。应该尝试并改善那些可能合适的方法,以满足各种直写要求。最后,还须充分注意液态金属油墨和制造过程中间体的毒性问题和丢弃后对环境的相容性和可降解特性等。

3.10 小结

液态金属印刷电子和半导体技术作为一种新兴技术,已展示巨大潜力,可望改变未来电子及集成芯片制程甚至是人们的生产生活方式。这种快捷制造技术与传统书写之外的许多功能相结合,正在催生新的应用方式。人们甚至可以随心所欲地用液态金属台式打印机打印出各种功能器件和产品。比如,在家里打印出可以感知并发出光和声音的可水洗织物会变得司空见惯;涂覆有液态金属薄膜的电子服装在阳光下会随机发电;建筑物的墙壁可以直接印刷成 LED,甚至是太阳能电池,这些太阳能电池随时收集太阳能,为人们的日常生活提供电力。此外,在教师和学生都将受益匪浅的教育领域,也将产生一场改变。使用液态金属电子和半导体墨水乃至打印设备,教师可以让课堂变得更加有趣和生动,学生可以根据自己的想象和设计进行功能绘画。与传统做法不同的是,所绘制的东西会非常生动,甚至可以发出声音、光乃至产生气味。许多电子产品将进入快速成型时代。与预先加载的计算机软件、设计的程序和自动控制打印机相结合,所需组件甚至可通过仅选择与特定图案相对应的代码而以最低成本快速制造出来,所有这些都将促成一个奇妙的电子新世界的到来。

参 考 文 献

[1] Harrop P, Das R. Player and Opportunities 2012 – 2022. FRID Market Research Report, 2012.

[2] Zhang Q, Liu J. Additive manufacturing of conformable electronics on complex objects through combined use of liquid metal ink and packaging material. Proceedings of the ASME 2013 International Mechanical Engineering Congress & Exposition, November 13 – 21, 2013, San Diego, California, USA.

[3] Li H Y, Yang Y, Liu J. Printable tiny thermocouple by liquid metal gallium and its matching metal. Appl Phys Lett, 2012, 101(7): 073511.

[4] Zhang Q, Zheng Y, Liu J. Direct writing of electronics based on alloy and metal (DREAM) ink: a newly emerging area and its impact on energy, environment and health sciences. Front Energy, 2012, 6(4): 311 – 340.

[5] Wang L, Liu J. Ink spraying based liquid metal printed electronics for directly making smart home appliances. ECS J Solid State Sc, 2015, 4: 3057 – 3062.

[6] Wang H, Li R, Cao Y, et al. Liquid metal fibers. Adv Fiber Mater, 2022, 4: 987 – 1004.

[7] Gui H, Tan S, Wang Q, et al. Spraying printing of liquid metal electronics on various clothes to compose wearable functional device. Sci China Technol Sci, 2017, 60(2): 306 – 316.

[8] Gao Y X, Li H Y, Liu J. Directly writing resistor, inductor and capacitor to composite functional circuits: a super-simple way for alternative electronics. PLoS ONE, 2013, 8(8): e69761 – 1 – 8.

[9] Yi L, Li J, Guo C, et al. Liquid metal ink enabled rapid prototyping of electrochemical sensor for wireless glucose detection on the platform of mobile phone. ASME J Med Devices, 2015, 9(4): 044507.

[10] Liu Y, Gao M, Mei S F, et al. Ultra-compliant liquid metal electrodes with in-plane self-healing capability for dielectric elastomer actuators. Appl Phys Lett, 2013, 102:

064101.

[11] 李海燕,周远,刘静. 基于液态金属的可印刷式热电发生器及其性能评估. 中国科学 E 辑,2014,44(4):407-416.

[12] 刘静. 压电薄膜发电器及其制作方法. 中国发明专利 CN201210322584.5,2012.

[13] 刘静. 印刷式纸质微流体芯片及制作方法. 中国发明专利 CN201210362506.8,2012.

[14] 刘静. 可涂敷式太阳能电池及其制作方法. 中国发明专利 CN201210322471.5,2012.

[15] 崔峥,等. 印刷电子学:材料技术及其应用. 北京:高等教育出版社,2012.

[16] 王磊,刘静. 低熔点金属 3D 打印技术研究与应用. 新材料产业,2015,245(1):27-31.

[17] 刘静. 微米/纳米尺度传热学. 北京:科学出版社,2001:12-14.

[18] 刘静,王磊. 液态金属 3D 打印技术:原理及应用. 上海:上海科学技术出版社,2019.

[19] 刘静. 液态金属物质科学基础现象与效应. 上海:上海科学技术出版社,2019.

[20] 刘静. 热学微系统技术. 北京:科学出版社,2008.

[21] Li H Y, Liu J. Revolutionizing heat transport enhancement with liquid metals: proposal of a new industry of water-free heat exchangers. Front Energy, 2011, 5: 20-42.

[22] 马坤全,刘静. 纳米流体研究的新动向. 物理,2007,36:295-300.

[23] Wang L, Liu J. Liquid metal inks for flexible electronics and 3D printing: a review, Proceedings of the ASME 2014 International Mechanical Engineering Congress and Exposition, November 14-20, 2014, Montreal, Quebec, Canada.

[24] Wang L, Liu J. Liquid metal material genome: Initiation of a new research track towards discovery of advanced energy materials. Front Energy, 2013, 7(3): 317-332.

[25] Zheng Y, He Z Z, Yang J, et al. Direct desktop Printed-Circuits-on-Paper flexible electronics. Sci Rep, 2013, 3: 1786-1793.

[26] Xiong M F, Gao Y X, Liu J. Fabrication of magnetic nano liquid metal fluid through loading of Ni nanoparticles into gallium or its alloy. J Mag Mater, 2013, 354: 279-283.

[27] Zhao X, Xu S, Liu J. Surface tension of liquid metal: role, mechanism and application. Front Energy, 2017, 11(4): 535-567.

[28] Yi L T, Jin C, Wang L, et al. Liquid-solid phase transition alloy as reversible and rapid molding bone cement. Biomaterials, 2014, 35(37): 9789-9801.

[29] Ma K Q, Liu J. Nano liquid-metal fluid as ultimate coolant. Phys Lett A, 2007, 361: 252-256.

[30] Gao Y X, Liu J. Gallium-based thermal interface material with high compliance and wettability. Appl Phys A, 2012, 107: 701-708.

[31] Li Q, Du B D, Gao J Y, et al. Liquid metal gallium-based printing of Cu-doped p-type Ga_2O_3 semiconductor and Ga_2O_3 homojunction diodes. Appl Phys Rev, 2023, 10: 011402.

[32] Li Q, Du B D, Gao J Y, et al. Room-temperature printing of ultrathin quasi-2D GaN

semiconductor via liquid metal gallium surface confined nitridation reaction. Adv Mater Technol，2022，2200733：1 – 11.

[33] Zhang J J，Huang Y. Preparation and optical properties of AgGaS$_2$ nanofilms. Cryst Res Technol，2011，46(5)：501 – 506.

[34] Moss S J，Ledwith A. The chemistry of the semiconductor industry. New York：Chapman and Hall，1987.

第4章
液态金属电子薄膜及物件的印刷

如前所述,要获得液态金属半导体,首先是实现电子薄膜的图案化印刷乃至 3D 打印,在此基础上对所印制的液态金属或其合金薄膜作进一步的化学处理,即可形成特定类型的半导体,再按照特定的电子电路集成方案形成功能器件。可见,液态金属电子薄膜的高品质印刷是首要环节[1]。传统的电子和半导体制造主要基于刻蚀机制,存在着程序复杂、耗时、费材和耗能较大的问题,对环境会带来一定的潜在污染风险。液态金属印刷半导体呈现的所见即所得方式,为功能器件的快捷制造创造了条件,由此还易于实现柔性可拉伸电子器件[2]。为使读者了解液态金属印刷的基本原理,本章从核心的液态金属电子墨水、印刷技术与装备三个方面加以介绍,对从个人电子电路印刷(直接绘画或书写、机械自动化印刷、基于掩膜层的喷墨印刷)到 3D 室温液体金属印刷等一系列典型工作进行剖析,讲解这些不同维度上的液态金属印刷技术及其应用,最后,从材料改性、技术创新、设备升级等方面讨论了进一步发展面临的机遇和挑战。总的说来,液态金属印刷电子允许人们随时随地以低成本方式制造目标功能器件,这预示着无处不在的电气工程时代的到来。

4.1 引言

大约在 1 000 多年前,中国的毕昇发明了活字印刷术,作为一种快速、大量制作书籍的方式,活字印刷术很大程度上克服了手抄书籍的弊端。在此基础上,平板印刷术得以出现,大大提高了印刷速度以及大规模的产能,后续的丝网印刷术则极大扩展了承印物的范围。而喷墨打印技术的成功商品化,逐步用于制造电子产品,如有机发光二极管(OLED)。在办公室中通常使用的另一打印技术是激光打印,尤其显著提高了办公效率。这些总体上属于 2D 印刷/打印技术,将承印材料限制为平面,为打破这一先天限制,业界提出了 3D 打印,也发展出相应设备,用以制作实体物品。总的看来,印刷技术的发展始终在朝着人类追求制造一切的梦想和目标迈进。

21 世纪以来,信息化已成为不可避免的趋势。作为基本的电子支撑工业,电子制造又是重中之重,最典型者莫过于建立在 Si 基半导体基础上的微电子制造技术,它主导了半导体的发展及整个集成电路电子行业。然而,由于这种制造方式的复杂性和需要巨大的投资,这对于个人而言通常不易获取,阻碍了个性化生产力的发挥。液态金属印刷电子提供了许多非凡的机会,如大面积印刷[3]、普惠性、灵活性、个性化设计、低成本,更多独特的液态金属印刷则允许定制电子和半导体,按需生产用户所期望的功能产品,从 2D 表面到 3D 结构以及任何所需的基材均可适应,这将重塑现代电子和集成电路领域[4]。

4.2 传统的电子印刷及油墨

与传统印刷技术不同,印刷电子油墨是具备导电、介电、半导体或磁性的电子材料。印刷电子与各种领域密切相关,如有机电子、塑料电子、柔性电子和纸电子,这表明人们不仅可以在 Si 和玻璃上印刷电路,还可以在塑料、纸、更柔性的基材甚至人体皮表上[5]制造电路,而结合液态金属掺杂和后处理,还实现了更广意义上的电子、半导体、pn 结乃至晶体管,继而构筑集成电路和芯片。

经典的柔性电子是指将有机/无机电子器件沉积在柔性基材上以形成电路的技术[6]。虽然刚性电路板可以保护电子元件免受损坏,但它限制了电子元件的延展性和灵活性。柔性电子具有柔软性、延展性和低成本制造等特性,通过制造智能传感器、致动器、柔性显示器、OLED 等,在信息、能源、医疗和国防技术领域具有广泛的应用前景。柔性电子器件最明显的特点在于其与传统刚性微电子器件相比展现出极大灵活性,这使其具有可拉伸性、保形性、便携性、可穿戴性和易于快速打印。由于在电气、可打印、生物医学和传感性能方面的独特优势,柔性电子已在电子组件、可植入设备和健康监视器中得到各种应用。一种是将坚硬的导电材料嵌入可拉伸基材上,如聚二甲基硅氧烷(PDMS),通过引入复杂的波浪结构,可以保持电路的可拉伸性,当应力作用在柔性基底上时,这种结构能够吸收主要张力。另一种是使用固有的可拉伸导体来形成电路,如使用导电 Ag 墨水连接电路,这种墨水可以直接将导电物写入到纸上,形成如互连发光二极管(LED)阵列和 3D 天线。

显然,液态金属印刷电子在快速制造功能器件方面的优势日益得到重视。随着研究的持续推进,出现了一些典型的印刷电子和半导体技术[7-10]。印刷电子在不同领域逐步发挥重要作用,如柔性显示设备、薄膜太阳能电池、大面积传感器和驱动器、电子皮肤、可穿戴电子和生物假体、自充电系统、自供电无线监测等。这样的技术还可用于健康监测、医学检查、生命体征检测和其他日常生活需要。越来越多的机构正投入到研究更多的液态金属电子材料和制造方法上来。

通常,传统的基于纳米颗粒的导电油墨不具有固有的导电性,需要特殊的后处理如烧结、退火程序,以便从导电油墨中去除溶剂以实现导电能力,例如 Ag 纳米颗粒浆料、PEDOT:PSS、基于聚苯胺的油墨、Ni 和 Cu 导电油墨均需如此,这也使得相应方法的实用性受到一定限制。

4.3 液态金属印刷电子油墨

对于印刷技术来说,电子墨水是不可或缺的一部分。新兴的液态金属油墨因自身固有的流动性和高导电性,使其成为一种理想的导电油墨(表 4.1)。在各种液态金属合金中,EGaIn 指的是共晶 Ga - In,它含有金属元素 Ga 和

表 4.1 几种典型导电油墨的电导率比较[6]

油 墨 类 型	油 墨 组 成	电导率(S/m)	后 处 理
碳系导电油墨	碳类	1.8×10^3	需要
	CNT	$(5.03 \pm 0.05) \times 10^3$	
聚合物导电油墨	PEDOT:PSS	8.25×10^3	150℃/20 min
纳米银油墨	Ag - DDA	3.45×10^7	140℃/60 min
	Ag - PVP	6.25×10^6	260℃/3 min
液态金属油墨	EGaIn	3.4×10^6	无须
	$Bi_{35}In_{48.6}Sn_{16}Zn_{0.4}$	7.3×10^6	

In,通常以 75.5％ Ga 和 24.5％ In 的质量比混合配制而成；Galinstan 则指的是 Ga‐In‐Sn 合金,以质量比 62.5％ Ga,21.5％ In 和 16％ Sn 的混合物存在。这些合金从室温至 2 000℃时仍保持液相。在低温或室温附近的热导率和电阻率方面,它优于其他许多液体材料。EGaIn 由于无毒性和良好的生物相容性,在生物医学领域也有重要用途,例如用作可穿戴传感[11]、影像定位及交互标签[12]、注射电子[13]和皮肤电子[14]。所有这些都表明液态金属可以广泛应用于电子行业。随着材料科学和技术的发展,液态金属印刷电子和半导体正迅速改变电子领域,成为快速制造功能器件的基本范式。

就液态金属印刷电子及半导体而言,为了将液态金属制备成电子墨水,需要进行表面处理以实现对基底的黏附。然而,由于固有的高表面张力,液态金属与大多数基材的附着力较差,这一挑战在很长一段时间内处于停滞,直到研究人员意外发现液态金属氧化后与基底的黏附力大大增加才得以解决[6]。在图 4.1(a)、(b)中,氧化的液态金属不仅改变了其形态,而且实现了对各种基材的良好黏附。构建液态金属颗粒复合材料是制备可直接打印电子墨水的另一策略,比如加载 Cu、Fe、Ni、Mg、W 等纳米技术颗粒。图 4.1(c)显示了将 Ni 颗粒掺杂到液态金属中的过程。图 4.1(d)显示了掺杂不同量 Cu 的液态金属。可以看出,掺杂 Cu 的液态金属的形态已经发生改变,但仍保持一定的流动性。对于掺杂的金属颗粒,除了改性液态金属与基底的黏附力之外,还可以赋予原始液态金属新的特性,比如,对 Cu 掺杂的 Ga 予以氧化,可形成 p 型半导体。这一方向的典型工作还包括掺杂 Mg 颗粒,如图 4.1(e)所示。所得的液态金属 Mg 复合材料不仅更容易涂覆在特定基底(如皮肤)上,而且具有更好的光热效应,特别是对 Mg 掺杂的 Ga 予以氮化处理形成氮化镓镁半导体,可与 GaN 一道集成起来实现发光器件,这有助于建立全新的直接印制 micro‐LED 的路径,这将迎来显示器可以随处印刷的情形。简而言之,构建液态金属颗粒复合材料不仅有助于制备高附着力的液态金属电子墨水,还赋予液态金属新的特性或改善其原有的物理和化学性质(如电导率、热导率、半导体特性),特别是,进一步的氧化、氮化或更多化学处理可以获得预期的半导体性能。

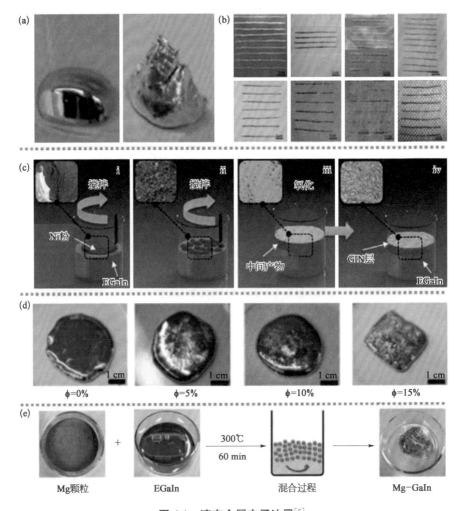

图 4.1　液态金属电子油墨[6]

(a) 原始液态金属(左)和氧化液态金属(右);(b) 能够黏附的液态金属印刷电子器件,显示了在不同基材上书写的液态金属油墨的润湿性;(c) 掺杂 Ni 的液体金属油墨的制备工艺;(d)掺杂 Cu 的液体金属墨水;(e) 掺杂 Mg 的液体金属墨水。

4.4　液态金属电子墨水的可打印性

4.4.1　可调节的黏附性

黏附力是不同分子之间的吸引力。印刷电路时,液态金属以液滴的形式从喷枪中喷出。当置于空气中时,液态金属液滴的表面会产生一层组成为

Ga_2O_3/Ga_2O 的氧化物。从这一原理出发,Zhang 等建立了通用性液态金属喷墨印刷电子方法[10],通过雾化液态金属液滴并结合掩膜,可以在几乎所有的固体基材表面上快速制造出电路,无论光滑还是粗糙均是如此。此外,金属液滴的氧化物含量越大,液滴与基材之间的接触角越小,能适应各种材质。这也是液态金属印刷电子超越传统电子制造之处,后者大多只能在特定基底上印刷电路,且对环境和设备的要求极高。

基于 Young‑Dupre 方程,可以得到

$$W_{SL} = \gamma_L(1 + \cos\theta) \tag{4.1}$$

其中,W_{SL} 为液态金属液滴的黏附功,γ_L 为表面张力,θ 是液滴和基底之间的接触角。液滴越小,γ_L 越大,θ 越小,W_{SL} 越大,反映了更好的黏附性。换言之,可以通过控制其氧化物层来调节液态金属油墨在基材上的黏附性。液态金属合金油墨对大多数基材具有很强的附着力。

4.4.2　润湿性

润湿性反映的是液体在固体表面上扩散的能力。接触角通常表示润湿性:接触角越小,润湿性越好。动态接触角是指在表面上移动的液体的接触角。与静态接触角相比,动态接触角(滑动角和前进后退角)在刻画氧化的 Galinstan 液滴的润湿性方面起着重要作用:

$$\sin\alpha = \gamma_{LG}\frac{Rk}{mg}[\cos\theta_{rec} - \cos\theta_{adv}] \tag{4.2}$$

这里,α 为滑动角;R 为金属液滴半径;m 是液滴质量;θ_{rec} 为后退接触角;θ_{adv} 为前进接触角。HCl 浸渍的扁平纸上的液态金属液滴具有最低的接触角,而对于未处理的印刷纸,它具有最高的接触角。Gao 等揭示了液态金属 $GaIn_{10}$ 与不同基材上的润湿性[15],这些基材包括光滑的聚氯乙烯、多孔橡胶、粗糙的聚乙烯、树叶、环氧树脂板、打字纸、玻璃、棉纸、塑料、棉布、硅胶板、玻璃纤维布和其他具有不同表面粗糙度和材料性质的基材。当增加氧含量时,液态金属合金的电阻率和热导率降低,而黏度和润湿性相应增加[16]。因此,可以通过控制氧化物的层厚,来调整液态金属在柔性基底上的润湿性。

4.5　液态金属电子功能薄膜印刷方法

正如毕昇活字印刷术所启示的那样,印刷的便利性大大促成了知识、文化

和技术应用的传播。现代印刷尽管设备和技术条件不同,基本原理和方法与活版印刷相同。因此,优秀的印刷技术和适当的电子油墨也会对人类社会产生巨大影响。目前,液态金属印刷电子日益受到关注,导致了不同领域替代性电子设备的出现[17]。到目前为止,已经得到商业应用的典型方法如:丝网印刷、雾化喷涂、微接触印刷、掩膜沉积和喷墨印刷等。

4.5.1　液态金属电子手写方式

由于液态金属与多种基材的良好润湿性,可以直接将其作为电子油墨印刷于纸、玻璃或布上。Sheng 等直接在 VHB 4905 丙烯酸薄膜表面上喷涂液态金属油墨,制造出了可与手机交互的旨在监测人体运动姿态的电容器传感器[图 4.2(a)][18]。由于重力和对基底的黏附力,液态合金可以作为一种墨水直接加载到笔芯中,以书写出导电文本或线条[8, 19, 20]。Zheng 等发明了首个液态金属电子手写笔,可以在尖端直径为 200~1 000 μm 的软板上书写导线或电子器件[图 4.2(b)][8]。据此原理研制的液态金属电子手写笔也已形成市场销售产品[图 4.2(c)]。

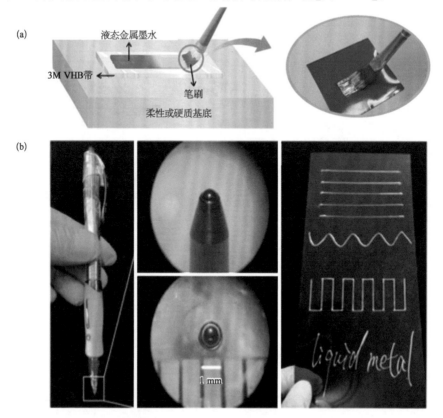

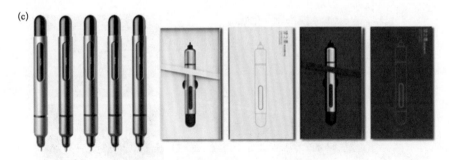

图 4.2　无须机器直接书写电子的方法

（a）在 VHB 4905 丙烯酸薄膜表面直接喷涂液态金属油墨制造出电容器传感器[18]；（b）液态金属墨手写笔及其书写的导电图案[8]；（c）商用液态金属电子手写笔。

4.5.2　液态金属全自动打印电子

与传统的直接绘画或书写相比，机械印刷方法可以实现数字控制，这使得液态金属印制电子电路更加精确（图 4.3）。笔者实验室 Zheng 等发明并演示了世界首台多功能液态金属打印机[7]，可借助操控板的指示，打印出平面电路或 3D 金属物体并实现封装。该机器由注射器、氮气管、压力控制器、示教器、载物台、X 轴、Y 轴和 Z 轴组成（图 4.3）。为实现不同材料基材和印刷油墨之间的匹配，引入了一种刷状多孔针来打印不同类型的文件。桌面打印机可以通过计算机软件控制打印出各种电子图案。特别是，纸张成本低且可回收，这使其成为一种常见的基材，并允许在纸上印刷电路（PCP）。在上述基础上，笔者实验室进而推出了首台全自动液态金属打印机，用于个性化电子电路的快速印制[9]，其轻敲模式打印的原理是将储墨管固定在打印驱动器上，使用滑动轮将驱动器夹持在导轨上，由此可将打印头沿导轨沿 X 方向移动，并使用电机沿 Y 方向驱动基材。因此，印刷头在基材印刷区域中的位置是可以控制的。轻敲模式意味着笔尖可以在 Z 方向上移动一小段距离。打印时，打印头下降接触底座，在打印基材上升一定高度，此时可避免打印导线。在印刷过程中，印刷头由于受基底的摩擦而发生旋转，这使得笔筒中的液态金属油墨向下流动，这种轻敲模式方法可制造各种印刷电路板。基于这一原理的商用化桌面式液态金属电子电路打印机（图 4.3）也于 2014 年正式进入市场[4]，对于推动液态金属电子的普及化应用起到了关键作用。

图 4.3　轻敲模式液态金属电子电路打印机、打印头及其打印发光电路[4]

4.5.3　普适性液态金属喷墨印刷

笔者实验室 Zhang 等提出具有一定普适意义的液态金属电子电路雾化喷印方法[图 4.4(a)]，无须对液态金属电子墨水进行预处理[10]，适合于从二维平面到三维表面的电路成型[图 4.4(b)]。较有价值的是，这种方法适合在任何固体材质及光滑度的基底上印刷液态金属[图 4.4(c)]，这是几乎所有其他电子制造方法无法企及的，也是液态金属印刷电子超越于传统制造的最为独特的优点之一，个中原因主要在于雾化的液态金属液滴拥有较大的比表面积，使其可以在空气中快速氧化，从而显著提高黏附能力。在此基础上，Wang 和 Liu 提出了基于掩膜的丝网印刷方法[17]，借助预先设计的掩膜图案，液态金属油墨可以直接沉积在基底上,形成既定图案,由此实现电子器件的快速成型。
而且,取决于液态金属在所沉积表面的喷印密度,该方法还易于印制特定透光
度的光学透明电路[图 4.4(d)]。这一成果为电子产品在各种基材上的通用和
直接印刷铺平了道路,可望在广泛的电气工程领域发挥重要作用。上述方法
具有很好的拓展性,将其与传统丝网印刷相结合,并在印刷过程中施加压力,
研究人员实现了用于快速制造导电图案的加压液态金属丝网印刷方法,原理
如图 4.5(a)所示。通过设计模板和基底结构[图 4.5(b)],利用该方法可在各
种复杂结构表面上实现液态金属图案,精度可达亚毫米级甚至纳米级。这种
高精度打印方法适用于在广泛场合打印各种导电图案,如图 4.5(c)所示。

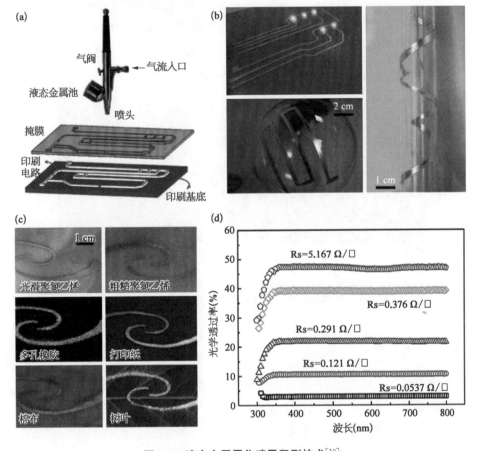

图 4.4　液态金属雾化喷墨印刷技术[10]

(a) 基于雾化喷印的液态金属电路快速成型原理;(b) 雾化喷印技术用于平面及各种三维表面电路制
造的情形;(c) 印刷在各种材质基底上的液态金属;(d) 具有不同薄层电阻的多孔液体金属膜的光学透
过率。

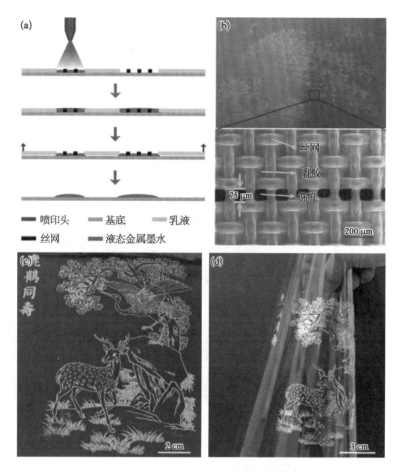

图 4.5 液体金属丝网喷墨印刷技术[17]

(a) 液体金属网印刷示意;(b) 印刷图案及其放大图像;(c) 设计制作于丝网上的预
期电路原始图案;(d) 基于液态金属丝网印刷技术获得的导电图案。

4.5.4 液态金属转印方法

为实现更高效的印刷,转移印刷方法逐步引起了研究人员的关注。这一方向的最早尝试起源于笔者实验室提出的基于冻结相变机制的液态金属双转印方法[21]。由于液态金属的相变会导致自身显著的黏附性变化,预先印刷在聚氯乙烯(PVC)膜上的液态金属可以转移到所覆盖的聚二甲基硅氧烷(PDMS)上。该方法克服了以前遇到的障碍,可以使功能电路的封装更加简单快速。

作为示例,Wang 等展示了利用液态金属双转印方法快速制造适合任何复杂表面形状的柔性功能电子器件的情况(图 4.6)[21]。具体原理是,首先在 PVC 膜上打印出液态金属电路,然后使用 PDMS 溶液覆盖电路。经一段时间后,PDMS 溶液发生固化(当它处于液态时,可以将任意形状的物体浸入 PDMS 溶液中)。最后,冷却整个物体,使液态金属变为固体,于是可将初始液态金属电路完全转移到 PDMS 柔性基材上。在该过程中,PDMS 固化后,可以剥离 PVC 膜和目标物体,以获得嵌入 PDMS 器件的液态金属柔性电路。由于 PDMS 基底的形状完全适合物体,因此可以实现高度共形的电子器件。这项技术对传感、医疗监测以及家用功能器件制造具有重要意义。

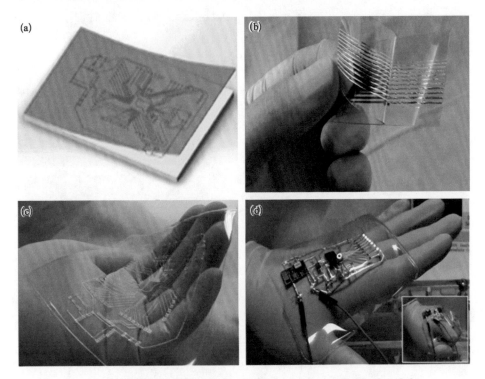

图 4.6　基于液态金属液固相黏附性差异的电子电路双转印方法[21]

(a) 将 PVC 上打印电路转印到 PDMS 基底示意;(b) 液态金属固液相态与不同基底间存在黏附性差异;(c) 经转印后嵌于 PDMS 中的液态金属电路;(d) 利用双反印工艺转印并集成制造出的柔性生物医学电子器件。

此外,笔者实验室 Guo 等提出了一种具有一定普遍适应性的一步液态金属转移印刷方法[22]。在该方法中,液态金属与不同基材用于实现液态金属印刷。由于所选择的特定物质(如 PMA)显示出对多种基材的优异黏附性,因此该方法可适用于不同基材,甚至适用于对液态金属润湿性较弱的基材。该方法可以很好地制备复杂的导电几何形状、多层电路和大面积导电图案,且工艺简单。此外,通过结合滚压印刷和转移印刷,Guo 等提出了基于改性液态金属油墨的智慧印刷方法(SMART)[23],可快速制造具有高分辨率和大尺寸的各种复杂电子图案。基于上述原理的液态金属印刷设备已形成商用化产品(图 4.7),逐步普及应用于各行各业。取决于选择性的黏附机制,可以引入不同的黏合材料[24],如超疏水涂层。此外,研究人员通过这种选择性黏附实现了三维电路的制造[25]。首先,利用 3D 打印工艺制作了一系列复杂的三维结构,并用聚合物涂层覆盖三维结构的表面,该涂层与液态金属材料具有高黏附力;之后,将三维结构浸没入液态金属中,可实现液态金属在三维结构表面上的黏附。

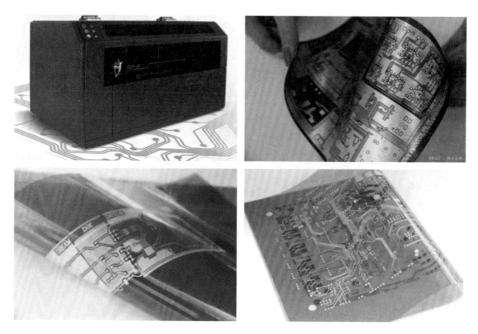

图 4.7 基于选择性黏附原理研制的商用液态金属电子电路印刷机及其印制电路图案

研究发现,由于重力的影响,镓铟合金在室温下难以稳定地黏附到三维结构的表面。对此,可提前氧化镓铟合金,以显著改善其性能,使之在三维结构表面上保持一定的稳定性。这项工作显示了液态金属独特界面特性在三维电路中的应用价值。目前,基于金属间润湿的选择性黏附,已能实现分辨率达 1.3 μm 的全功能 3D 液态金属电路。本书后面还将对此予以专门介绍。

4.6　液态金属 3D 电子及半导体打印方法

3D 打印是一种通过逐层沉积墨水材料来构造空间物件和对象的技术，换句话说，它是一种典型的增材制造模式。与传统的减法技术不同，增材制造是一个自下而上、逐层叠加的制造过程。它不仅可以避免腐蚀，有助于环境保护，还可以节省大量的原材料，因而显著减少了环境污染和材料成本。笔者实验室 Zheng 等首次提出了可同时实现电路制作、封装及多层电路互联的液态金属 3D 打印方法[7]，并展示了原型样机[图 4.8(a)]。

进一步地，Wang 等提出了液相 3D 打印的概念和方法[26]，使用熔点高于室温且低于 300℃的 Ga、Bi 和 In 基合金来完成打印。液相 3D 打印是在液体环境中进行的，液体可以是水、乙醇、煤油、电解质溶液等。但是，液态金属油墨的熔点必须低于液体环境的熔点，以确保打印的进行。在实验中，引入 $Bi_{35}In_{48.6}Sn_{16}Zn_{0.4}$ 作为印刷油墨，因为它在相变过程中吸收/释放的热量不如普通金属。该小组进一步报道了多墨水打印技术[27]，即混合 3D 打印[图 4.8(b)]，其意味着各种墨水的交互打印或多种打印方法的组合。在图 4.8(b)中，采用 $Bi_{35}In_{48.6}Sn_{16}Zn_{0.4}$ 和 705 硅橡胶(非金属)油墨完成混合 3D 打印。705 硅橡胶是一种防水、防腐、透明和绝缘的黏合剂，在室温下吸收水蒸气时可以固化。因此，它经常被用作电气封装材料。首先，使用 705 硅橡胶在基底上印刷底层，并使用 $Bi_{35}In_{48.6}Sn_{16}Zn_{0.4}$ 在 705 硅胶层上印刷中间层。之后，使用 705 硅橡胶印刷顶层。当充分固化时，一旦从基底上取下印刷品，就可以获得夹层结构。兼容的金属和非金属墨水混合 3D 打印充分体现了金属墨水良好的机械强度和导电/导热性，以及非金属墨水的优异绝缘性，使打印电路适用于恶劣环境。液态金属也可以用作可注射的 3D 生物电极，以测量心电图(ECG)或脑电图(EEG)[28-30]。

尽管在二维图形和三维微观结构中，在常温下实现液态金属的图案化取得了重大进展，但对于任意宏观 3D 液态金属结构的增材制造仍然是一个大的挑战。然而，这种能力对于制造液态金属空间电子元件、半导体乃至集成功能器件非常重要。在没有附加场效应的情况下，液态金属大的表面张力和低黏度决定了挤出的形状和行为，这通常迫使液态金属形成球形，液滴聚结，从而限制液态金属形成 3D 结构的能力。为解决上述挑战，笔者实验室提出了一种新概念型制造方法，即液态金属悬浮 3D 打印[31]，其原

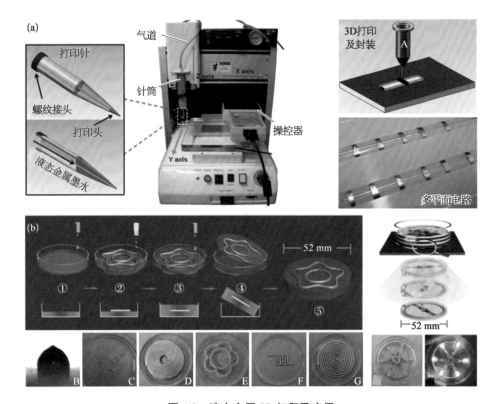

图 4.8   液态金属 3D 打印及应用

（a）液态金属 3D 打印原型机、打印封装原理及打印搭桥的多平面电路[7]；（b）使用液态金属 $Bi_{35}In_{48.6}Sn_{16}Zn_{0.4}$ 和 705 硅橡胶油墨的混合 3D 打印原理及应用情形[27]。

理在于利用自修复水凝胶作为支撑介质，将液态金属打印成任意的宏观 3D 结构（图 4.9）。

当流体和固体状态转换时，这种介质可以使材料性质平稳过渡。当用注射针移出一系列编程路径时，支撑水凝胶在剪切应力下局部流动，以允许书写针的容易插入和重复回扫，而不会在打印过程中由于针的运动而抵抗变形。当针通过时，局部流态化的水凝胶在移动的针后面再次快速恢复，从而实现稳定状态，这就保持了注射材料的形状，印刷部件不会因重量出现下沉。经过验证，自修复水凝胶在低屈服应力的宽浓度范围内可以满足打印所需的流变学特征。悬浮印刷法在液体金属的设计和制造中提供了更高的自由度，不受尺寸、速度、黏度和表面张力的限制。

这种增材制造方法在众多领域提供了稳定方便的操作，比如利用液态金属液滴构建 3D 宏观结构和立体电子系统。基于该策略，可以将液态金属印刷

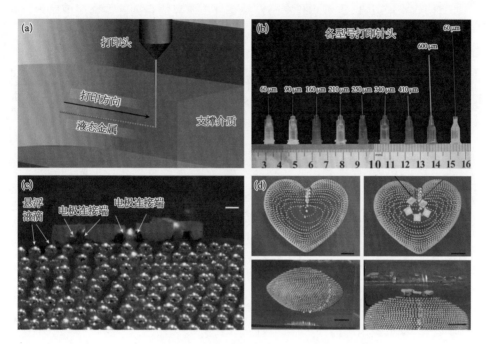

图 4.9 液态金属悬浮 3D 打印[31]

(a) 悬浮打印原理；(b) 打印针头；(c) 打印到悬浮凝胶中的金属液滴；(d) 在凝胶内用悬浮法打印出的 3D 金属物电子。

成复杂的多维和形状可变形的功能结构，而忽略流体不稳定性、重力和表面张力的影响。此外，这项工作有助于消除材料的限制和技术障碍，使各种材料能够印刷成任意形状。将打印出的液态金属作为阳极通以电流，则在表面可以出现氧化，若液态金属是纯 Ga，则产生的半导体是 Ga_2O_3，对此类溶液化生成的半导体予以集成，可以实现空间电子器件。预计该方法的进一步实践将促进多尺度液滴生成、柔性电子、封装技术、3D 半导体、生物学和医学等方面的进步。

4.7 液态金属印刷电子商用设备的发展及应用

在液态金属印刷电子方面，基于电子油墨及印刷方法，实现具有大规模普及能力的印刷设备具有重大的产业化意义。此类设备有助于将液态金属印刷电子产品普及到千家万户，从而促进个性化电子制造的繁荣。在多年持续研发的基础上，笔者实验室先后开发出一系列较为实用的打印方法和自动打印设备。

自 2014 年以来,笔者实验室研发并交付产业界的系列液态金属电子电路打印机及手写笔现陆续投入实际使用,很大程度上改变了传统模式,打破了个人电子制造的技术瓶颈,这使得用户可以极低的成本快速制造电子电路。借助计算机控制,即使没有电子经验的人也可以直接打印电子。通过 USB 电缆,打印机可以与计算机连接以实现在线打印,也可以通过 SD 卡脱机打印。除平面打印之外,3D 金属打印机是一种桌面制造设备,可代替传统的金属零件加工,制备具有复杂空间结构的金属零件。

基于上述印刷原理和由此实现的印刷设备,可将各种典型电路和功能部件印刷在涂布纸上。根据需要,这种基础性电子制造方法可以扩展到更复杂的三维情况,而且可用于各种场合。例如,在皮肤上印刷液态金属可用于制造用于健康监测的皮肤电子设备。当应用场景是一个房间时,则可相应发展出智能家居的概念;通过选择不同颜色的合适涂层,还可实现彩色液态金属电路。

值得指出的是,液态金属既可作为半导体,也可作为电路与已有功能半导体结合,实现更多实用器件。比如,针对在各个领域有巨大应用价值的显示设备,笔者实验室提出了液态金属印刷光电子的概念并展示了相应技术[32],可由此快速定制图案化柔性显示器。此方面可基于两种液态金属印刷图案作为输入电极的电致发光器件,其中一种是以夹层结构堆叠液态金属电极、发射层和透明前电极,另一种则是将由液态金属图案制成两个输入电极放置在发射层的一侧,然后从液态金属图案的边缘发射光。与传统的背电极相比,液态金属可以快速打印成多种图案,从而获得预期形状的液态金属电致发光器件,显示定制的发光图案也可根据需要随意擦除,由此为用户提供了充分的创作自由。这项研究为快速制造基于液态金属的个性化显示器提供了支撑,在可穿戴电子、可植入设备和智能皮肤电子等领域可望发挥作用。

作为柔性电子中信息交互的一个重要窗口,柔性显示器从阴极射线管显示器和平板液晶显示器等刚性显示器演变而来,LED 和 OLED 用作柔性显示面板的发光组件。传统上的制造通常需要昂贵设备和复杂工艺,因而限制了应用的推广。多年来,柔性显示器的低成本和快速制造一直是业界关注的问题。

ZnS 粉末是典型的电致发光材料,由此可构筑起结构简单的交流电致发光(ACEL)器件,基本结构由夹在两个电极之间的 ZnS 发射层组成。在电场激发下,ZnS 磷光体发射磷光体的特征光。ACEL 设备有很多架构,可适应不同应用场景，比如作为可穿戴显示屏的编织发光织物。具有共面电极的 ACEL 器件有可能摆脱透明电极的限制，用作可显示的智能传感器。然而，ACEL 设备的以往方法未能平衡显示精度和快速低成本制备，液态金属印刷技术的引入为此提供了很好的解决方案。

图 4.10(a)给出了两种液态金属电致发光(LM - ELD)设计结构[32]。一种称为平行型 LM - ELD 方案，使用液态金属图案作为背电极，发射层夹在透明前电极和背电极之间。为防止电击穿，在发射层和背电极之间添加电介质层。交流电连接透明前电极和液态金属后电极。另一种称为共面型设计，是在发射层一侧放置两个液态金属图案，交流电流连接两个共面液态金属电极。这里使用的发光材料是质量比为 2：1 的 ZnS：Cu 磷光体和 PDMS 的混合物。根据热电子激发原理，在电场作用下，ZnS 磷光体晶体中的电荷载流子被加速并撞击晶格，在激活中心产生电子-空穴对。当电子-空穴对复合时，晶体根据掺杂元素的不同发出特征光。夹在电容器极板之间的 ZnS 磷光体通过聚合物黏合剂彼此绝缘，由两个电极构成电容器。

当向两个电极施加交流电压时，电容器中形成电场，如图 4.10(b)所示。对于平行型 LM - ELD，液态金属电极和透明电极形成平板电容器 C1，且电场主要限制在液态金属电极。在这种情况下，光从透明电极一侧发射。相应地，共面型 LM - ELD 的第二配置是两个电容器(C2、C3)串联，且背电极作为公共电极板。根据电荷守恒($V_2 C_2 = V_3 C_3$)和平板电容器计算公式($C = \varepsilon S/d$)，平面电极的场强直接受电极面积的影响($V_2/V_3 = S_3/S_2$)。面积越小，电极下的电场越强。由于电极边缘的场强远高于电极正下方场强[图 4.10(b)]，从液态金属电极边缘发射的光足够强，因此不需要透明电极。

图 4.10(c)给出了基于滚筒印刷和半液态金属油墨(Ga 和 Gu 微粒的混合物)制备的 LM - ELD。首先，在隔离纸上印刷出一个掩膜。由于离型纸和调色剂之间的黏附力差异，可通过滚动带有液态金属油墨的橡胶辊来获得液态金属图案。同时，将发光材料(PDMS＋ZnS：Cu)旋涂在电极层(ITO/PET 膜)上，然后在热板上固化。随后，将介电材料(PDMS＋BaTiO$_3$)旋涂在发射层上，以获得高黏度半固化多层结构。之后，该结构从一侧连接液态金属图案，以尽可能消除气泡。最后，将夹层放置在热板上以完成后固化过程。液态金属图案的快速印刷简化了 LM - ELD 的制备过程，使得在数小时内制造图案化显示器件成为可能。此外，还可将液态金属墨水直接写入发光部件，以构建 LM - ELD。

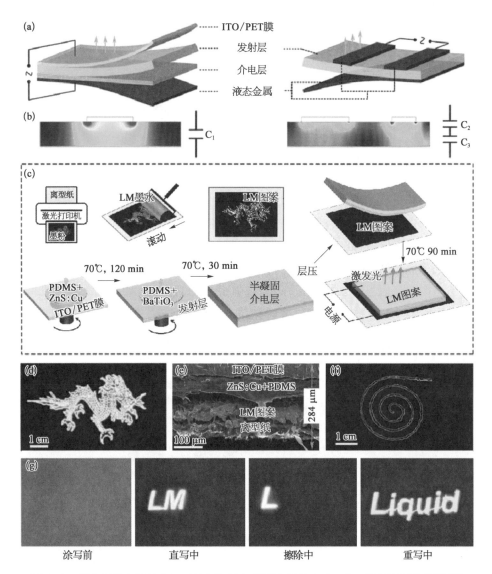

图4.10 具有平行电极的 LM‑ELD 和具有共面电极的 LM‑ELD 的示意图和照片[32]

（a）平行型 LM‑ELD（左）和共面型 LM‑ELD（右）结构；（b）两个模型的电场分布仿真结果；（c）基于滚筒印刷和半液体液态金属油墨的 LM‑ELD 制备示意；（d）展示中国龙图案的平行型 LM‑ELD 照片；（e）为（d）中所示的 LM‑ELD 的横截面 SEM 图像；（f）显示螺旋线图案的共面型 LM‑ELD 照片；（g）通过擦除和重写液态金属电极来改变发光图案。

基于液态金属打印方法的光电子制造技术更适用于个性化显示设备。如图 4.10(d)所示,笔者实验室制作了具有中国龙图案的平行型 LM‑ELD。发光图案在内部环境中可见。使用液态金属图案作为背电极显示出迷人的发光效果。如图 4.10(e)所示,横截面 SEM 图像显示,液态金属图案被印刷基材封装于器件中,以防止泄漏。包括 PET 基底和印刷基底的器件的总厚度为 284 μm,其中发射层厚度为 46 μm。共面型 LM‑ELD 的另一种结构如图 4.10(f)所示,螺旋线图案印刷在发光材料上,背电极也是液态金属。光线从螺旋线两侧的边缘发出,呈现出美丽的发光液态金属图案。

此外,LM‑ELD 还可以自由修改发光模式。如图 4.10(g)所示,用刷子蘸上液态金属墨水,并将字母"LM"直接写在发光部件上。书写的字符可用 NaOH 溶液擦除。当表面干燥时,"液体"一词被改写。因此,这种可重构背电极在可再现显示器中有重要应用前景。

LM‑ELD 制备的灵活性使其在可穿戴设备中具有广泛的应用前景。图 4.11(a)制备了一个发光腕带以监测人体温状态,使用自定义模式来显示不同的状态。体温监测系统由五部分组成,即腕带、EL 驱动器、控制器、电池和传感器。腕带由便携式 EL 驱动器驱动,该驱动器由两个干电池(3 V)供电。温度传感器布置在需要测温的地方,如腋下。传感器将温度信号转换成电信号并将其传输到控制器。当温度达到设定范围时,信号传输到腕带以显示相应状态。如图 4.11(a)所示,当温度达到 37.5℃时,腕带显示"Feverous",提示用户当前体温偏高。相应地,当温度降至 35℃以下时,腕带将显示"热损失"。可穿戴腕带显示了在可穿戴健康监测设备中的应用潜力,个性化的图案设计则可充分发挥普通用户的创造力和偏好。

进一步利用液态金属印刷光电技术,可构建与液态金属印刷电路集成的可编程 8×8 像素显示器。器件由五层组成,即 ITO/PET 透明电极、发射层、电介质层、像素层和连接电路层。显示器结构如图 4.11(b)、(c)所示,其后电极由双层液态金属电路制成。上部电极形成 8×8 像素阵列,这是显示面板的图案。每个方形像素(5 mm×5 mm)由液态金属墨水打印,并共享相同的顶部透明电极。可以通过打印不同的液态金属形状来改变像素的大小和形状。采用相同方法制备两位七段数字显示器。下部电极是液态金属印刷连接电路,可逐个单独寻址上部像素。上电路和下电路均存在于纸基材上,并通过纸上通孔连接。显示设备各区域的功能如图 4.11(b)所示。Cu 线用于将顶部和背面电极连接到便携式 EL 驱动器。显示区域和连接电路彼此绝缘。为控制

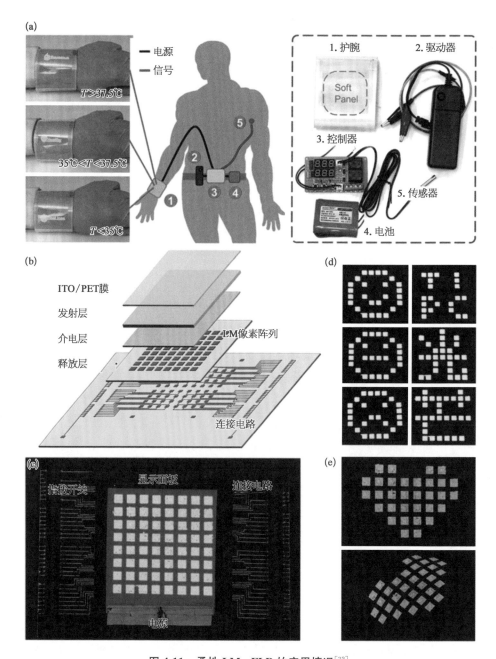

图 4.11 柔性 LM‑ELD 的应用情况[32]

(a) 用于监测体温的腕带;(b) 与液态金属印刷电路集成的可编程 8×8 像素显示器示意;(c) 显示屏照片和各部分的功能说明;(d) 分别显示情感模式、英文字母和中文字符;(e) 带有心形图案的显示器及其弯曲状态照片。

每个像素的通断状态,使用双列直插式封装(DIP)开关,分别改变每个连接线的连接状态。通过改变 DIP 开关产生显示设备输入信号,显示区域立即响应输入信号的变化并显示不同模式。在显示区域中显示了象征快乐、麻木和悲伤的表情,反映了用户的心情[图 4.11(d)]。此外,还可呈现其他图案,如英文字母和汉字,以向用户传达更多信息。该像素阵列显示了广泛的适用性,以反馈各种信息。使用电子芯片控制输入信号将使显示器的功能更智能。由于设备的每个部分均是柔性的,例如 ITO/PET 膜、PDMS、液态金属墨水,因此显示设备可在弯曲状态下保持正常显示[图 4.11(e)]。

　　总的说来,液态金属印刷电子的一个基本意义在于这种技术所呈现出的普惠性:人们可以在任何表面上印刷出个性化的柔性功能器件,这将显著扩展传统的电子工程范畴。通过克服在获得高良品率、损坏电路的自修复、长使用寿命、低环境污染和废物回收方面的问题,液态金属印刷电子产品展现了光明的未来。

4.8　小结

　　本章介绍了液态金属印刷电子及电子墨水制造、印刷技术、印刷设备和应用方面的情况。这些工作也引申出了个性化电子的制造概念。随着上述各种液态金属技术和设备逐步工业化,这意味着 IC、PCB、电子绘画或 DIY 等一系列电子普惠制造正成为现实。为进一步推动领域发展,尚需在以下方向上不断努力。首先,材料创新对于液态金属印刷电子产品始终具有重要意义。在影响印刷效果的因素中,电子墨水是一个重要环节。到目前为止,实现液态金属与基底黏附的主要方法是氧化。然而这种策略有时会不可避免地改变预期的液态金属的物理性质,尤其是对于电子和半导体应用更是如此。此外,随着研究的深入,有限类型的液态金属油墨日益成为发展瓶颈。为适应更多需求,此方面可深入开展液态金属材料基因组研究。获得具有预期特性的液体金属油墨,包括导电性、黏度、润湿性、氧化性、半导体预设性等。此外,随着各种液态金属印刷方法的相继出现,用于印刷的基材可以是纸、塑料、金属表面、布甚至皮肤,从而可以在各种基材上印刷液体金属。然而,在任何表面上进行高精度打印仍然是一个挑战。现阶段,将液态金属印刷方法与现有成熟的芯片制备策略相结合,将有助于制造更高精度的电子产品。例如,研究人员利用混合光刻技术实现了具有小到 180 nm 和 1 μm 线间距的特征尺寸的液态金属图案化。最后,液态金属印刷电子技术由于其可定制的特性,有望在个人层面实时制造电子产品。这样面向广大消费者的个性化制造业将有效促进液态金属印刷电子行业的全景式增长。为实现这样的宏伟目标,基于材料和技术创新,发明更多的液态金属印刷设备具有关键意义。总体而言,液态金属印刷电子产品的出现为未来开拓了大量空间。随着科技成果的不断涌现,液态金属印刷电子产品将迎来爆炸式的繁荣,乃至进入千家万户并惠及各行各业。

参 考 文 献

[1] Wang X L, Liu J. Recent advancements in liquid metal flexible printed electronics: properties, technologies, and applications. Micromachines, 2016, 7: 206.

[2] Guo R, Wang X, Yu W, et al. A highly conductive and stretchable wearable liquid metal electronic skin for long-term conformable health monitoring. Sci China Technol Sci, 2018, 61(7): 1031 - 1037.

[3] Zheng Y, He Z Z, Yang J, et al. Liquid metal printing for manufacturing large-scale flexible electronic circuits. Proceedings of the ASME 2014 International Mechanical Engineering Congress and Exposition, November 14 - 20, 2014, Montreal, Quebec, Canada.

[4] Yang J, Yang Y, He Z Z, et al. Desktop personal liquid metal printer as pervasive electronics manufacture tool for the coming society. Engineering, 2015, 1(4): 506 - 512.

[5] Guo R, Sun X, Yao S, et al. Semi-liquid-metal-(Ni-EGaIn)-based ultraconformable electronic tattoo. Adv Mater Technol, 2019, 4: 1900183.

[6] Wang X L, Liu J. Liquid Metal Enabled Functional Flexible and Stretchable Electronics, Flexible and Stretchable Electronics Materials, Design, and Devices. Taylor & Francis Group, 2019.

[7] Zheng Y, He Z Z, Yang J, et al. Direct desktop Printed-Circuits-on-Paper flexible electronics. Sci Rep, 2013, 3: 1786 - 1 - 7.

[8] Zheng Y, Zhang Q, Liu J. Pervasive liquid metal based direct writing electronics with roller-ball pen. AIP Adv, 2013, 3: 112117 - 1 - 6.

[9] Zheng Y, He Z Z, Yang J, et al. Personal electronics printing via tapping mode composite liquid metal ink delivery and adhesion mechanism. Sci Rep, 2014, 4: 4588.

[10] Zhang Q, Gao Y X, Liu J. Atomized spraying of liquid metal droplets on desired substrate surfaces as a generalized way for ubiquitous printed electronics. Appl Phys A, 2014, 116: 1091 - 1097.

[11] Ren Y, Sun X, Liu J. Advances in liquid metal-enabled flexible and wearable sensors. Micromachines, 2020, 11(2): 200.

［12］ Guo R，Cui B，Zhao X，et al. Cu－EGaIn enabled stretchable e-skin for interactive electronics and CT assistant localization. Mater Horiz，2020，7：1845－1853.

［13］ Jin C，Zhang J，Li X，et al. Injectable 3－D fabrication of medical electronics at the target biological tissues Sci Rep，2013，3：3442.

［14］ Guo C，Yu Y，Liu J. Rapidly patterning conductive components on skin substrates as physiological testing devices via liquid metal spraying and pre-designed mask. J. Mater Chem B，2014，2：5739－5745.

［15］ Gao Y X，Li H Y，Liu J. Direct writing of flexible electronics through room temperature liquid metal ink. PLoS ONE，2012，7(9)：e45485.

［16］ Gao Y X，Liu J. Gallium-based thermal interface material with high compliance and wettability. Appl Phys A，2012，107：701－708.

［17］ Wang L，Liu J. Pressured liquid metal screen printing for rapid manufacture of high resolution electronic patterns. RSC Adv，2015，5：57686－57691.

［18］ Sheng L，Teo S，Liu J. Liquid-metal-painted stretchable capacitor sensors for wearable healthcare electronics. J Med Biol Eng，2016，36：265－272.

［19］ Wang L，Liu J. Printing low-melting-point alloy ink to directly make a solidified circuit or functional device with a heating pen. Proc R Soc A：Math Phys Eng Sci，2014，470：0609.

［20］ Yang J，Liu J. Direct printing and assembly of FM radio at the user end via liquid metal printer. Circuit World，2014，40：134－140.

［21］ Wang Q，Yu Y，Yang J，et al. Fast fabrication of flexible functional circuits based on liquid metal dual-trans printing. Adv Mater，2015，27：7109－7116.

［22］ Guo R，Tang J，Dong S，et al. One-step liquid metal transfer printing：towards fabrication of flexible electronics on wide range of substrates. Adv Mater Technol，2018，3(12)：1800265.

［23］ Guo R，Yao S，Sun X，et al. Semi-liquid metal and adhesion-selection enabled rolling and transfer (SMART) printing：a general method towards fast fabrication of flexible electronics. Sci China Mater，2019，62(7)：982－994.

［24］ Yao Y，Ding Y，Li H，et al. Multi-substrate liquid metal circuits printing via superhydrophobic coating and adhesive patterning. Adv Eng Mater，2019，21：1801363.

［25］ Guo R，Wang H M，Chen G Z，et al. Smart semiliquid metal fibers with designed mechanical properties for room temperature stimulus response and liquid welding. Appl Mater Today，2020，20：100738.

［26］ Wang L，Liu J. Liquid phase 3D printing for quickly manufacturing conductive metal objects with low melting point alloy ink. Sci China Technol Sci，2014，57：1721－1728.

［27］ Wang L，Liu J. Compatible hybrid 3D printing of metal and nonmetal inks for direct manufacture of end functional devices. Sci China Technol Sci，2014，57：2089－2095.

[28] Sun X, Yuan B, Sheng L, et al. Liquid metal enabled injectable biomedical technologies and applications. Applied Materials Today, 2020, 20: 100722.

[29] Yu Y, Zhang J, Liu J. Biomedical implementation of liquid metal ink as drawable ECG electrode and skin circuit. PLoS ONE, 2013, 8: e58771.

[30] Liu R, Yang X, Jin C, et al. Development of three-dimension microelectrode array for bioelectric measurement using the liquid metal-micromolding technique. Appl Phys Lett, 2013, 103: 193701.

[31] Yu Y, Liu F, Zhang R, et al. Suspension 3D printing of liquid metal into self-healing hydrogel. Adv Mater Technol, 2017, 1700173.

[32] Zhou Z, Yao Y, Zhang C, et al. Liquid metal printed optoelectronics toward fast fabrication of customized and erasable patterned displays. Adv Mater Technol, 2022, 7(5): 2101010.

第5章
液态金属印刷电子与半导体互联技术

液态金属除了作为电子互联的要素之外,要实现完整功能的电子器件,尚需结合一系列半导体技术以形成对应的目标器件。制造液态金属印刷功能器件的一个基本途径是在液态金属与已有半导体之间建立桥梁[1]。此方面,数量众多的半导体材料、器件乃至集成电路提供了重要支撑。本章内容介绍液态金属印刷电子与半导体互联方面的方法和技术,其中的一些典型应用是图案化液态金属电子与半导体器件如 LED 等的功能化集成,更彻底的制造则在于实现液态金属电子油墨与半导体油墨的全印刷集成,此方面拟通过半导体 n/p 性质可调的碳纳米管(CNT)半导体的印刷加以介绍。近年来,业界对包含单壁碳纳米管(SWCNT)在内的各种先进材料的研发上取得了一系列进展,显著提高了碳纳米管在电子器件中的应用潜力。在液态金属电子与半导体的全印刷互联技术中,液态金属与碳纳米管的结合已显示出较大的可行性,所实现的大面积器件阵列表现出优良的均一性、高性能和灵活性。本章内容在介绍液态金属电子互联的基础上,讲解碳纳米管的自组装印刷问题与液态金属连接技术。在应用层面,则介绍了通过 OTS 修饰 SiO_2/Si 基底实现长程碳纳米管自组装和印刷,由此直接印刷高性能液态金属碳纳米管太阳能电池、晶体管和光电子器件的案例。这些策略为下一代柔性液态金属碳纳米管光电子器件的低成本和大规模印制提供了重要参考。

5.1 引言

印刷作为一种按需沉积实现目标器件的增材制造技术,正以指数方式扩展到各种功能电子图案的创建上,对于大面积制造柔性低成本电子器件更展示出极大潜力,这是因为相应制程无须高真空和多级图案化,本身就减少了原材料的浪费,也避免了因腐蚀而形成的污染排放。另一方面,许多情况下,印刷策略不依赖于高温工艺环节,因而节省了能源,减少了碳排放,也因此显著降低了生产成本和环境影响。以碳纳米管为例,虽然实现大规模对齐仍相对困难,但通过一定的喷墨打印可以有效确保碳纳米管局部对齐排列[2]。在以往开展的有关尝试中,将喷墨打印方法与自组装单层图案化相结合的策略可用于排布碳纳米管[3],但需要用紫外光照射基底,以便在疏水和亲水区之间形成极强的润湿性差异,这会增加工艺的复杂性,也降低了可控性。因此,采用便捷有效的印刷技术灵活控制碳管的面积、取向和密度是通向应用的关键。

单壁碳纳米管具有独特的物理化学性质,一直是纳米科学和纳米技术发展的核心构件,此方面应用的主要挑战之一是通过纳米材料有序组装并构建宏观器件,同时保持其固有的独特性能。单个单壁碳纳米管具有独特的一维性质和优异的载流子迁移率[4],是不同学科领域研究人员的兴趣所在。然而,无序排布的碳纳米管网络在管间连接处具有静电屏蔽效应,其几何结构对器件特性有很大影响,通过减少或消除结的数量可以改善电荷传输[5]。因此,人们一直在尝试将单壁碳纳米管有序排布以构建高性能器件。典型方法包括后生长和直接生长方案等,通过催化图案化和化学气相沉积(CVD)技术在晶体基底上沉积碳纳米管,可获得密集排列的阵列。然而,这些方法通常会产生半导体碳纳米管和金属碳纳米管的混合物。近年来,使用溶液技术进行碳纳米管的分离[6],一些研究组提出了基于溶液的制备大面积定向单壁碳纳米管膜的方法,包括浸涂和旋涂等。然而,因为人们需要以最少的材料消耗在特定位置制备顺排的碳管薄膜,对于该方法来说,此种排布工艺对于大面积商业应用仍面临困难,也限制了进一步的发展。另一种基于悬浮液的沉积方法则已产生显著结果[7, 8]。这种工艺耗时较长,整个过程中必须保证外界对碳纳米管的悬浮液不产生任何干扰。此外,使用这些方法无法对碳纳米管取向进行宏观图案化排列。缓慢真空过滤虽然是对齐碳纳米管的有用方法[9],但需要使用湿化学方法将膜移动到固体基底(如石英、蓝宝石或硅树脂)上。

笔者实验室开发了一种简单、低成本且高效率的液态金属及碳管薄膜联合印刷技术[1],其过程与用于制造各种电子和光电器件的标准微加工工艺兼容。在这样的制程中,可在刚性和柔性基底上将液态金属与碳管阵列混合印刷集成,由此成功地将两种材料的独特优势结合了起来。这里,碳纳米管阵列薄膜作为半导体发挥作用,而液态金属则充当优异的柔性和导电材料,选择

Ga/In 合金(EGaIn)作为印刷器件的电极,无须后处理(如烧结、退火等),由此获得了高效的液态金属碳纳米管微结构太阳能电池,电池光电转换效率达到 5.6%,短路电流为 18.0 nA,填充因子为 67.3%,是基于碳纳米管制造的高效太阳能电池之一。此外,我们还在 PET 基底上印刷出柔性液态金属碳纳米管薄膜晶体管器件,展现出 20.5 μS 的优异跨导和 1.16 cm^2/Vs 的迁移率,这使得可以进一步构建和实现用于各种柔性器件。进一步地,使用有序排布的碳纳米管和液态金属可印刷出光电器件,它们同样显示出优秀的光电特性。

如下介绍液态金属与常规半导体集成器件如 LED、碳纳米管集成印刷技术,相应方法易可拓展到各种柔性基材上,对于新一代柔性光电子器件的快速制造具有较大潜力。

5.2 液态金属导电图案化打印及与常规半导体器件互联

理论上,液态金属可与几乎所有的半导体形成互联,继而构筑功能器件。作为示例,在讲解液态金属与碳纳米管互联问题之前,先介绍液态金属电子图案打印与 LED 半导体集成器件的互联问题,特别以首台液态金属个人电子电路打印机[10]的应用加以解读,选择通过 8×8 LED 阵列来阐述基本流程。首先,确定 8×8 LED 阵列的原理图[图 5.1(a)]。8 行 8 列的信号线使 64 个 LED 相互独立。为点亮位于第 3 行第 4 列的 LED,用户会将正电压连接至第 3 行,并将地线连至第 4 列[图 5.1(b)]。如图所示,各行和各列相互交叉,在同一层接线时这是不可避免的。尽管传统的双层 PCB 是解决此问题的完美方案,但由于在常温下呈液相,使用液态金属轨迹很难按此方案实施。为此,可针对轨迹的交叉提出对应的解决方案,如图 5.1(c)所示。用户在发生交叉处保留约 1.5 mm 的间隙,并在轨迹打印后用 RTV 硅橡胶覆盖其间。接下来,在 RTV 硅橡胶硫化以后,使用橡胶辅助连接断开的轨迹,如同架起天桥一般。此方法适用于交叉较少或比较规则的情况,如同 LED 阵列一样。作为打印过程的下一步,人工设计出适合于液态金属打印机的矢量格式图形后,可在图形设计软件(如 CorelDraw)的引导下完成打印。

对于此 LED 阵列电路,除了网眼式交叉和两个 LED 底座以外,可打印图形[图 5.1(d)]完全类同于原理图[10]。两个 LED 底座的大小根据真实的 LED 包装仔细设计,在此情况下,由于打印轨迹处于液态,封装采用表面贴装,而非嵌入式。图 5.1(d)中提供的尺寸适用于根据行业标准具有固定尺寸的 1210

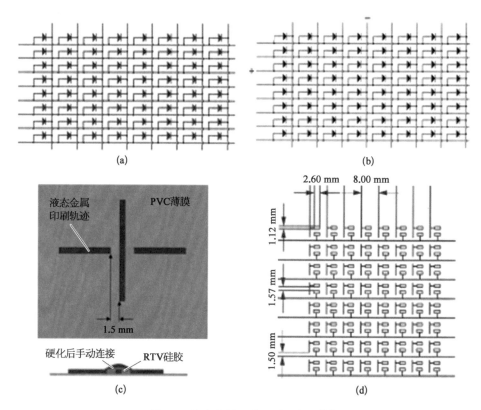

图 5.1　液态金属图案设计及打印[10]

(a) 8×8 LED 阵列的原理;(b) 点亮位于第 3 行第 4 列 LED 示意;(c) 在两个轨迹交叉处进行天桥式连接的方法;(d) 精心设计的可采用液态金属打印机打印的 LED 阵列电路。

包装表面贴装 LED。当然,表面贴装 LED 的底座是实心矩形,而非图 5.1(d)所示的开放式矩形。由于液态金属打印机在此阶段仍属于线条绘图机,在图中仅绘制了线条。当两条线的间隙小于打印机空间分辨率时,即形成了填充区域。但是,填充区域对此 LED 阵列应用并非强制性的,这是因为打印的矩形可通过人工方式轻松填满。

　　若要使用液态金属打印机打印 LED 阵列电路[图 5.1(d)],可打印图形宜采用打印机支持的图形语言格式。LED 阵列电路图形设计完毕后,用户将图形导入 Microsoft Word ,图形随时准备发送至液态金属打印机进行打印。在几分钟内即可准确地打印输出 LED 阵列电路[图 5.2(a)和(b)]。结果与图 5.1(d)所示一致,除了黑色线条以外,其余是液态金属轨迹,承印物则为 PVC 薄膜。装配 LED 只需置于底座上,并使用镊子[图 5.2(c)]将其固定。所有 LED 装配完以后[图 5.2(d)]，使用上述方法连接断开的轨迹[图 5.1(c)]。由于轨迹处于液态，此步骤须小心完成。首先，添加一小滴硅橡胶覆盖交叉区域。其次，在橡胶硬化后使用液态金属人工连接轨迹。对于长期使用而言，可使用 RTV 橡胶涂覆整块 LED 阵列电路板予以封装。根据以往试验[11]，当打印的液态金属电路以不同角度多次折弯时，电路电阻几乎没有变化，说明密封良好的打印阵列可以满足柔性电路要求。

　　上述完成 LED 阵列的完整程序[10]，包括设计电路图、用液态金属打印机打印、连接断开的轨迹、LED 装配和涂覆。此程序大大简化了传统 PCB

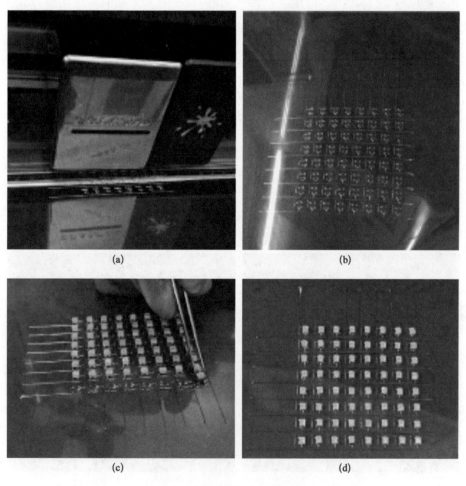

图 5.2　LED 阵列制作程序[10]

(a) 使用液态金属打印机自动打印 LED 阵列电路；(b) 打印的 LED 阵列，看上去几乎与图形一样；(c) 使用镊子装配 LED，确保在各 LED 与电路之间获得足够的电传导；(d) 所有 LED 连接完毕。

制造的工艺,传统工艺通常涉及印刷、热转移、蚀刻和脱墨、焊接和打孔,很大程度上依赖于昂贵的设施。此外,与传统制造相比,液态金属打印机的使用只需较少的材料和仪器,并避免了有风险的工艺,如化学蚀刻和高温焊接。与完全手动的电路实验板相比,液态金属打印机更加自动化,能力更强。

　　为测试 LED 阵列,开发了微控制器系统来驱动照明图案。我们将此系统编程为显示数字和字母,以及心形(图 5.3)。LED 阵列制造和测试验证了液态金属打印机可以在各类应用中将液态金属与半导体器件实现连接[10]。除了制作功能电路外,打印机还可用来创作艺术品,社会对艺术品的需求始终存在。

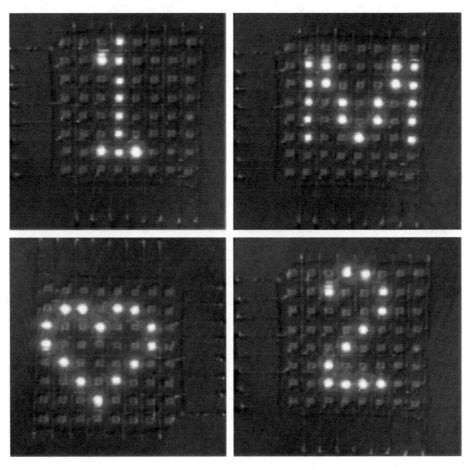

图 5.3　显示"1"、"M"、心形和"2"的 LED 阵列照片[10]

LED 阵列的输入脚线连接至带传统 Cu 导线的微控制器系统;此处未显示系统和导线。微处理器被编程为显示每个符号 1 s,然后切换至无线循环中的下一个符号。

图 5.4(a)～(d)显示了由液态金属油墨打印的各种线条图案,此油墨可用作艺术品创作的新型绘图材料————一种与石墨型材料截然不同的材料。液态金属的良好导电性,提供了将艺术与电子相结合的可能性。图 5.5(a)所示的插图和图 5.5(b)所示的电子贺卡,就使用了液态金属互联的彩色 LED 来加以装饰。LED 使制作的图画十分生动,这是传统印刷品不能提供的特点。由于液态金属打印机能打印输出任何导电图形,因而可与半导体形成互联,继而实现电子产品与艺术性之间的一体化制造。

当然,液态金属所能连接的远不止 LED。如下介绍碳纳米管半导体的打印,进一步探讨与液态金属与半导体墨水实现联合打印和集成的问题。

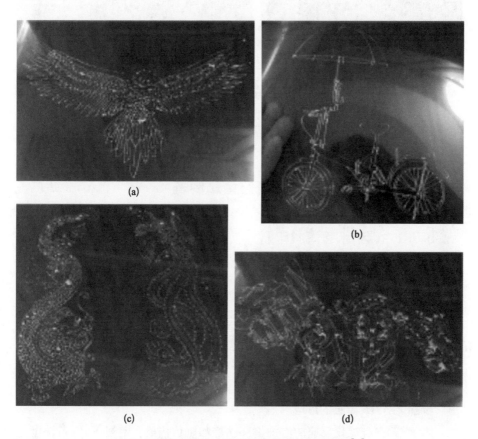

(a)　(b)　(c)　(d)

图 5.4　液态金属油墨形成的打印线条图案照片[10]

(a) 展翅的鹰;(b) 自行车和雨伞的静物画;(c) 中国绘画"龙凤"(寓意"美好吉祥")的复制品;(d) 电影《变形金刚》中的角色"大黄蜂"的线条图。

(a)   (b)

图 5.5　结合了艺术性与电子的图案[10]

(a) 中国古代著名绘画《清明上河图》的复制品；(b) 写有"圣诞快乐"并装饰了彩灯的贺卡。这两幅打印的液态金属绘画均嵌入了彩色 LED，使艺术品更加漂亮和生动。

5.3　碳纳米管薄膜印刷及液态金属制备

5.3.1　碳纳米管薄膜印刷

步骤 1：基底的处理

用作印刷的基底是氧化物厚度为 500 nm 的重掺杂 Si(100) 晶片。将晶片切割，并在超声浴中用等离子水、丙酮、甲醇依次清洗 20 min，用 N_2 吹干。为获得完全羟基化的基底，将基材在配制好的溶液 [H_2O_2 (33%)/浓 H_2SO_4 (67%)] 中浸泡 20 min，然后用去离子水进行大量冲洗。随后用去离子水冲洗基底，在 N_2 中干燥。

步骤 2：OTS 单层的形成

用于 OTS 硅烷化反应的溶剂由环己烷和氯仿构成。室温下，制备浓度为 2.5×10^{-4} M 的十八烷基三氯硅烷 [OTS，$CH_3(CH_2)_{17}SiCl_3$，纯度 90%]，与体积比为 1：3 的环己烷/氯仿的溶剂混合物相混合。将处理过的基底（SiO_2/Si）浸入 OTS 溶液中 2 h，待完全吸附后，在超声波浴中用氯仿洗涤 OTS 涂层

基底 30 min,以去除残留的过量的硅烷沉积物,然后在去离子(DI)水中冲洗,
最后用 N_2 吹干。

步骤 3:碳纳米管的印刷

使用沉积有 OTS 疏水自组装单层膜(OTS - SAM)基底,来诱导 SWCNT
在印刷方向上的有序排列。使用经 OTS 处理 2 h 的 SiO_2/Si 晶片作为印刷基
材。完整的 OTS 膜是光滑、致密的单层。使用 30 μm 的喷印针孔和 Sonoglot
GIX Microplotter II 进行喷墨打印。线条图案由单独打印的液滴组成直径～
200 μm,间隔 10 s[图 5.6(a)]。

5.3.2　液态金属的制备

将液态金属 EGaIn 添加到具有惰性气体保护的容器中,加热至 150℃保
持 30 min。然后添加称重好的合金(C1 型镀银铜粉、15 wt％的 EGaIn)。经自
然冷却后,加入润湿剂(4.17 wt％)、钛酸酯偶联剂(1.04 wt％)和气体凝固剂粉
末(1.04 wt％),并在 2 000 r/min 转速下混合 2 h,以确保导电增强材料能够均
匀分散在液态金属导电黏合剂中。接下来,将混合物转移到具有惰性气体保
护的球磨机中,以 ZrO_2 颗粒作为研磨介质以 5 000 r/min 研磨 3 h。最后,过
滤液态金属导电膏并使用自动填充机在惰性气氛下将其倒入容器中。

5.4　液态金属-碳纳米管光伏电池印制

获得高度顺排碳管对电子器件的制造至关重要[1],常温液态金属具有固
有的高导电性、环境稳定性和优异的鲁棒性,是一种优异的柔性导电材料。整
合两种拥有各自优势的材料,可发挥它们在半导体功能器件制造中的适用性。
此方面,可首先制造液态金属碳纳米管微结构太阳能电池(PSC)并评估器件
性能。

为实现显著的光伏效应,太阳能电池应具有强大的内生电场,以便能够分
离光生电子-空穴对。采用具有高功函数和低功函数的两个金属电极与碳纳
米管薄膜不对称接触。依靠这种结构,可在碳纳米管内实现强大的内生电场
来有效分离光生电子-空穴对。如图 5.6(a)和(b)所示为带有顺排 s - CNT 的
LM - CNT 太阳能微电池及能带图,图 5.6(c)为典型器件沟道的 AFM 图像。
在 SiO_2/Si 上图案化印制出具有高功函数和低功函数的 Au 和液态金属电极,
以形成与碳纳米管阵列不对称接触的平行电极。器件沟道长度(L)和宽

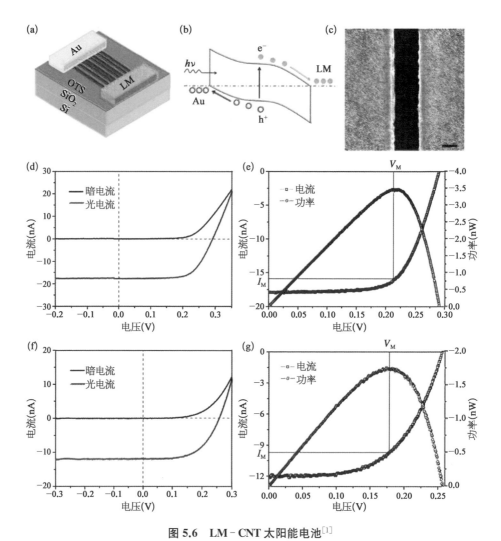

图 5.6 LM‐CNT 太阳能电池[1]

(a) 基于 LM‐CNT 的太阳能电池结构；(b) 太阳能电池在太阳光照下的工作机理能带图；(c) 沟道区碳纳米管阵列的 AFM 图像(比例尺为 5 μm)；(d)~(e)电池的 I‐V(黑色)和输出功率(蓝色)曲线，展现了电池的开路电压、短路电流、输出功率及填充因子；(f)~(g)基于无序碳纳米管网络的太阳能电池的 I‐V 和输出功率特性。

度(W)分别为 5 μm 和 2 000 μm。使用垂直于碳纳米管阵列平面投影的人造太阳光(AM 1.5 G)，可对器件的光电特性进行评估。

图 5.6(d)和(f)显示了含有顺排和无序碳纳米管网络的 LM‐CNT 太阳能电池的电流密度-电压(J‐V)特性[1]。在黑暗中，这种不对称接触的半导体碳纳米管显示出标准二极管整流 I‐V 特性，原因可归结为金属碳纳米管界面

处的肖特基势垒形成[图 5.6(d),黑色曲线]。照明条件下的总电流可确定为暗电流和光下产生的电流之差。光电产生的电子空穴被二极管电场分开,进而产生光电流 I_{sc}[图 5.6(f),红色曲线],器件展现出典型的光伏行为。太阳能电池的关键性能指标可用如下光电转换效率定义:

$$\eta = (I_M \times V_M) / P_{in} = (FF \times I_{sc} \times V_{oc}) / P_{in} \qquad (5.1)$$

经计算,基于 LM - CNT 阵列排列的太阳能电池显示 η 等于 5.6%,性能优于基于随机网络状液态金属器件(3.1%)。在总共表征的 20 个器件(10 个 Au/顺排 s - CNTs/LM 电池和 10 个 Au/无序 s - CNT/LM 电池)中,沟道中每 μm 具有相同的 s - CNT 线性密度。这些电池的特性如表 5.1 所示。表 5.2 对使用不同技术实现的光伏微电池器件参数进行了比较[12-16]。与参考器件相比,这里的 LM - CNT 太阳能电池显示出更高的短路电流(I_{sc})、开路电压(V_{oc})和填充因子(η)。含有排列碳纳米管阵列的太阳能电池的优异性能归因于有效的电荷载流子收集。高度富集的 s - SWCNT 和强排列可望优化载流子解离和扩散的效率,并降低排列的碳纳米管的 R 值。由于这些特征,具有排列碳纳米管的太阳能电池优于随机碳纳米管[1]。

表 5.1　基于不同排布碳纳米管/液态金属电池的光伏特性[1]

太阳能电池结构	光电流(nA)	电压(V)	填充因子	转换效率(%)
Au/对齐 s - CNT/LM	18.17 [17.57±0.59][a]	0.28 [0.20±0.08][a]	0.67 [0.63±0.04][a]	5.60 [5.58±0.20][a]
Au/随机 s - CNT/LM	12.30 [11.68±0.62][a]	0.27 [0.15±0.12][a]	0.56 [0.47±0.09][a]	3.10 [2.70±0.30][a]

注: [a]表示 10 个电池器件的平均值。

表 5.2　实验室制备的光伏电池与其他文献的电池性能对比[1]

太阳能电池结构	光电流(nA)	电压(V)	填充因子	转换效率(%)	参考文献
Au - CNT - Ti	2.19×10^3	0.026	0.25	5.2	[12]
Pb - CNT - Sc	1.08	0.238	0.60	0.48	[13]
Pb - CNT - Sc	12.8	0.17	0.42	0.11	[14]
Pb - CNT - Al	12.97×10^{-3}	0.088	0.35	5	[15]
Al - CNT - Al(SiN$_x$)	1.75×10^3	0.09	0.25	0.23	[16]
Au - CNT - LM	18.1	0.28	0.67	5.6	[1]

5.5 高性能柔性液态金属-碳纳米管晶体管

对于传统无序排布碳管网络的晶体管,由于碳纳米管的管结散射和不均匀的表面覆盖,具有较低的迁移率,而这是晶体管器件的关键参数。因此,碳管的有序排布对于将单根碳纳米管的优异性能扩展到整个薄膜至关重要。为进一步评估顺排碳纳米管网络在柔性器件中的应用,我们在沉积有 HfO_2 栅介电层的柔性聚酯(PET)基底上构建 LM/CNTs/LM 结构晶体管(~ 20 nm)[图 5.7(a)],使用液态金属顶栅设计[1]。图 5.7(a)为典型 TFT 中 $50\ \mu m$ 长沟道以及液态金属和碳纳米管膜之间的界面 SEM 图像,其中可以观察到致密 s - CNT 网络形成的导电沟道。图 5.7(b)和(c)为器件特性。印刷的顶栅晶体管沟道表现出强 p 型导电。此外,图 5.8 显示器件的栅极漏电流较低($\sim V_g = 10$ V 时为 100 pA)。在高于 1 V 的栅极电压下,柔性晶体管阵列展现出理想的开关行为,通/断电流比高达 5×10^5,这种结构的器件可以在低工作电压下提供大电流输出。晶体管的另外两个重要特性参数是跨导(g_m)和迁移率(μ),器件在 $V_{ds} = -1$ V 时实现了较高的导通状态电导(G_{ON})和跨导(g_m)值(分别等于 19 和 20.5 $\mu S/mm$)[图 5.7(d)]。在 $V_{ds} = -1$ V 时,器件在三极管区域中工作。因此,可由如下公式获得设备迁移性:

$$\mu_{device} = \frac{L}{V_{ds}C_{ox}W} \cdot \frac{dI_{ds}}{dV_g} = \frac{L}{V_{ds}C_{ox}} \cdot \frac{g_m}{W} \tag{5.2}$$

其中,L 和 W 分别是器件沟道长度和宽度,C_{ox} 是单位面积栅电容。基于液态金属与顺排碳纳米管网络的器件显示出优异的电性能,具有优秀的迁移率和导通电流[分别等于 1.16 cm^2/Vs 和 116 $\mu A(-10$ V)]。图 5.7(d)显示了基于无序碳纳米管网络薄膜的器件传输特性。对于无序碳纳米管网络,可以观察到明显的性能降低。此外,我们制作了具有平行和垂直方向排列的碳纳米管膜的器件,并测试了它们的电导率和晶体管性能[图 5.7(e)]。如图 5.7(f)所示,晶体管在平行(垂直)方向上的导通电流密度为 $\sim$ 0.9 μA($\sim$ 0.03 μA),表明通过顺排碳纳米管可以极大提高导通电流——与具有垂直排列的碳纳米管的晶体管相比,在相同的漏-源电压下晶体管输出电流增加了 100 倍[图 5.7(g)]。由于对齐使得碳纳米管紧密间隔并且彼此平行,因此顺排碳纳米管显示出比随机碳纳米管更低的内管结密度。此外,由于半导体碳纳米管层和印刷液态

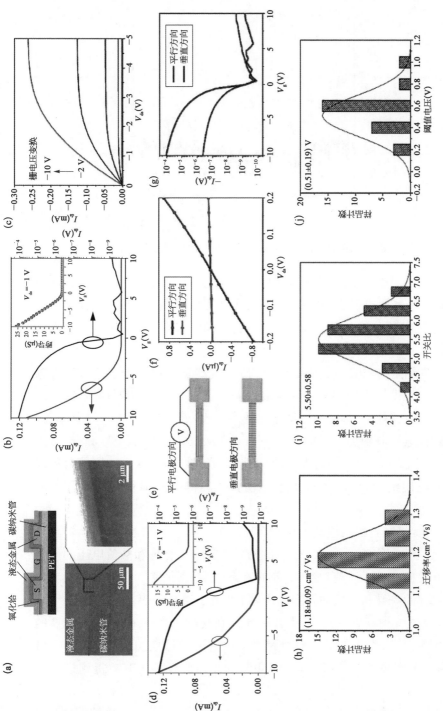

图 5.7　基于 LM - CNT 的柔性晶体管的结构和性能[1]

(a) 具有 50 μm 通道长度的典型器件示意图像和 SEM 图像；(b) 具有液态金属电极和排列的 CNT 阵列的晶体管的传输曲线；(c) 在 2 V 步进中，器件在 −10 ~ −2 V 的不同栅极电压下输出；(d) 基于随机取向 CNT 的类似 TFT 的传输特性；(e) CNT 不同排列方向的器件作示意；(f) 在不同晶体管零栅极电压下，源-漏电流与源-漏电压的关系；(g) 源-漏电压为 1 V 时的源-漏电流与两个晶体管的栅极电压的关系；(h) 场效应迁移率的直方图；(i) 开关比的直方图；(j) 30 个 LM - CNT TFT 的阈值电压。

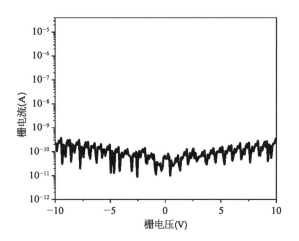

图 5.8 典型 LM - CNT 晶体管器件的栅极漏电流[1]

金属源/漏电极中间的低能量屏障和良好接触,金属-碳纳米管界面的接触电阻也明显低于其他印刷 CNT - TFT[17]。总的说来,通过结合液态金属与碳纳米管两种材料的独特优势,展示了高性能 LM - CNT 晶体管器件的制备过程[1]。

顺排碳纳米管和液态金属的结合,使得这些器件成为光电功能器件领域可望得到规模化应用的有力候选者。我们测试了 30 个液态金属碳纳米管晶体管的电性能[1],考察了批量器件的均一性,经测试,其平均迁移率、开关比和阈值电压分别为(1.18±0.09) cm^2/Vs、(5.50±0.58) V 和(0.51±0.19) V[图 5.7(h)～(j)],显示具有优异的均一性,可见这一印刷策略展现了巨大的应用潜力,今后还可用于驱动传感器阵列或显示器的有源矩阵背板。

接下来,将制备的柔性碳纳米管 TFT 的综合性能参数[1]与文献器件进行了对比[18-37]。图 5.9(a)～(c)分别显示了跨导、迁移率和阈值电压的函数绘制的开关比。可以清楚看到,当前的液态金属-碳纳米管器件的性能明显表现出更高的跨导和更低的开启电压,同时由于结合液态金属的高电导和灵活性,晶体管均具有＞10^{5}的大开关比。在这项工作中,使用了高纯度的半导体碳纳米管构建致密的顺排网络,下一步通过使用更长的 s - CNT和/或制造更密集的 s - CNTs 阵列,印制的晶体管迁移率有望得到进一步提高。

为测试不同弯曲半径下 LM - CNT 晶体管器件,以检验其机械柔性和整

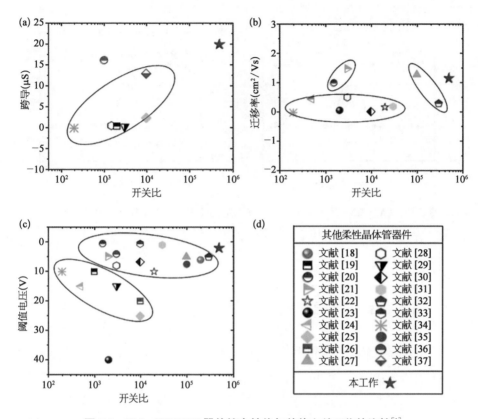

图 5.9　LM‑CNT TFT 器件综合性能与其他文献工作的比较[1]

与先前报道的柔性碳纳米管晶体管器件相比,柔性 LM‑CNT TFT 的开关比与跨导(a)、开关比与迁移率(b)和开关比与阈值电压(c);(d) 其他文献的碳纳米管晶体管图例。

体稳定性,使用了具有 6 个弯曲半径(即 6.9、5.6、3.3、2.3、1.5 和 0.72 mm)的圆柱形平台。结果显示即使是在最小弯曲半径等于 0.75 mm[图 5.10(a)]的情况下,液态金属印刷器件依然显示出非常稳定的电信号[1]。在该半径下,拉伸应变值 ε 为 6.67%[使用 $\varepsilon = d/2r$ 方程计算,其中 d 为器件厚度(等于 100 μm),r 为弯曲半径]。分别使用 125 μm 厚的聚乙烯腈(PEN)、聚酰亚胺膜、独立聚酯薄膜制备的类似器件在弯曲半径等于 4、1.25 和 0.02 mm 时,相应显示 ε 等于 1.56%、0.48% 和 0.8%,在半径为 2.5 mm 的 1 000 次弯曲(每 100 次弯曲测量 1 次)期间,LM‑CNT TFT 的导通和截止电流保持了稳定的电流值[图 5.10(b)],进一步证实了器件优异的机械性和稳定性。这一结果非常重要,因为 2.5 mm 弯曲半径是工业自动化弯曲机的最小典型半径。

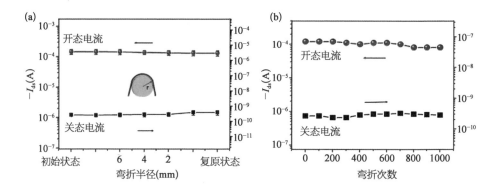

图 5.10　LM‐CNT 薄膜晶体管的工作稳定性及不同弯曲半径下的电子特性[1]

（a）各种弯曲半径（<0.75 mm）和（b）弯曲周期（<1 000 个周期）下器件打开和关闭状态下的电流变化。

5.6　用液态金属和有序排列的碳纳米管制造光电子器件

使用含有特定碳纳米管手性类型的初始悬浮液，基于液态金属和有序排列的碳纳米管制备了光电子器件[1]。首先使用凝胶色谱技术制备（7，3）CNT。图 5.11（a）显示了（7，3）CNT 悬浮液的光学吸收。进一步通过印刷技术使用对准的（7，3）CNT 膜和液态金属制造电子器件，并测试其光电性能。插图中给出了器件结构的全部细节。使用 514 nm 激光器测量器件的光伏性

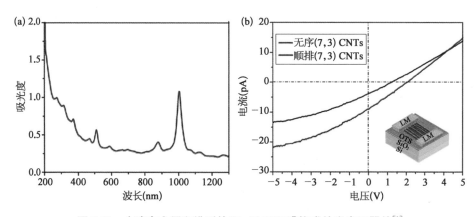

图 5.11　由液态金属和排列的（7，3）CNT 膜构成的光电子器件[1]

（a）排列的（7，3）CNT 膜的形态；（b）碳纳米管溶液的 UV‐vis‐NIR 吸收光谱；（c）在 4.8 W/cm² 的 514 nm 激光照射下光电器件的电流‐电压特性曲线。插图显示了器件结构。

能,展现出的光电流为～ 22pA[图 5.11(b)],优于无序排布(7, 3)CNT 的器件电流(13 pA)。这些结果再次证实了使用沿一个方向排列的碳纳米管制造器件的优异性能,以及液态金属可与各种类型碳纳米管实现优良组合。

5.7　小结

　　总的说来,液态金属可与半导体如 LED 和 CNT 等实现良好互联。而且,通过将顺排对准碳纳米管阵列与常温液态金属相结合,可以实现全印刷工艺,由此能够方便地在柔性和刚性基材上构建出各种功能器件如光伏太阳能电池、晶体管和光电器件等。液态金属碳纳米管晶体管的制造使用了 s - CNT 溶液。通过使用更纯的半导体碳纳米管,可进一步提高这些晶体管的性能。可以预见的是,对液态金属/碳纳米管互补电路的联合印刷作进一步扩展,将促成新一代低成本印刷电子制造的应用。可以认为,液态金属与碳纳米管以及更多半导体器件的结合,无疑会显著推动柔性电子学和半导体技术的发展。

---------------------------------- **参 考 文 献** ----------------------------------

[1]　Li Q, Liu J. Combined printing of highly aligned single-walled carbon nanotubes thin films with liquid metal for directly making functional electronic devices. Inter Rep, 2020.

[2]　Dinh N T, Sowade E, Blaudeck T, et al. High-resolution inkjet printing of conductive carbon nanotube twin lines utilizing evaporation-driven self-assembly. Carbon, 2016, 96: 382 - 393.

[3]　Takagi Y, Nobusa Y, Gocho S, et al. Inkjet printing of aligned single-walled carbon-nanotube thin films. Appl Phys Lett, 2013, 102: 143107.

[4]　Jorio A, Dresselhaus G, Dresselhaus M S. Carbon Nanotubes: advanced topics in the synthesis, structure, properties and applications. Springer, 2008.

[5]　Kang S J, Kocabas C, Ozel T, et al. High-performance electronics using dense, perfectly aligned arrays of single-walled carbon nanotubes. Nat Nanotechnol, 2007, 2: 230.

[6]　Hersam M C. Progress towards monodisperse single-walled carbon nanotubes. Nat Nanotech 2008, 3: 387 - 394.

[7]　Cao Q, Han S J, Tulevski G S, et al. Arrays of single-walled carbon nanotubes with full surface coverage for high-performance electronics. Nat Nanotechnol 2013, 8: 180 - 186.

[8] Shastry T A, Seo J W T, Lopez J J, et al. Large-area, electronically monodisperse, aligned single-walled carbon nanotube thin films fabricated by evaporation-driven self-assembly. Small, 2013, 9: 45－51.

[9] He X, Gao W, Xie L, et al. Wafer-scale monodomain films of spontaneously aligned single-walled carbon nanotubes. Nat Nanotechnol, 2016, 11: 633－638.

[10] Yang J, Yang Y, He Z Z, et al. Desktop personal liquid metal printer as pervasive electronics manufacture tool for the coming society. Engineering, 2015, 1: 506－512.

[11] Zheng Y, He Z Z, Yang J, et al. Direct desktop Printed-Circuits-on-Paper flexible electronics. Sci Rep, 2013, 3: 1786－1－7.

[12] Chang Y, Chen C, Liu P, et al. A betavoltaic microcell based on Au/s-SWCNTs/Ti Schottky junction. Sens. Actuators A Phys, 2014, 215: 17－21.

[13] Xu H, Wang S, Zhang Z, et al. Length scaling of carbon nanotube electric and photo diodes down to sub-50 nm. Nano Lett, 2014, 14: 5382－5389.

[14] Yang L, Wang S, Zeng Q, et al. Efficient photovoltage multiplication in carbon nanotubes. Nat Photon, 2011, 5: 672－676.

[15] Chen C, Jin T, Wei L, et al. High-work-function metal/carbon nanotube/low-work-function metal hybrid junction photovoltaic device. NPG Asia Mater, 2015, 7: e220.

[16] Kim K H, Brunel D, Gohier A, et al. Cup-stacked carbon nanotube schottky diodes for photovoltaics and photodetectors. Adv Mater, 2014, 26: 4363－4369.

[17] Li Q, Lin J, Liu T Y, et al. Printed flexible thin-film transistors based on different types of modified liquid metal with good mobility. Sci China Infor Sci, 2019, 62: 202403.

[18] Chen J, Mishra S, Vaca D, et al. Thin dielectric-layer-enabled low-voltage operation of fully printed flexible carbon nanotube thin-film transistors. Nanotechnology, 2020, 31: 235301.

[19] Cai L, Zhang S, Miao J, et al. Fully printed foldable integrated logic gates with tunable performance using semiconducting carbon nanotubes. Adv Funct Mater, 2015, 25: 5698－5705.

[20] Bhatt V D, Joshi S, Lugli P. Metal-free fully solution-processable flexible electrolyte-gated carbon nanotube field effect transistor. IEEE Trans Electron Devices, 2017, 64: 1375－1379.

[21] Kang B C, Ha T J. Solution-processed single-wall carbon nanotube transistor arrays for wearable display backplanes. AIP Adv, 2018, 8: 015305.

[22] Chortos A, Koleilat G I, Pfattner R, et al. Mechanically durable and highly stretchable transistors employing carbon nanotube semiconductor and electrodes. Adv Mater, 2016, 28: 4441－4448.

[23] Meng L, Xu Q, Dan L, et al. Single-walled carbon nanotube based triboelectric flexible touch sensors. J Elec Materi, 2019, 48: 7411－7416.

[24] Zhao X, Yu M, Cai L, et al. Radiation effects in printed flexible single-walled carbon

nanotube thin-film transistors. AIP Adv, 2019, 9: 105121.

[25] Cardenas J A, Upshaw S, Williams N X, et al. Impact of morphology on printed contact performance in carbon nanotube thin-film transistors. Adv Funct Mater, 2019, 29: 1805727.

[26] Andrews J B, Mondal K, Neumann T V, et al. Patterned liquid metal contacts for printed carbon nanotube transistors. ACS Nano, 2018, 12: 5482 – 5488.

[27] Lee S H, Kim D Y, Noh Y Y. Solution-processed polymer-sorted semiconducting carbon nanotube network transistors with low-k/high-k bilayer polymer dielectrics. Appl Phys Lett, 2017, 111: 123103.

[28] Yu M, Wan H, Cai L, et al. Fully printed flexible dual-gate carbon nanotube thin-film transistors with tunable ambipolar characteristics for complementary logic circuits. ACS Nano, 2018, 12: 11572 – 11578.

[29] Cai L, Zhang S, Miao J, et al. Fully printed stretchable thin-film transistors and integrated logic circuits. ACS Nano, 2016, 10: 11459 – 11468.

[30] Sun J, Sapkota A, Park H, et al. Fully R2R-printed carbon-nanotube-based limitless length of flexible active-matrix for electrophoretic display application. Adv Electron Mater, 2020, 6: 1901431.

[31] Chai Z, Abbasi S A, Busnaina A A. Solution-processed organic field-effect transistors using directed assembled carbon nanotubes and 2,7 – dioctyl[1]benzothieno[3,2 – b] [1]benzothiophene (C8 – BTBT). Nanotechnology, 2019, 30: 485203.

[32] Kim K T, Kang S H, Kim J, et al. An ultra-flexible solution-processed metal-oxide/ carbon nanotube complementary circuit amplifier with highly reliable electrical and mechanical stability. Adv Electron Mater, 2020, 6: 1900845.

[33] Yu I, Ye Y, Moon S, et al. A bendable, stretchable transistor with aligned carbon nanotube films. Adv Mater Inter, 2019, 6: 1900945.

[34] Rajeev K P, Beliatis M, Georgakopoulos S, et al. Electrochemical investigation of magnetite-carbon nanocomposite in situ grown on nickel foam as a high-performance binder less pseudo capacitor. J Nanosci Nanotechnol, 2019, 19: 4765.

[35] Choi H S, Shin J W, Hong E K, et al. Hybrid-type complementary inverters using semiconducting single walled carbon nanotube networks and In-Ga-Zn-O nanofibers. Appl Phys Lett, 2018, 113: 243103.

[36] Kim H, Seo J, Seong N, et al. Multidipping technique for fabrication time reduction and performance improvement of solution-processed single-walled carbon nanotube thin-film transistors. Adv Eng Mater, 2020, 22: 1901413.

[37] Yang Y, Ding L, Chen H, et al. Carbon nanotube network film-based ring oscillators with sub 10 – ns propagation time and their applications in radio-frequency signal transmission. Nano Res, 2018, 11: 300 – 310.

第6章
液态金属剥离法印刷氧化物半导体

正如本书前文介绍的那样,印刷于基底上的 Ga 会在其表面因氧化作用形成 Ga_2O_3 半导体薄膜,液态金属印刷半导体的一个核心在于实现将此半导体薄膜或 Ga 经其他化学处理形成的半导体薄膜转印至目标基底上,此方面的一个基本路径是借助范德华力实现[1]。众所周知,范德华力一般指分子间作用力,预先印制在基底上的液态金属与其表面形成的半导体薄膜界面存在显著不同的范德华力,因而利用这种差异性可将液态金属表面的半导体薄膜剥离下来,继而可借助这种力接触半导体薄膜并将其黏附在印刷板表面从而实现转印。在大量的液态金属半导体候选材料方面,源自液态金属 Ga 的准二维(2D)β - Ga_2O_3 尤其是一种被重新发现和重视的金属氧化物半导体,具有 $4.6\sim4.9$ eV 的超宽带隙优势,它是下一代电力和射频电子器件的很有前途的材料。然而,由于薄膜的不均匀性和不适当的厚度,利用 β - Ga_2O_3 薄膜在实现宏观电子学方面一直具有挑战性。笔者实验室为此建立了一种用于沉积高质量 β - Ga_2O_3 膜的直接且快速的冲击制造方法,通过使用液态金属的简单热接触工艺,基于范德华力转印原理实现了图案化的半导体直接印制,由此在 SiO_2/Si 基底上沉积出均匀且致密的 β - Ga_2O_3 半导体膜,继而制作出了具有良好性能和均匀性的 β - Ga_2O_3 场效应晶体管(FET),实验证实 Ga_2O_3 在电子器件中具有较好适用性。这一工作为未来可扩展、低成本和高效制备二维 Ga_2O_3 膜半导体提供了重要途径。本章内容介绍相应技术路线,讲解扫描电子显微镜、X 射线衍射和原子力显微镜对沉积的 β - Ga_2O_3 的结构和膜性能进行表征的情况。为说明沉积 β - Ga_2O_3 在构建电子器件中的应用价值,以 $400\,\mu m$ 的源极-漏极间距制作了基于 β - Ga_2O_3 的 FET。总的说来,β - Ga_2O_3 薄膜表现出良好性能,载流子迁移率高达 $21.3\,cm^2/(V \cdot s)$,跨导为

1.4 μS,开关比为 10^4,器件性能表明 $\beta\text{-}Ga_2O_3$ 在未来功率器件应用中具有巨大潜力。该方法为 $\beta\text{-}Ga_2O_3$ 在电子学中的应用铺平了道路,也为工业上将重要半导体的 2D 形态集成到新兴电子和光学器件中提供了可扩展的方法。

6.1　引言

作为典型的常温液态金属,Ga 及其合金在周围环境下,空气与 Ga 基合金之间的界面很容易形成薄的自限性氧化层[2, 3],这对于大多数其他金属来说也同样如此。在先前的研究中,基于液态金属氧化前后表面张力的变化,可用于诱导酸性或碱性溶液中液态金属液滴的各种电控变形[4]和流动行为[5]。当前,就空气中液态金属氧化层与体积、表面和成分的关系乃至材料相互作用的研究促成了一些新的认识[6]。不过,对由 $\beta\text{-}Ga_2O_3$ 组成的氧化膜本身的物理性质的研究和应用还相对较少[2]。此方面,$\beta\text{-}Ga_2O_3$ 是一种新出现的半导体材料,具有超宽带隙、高击穿电场和大的 Baliga 品质因数[6, 7],正成为下一代高功率电子器件的有前途的候选者。因此,覆盖 Ga 基液态金属表面的氧化物可望在制造纳米机电系统方面拓展出惊人的新应用。

二维(2D)材料在各种应用上的潜力激发了人们对其合成策略特别关注[8]。借助溶液反应环境[9]甚或空气[10],可以较容易地实现 Ga_2O_3 的合成。此外,基于范德华力分离表面氧化物表层的剥离方法促成了超薄 Ga_2O_3 层的印制,进一步丰富了功能性 2D 材料的合成策略。这些 2D 材料具有许多不同于块状材料的特性,如压电和光学特性。这使得上述材料在构建薄膜半导体器件上具有独特优势。然而,对于这些二维材料作为场效应晶体管的半导体层的电学性质的研究,至今仍显不足。

为实现有一定实用性的 $\beta\text{-}Ga_2O_3$ 半导体的常温制造,笔者实验室[1]建立了一种利用液态金属表面氧化物和基底之间的碰撞黏附和印制 Si 尺度薄膜半导体的方法,揭示了液态金属滴落高度和后处理温度对氧化层的影响规律,可被用于优化制造。基于 $\beta\text{-}Ga_2O_3$ 薄膜,通过较之传统掺杂方法更容易和更快的方法成功实现了具有高迁移率[$\sim 21\ cm^2/(V \cdot s)$]和高开关比($\sim 7\times 10^4$)的晶体管器件。此外,相应研究还揭示了连接有 $\beta\text{-}Ga_2O_3$ 的 SiO_2 层的电特性的变化规律,表明击穿电压较低。这一成果可望促进基于 2D 材料构筑半导体器件的应用。

6.2 SiO₂/Si 基底上 β-Ga₂O₃ 薄膜的表征

Lin 等的工作发现[1]，当液态金属液滴与 SiO_2/Si 基底碰撞时，氧化层会转移到基底上。通过使用升降轨道调节液滴发生器的高度，可调控液态金属液滴的不同下落速度[图 6.1(a)]。由于表面张力和氧化层的因素，液态金属液滴在针头处被拉出后并不会立即向下流动，直到体积达到临界值才出现下落[图 6.1(b)]。当与基底发生碰撞时，金属表面的薄氧化物层与 Si 基底完全接触。液滴在 Si 基底上的冲击过程总是经历接触和扩散，而与金属高度无关。由于氧化膜的存在，液态金属与 Si 基底之间没有固定的接触角。图 6.1(c) 显示了不同坠落高度下液态金属表面的典型接触角测量图像，从中可以识别出不同的状态：当液态金属液滴从 Si 基底的近顶部(0.5 cm)落下时，撞击速度较低；液滴的接触角超过 100°，这表明金属与 SiO_2 表面之间的接触面积很小。随着金属液滴进一步落下，液滴在基材上扩散到更大区域。同时，液滴显示出减小的接触角。撞击后，在上述实验条件下，由最大高度(6 cm)撞击 SiO_2 基底的液滴接触角，如图 6.1(c) 所示。在这种流动模式中，液滴沿着表面扩散，在周围其侧面尺度更大。最后，显示的最小接触角为 27.06°。为清晰观察撞击过程，采用高速摄像机以 20° 入射角拍摄了碰撞物体的图像。用 PFV 软件记录了撞击过程的主视图和侧视图，并保存以供进一步分析[图 6.1(c)]。由于较大的范德华力，β-Ga_2O_3 膜在去除多余液态金属后黏附到基底上，在光学显微镜下，β-Ga_2O_3 膜和 SiO_2 之间的边界清晰可见[图 6.1(e)]。

如下应用 X 射线衍射(XRD)评估沉积在 SiO_2 基底上的几层氧化物膜的晶体结构、取向和晶体质量[1]。在室温范围内沉积的所有膜都是非晶的，在空气中退火后转变为多晶 Ga_2O_3。图 6.1(d) 显示了在 $2\theta = 10° \sim 90°$ 的衍射角范围内退火的沉积膜的 XRD 图。实验峰置位于 $2\theta = 31.692°$、35.178° 和 64.666°，与单斜晶系 β-Ga_2O_3 相(JCPDS 41-1103)相对应。其他相和其他化学物质(例如 GaO)的峰比较缺乏，表明合成的膜具有分层结构和预期的相。尽管存在少量残留金属 Ga，后续测试表明，这些残留不会显著影响 β-Ga_2O_3 薄膜的性能。此外，在所有情况下均观察到 β-Ga_2O_3 膜的相，表明在不同液滴高度和加热温度，出现峰的位置相同。

为认识沉积于 SiO_2 表面上的 β-Ga_2O_3 膜的更多特点，进一步分析了液体/SiO_2 层的表面形貌。图 6.1(f) 给出了在 120℃ 温度下沉积的 β-Ga_2O_3 的

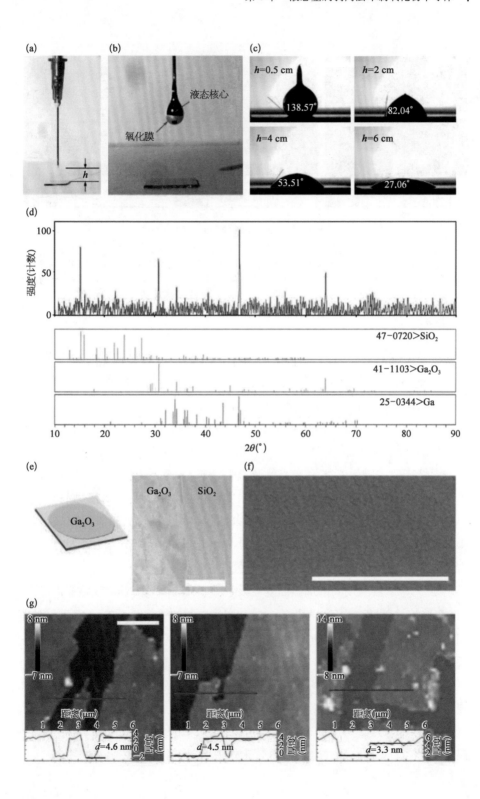

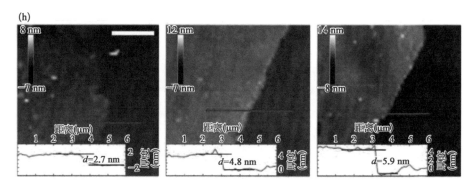

图 6.1 β‑Ga₂O₃ 膜的印制和表征[1]

(a) 实验装置示意：滴管注射器；(b) 悬挂在注射针尖端的液态金属液滴；(c) 用于量化接触角的液态金属微滴照片；(d) β‑Ga₂O₃ 单晶膜的 X 射线衍射（XRD）曲线，清楚显示了（400）和（800）面的峰；(e) SiO₂ 基底上沉积的均匀 β‑Ga₂O₃ 膜的光学图像（比例尺 200 μm）；(f) 在 SiO₂ 基底上制备的 β‑Ga₂O₃ 膜的 SEM 图像（比例尺 400 nm）；(g) 和 (h) 为在不同液滴高度（从左至右高度分别为 0.5 cm、2 cm、4 cm）和退火温度（从左到右温度分别为 60、120、180℃，标尺 3 μm）下沉积的 β‑Ga₂O₃ 膜的二维 AFM 图像。

扫描电子显微镜（SEM）图像，可见薄膜表面光滑，呈现出具有规则形状颗粒的致密表面，平均粒径小且均匀，表明薄膜具有良好的晶体质量。该结果也与 XRD 结果一致，薄膜可形成有效的导电通路。

进一步地，通过原子力显微镜（AFM）测量了通过不同滴落高度和加热温度沉积的 β‑Ga₂O₃ 膜表面形貌，如图 6.1(g)～(h) 和图 6.2 所示，这是影响器件电学性能的关键因素之一。当滴落高度不同时，氧化膜裂纹密度不同。如果滴液所处高度太小，液态金属液滴将在离开注射器针尖之前接触晶片。液态金属的持续挤压和注射器的抽出过程将导致金属表面上的氧化膜破裂，使得难以在 Si 晶片表面上形成完整的 2D Ga₂O₃ 膜。当滴落高度过大时，冲击力强，也容易损坏金属液滴表面的氧化膜。

另一方面，实验期间的加热温度会影响所形成的 2D β‑Ga₂O₃ 薄膜的厚度。图 6.2 总结了 2D β‑Ga₂O₃ 膜厚度与加热温度之间的关系[1]。在 60～180℃ 的范围内，随着加热温度升高，所形成的 β‑Ga₂O₃ 膜的厚度增加。当温度为 120～180℃ 时，氧化膜的厚度为 4～8 nm，比之前的更厚，更适合晶体管等应用。然而，当温度超过 150℃ 时，膜的均匀性降低。不难推测，温度的升高加剧了液态金属液滴的氧化，从而增加了氧化膜的厚度，但温度升高也加剧了分子的热运动，导致氧化膜均匀性减小。考虑到这些结果，可以认为 2 cm 的液滴高度和 120℃ 的加热温度是较佳反应条件。后续实验中，若未作说明，均指在这些条件下完成。

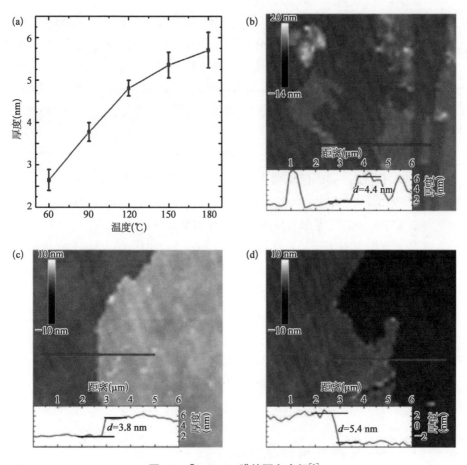

图 6.2　β-Ga₂O₃ 膜的更多表征[1]

(a) β-Ga₂O₃ 薄膜厚度与退火温度的关系；(b)~(d) 为分别在 120℃/6 cm、90℃/2 cm、150℃/2 cm 下沉积的 β-Ga₂O₃ 薄膜的二维 AFM 图像，比例尺为 3 μm。

6.3　半导体薄膜的形成及晶体管印制与刻画

液态金属的制备：将预先制得的 EGaIn 置于 1‰ v/v 盐酸溶液中，以溶解表面氧化物。首先使用去离子水冲洗 SiO₂/Si 晶片（SiO₂ 厚度为 500 nm），并在乙醇中予以超声处理。然后，再次使用去离子水冲洗晶片，在 120℃ 下烘烤，并在使用前用 N₂ 气干燥。

二维 β-Ga₂O₃ 的合成：将含有 EGaIn 的注射器连接到支架上，且 Si 晶片直接放置在注射器针尖下方约 2 cm。缓慢推动注射器，直到 EGaIn 液滴在其自身重力作用下滴落到晶片上。在培养箱中加热带有 EGaIn 液滴的晶片，并记录加热温度和时间。然后使用柔软的 PDMS 以擦拭方式去除液态金属。在擦拭过程中，由于 β-Ga_2O_3 和基底之间的范德华黏附力较强，β-Ga_2O_3 仍留在 Si 表面上。然而，液态金属液滴对沉积的 β-Ga_2O_3 的黏附性要弱得多，因此可通过擦拭将表面多余的液态金属去除，留下一薄层 β-Ga_2O_3，然后将印刷晶片冷却至室温。

晶体管的制造：纳米 Si 溶液通过掩膜用喷墨法沉积在 Si 氧化物层上，并黏附 β-Ga_2O_3 膜。完成该步骤之后，在 120℃ 下烘烤晶片 30 min，以获得晶体管的源极和漏极 Ag 电极。这里选择了不与液态金属接触的晶片区域，并从该区域去除 SiO_2，以获得作为晶体管栅电极的裸 n 型 Si 层。

表征：使用具有 CuK_{α} X 射线源（$\frac{1}{4}$ 1.54 Å）的 Bruker D8 Focus 进行 XRD 表征。采用 AFM 和扫描辅助软件收集 AFM 图像。通过扫描电子显微镜（SEM）观察 β-Ga_2O_3 膜的表面形貌。应用金相显微镜观察沟道层。借助 Keithley 4200 半导体分析仪在室温下对晶体管器件的所有电子传输特性进行测量。使用黏附在微操作器 W 探针上的 Cu 线（50 μm）探测漏极和源极电极，其中栅极也直接接触。TFT 器件的电子特性通过在空气中进行测量获得。使用高压 DC 电源测量 SiO_2/Si 结构的击穿电压。采用 LCR（电感、电容、电阻）计测量样品的电容值。

6.4 β-Ga_2O_3 器件制造及性能评估

β-Ga_2O_3 薄膜因其在制造高性能半导体器件方面的潜力而备受关注。制备出均匀且紧凑的 β-Ga_2O_3 半导体后，即可构筑基于 β-Ga_2O_3 场效应晶体管（FET）。为考察所沉积的 β-Ga_2O_3 的电性质，Lin 等[1]采用了底栅、底接触 FET 结构[图 6.3(a)]。n 型掺杂 Si 用作公共背栅，栅极电介质是通过热生长形成的 500 nm 厚 SiO_2 层。使用印刷来实现与纯 Ag 接触，从而形成源电极和漏电极。所有制造工艺均在环境空气和室温下进行。图 6.3(b)显示了 SiO_2 和 β-Ga_2O_3 的预期能带图。根据 β-Ga_2O_3 和 SiO_2 的带隙值（分别为 4.9 eV 和 1.12 eV），价带偏移（ΔEVB）值确定为 3.73 eV。β-Ga_2O_3 的 EF-EC 值估计为 0.06 eV，这与以往文献一致。用金相显微镜捕获通道区域的图像。图 6.3(c)中的光学图像显示了典型 β-Ga_2O_3 FET 中的沟道面积；沟道宽度为 400 μm，沟道长度为 5 000 μm。图 6.3(d)显示了在源极-漏极电压（V_{ds}）=1 V

下测得的代表性 p 型 β - Ga_2O_3 FET 的传输特性(黑色:线性刻度,红色:对数刻度),在栅极电压(V_g)=−10 V 时,开关比平均值为 10^4(更多器件的传输特性和栅极漏电流,见图 6.4)。此外,可以发现 VT 约为−3 V。图 6.3(e)显示了饱和区域和线性区域中同一器件的输出特性。注意到,在低 V_{ds} 时 I_{ds}-V_{ds} 特性表现出轻微的非线性行为,这表明肖特基势垒很小。当施加高漏极电压时,观察到该器件中的漏极电流出现饱和。β - Ga_2O_3 中的有效器件迁移率可基于平板模型使用以下方程计算:

$$\mu = \frac{L}{W}\frac{1}{C_{ox}V_{ds}}\frac{dI_{ds}}{dV_g} \qquad (6.1)$$

其中,L 和 W 分别是 FET 中的沟道长度和宽度,C_{ox} 为每单位面积的栅极电容。单个器件的最高性能显示迁移率为 21.3 $cm^2/(V \cdot s)$,沟道宽度归一化峰值跨导(g_m)为 1.4 μS,开关比为 10^4。

对 80 个单独的 p 型 β - Ga_2O_3 FET 性能进行测量,这些器件的迁移率和电流开关比的直方图如图 6.3(f)~(i)所示。可见,绝大多数 β - Ga_2O_3 FET 器件的开关比达到 10^3~10^4。绝大多数器件的迁移率分布在 5~10 $cm^2/(V \cdot s)$ 范围内。总结所有这些分布在相当窄的范围内的参数,不难看出器件的性能较为均匀。

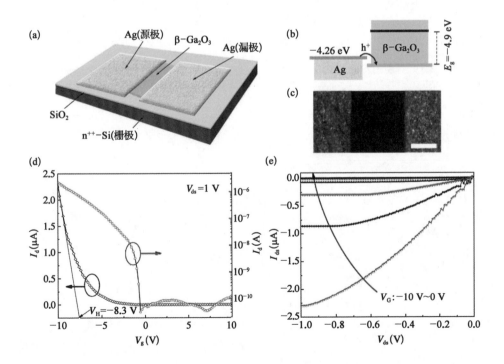

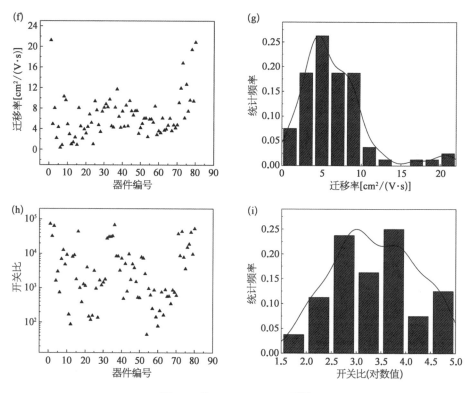

图 6.3 β - Ga₂O₃ FET 特性[1]

(a) 具有 Ag 接触的典型 β - Ga₂O₃ FET 方案；(b) β - Ga₂O₃ 和 n⁺⁺Si 异质结构能带图；(c) 通道区域的光学图像(比例尺 200 μm)；(d) 典型 β - Ga₂O₃ FET($L=400\ \mu m$, $W=5\ 000\ \mu m$)的传输特性(黑色：线性刻度，红色：对数刻度)；(e)、(d)中相同器件的 I_{ds} - V_{ds} 输出曲线集；(f)和(g)制备的 80 个不同器件的迁移率的散点图和直方图；(h)和(i)制备的 80 个不同器件的开关比对数值的散点图和直方图。

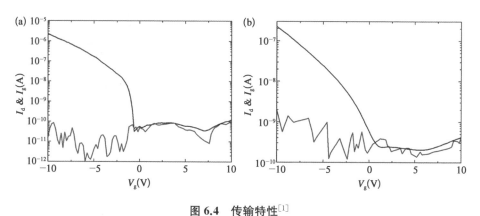

图 6.4 传输特性[1]

(a) 和(b)分别具有 10^4 和 10^3 的开关比的典型 β - Ga₂O₃ FET 的传输特性(黑色：V_g - I_d，红色：V_g - I_g)。($L=400\ \mu m$, $W=5\ 000\ \mu m$)

6.5　击穿电压与电容变化

对基于 β-Ga₂O₃ 膜制成的 FET 器件进行测试时[1]，发现 SiO_2/Si 结构在高阳极栅电压下与液态金属接触后容易击穿。为详细研究这一现象，按照上述类似方法，在没有与液态金属接触的 n⁺⁺ Si 基底上印刷出 Ag 电极［图 6.5(a)］。在每种金属相互作用条件下制备了 80 个器件(在 60、120、180℃ 和清洁的 SiO_2/Si 基底上用液态金属处理 SiO_2/Si)。图 6.5(c)~(d)绘制了使用高压直流电源测试的所有器件的击穿电压。清洁 SiO_2/Si 结构的击穿电压为(335.7±61.9) V，即(6.7±1.2) MV/cm，与理论值一致[11]。与液态金属接触后，SiO_2/Si 结构的击穿电压显著降低，范围从 80 V 到 210 V［分别为 (172.5±33.9) V、(145.4±29.3) V、(115.7±17.6) V，条件为 60、120 和 180℃］。击穿电压的变化趋势与不同温度下 β-Ga₂O₃ 厚度的变化趋势相对应。

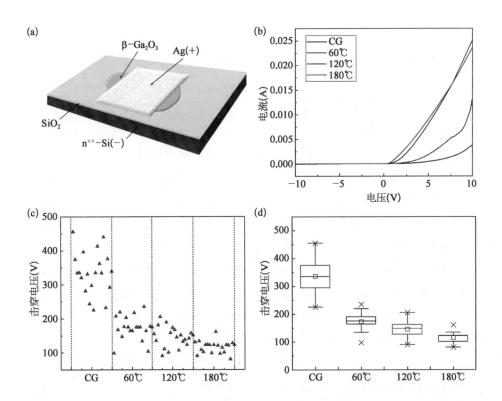

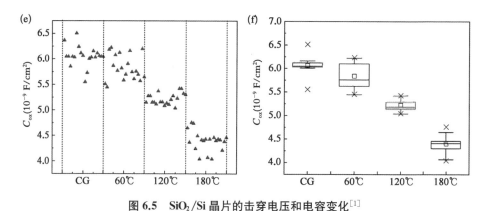

图 6.5 SiO₂/Si 晶片的击穿电压和电容变化[1]

(a) 典型击穿电压测试结构方案;(b) 击穿后液态金属 Si 基底结构的 I-V 曲线;(c) 和 (d) 不同处理条件下击穿电压的散点图和方框图;(e) 和 (f) 不同处理条件下 C_{ox} 值的散点图和方框图。

电容值和理论值之间的差异是另一个值得探究的问题。SiO₂/Si 结构上电容的理论值可通过以下公式计算:

$$C_{ox} = \frac{\varepsilon_0 \, \varepsilon_{ox}}{t_{ox}} = \frac{3.9 \times 8.85 \times 10^{-14} \ \text{F/cm}}{500 \times 10^{-7} \ \text{cm}} = 6.903 \times 10^{-9} \ \text{F/cm}^2 \quad (6.2)$$

这里,电容理论计算值为 6.903×10^{-9} F/cm²,对照组电容测量值为 $(6.06 \pm 0.19) \times 10^{-9}$ F/cm²,与理论值相差不大。而在 60、120、180℃下用液态金属处理的 Si 片的测量电容值分别为 $(5.84 \pm 0.25) \times 10^{-9}$ F/cm²、$(5.23 \pm 0.11) \times 10^{-9}$ F/cm²、$(4.40 \pm 0.19) \times 10^{-9}$ F/cm²。击穿电压和电容随温度的变化与 β-Ga₂O₃ 厚度的变化趋势相同,这也与击穿电压的测试结果一致。鉴于上述发现,可以猜测,β-Ga₂O₃ 膜的黏附将影响 SiO₂ 的结构,SiO₂ 层的结构随着黏附 β-Ga₂O₃ 膜厚度的增加而显著改变。因此,介电层的相对介电常数显著降低,且介电层厚度变化不大,这是电容值降低的可能原因。此外,这种现象也会导致 SiO₂ 层的击穿电压下降。

图 6.5(b) 给出了 SiO₂/Si 结构击穿后液态金属电极和 Si 基底之间的电压-电流测量曲线[1],可以看到,当施加反向电压时,电流比较小;当施加正向电压时电流快速增加,这类似于二极管的伏安特性。此外,后处理温度较高的样品(即 β-Ga₂O₃ 膜厚度较大的样品)具有较大的最大电流。可以推测,在击穿之后,β-Ga₂O₃ 膜参与了新的单向导电结构的形成。上述研究中展示的方法为二极管器件的未来制造提供了新的可能性。

6.6　小结

本章内容表明,利用冲击式印刷剥离方法,可在室温下使用液态金属表面氧化物制备晶圆尺度薄膜半导体 $\beta - Ga_2O_3$,使 $\beta - Ga_2O_3$ 层更致密,更适合于制造晶体管等实用器件。此外,上述研究揭示了金属液滴的不同滴落高度和不同后处理温度对氧化膜形成的影响。在不久的将来,结合光刻和其他方法,有望建立一种新的高精度半导体膜制备方法。在此基础上,还可实现基于 $\beta - Ga_2O_3$ 的高迁移率[$\sim 21\ cm^2 /(V \cdot s)$]和开关比($\sim 7 \times 10^4$)的晶体管。使用这种方法制备晶体管比传统的掺杂方法简单、快捷得多,并且可以保持高性能。此外,通过研究 SiO_2 层的电特性变化,可以得到器件操作的栅极电压范围,并澄清了击穿后器件的电特性。这些规律将在由液态金属材料和 Si 晶片组成的半导体器件的制备和应用中发挥指导作用。总的说来,从液态金属的氧化层获得 2D $\beta - Ga_2O_3$ 半导体的方法是非常有效的。这项工作为使用常温液态金属技术,将高性能半导体的图案集成到新兴的基于 2D 材料的电子和光电子器件和异质结构中提供了一条实用化途径。为提高此类半导体器件的性能并拓宽应用场景,在未来的研究中,进一步探究液态金属氧化物膜与 SiO_2 之间的相互作用机理具有重要意义。

-------------------------------- 参 考 文 献 --------------------------------

[1] Lin J, Li Q, Liu T, et al. Printing of quasi - 2D semiconducting $\beta - Ga_2O_3$ in constructing electronic devices via room-temperature liquid metal oxide skin. Phys Status Solidi-R, 2019, 13(9): 1900271.

[2] Gao Y X, Liu J. Gallium-based thermal interface material with high compliance and wettability. Appl Phys A, 2012, 107: 701 - 708.

[3] Li H Y, Mei S F, Wang L, et al. Splashing phenomena of room temperature liquid metal droplet striking on the pool of the same liquid under ambient air environment. Int J Heat Fluid Flow, 2014, 47: 1 - 8.

[4] Sheng L, Zhang J, Liu J. Diverse transformations of liquid metals between different morphologies. Adv Mater, 2014, 26: 6036 - 6042.

[5] Fang W Q, He Z Z, Liu J. Electro-hydrodynamic shooting phenomenon of liquid metal stream. Appl Phys Lett, 2014, 105: 134104 - 1 - 4.

[6] Xing Z, Zhang G, Ye J, et al. Liesegang phenomenon of liquid metals on Au film.

Adv Mater, 2023, 35(7): 2209392.

[7] Xue H, He Q, Jian G, et al. An overview of the ultrawide bandgap Ga_2O_3 semiconductor-based Schottky barrier diode for power electronics application. Nanoscale Res Lett, 2018, 13: 290.

[8] Pearton S J, Yang J, Cary P H, et al. A review of Ga_2O_3 materials, processing, and devices. Appl Phys Rev, 2018, 5: 011301.

[9] Zeng M, Xiao Y, Liu J, et al. Exploring two-dimensional materials toward the next-generation circuits: From monomer design to assembly control. Chem Rev, 2018, 118: 6236 - 6296.

[10] Zavabeti A, Ou J Z, Carey B J, et al. A liquid metal reaction environment for the room-temperature synthesis of atomically thin metal oxides. Science, 2017, 358: 332 - 335.

[11] Li Q, Lin J, Liu T Y, et al. Gas mediated liquid metal printing towards large-scale 2D semiconductors and ultraviolet photodetector. npj 2D Mater Appl, 2021, 5: 36.

[12] Harari E. Dielectric breakdown in electrically stressed thin films of thermal SiO_2. J Appl Phys, 1978, 49: 2478 - 2489.

第7章
液态金属掺杂实现氧化物半导体的改性和印制

　　液态金属印刷后可以通过化学处理手段形成半导体薄膜,其厚度通常在数个纳米且尺度可调控。许多情况下,由此形成的半导体只呈现单一的 n 型或 p 型电学性质。但作为构筑电子器件的基本单元,n、p 两类半导体均不可或缺。此方面可通过液态金属化学成分的调控及印刷工艺的改善来实现 n、p 两类半导体薄膜的可控制备。笔者实验室为此提出了室温掺杂、印刷及处理的基本策略[1],其原理在于利用液态金属作为基液在其中加载特定纳米颗粒,如 Cu、Ag、Sn、Al、Zn、Mg 等,形成可印刷的复合型纳米液态金属墨水后,以图案化的方式将墨水印刷在基底上形成纳米复合薄膜,在此基础上进一步对薄膜予以氧化处理或氮化处理等手段,以此形成不同于原有液态金属印刷半导体类型的薄膜。在先期原理验证的基础上,我们特别针对富有前景的第四代半导体 Ga_2O_3 进行了掺杂处理和印刷,展示了新方法的高效性。长期以来,Ga_2O_3 始终面临 p 型半导体短缺以及高温掺杂极为困难的瓶颈。而借助半导体的掺杂工艺引入微量杂质,实现 p 型 Ga_2O_3 有效制备一直是电子工业领域的一个重大课题。不同于以往的是,液态金属 Ga 作为良好的金属溶剂可与其他金属(如 In、Sn、Bi、Zn 等)在常温或不太高的温度下形成多元材料,在此基础上作进一步的化学后处理可以获得不同性能的半导体材料,这一过程大大简化了半导体制程,由此发展出的液态金属掺杂及印刷处理工艺可以快速获得图案化的半导体,继而集成出功能器件。笔者试验室通过 Ga 与 In、Sn、Cu 元素的合金化,成功在液态 Ga-In-Sn 和液态 Ga-In-Sn-Cu 合金表面原位合成出 n 型和 p 型 Ga_2O_3,进一步通过印刷的方法在电子基底表面制备出了大面积且厚度可控的 n 型和 p 型 Ga_2O_3 薄膜。以印刷的 p 型和 n 型 Ga_2O_3

膜集成出的场效应晶体管(FET)表现出优异的电性能和稳定性。通过对印刷的 Ga_2O_3 膜表面进行低温等离子体处理,可实现 Au 电极与 Ga_2O_3 膜间的欧姆接触。以印刷的 p 型和 n 型 Ga_2O_3 膜构建的 p - n 二极管在常温下表现出良好的整流比,在正负 10 V 处的最大整流比为 10^3,具备制造高功率二极管的潜力。这一工艺为掺杂型半导体薄膜导电类型的可控转化提供了低成本调控方案,可进一步降低大功率晶体管的制备成本。本章内容介绍液态金属掺杂实现 p、n 型金属氧化物半导体可控制备的基本原理和应用情况,以期为电子工业中的合成和制造路线提供变革性思路,从而助力未来产业升级。

7.1 引言

Ga_2O_3 作为宽带隙半导体材料未来发展的方向,在发光二极管[2]、紫外光电探测器、金属氧化物半导体晶体管(MOSFET)[4-6]、高电子迁移率晶体管(HEMT)[7, 8]和集成电路[9, 10]等领域正日益得到应用。n 型 Ga_2O_3 半导体的电导率可通过掺杂 IV A 族元素实现数量级上的提升[11]。目前,单极 Ga_2O_3 器件表现出令人满意的性能,其中横向 MOSFET 和垂直肖特基势垒二极管(SBD)分别实现了大于 3.8 MV/cm 和 5 MV/cm 的击穿电场[12, 13]。结型晶体管(BJT)、正本征负(PIN)二极管或绝缘栅双极晶体管(IGBT)等 Ga_2O_3 器件一般需要 p 型 Ga_2O_3 作为基底或外延层来减小导通电阻和功率的损耗[14],但由于缺少 p 型 Ga_2O_3 受体,特别是浅受体[15],Ga_2O_3 的 p - n 异质结无法进行全面应用。p 型 Ga_2O_3 的缺乏也限制了其双极性的超宽带隙透明光电子器件的应用。尽管对 n 型 Ga_2O_3 而言,前人文献进行了各种理论和经验分析[16-18],但 p 型掺杂远未成功,这导致了实践上的重大困难。

在 Ga_2O_3 的 p 型掺杂研究方面,Wu 等通过在 Ga_2O_3 中掺杂 N 元素成功制备出高品质的 p 型 Ga_2O_3 薄膜[19]。Kyrtsos 等选择了 Li、Na 和 K 等 9 种金属元素作为 p 型 Ga_2O_3 的掺杂元素[20]。Neal 等应用 Si、Ge、Fe 和 Mg 对 Ga_2O_3 进行掺杂测试[21],发现通过掺杂 Si 和 Ge 可以构建浅施主 Ga_2O_3 半导体,而通过掺杂 Fe 和 Mg 可以实现深受主 Ga_2O_3 半导体的制备。由于 Cu^+ 价电子的能级接近 O - 2p 的能级,因此可以通过 Cu 原子合成 p 型氧化物半导体。文献[22, 23]将 Cu 掺杂到 Ga_2O_3 中构建浅受主能级,然后构建 p 型半导体。然而,相当长一段时间鲜有对 Cu 掺杂的 Ga_2O_3 的电子特性进行过实验分析。笔者实验室提出探索掺杂 Cu 的 Ga_2O_3 的电子特征的精确结构[1],沿此路径实现了 p 型 Ga_2O_3 的印刷制备,进一步构建了 $n-Ga_2O_3/p-Ga_2O_3$ 同质结二极管。同质 p-n 结由相同材料制成,而异质 p-n 结则由两种不同的材料制成。无论采用何种制备方法,由于晶格的失配,在异质界面处都会存在悬空键,而异质界面处的悬空键直接影响器件的隧穿电流。

　　传统在制造电子和光学器件时,需要超纯材料并在超净间环境中进行。即使是工艺中的微小杂质,无论是在设备还是在大气中,都会导致器件性能或质量显著下降。人们依托于高级洁净室、复杂仪器和元素精确化学计量等措施来减小器件性能降低,然而,当面对工艺的高昂性和复杂性,发展低成本制备方法至关重要。在这方面,液态金属工艺有望为大气开放环境下制备高质量器件提供实用化的解决方案[24, 25]。

　　与之前的多工艺策略不同,笔者实验室建立的一步低温印刷策略[1],简化了多步骤掺杂的高温退火工艺制备过程,在较低温度条件下通过范德华印刷工艺从液态金属表面熔体中构建掺杂 Cu 的大面积超薄 Ga_2O_3。印刷的高质量 Cu 掺杂 Ga_2O_3 薄膜显示出稳定的 p 型半导体性能。构建出的高质量 p 型 Ga_2O_3 薄膜在制造 p 型 Ga_2O_3 薄膜基场效应晶体管(FET)方面得到了应用。值得注意的是,沿此路线还成功实现了良好的 p 型和 n 型 Ga_2O_3 欧姆接触。此外,Li 等[1]首次展示了由超薄 p 型和 n 型 Ga_2O_3 直接组成的高性能全印刷 Ga_2O_3 同质结二极管。结果表明,二极管表现出优异的整流特性(约 10^3),并在 10 V 正向电压下显示出 1.3 mA 的高电流。这些探索建立了一种实现 Ga_2O_3 中 p 型导电性的新方法,并有望通过半导体的印刷厚度可调特性发展出制造先进电子和光电子器件的方法。

7.2　液态金属基 n 型和 p 型 Ga_2O_3 薄膜的直接印刷

　　图 7.1 为 n 型和 p 型 Ga_2O_3 膜的制备原理[1],包括镓基液态金属(Ga - In - Sn 和 Ga - In - Sn - Cu)的制备,n、p 型 Ga_2O_3 膜在液态金属表面的合成及 Ga_2O_3 膜的范德华印刷过程。液态 Ga - In - Sn(GIS)合金中含有 67 wt% Ga、20.5 wt% In 和 12.5 wt% Sn。液态 Ga - In - Sn - Cu(GISC)合金中含有 65.66 wt% Ga、20.09 wt% In、12.25 wt% Sn 和 2 wt% Cu。液态 GIS 和 GISC 的制备过程如下:按设定比例分别量取纯度均为 99.99% 的金属 Ga、In、Sn 和 Cu(液态 GIS 和 GISC 的质量均设定为 100 g),并置于玻璃烧杯中。然后将烧杯放置在 250℃加热台上,待 Ga、In、Sn 和 Cu 完全熔化后,使用玻璃棒

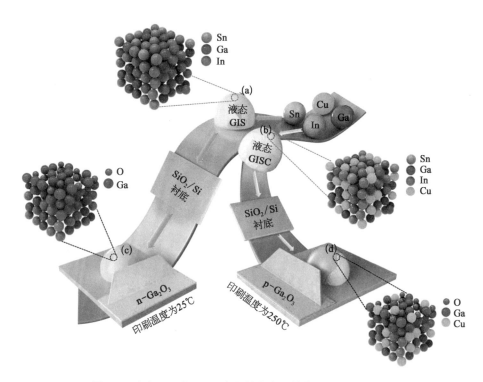

图 7.1 液态 GIS 和 GISC 合金的合成及其表面形成的氧化膜
在 SiO₂/Si 基底表面的范德华印刷过程[1]

(a) 液态 GIS 表面的无序原子特征；(b) 液态 GISC 表面的无序原子特征；(c) 液态 GIS 表面形成
Ga₂O₃；(d) 液态 GISC 表面上形成的 Cu 掺杂型 Ga₂O₃。

搅拌熔融合金约 10 min。随后将配制的液态 GIS 冷却至室温，由于共晶
GaInSn 的熔点低于 10.5℃[26, 27]，因此室温条件下 GIS 合金仍为液态。

虽然 Cu 的熔点高达 1 083.4℃，纯 Cu 在 250℃ 不会发生熔化。但在室温
条件下，液态 Ga 会腐蚀金属 Cu，这是因为液态 Ga 可以与 Cu 发生反应形成
CuGa₂ 金属间化合物[17, 18]。在如下试验中，Cu：Ga 的原子比为 3.24 at%：
96.76 at%（以原子百分比计），如 Cu‑Ga 二元相图（图 7.2）中的蓝线所示。从
中可看到，当温度为 250℃ 时，此比例条件下的 Cu‑Ga 合金处于液相状态。
但随着温度降低至 230℃ 以下，固体 CuGa₂ 相会从液态 Cu‑Ga 合金中析出。
因此为保证配制的 GISC 合金保持液态，始终将其置于 250℃ 的加热台上。液
态 GISC 的印刷工艺也在 250℃ 条件下进行。

液态 GIS 和液态 GISC 合金与空气接触后，会迅速在表面形成一层致密
的氧化膜。氧化膜的受限性形成过程遵循 Cabrera‑Mott 模型。

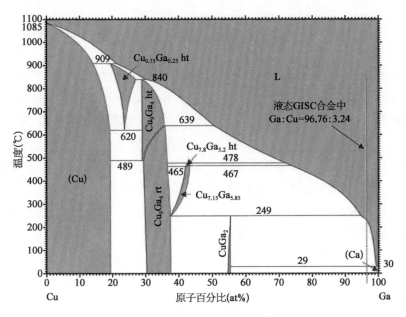

图 7.2　Cu‐Ga 二元相图[1]

Ga_2O_3 和 Cu 掺杂的 Ga_2O_3 薄膜的生长和印刷过程如图 7.1 所示。首先使用去离子(DI)水清洗 500 nm 厚 SiO_2 的 Si 晶片(SiO_2/Si)1 min,然后在丙酮和异丙醇(IPA)中超声处理 10 min(25℃),并使用 N_2 气体吹干。接下来在低真空(0.6 Torr)下在晶片上施加 100 W 的空气等离子体处理 3 min,随后在室温大气环境中将配制的液态 GIS 液滴置于清洁后的 SiO_2/Si 表面。GIS 液滴一经接触空气,会在表面上形成自限性原子级 Ga_2O_3 薄膜。当使用柔软的 PDMS 刮刀印刷液体合金,GIS 表面的 Ga_2O_3 和基材之间的范德华力非常强,可将 Ga_2O_3 薄膜黏附在 SiO_2/Si 基底表面。而液态 GIS 合金与 Ga_2O_3 薄膜间的结合力很弱,当用沸腾的酒精和热碘/三碘化物(I^-/I^{3-})溶液(含 100 mmol/L LiI 和 5 mmol/L I_2 的乙醇,50℃)擦拭残留的液态金属时,可轻松将液态金属从薄膜表面移除,从而在 SiO_2/Si 基底表面留下致密的 Ga_2O_3 薄膜。重复上述印刷过程,可在 SiO_2/Si 基底表面印刷出厚度可控的 Ga_2O_3 薄膜。

Cu 掺杂的 Ga_2O_3 薄膜的印刷制备过程与 Ga_2O_3 薄膜的印刷制备过程相同。但液态 GISC 合金的印刷过程在 250℃条件下进行,Cu 掺杂 Ga_2O_3 薄膜表面残留液态 GISC 的清洗也在 250℃条件下进行。

7.3 Ga₂O₃ 薄膜形貌、化学成分及晶体结构等性能的表征

利用 Zeiss Axioscope 5 显微镜观察 GaInSnO 多层膜的光学形貌,借助 AFM 分析印刷薄膜的厚度。为便于观察印刷 Ga_2O_3 薄膜形貌和测量厚度,使用浓度为 0.5 mol/L 的磷酸(H_3PO_4)在室温下腐蚀部分印刷的 Ga_2O_3 薄膜。用注射器将直径为 2~3 ml 的 H_3PO_4 液滴置于多层膜的中心区域。经约 5 min 腐蚀后,用乙醇将残余的 H_3PO_4 液滴冲洗掉。由于 SiO_2/Si 不能被 H_3PO_4 腐蚀,因此可在 Ga_2O_3 膜和 SiO_2/Si 基底之间看到明显的刻蚀边界。

使用 X 射线光电子能谱仪(Thermo Scientific K-alpha)对薄膜化学成分和元素价态进行表征。其中,分析室的真空度为 5×10^{-9} mBar,激发源为 Al Kₐ-射线($hv=1\,486.6$ eV),在工作电压为 14 kV 和灯丝电流为 10 mA 的条件下,进行 5~10 个周期的信号采集。全谱测试通量能量(通过能量)为 100 eV,步长为 1 eV;窄谱测试通量能量(通过能量)为 50 eV,步长为 0.1 eV,并且 C1s=284.80 eV 与作为电荷校正标准的能量相结合。采用日立 U3900 紫外可见分光光度计获得印刷 Ga_2O_3 膜的紫外可见光谱并计算其带隙(Tauc 图),测试吸收波长范围为 200~800 nm。用于 UV-vis 光谱测试的样品是印刷在蓝宝石上的 Ga_2O_3 膜。使用 JEOL 2100F TEM/STEM(2011)系统对薄膜的晶体结构进行表征,该系统工作于 200 kV 电压下,配备有亮场电荷耦合器件(CCD)相机。借助 FEI(F50)扫描电镜对薄膜的形貌和化学成分作进一步分析。

图 7.3(a)为液态 GIS 合金在 SiO_2/Si 基底表面重复印刷 10 次后的薄膜光学形貌、厚度表征及化学成分分析结果[1],从中可看到,印刷的氧化膜在横向尺寸(百微米量级)上具有良好的均匀性。多层印刷的 Ga_2O_3 膜厚为 20 nm,其厚度大约是印刷的单层二维(2D)Ga_2O_3 厚度[如图 7.4(a)和(b)所示]的 10 倍。从图 7.4 中可看出,单层 2D Ga_2O_3 和 2D Cu 掺杂的 Ga_2O_3 厚度均约为 2 nm,但在单层膜中特别是在膜的边缘偶尔会分布一些空穴等缺陷[图 7.4(a)和(c)],这表明液态 GIS 和 GISC 的氧化层在印刷过程中不能全部黏附在 SiO_2/Si 基底上。因此,具有缺陷的单层 Ga_2O_3 和 Cu 掺杂的 Ga_2O_3 膜不利于制造阵列型晶体管。而厚度为 20 nm 的 Ga_2O_3 薄膜表面基本观察不到这些缺陷,说明薄膜的重复印刷过程可有效修复单层 Ga_2O_3 薄膜表面存在的孔洞等缺陷。

图 7.3(d)、(e)和(f)分别为 Ga_2O_3 薄膜中 Ga2p、Ga3d 和 O1s 的 XPS 峰。由于空气中或样品制备过程中会引入 C 污染,样品中不含 C 的情况很少见。

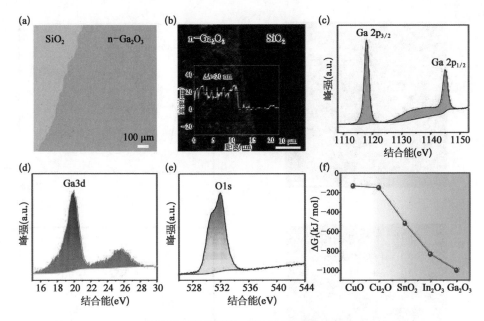

图 7.3 印刷出的 n 型 Ga₂O₃ 膜的表征

(a) 横向尺寸达到几平方毫米的 Ga₂O₃ 膜光学图像；(b) 印刷 10 层获得的 Ga₂O₃ 膜 AFM 图像，插图表示制备的 Ga₂O₃ 膜厚度为 20 nm；(c)～(e) 分别是从印刷膜获得 Ga2p、Ga3d 和 O1s 的 XPS 光谱；(f) 可形成各种氧化物的标准吉布斯自由能。

因此，需要使用 C 加以校正。外来污染 C 的 C1s 通常用作校准的参考峰[28]。当分析吸附在样品表面的污染 C 时，相应化学状态通常为 C—C、C—O、C=O。C—C 化学态更稳定，其 C1s 对应于 284.8 eV 的结合能，这相当于样品中的稳定内标，以此内标对 XPS 测试结果中的 Ga2p、Ga3d 和 O1s 进行 XPS 数据校准是常用措施。这里使用了 C 内标法，即使用真空系统中最常见的有机污染碳的 C1s 结合能 284.8 eV。XPS 结果中未观察到元素 In 和 Sn 的峰（图 7.5），表明所获得的氧化膜中不存在 In 和 Sn。位于 1 144.8 eV、1 118.1 eV 和 20.3 eV 处的 Ga2p$_{3/2}$、Ga2p$_{1/2}$ 和 Ga3d 峰确认了氧化膜中 Ga^{3+} 状态。中心位于 530.3 eV 的宽化峰为 O1s，这与文献中 Ga₂O₃ 中的 O1s 一致。实际上，液态 GIS 合金表面上 Ga₂O₃ 膜的形成符合热力学定律，即金属形成氧化物的吉布斯自由能（ΔGf）越低，越容易占据在液态 GIS 表面并形成氧化膜[25]。如图 7.3(f) 所示，Ga₂O₃ 的 ΔGf 的减少大于 In₂O₃ 和 SnO₂ 的减少。换言之，Ga 的反应性高于 In 和 Sn，当液态 GIS 合金暴露于环境氧气时，反应活性更高的 Ga 原子比惰性 In 和 Sn 原子更易与氧气反应形成氧化物，因此液态 GIS 合金表面只生成 Ga₂O₃ 薄膜[如图 7.1(c) 所示]。

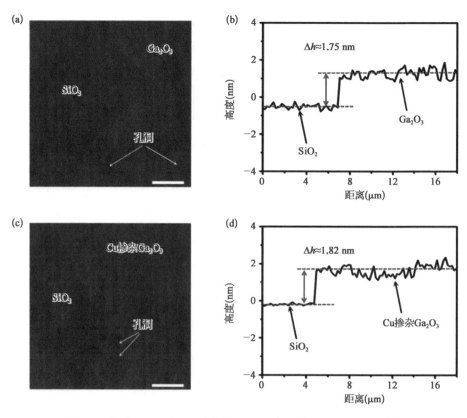

图 7.4 印刷 Ga₂O₃ 和 Cu 掺杂的 Ga₂O₃ 单层膜形貌和厚度表征[1]

(a) SiO₂/Si 晶片上单次印刷 Ga₂O₃ 薄膜的 AFM 图像,尺度为 10 μm;(b) SiO₂/Si 晶片上单层 Ga₂O₃ 的厚度;(c) SiO₂/Si 晶片上 Cu 掺杂 Ga₂O₃ 膜的单次接触印刷的 AFM 图像,尺度为 10 μm;(d) SiO₂/ Si 晶片上单层 Cu 掺杂 Ga₂O₃ 的厚度。

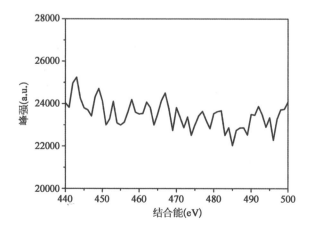

图 7.5 印刷的 Ga₂O₃ 多层膜在结合能为 440~500 eV 范围内的 XPS 光谱[1]

图 7.5 为重复印刷液态 GIS 合金 10 次后获得的 Ga_2O_3 膜的部分 XPS 谱图(结合能范围：$440\sim500\ eV$)[1]，从中所见，没有观察到金属 In($In^0\ 3d_{5/2}$ 在 443.83 eV，$In^0\ 3d_{3/2}$ 在 451.38 eV)和 Sn($Sn^0\ 3d_{5/2}$ 在 484.48 eV，$Sn^0\ 3d_{3/2}$ 在 492.68 eV)的特征峰，这表明在印刷的 Ga_2O_3 膜中不存在元素 In 和 Sn，说明采用印刷工艺可在电子基底表面制备出原子级光滑且无杂质的 Ga_2O_3 薄膜。

此外，印刷 Ga_2O_3 薄膜的化学成分和微观测试结果表明，采用此工艺制备的 Ga_2O_3 薄膜与电子基底间具有良好的兼容性及丰富的电学性能。

从液态 GIS 合金表面印刷的氧化膜能谱分析结果如图 7.6 所示[1]，由此可进一步确认氧化膜中包含 Ga、O 元素。从图 7.6 中可看到氧化膜中均匀分布着 Ga、O 和 Si 元素，其中 Si 元素来源于基底中含有的 Si，这是因为印刷的 Ga_2O_3 膜非常薄(约 20 nm)，EDS 的探测深度已超过 Ga_2O_3 的膜厚，因此基底中丰富的 Si、O 元素均反映在探测结果中。EDS 图谱结果中稍高于 2 keV 的

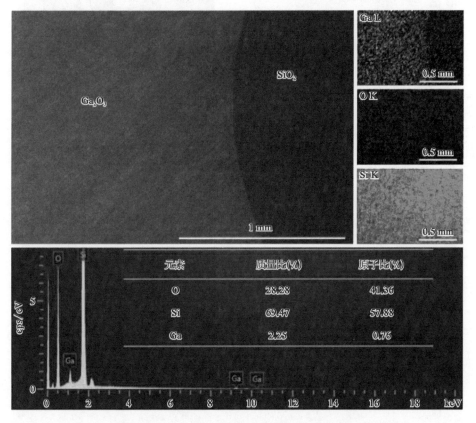

元素	质量比(%)	原子比(%)
O	28.28	41.36
Si	69.47	57.88
Ga	2.25	0.76

图 7.6　印刷的 Ga_2O_3 膜形貌、元素面分布和元素含量表征结果[1]

未标记峰归因于金属 Au,其沉积在印刷的 Ga_2O_3 多层膜上,以在 SEM 观察中改善 Ga_2O_3 膜的导电性。

图 7.7 为重复印刷液态 GISC 合金 10 次获得的氧化膜光学形貌、厚度和化学元素表征结果[1]。从中可明显看到,印刷的氧化膜横向面积大,连续,且无针孔和裂缝。AFM 厚度分析结果表明,获得的氧化膜厚度约为 20 nm,约为 2D 氧化膜厚度的 10 倍。这与重复印刷 10 次液态 GIS 合金获得的 Ga_2O_3 膜厚有较好的一致性。图 7.7(c)和(d)分别为氧化膜中 Cu 2p 和 Ga 2p 的特征 XPS 峰。Ga2p 特征峰与从液体 GIS 表面上获得的 Ga_2O_3 膜中 Ga2p 特征峰的结果相同,这表明从液态 GISC 合金表面获得的氧化膜也是 Ga_2O_3。位于约 486.5 和 495.3 eV 的峰谱属于 Cu 2p 的特征峰,说明印刷的氧化膜中含有

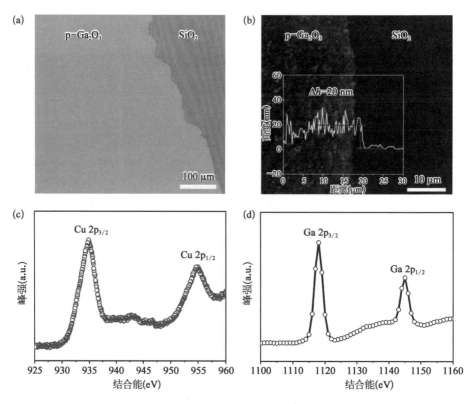

图 7.7 Cu 掺杂 p 型 Ga_2O_3 膜光学形貌、厚度和化学成分表征[1]

(a) 印刷的 Cu 掺杂 Ga_2O_3 膜的光学图像显示了高度的均匀性。(b) 印刷的 Cu 掺杂 Ga_2O_3 膜的 AFM 图像,插图为测量的薄膜厚度。(c)、(d) 分别为 Cu2p 和 Ga2p 的 XPS 特征峰谱结果;前者结合能位于～935.2 eV 和～954.8 eV 处的 Cu2p$_{1/2}$ 和 Cu2p$_{3/2}$ 特征峰;后者结合能位于～1 144.8 eV 和 ～1 118.1 eV 处的 Cu2p$_{1/2}$ 和 Cu2p$_{3/2}$ 特征峰。

Cu 元素。从液态 GISC 合金表面印刷的氧化膜 EDS 结果进一步确认 Cu 元素的存在。从图 7.8 中可看出,印刷氧化膜中含有大量的 Ga 及微量的 Cu,Cu 元素含量仅为 0.16 wt%,远低于检测到的 Ga、O 和 Si 含量。印刷氧化膜定量 XPS 分析(归一化数据)结果表明,Cu 元素含量低于 0.3 at%,这与 EDS 中检测到的 Cu 含量结果具有很好的一致性(表 7.1)。XPS 和 EDS 能谱结果中较低的 Cu 含量和很高的 Ga 含量表明印刷的氧化膜为 Cu 掺杂的 Ga_2O_3。值得注意的是,EDS 能谱中检测到的 Si 元素同样来自 SiO_2/Si 基底。此外,XPS 和 EDS 均未检测到 In 和 Sn 元素,这说明液态 GISC 表面形成的 Ga_2O_3 膜仅掺杂有 Cu 元素。

在液态 GISC 表面上形成 Cu 掺杂 Ga_2O_3(三元金属氧化物)而非二元氧化物不符合热力学定律。事实上,相关报道中也发现过液态合金表面可形成三元金属氧化物而非二元氧化物的案例[29, 30]。例如,可以在 In‐Sn 合金的表

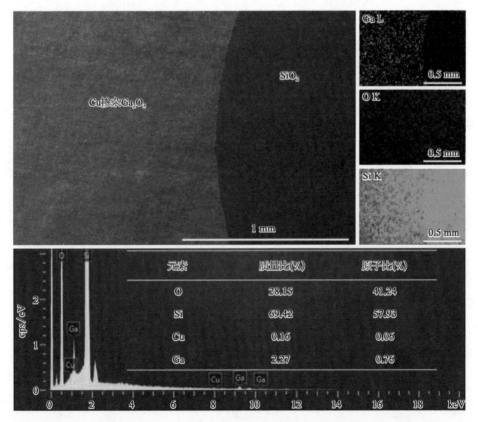

图 7.8　印刷出的 Cu 掺杂 Ga_2O_3 膜的 SEM 图像、EDS 图谱和元素含量[1]

表 7.1　XPS 定量分析 Cu 掺杂 Ga_2O_3 膜中的元素 O、Ga 和 Cu 浓度[1]

样　　品	薄膜中的元素浓度(at%)		
	O	Ga	Cu
1# Cu 掺杂 Ga_2O_3	70.59	29.20	0.21
2# Cu 掺杂 Ga_2O_3	70.95	28.76	0.29
3# Cu 掺杂 Ga_2O_3	68.99	30.77	0.24

面上形成同时含有 In 和 Sn 的三元金属氧化物(铟锡氧化物,ITO),尽管形成的 In_2O_3 的 ΔG_f 大于形成的 SnO_2 的 ΔG_f[30]。在液态 GISC 表面上形成 Cu 掺杂的 Ga_2O_3 意味着除热力学定律外,还存在控制三元金属氧化物形成的其他因素。

　　液态 GISC 合金表面可形成 Cu 掺杂 Ga_2O_3 膜,可归结于液态 GISC 中 Ga 和 Cu 原子之间的强烈化学相互作用[1]。从 Ga‐Cu 二元相图(图 7.2)中可看到,Ga 和 Cu 原子可在 230℃形成固态的 $CuGa_2$ 相。Tang 等和 Cui 等的研究表明[31,32],$CuGa_2$ 金属间化合物可以通过共晶 Ga‐In(EGaIn)和 Cu 粉末的混合或液态 GIS 在 Cu 片上的腐蚀形成。当温度高于 230℃时,固态的 $CuGa_2$ 相可转化为液态的 Cu‐Ga 合金。而随着温度降低至 230℃以下,固体 $CuGa_2$ 相可进一步从液态 Cu‐Ga 合金中析出,说明在液态 Cu‐Ga 合金中,Cu 原子与 Ga 原子间存在很强的作用力,这种较强的相互作用保证了 Cu 与 Ga 原子可结合成 $CuGa_2$ 相,从液态 Cu‐Ga 合金中析出。Cui 等应用第一原理计算出 $CuGa_2$ 金属间化合物的功函数为 4.47 eV[31],这高于单质 Ga 的功函数,进一步说明 Cu 与 Ga 原子的作用力大于 Ga 与 Ga 原子间的作用力。

　　根据热力学定律,GISC 合金中 Ga 形成 Ga_2O_3 的能力强于 In、Sn 和 Cu 形成氧化物的能力,Ga 原子将占据液态 GISC 合金的表面[1]。由于 Ga‐Cu 原子之间的相互作用力大于 Ga‐Ga 原子之间的作用力,在极具氧化反应竞争力的 Ga 原子出现在液态 GISC 合金表面同时,Ga‐Cu 之间很强的相互作用会使少量 Cu 原子被 Ga 原子吸引并占据了液态 GISC 合金表面。共同占据在液态 GISC 合金表面的 Ga、Cu 元素,被进一步氧化形成 Cu 掺杂的 Ga_2O_3 膜。对于元素 In 和 Sn,根据 Ga‐In 和 Ga‐Sn 二元相图可知,它们与 Ga 之间不形成金属间化合物[33,34],这意味着 In 与 Ga 原子及 Sn 与 Ga 原子之间的作用力均弱于 Ga 与 Ga 原子之间的作用力,因此液态 GIS 和液态 GISC 中反应活性更强的 Ga 原子在占据液态合金表面的过程中,In、Sn 元素因较弱的反应活性及很低的 In-Ga、Sn-Ga 原子间作用力不能随 Ga 原子一同占据在液态合金表面,使得液态 GIS 和液态 GISC 合金表面不能形成 In、Sn 元素掺杂的 Ga_2O_3 膜。

为深入了解两种印刷 Ga_2O_3 膜的晶体结构,利用透射电子显微镜(TEM)来表征 Ga_2O_3 薄膜的结晶性质[1]。使用不锈钢刀片分别将两种印刷 Ga_2O_3 膜从 SiO_2/Si 基底上刮下并转移到超薄碳膜载网上。n 型和 p 型 Ga_2O_3 膜的高分辨率(HRTEM)图像分别如图 7.9(a)和(c)所示,其中的插图为相应的选取衍射(SAED)图像。两种薄膜的 HRTEM 和 SAED 图像表明印刷的氧化膜均为非晶结构。图 7.9(b)和(d)为两种印刷 Ga_2O_3 薄膜的光学带隙,从中可看出未掺杂 Ga_2O_3 膜的带隙为 4.95 eV,而 Cu 掺杂的 Ga_2O_3 膜的带隙减小到 4.79 eV,这是因为 Cu 的掺杂引入了浅受主杂质能级,激活了杂质 Cu 原子并在禁带中形成受主杂质[35]。在导带底部引入杂质能级可与费米能级重叠并且整体上移动到低能端。因此,Cu 掺杂的 p-Ga_2O_3 膜的带隙减小。由于导带的最低点和价带最高点位于类似的 K 值,所以 Cu 掺杂的 Ga_2O_3 膜仍是直接带隙半导体。相对费米能级位置可以从价带(VB)光谱中获得[36,37],从图 7.9(e)中,可以看到 Ga_2O_3 膜和 Cu 掺杂的 Ga_2O_3 膜的相对费米能级位置分别为 3.52 eV 和 1.25 eV。这表明少量元素 Cu 掺杂后,Ga_2O_3 的能带发生了显著变化。

事实上,本征半导体的能隙之间会因掺杂元素的不同而出现不同的能级。受主原子将在导带附近创建一个新的能序,而施主原子则在价带附近创建新的能阶。掺杂剂对能带结构的另一个显著影响是改变费米能级位置。从 Ga_2O_3 膜和 Cu 掺杂 Ga_2O_3 膜的简化电子能带图来看[图 7.9(f)],未掺杂 Ga_2O_3 膜

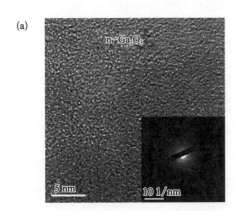

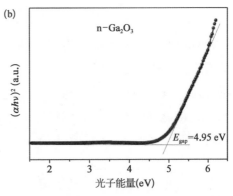

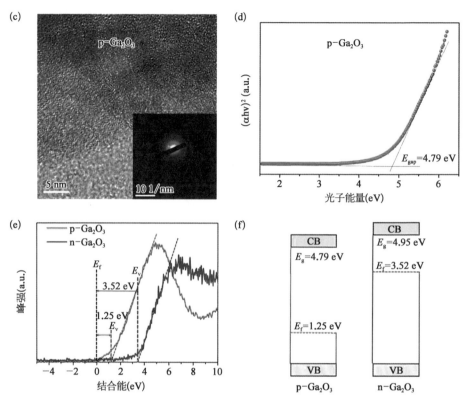

图 7.9 印刷的 n 型和 p 型 Ga₂O₃ 膜的晶体结构、带隙、价带谱和电子能带表征结构[1]

(a)和(c)为两种 Ga₂O₃ 膜的高分辨图像,插图为其对应的选区电子衍射(SAED)图像;(b)和(d)用 Tauc 图确定的两种类型 Ga₂O₃ 的带隙;(e) n 型和 p 型 Ga₂O₃ 的价带(VB)光谱及相应的费米能级图;(f) n 型和 p 型 Ga₂O₃ 的简化电子能带图。

的费米能级更接近导带底,表明其具有 n 型半导体的性质。而 Cu 掺杂 Ga₂O₃ 膜的费米能级更接近价带顶,说明其具有 p 型半导体的特性。

为进一步表征印刷 Ga₂O₃ 膜的电学性能,使用霍尔效应测试系统测试了两种 Ga₂O₃ 膜的霍尔系数(R_H)、浓度、霍尔迁移率(μ_{Hall})和薄层电阻,所构建的霍尔测试器件模型如图 7.10 所示[1]。霍尔效应测量采用常用的四探针法来进行,霍尔测试分为两个步骤:首先,进行电阻率测量,在一对相邻电极(如 1 和 2)之间施加电流 I_{12},并测量另一对电极 3 和 4 之间的电位差 V_{34},以获得电阻:

$$R_{12,34} = \frac{V_{34}}{I_{12}} \tag{7.1}$$

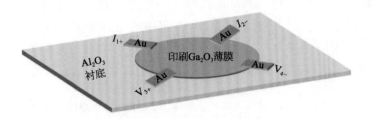

图 7.10　霍尔效应测试采用的器件构型[1]

表面电阻可通过范德堡公式计算，即

$$\exp(-\pi R_A / R_S) + \exp(-\pi R_B / R_S) = 1 \tag{7.2}$$

体积电阻可通过将表面电阻乘以实际测试厚度获得，然后通过以下公式计算电阻率：

$$\rho = \frac{\pi d}{Ln2} \frac{R_{12,34} + R_{23,41}}{2} f\left(\frac{R_{12,34}}{R_{23,41}}\right) \tag{7.3}$$

第二步是测试霍尔系数。向一对非相邻电极（如 I_{14}）施加电流，沿垂直于样品的方向施加所需磁场强度，并在另一对电极上测试电压 V_{23}。霍尔系数可通过以下公式计算：

$$R_{\mathrm{H}} = \left(\frac{d}{B}\right)\left(\frac{\Delta V_{23}}{I_{14}}\right) \tag{7.4}$$

然后，通过以下公式计算载流子浓度和迁移率：

$$n = \frac{1}{|R(H)|\, q} \tag{7.5}$$

这里，q 是电子电荷，电子迁移率由下式获得：

$$\mu = \frac{|R(H)|}{\rho} \tag{7.6}$$

霍尔测试施加电流为 60 nA～100 mA，外加磁场强度为 0.35 T～1 T。

　　两种 Ga_2O_3 膜的霍尔效应测试结果如表 7.2 所示。未掺杂 Ga_2O_3 膜的 R_{H} 为负，表明 Ga_2O_3 膜中的载流子类型为电子，即未掺杂 Ga_2O_3 膜具有 n 型半导体特性，这与 Ga_2O_3 膜的简化电子能带结果相一致。而 Cu 掺杂 Ga_2O_3 膜的 R_{H} 为正，这意味着 Cu 掺杂的 Ga_2O_3 膜是 p 型半导体，其中传输的载流子是空穴。印刷的 p 型 Ga_2O_3 的载流子浓度量级在 $10^{14}/cm^3$,这低于 n 型 Ga_2O_3 的载流子浓度,可能与 n 型 Ga_2O_3 中电子比 p 型 Ga_2O 中空穴更容易形成有关。印刷的掺杂 Cu 的 Ga_2O_3 的 μ_{Hall} 高于印刷的 Ga_2O_3,这与 p 型 Ga_2O_3 的薄层电阻低于 n 型 Ga_2O_3 的薄层电阻有关。

表 7.2 印刷 Ga_2O_3 和 Cu 掺杂 Ga_2O_3 的霍尔效应测试结果[1]

样　品	类型	R_H (cm³/C)	浓度 (/cm³)	μ_{Hall} [cm²/(V·s)]	片电阻 (Ω)
1#- Ga_2O_3	n	−11.600	5.380×10^{17}	0.145	8 018 120
2#- Ga_2O_3	n	−8.369	7.457×10^{17}	0.105	7 988 030
1#- Cu 掺杂 Ga_2O_3	p	47 134.4	1.324×10^{14}	0.624	755 867
2#- Cu 掺杂 Ga_2O_3	p	19 615.2	3.182×10^{14}	0.259	758 270

7.4 n 型和 p 型 Ga_2O_3 在 FET 电子器件中的应用

为评估印刷 Ga_2O_3 薄膜在电子器件中的应用潜力,以 20 nm 厚的 n 型和 p 型 Ga_2O_3 薄膜构建侧栅顶接触的 FET,构型如图 7.11 所示[1]。FET 中的源漏电极和侧栅电极均采用 Ag 制备。p 型和 n 型 Ga_2O_3 FET 器件的制备过程为:首先,用 1 mol/L 的 HF 溶液蚀刻 Ga_2O_3/SiO_2 区域的一部分,然后采用乙醇清洁蚀刻区域,以获得基底上特定区域的清洁 Si。制备 Ag 电极采用的 Ag 墨水包括 40 wt% Ag 纳米粒子,其粒径约 20 nm,分散在二甲苯和松油醇的溶剂混合物中(体积比为 9∶1)。将所得油墨印刷在 Ga_2O_3 膜和 SiO_2/Si 基底上。采用喷墨打印机评估实施效果。在室温下将所获样品放置在喷墨打印机面板上。在计算机上调出目标图像文件,利用软件将其转换为可打印文件。通过计算机控制,在基底上印刷 Ag 来实现源极/漏极和侧栅电极的图案化。最后,为增强导电性,将打印样品放入 120℃空气中熔炉(MDL 281, Fisher Scientific Co.),沉淀 30 min。

如图 7.11(a)所示,制备的 FET 器件沟道长度(L_{ch})为 50 μm,沟道宽度为 1 000 μm。以 n 型 Ga_2O_3 薄膜构建的 FET 表现出 n 型传输和输出特性 [图 7.11(b)和(c)],这与霍尔效应测试结果一致。从图 7.11(b)可看出,当 V_{gs} 为 10 V 且 V_{ds} 为 1 V 时,I_{on} 为 0.032 mA。此外,FET 的阈值电压(V_{th})约为 3.66 V,开关比(I_{on}/I_{off})约 10^6。同一基底表面构建的连续 10 组 FET 器件的

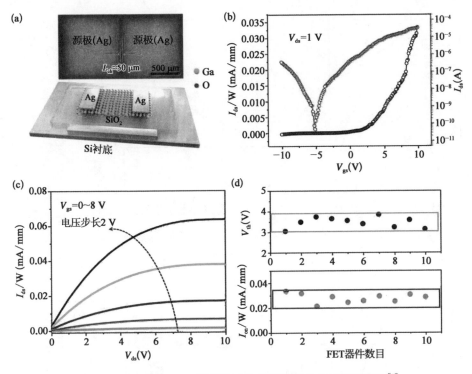

图 7.11　以 n 型 Ga_2O_3 薄膜构建的 FET 器件的电学性能表征[1]

（a）印刷器件结构示意，包含源漏 Ag 电极和 Si 侧栅，沟 SEM 图为沟道长度为 $50\,\mu m$ 的器件；（b）$V_{ds}=1\,V$ 时测量得到的 Ga_2O_3 FET 的 I_{ds}-V_{gs} 特性（线性刻度为紫色，对数刻度为橙色）；（c）V_{ds} 从 $0\sim10\,V$ 变化时 Ga_2O_3 MOSFET 的输出特性曲线；（d）$V_{ds}=1\,V$ 时，10 组典型 Ga_2O_3 FETs 的电流密度 I_{on} 及阈值电压（V_{th}）值分布规律。

性能统计如图 7.11（d）所示，从中可看到印刷薄膜具有高度均匀的行为，构建的 FET 性能表现出良好的一致性。10 组 FET 器件的 V_{th} 在 $3\sim4\,V$ 之间，这表明大多数印刷的 Ga_2O_3 器件在增强模式下工作。而器件参数具有小的分布，表明印刷的 n 型 Ga_2O_3 器件具有优异的均匀性。

图 7.12 为以 p 型 Ga_2O_3 薄膜构建的 FET 电学性能测试结果[1]。从 FET 的 I_{ds}-V_{gs} 转移曲线［图 7.12（a）］可看出，该 FET 器件显示出理想的 p 型晶体管调控性能，与预期结果一致，这进一步确认了液态 GISC 合金表面形成的 Ga_2O_3 薄膜为 p 型半导体。构建的 FET 转移特性曲线（红色为线性曲线，蓝色为对数曲线）表明器件具有优秀的开关比，通/断电流比高达 10^6。器件在 $V_{ds}=-1.0\,V$ 显示出 $0.28\,mA$ 的 I_{on} 峰值和 $22\,\mu s$ 的峰值跨导（g_m），对应图 7.12 中的 $0.28\,mA/mm$（I_{on}/W）和图 7.13 中 $22\,\mu s/mm$（g_m/W）。该器件还

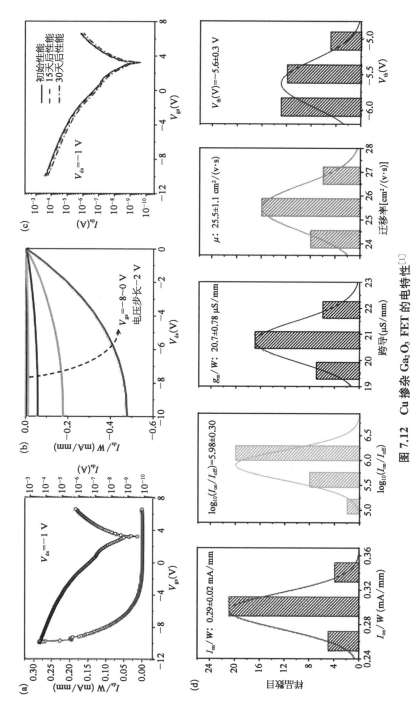

图 7.12　Cu 掺杂 Ga₂O₃ FET 的电特性[1]

（a）V_{ds} 为 −1 V 时典型器件（$L=50\ \mu m$，$W=1\,000\ \mu m$）的传输特性（红色表示线性刻度，蓝色表示对数刻度）；（b）FET 的输出（I_{ds}–V_{ds}）特性，适用于 2 V 步长中 0～−8 V 的不同栅极电压；（c）p 型 TFT 的透射特性（纯蓝色曲线）在 15 天（红色虚线）和 30 天后（粉色虚线）的透射特性几乎没有变化；（d）直方图表示从 30 个器件获得的 FET 效率等指数的统计分布，从左到右：沟道宽度−标准化的导通电流和跨导、开关比、场效应迁移率和阈值电压，显示了印刷制造的器件间的优异的均匀性。

显示了 1.6 V/dec 的最小亚阈值电压 $[SS = dV_{gs}/d(\log I_{ds})]$。器件的载流子迁移率 (μ_{device}) 和跨导 (g_m) 的计算公式如下：

$$\mu_{device} = \frac{L}{V_{ds}C_{ox}W} \cdot \frac{dI_{ds}}{dV_g} = \frac{L}{V_{ds}C_{ox}} \cdot \frac{g_m}{W} \tag{7.7}$$

其中，L 和 W 分别表示器件沟道长度和宽度，C_{ox} 表示单位面积的栅极电容。室温场效应迁移率测量为平均 (25.5 ± 1.1) cm²/(V·s)，所构建的 FET 的最佳迁移率为 150 cm²/(V·s)。众所周知，2D 和超薄金属氧化物具有优异性能和结构多样性，由 2D 或超薄金属氧化物构成的 FET 器件具有更好的电性能。此外，由于印刷的 p 型 Ga_2O_3 是超薄薄膜，使用这种印刷工艺制备的膜显示出与其他常规块状半导体完全不同的场效应迁移率，该发现可为半导体领域新材料的开发提供诸多机会。

图 7.13 为以 n 型和 p 型 Ga_2O_3 膜构建的 FET 的跨导 (g_m) 曲线。

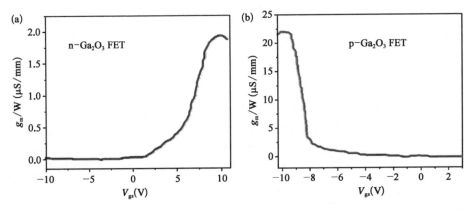

图 7.13　Ga_2O_3 FET(a)和 Cu 掺杂 Ga_2O_3 FET(b)在 $-10\sim10$ V 栅极范围内的跨导曲线[1]

对于实际电路应用，获得具有优异空气稳定性的 TFT 至关重要。新制备的器件以及暴露于环境空气中 15 天和 30 天后的电学性能表明，印刷的 p 型 Ga_2O_3 具有优异的稳定性[图 7.12(c)]，器件工作稳定，没有任何明显的电学性能变化。这种稳定性对于印刷电子产品的实际应用至关重要，相应策略为未来大面积印刷复杂系统提供了一个强有力的平台。

考虑到电路应用，特别是集成电路中晶体管应用的一个基本挑战是成品率和均匀性，Li 等[1]以印刷的 p 型 Ga_2O_3 薄膜制备了 30 个晶体管阵列，在空气中评估了 FET 的电学性能复现性和均匀性。如图 7.12(d)所示为同一基底上印刷的 30 个单独的 p 型 TFT 在空气中的迁移率、电流开关比和阈值电压的直方图,它们显示出几乎相同的导电行为和均匀的电性能,表明该印刷工艺具备大规模生产 FET 的可行性。电极和半导体沟道的良好均匀性、稳定性和高导电性是导致器件高产率和均匀性的关键因素。此外,如果通道被大面积的离子凝胶覆盖,则可以改善电性能。总的说来,液态金属印刷半导体是丰富的集成电路理想材料,其半导体器件制造工艺可在室温下进行,这与现有平板显示器结构相一致,今后可适用于印刷更多电子功能器件。

现阶段,由于载流子迁移率的限制,基于液态金属印刷技术构建的 Ga_2O_3 晶体管仍然无法与传统 Si 或第三代半导体技术竞争。然而,目前工作最值得注意的是其开启了新型 Ga_2O_3 薄膜制备工艺的可能性。随着对材料和印刷方法的不断研究,这些基于液态金属半导体的功能器件的性能未来还可不断提升。例如,通过减少沟道长度、降低基底散射或改善栅极耦合,可望进一步提高 Ga_2O_3 和其他氧化物半导体器件的性能。这种印刷工艺对于大规模、快速构建和低成本制造半导体功能器件具有巨大潜力。此外,这种印刷策略具有制备厚度范围从原子级到纳米甚至微米级半导体薄膜的能力,其厚度可自由调节。原子层厚度的半导体薄膜和短沟道效应的优异适应力将是高速、低功率电子器件的很有前途的替代方案,该工艺具有极好的终端器件扩展潜力。

在成功制备大面积、均匀的 n 型和 p 型 Ga_2O_3 薄膜的基础上,应用上述方法构建 p-n 同质结二极管,以进一步扩展印刷 Ga_2O_3 膜的应用潜力[1]。p-n 同质结二极管的构筑工艺如图 7.14(a)所示。首先将 n 型 Ga_2O_3 多层印刷在 SiO_2/Si 基底上,随后印刷 p 型 Ga_2O_3 层,并将部分 n 型 Ga_2O_3 和 p 型 Ga_2O_3 多层重叠在一起以构建 p-n 异质结。然后在印刷的多层膜上沉积金属 Au 作为电极。具有不同 Ga_2O_3 层的印刷 p-n Ga_2O_3 同质结的实际器件如图 7.14(b)所示,从中可明显观察到由 p 型和 n 型 Ga_2O_3 重叠的 p-n 同质结。

图 7.14(c)显示了由印刷 20 个单层膜构建的 n 型 Ga_2O_3、p 型 Ga_2O_3 和 p-n 同质结的光学图像。相应的 AFM 图像和厚度分析如图 7.14(d)和(e)所示。从中可看出同质结的厚度约为 60 nm,大致等于 30 nm 厚 n-Ga_2O_3 膜和 30 nm 厚的 p-Ga_2O_3 膜厚度之和。由 5 层或 10 层印刷的 p-Ga_2O_3 和 n-Ga_2O_3 膜构成的 p-n 同质结区域的典型 AFM 形貌如图 7.15 所示。随着印刷的 p-Ga_2O_3 和 n-Ga_2O_3 层的数量从 5 层增加到 20 层,重叠 p-n 同质结的厚度显著增加。印刷 5 次和 10 次获得的 Ga_2O_3 膜光学形貌和厚度表征如图 7.15 所示。从中可明显观察到,由印刷 5 层的 p-n 结区和印刷 10 层 p-n 结

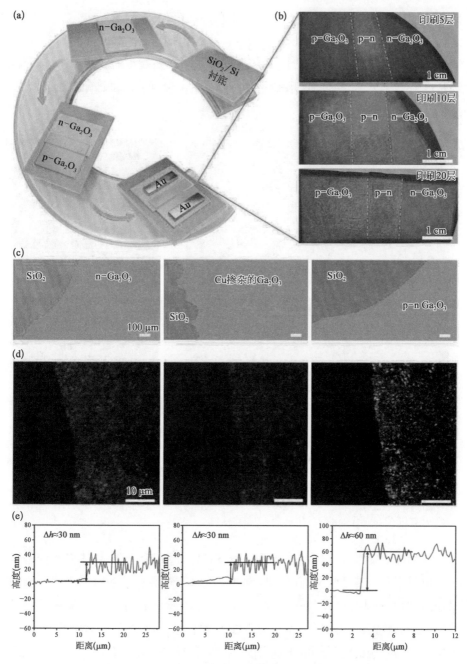

图 7.14　p‒n 二极管器件的印刷工艺和由 20 个单层膜
构成的 p‒n Ga$_2$O$_3$ 同质结的形貌表征[1]

(a) Ga$_2$O$_3$ p‒n 二极管器件的制备工艺；(b) 印刷 Ga$_2$O$_3$ 同质结的实物照片；(c) 20 个单层膜堆叠的 n‒Ga$_2$O$_3$、p‒Ga$_2$O$_3$ 和 p‒n 结的光学形貌；(d) 和(e)分别为 n‒Ga$_2$O$_3$、p‒Ga$_2$O$_3$ 和 p‒n 结的厚度表征。

区的厚度分别约为 20 nm 和 40 nm,分别是 10 层和 20 层单层 Ga_2O_3 膜厚度之和。随着 p-n 同质结中堆叠层 Ga_2O_3 膜的增加,印刷的 p-n 异质结的紧凑性和均匀性得到改善(图 7.14 和图 7.15),这表明所获得的 p-n 同质结的缺陷密度随着其厚度的增加而减小,即较厚的 p-n 同质结更有利于载流子传输。

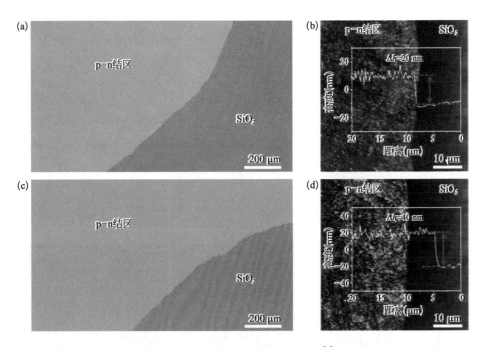

图 7.15 印刷 p-n 同质结的形态[1]

(a) 通过分别印刷 5 层 p 型和 n 型 Ga_2O_3 构建的 p-n 同质结的光学图像;(b) 图(a)中 p-n 同质结的 AFM 图像;(c) 通过分别印刷 10 层 p 型和 n 型 Ga_2O_3 构建的 p-n 同质结的光学图像;(d) 图(c)中 p-n 同质结的 AFM 图像。

在确保功能半导体器件的高效率和兼容性方面,金属/半导体界面处的低接触电阻率和肖特基势垒高度非常重要。金属与半导体接触时未出现明显的附加阻抗,并且半导体中的平衡载流子浓度无显著变化,金属与半导体间便是欧姆接触。良好的欧姆接触不仅可以提高器件效率和使用寿命,而且可以降低整个电路系统的能耗。由于宽带隙半导体材料与大多数金属之间的势垒高度大,很难实现宽带隙半导体的良好欧姆接触。此外,对于宽带隙半导体材料,很难获得高载流子浓度。低载流子浓度将导致大的空间电荷区宽度和长的载流子隧穿距离,这使得实现宽带隙半导体材料的欧姆接触变得更加困难。

　　为了在金属 Au/印刷 Ga_2O_3 膜界面处形成欧姆接触,可在印刷 Ga_2O_3 薄膜的表面上诱导出氧空位[1]。在溅射 Au 电极之前,在室温下用空气等离子体处理印刷的 Ga_2O_3 和 Cu 掺杂的 Ga_2O_3 膜的整个表面约 30 s。与等离子体处理后在 ZnO 和 TiO_2 薄膜表面产生的氧空位相似[38, 39],在空气等离子体处理过程中,Ga - O 化学键断裂,一些氧原子从 Ga_2O_3 薄膜表面去除,从而在 Ga_2O_3 薄膜的表面上诱导了氧空位。Ga_2O_3 膜表面氧空位的存在可以有效改善其光电性能,优点之一在于氧空位的增加可以降低金属电极与 Ga_2O_3 膜之间的接触电阻[40, 41]。为评估空气等离子体处理对金属 Au/印刷 Ga_2O_3 膜界面处欧姆接触形成的影响,在印刷 Ga_2O_3 薄膜表面上制作了对称的 Au 金属电极,沉积的方形 Au 电极尺寸为 1 mm×1 mm,厚度为 30 nm。Au 电极的沟道宽度分别设置为 100、150、200、250 和 300 μm。沉积 Au 电极之后,不对器件作退火处理。

　　图 7.16(a)和(b)为以不同印刷层数 n 型和 p 型 Ga_2O_3 膜构建的肖特基二极管 I_{ds}-V_{ds}输出曲线,此二极管中漏极和源极之间的沟道宽度为 100 μm。有趣的是,所有器件在室温下均显示出线性输出特性,这意味着在 Au 和印刷的 Ga_2O_3 界面之间成功形成了欧姆接触。此外,出色的对称电流-电压(I-V)曲线表明了 Ga_2O_3 薄膜的质量和均匀性具有良好的一致性。从图 7.16(a)和(b)中,可以看到输出电流随着印刷 Ga_2O_3 和掺杂 Cu 的 Ga_2O_3 的堆叠层数的增加而增加。例如,随着 Ga_2O_3 堆叠层数从 5 层增加到 20 层,I_{ds} 从 0.02 A/cm 增加到 0.03 A/cm,仅通过增加印刷层的数量就能改善印刷的 Ga_2O_3 膜的电学性能。尽管在液态 GIS 和 GISC 表面上形成的 Ga_2O_3 和 Cu 掺杂的 Ga_2O_3 是致密的氧化膜,但印刷在基材上的单层 Ga_2O_3 不可避免地会出现一些缺陷,如裂纹或孔洞(图 7.4)等。在逐层印刷单层 Ga_2O_3 的过程中,可以修复覆盖在这些缺陷上的其他理想 Ga_2O_3 的一些缺陷。从图 7.14(c)和(d)中,几乎没有观察到 20 层 Ga_2O_3、Cu 掺杂 Ga_2O_3 和 p - n 同质结表面上的缺陷。毫无疑问,Ga_2O_3 膜中缺陷的减少有利于载流子传输并增加器件输出电流。

　　对于二电极晶体管,晶体管总电阻(R_{TOT})为接触电阻(R_C)和沟道电阻(R_{CH})之和。R_C可通过使用传统传输长度法(TLM)计算。R_C的计算过程如下所示:

$$R_{TOT}(L_{CH}) = 2R_C + R_{CH} = 2R_C + R_{SH} \times L_{CH} \tag{7.8}$$

其中,R_{SH}是半导体沟道的薄层电阻。

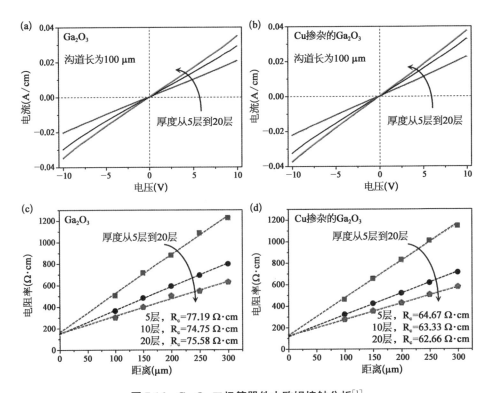

图 7.16 Ga₂O₃ 二极管器件中欧姆接触分析[1]

(a)和(b)分别为具有 5 层、10 层和 20 层 Ga₂O₃ 膜构建的金属-半导体二极管的 I_{ds}-V_{ds} 输出曲线;
(c)和(d)为使用转移长度法(TLM)提取不同类型 Ga₂O₃ 二极管的接触电阻。

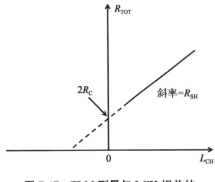

图 7.17 TLM 测量与 LCH 相关的 R_{TOT} 功能[1]

理论上,如果 R_C 和 R_{SH} 在制备的双端器件中是均匀的,则 R_{TOT} 随 L_{CH} 线性变化。因此,通过计算具有不同 L_{CH} 的设备中的 R_{TOT},可以将 R_{TOT} 绘制为 L_{CH} 的函数。与 L_{CH} 相关的 R_{TOT} 函数如图 7.17 所示。总接触电阻($2R_C$)是 $L_{CH}=0$ 时函数的截距值。

图 7.18 给出了不同沟道宽度器件的 I_{ds}-V_{ds} 输出曲线[1],具有不同层的印刷 Ga₂O₃ 膜的 R_{TOT} 与沟道长度的关系如图

7.16(c)和(d)所示。从 R_{TOT} 与沟道长度的拟合线中,计算了具有不同印刷层数的 Ga₂O₃ 和 Cu 掺杂 Ga₂O₃ 薄膜的 R_C。Ga₂O₃ 的 R_C 范围为 74.75~77.19 Ω·cm,

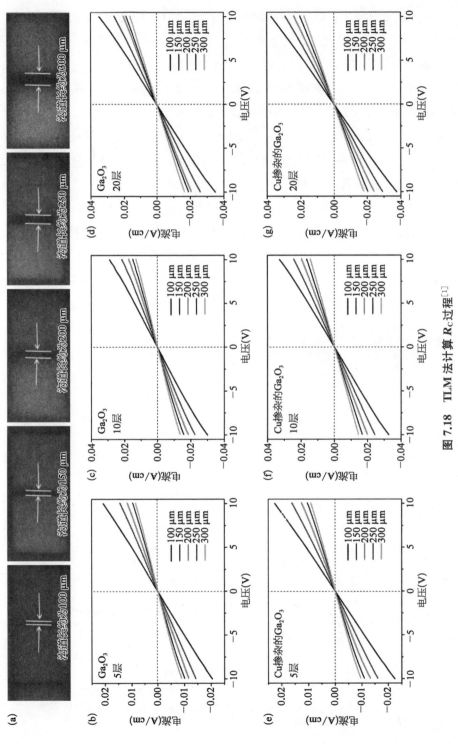

图 7.18　TLM 法计算 R_C 过程[1]

(a) TLM 结构中具有不同沟道长度的 Au 电极的 SEM 图像；(b) 层叠 5 层的 Au－Ga₂O₃ 二极管的 I－V 输出特性；(c) 堆叠 10 层的 Au－Ga₂O₃ 二极管的 I－V 输出特性；(d) 堆叠 20 层的 Au－Ga₂O₃ 二极管的 I－V 输出特性；(e) 层叠 5 层的 Au－Cu 掺杂 Ga₂O₃ 的二极管 I－V 输出特性；(f) 堆叠 10 层的 Au－Cu 掺杂 Ga₂O₃ 的二极管 I－V 输出特性；(g) 堆叠 20 层的 Au－Cu 掺杂 Ga₂O₃ 的二极管 I－V 输出特性。

R_C 几乎没有随着印刷 Ga_2O_3 层数的增加而改变。与 Ga_2O_3 的 R_C 相比，Cu 掺杂的 Ga_2O_3 的 R_C 显著降低，范围为 62.66~64.67 $\Omega \cdot cm$，这表明 Ga_2O_3 中的 Cu 掺杂剂不仅提高了 Ga_2O_3 膜的导电性，而且改善了 Au-Ga_2O_3 界面的欧姆接触性能。Au-Ga_2O_3 界面中的 R_C 与 Ga_2O_3 或 Cu 掺杂的 Ga_2O_3 层的增加几乎相同，表明 R_C 仅由 Ga_2O_3 的类型决定，与 Ga_2O_3 的厚度无关。

在成功实现 Au 电极与印刷 Ga_2O_3 膜间欧姆接触的基础上，进一步构建 Ga_2O_3 同质结二极管并测试其电学性能[1]。图 7.19(a)~(d) 显示了典型 Ga_2O_3 同质结二极管测试结构示意，其中 Au 焊盘的尺寸为 1 mm×1 mm×30 nm。具有不同印刷层数的 p-n 二极管整流特性分别如图 7.19(b)~(d) 所示。可以看出，制备的 Ga_2O_3 均结二极管在常温下具有优异的整流特性。对所有器件进行相同的 I-V 测试表明，器件开路电压分布在 3.9~4.3 V 之间。

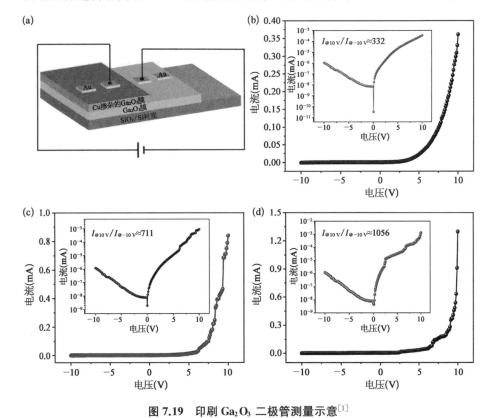

图 7.19 印刷 Ga_2O_3 二极管测量示意[1]

(a) Ga_2O_3 均结二极管实验设置；(b)~(d) 分别是具有 5 层、10 层和 20 层的印刷 n-Ga_2O_3 和 Cu 掺杂 p-Ga_2O_3 二极管的 I-V 特性线性图，插图是相应的对数图。低源极-漏极电压(三极管面积)下的输出曲线反映了半导体和 Au 电极之间的欧姆接触。

当施加电压大于该值时,器件电流快速增加。二极管的导通电压(V_{on})通常定义为线性 I-V 曲线的反向延长线在电压轴上的交点,并且器件的导通电流在 5～7 V 时,电流快速增加。印刷层数的增加使器件电流在 10 V 正向电压下从 0.37 mA 增加到 1.3 mA。通过制造的具有 20 层 Ga_2O_3 异质结二极管,已获得高达 1 056 的整流比。

7.5　小结

液态金属可用作直接印制 2D 半导体的前驱油墨。首先,选择合适的金属与液态金属合金可以开发 2D 半导体系统。液态金属独特的界面性能为 2D 材料的可调节和选择性掺杂提供了新的方向。在上述工作中,液体金属已被用于制备掺杂有 Cu 的 Ga_2O_3 膜中。对印刷的 Cu 掺杂 Ga_2O_3 在功能电子器件中的性能进行测试的结果表明,与 Ga_2O_3 的 n 型特性不同,Cu 掺杂的 Ga_2O_3 表现出 p 型半导体特性。所制造的 FET 器件在 p 型开关、低亚阈值摆幅和环境气氛中的高稳定性方面表现出良好性能。这样的掺杂方法提供了一种通过液态金属合金获得具有不同导电类型的掺杂半导体新工艺,将有助于大规模应用于各种半导体制造过程中。

其次,为制备具有优异性能的 Ga_2O_3 异质结器件,可通过等离子体表面处理实现金属与印刷 Ga_2O_3 膜间的欧姆接触,而无须额外的高温退火工艺。空气等离子体处理可以激发并在 Ga_2O_3 表面上产生氧空位,从而提高 Ga_2O_3 表面的电子浓度,这有利于改善欧姆特性。此外,利用范德华印刷技术可开发先进的 Ga_2O_3 电子器件,基于此工艺可成功构建出 Ga_2O_3 同质结的二极管。Ga_2O_3 均结二极管可实现正向和反向整流行为,具备良好的整流特性。另外,制造的二极管在 10.0 V 的正向电压下显示出 1.3 mA 的高电流密度。这些研究有助于利用液态金属衍生 2D 半导体材料的惊人特性设计和制造多功能电子和光子器件。由于液态金属基异质结构在实际器件应用中的广泛性,亟待在未来得到进一步的充分研究。

··· 参 考 文 献 ···

[1] Li Q, Du B D, Gao J Y, et al. Liquid metal gallium-based printing of Cu-doped p-type Ga_2O_3 semiconductor and Ga_2O_3 homojunction diodes. Appl Phys Rev, 2023, 10:

011402.

[2] Deng G F, Huang Y F, Chen Z W, et al. Yellow emission from vertically integrated Ga_2O_3 doped with Er and Eu electroluminescent film. J Lumin, 2021, 235: 118051.

[3] Li Q, Lin J, Liu T Y, et al. Gas mediated liquid metal printing towards large-scale 2D semiconductors and ultraviolet photodetector. npj 2D Mater Appl, 2021, 5: 36.

[4] Pearton S J, Ren F, Tadjer M, et al. Perspective: Ga_2O_3 for ultra-high power rectifiers and MOSFETS. J Appl Phys, 2018, 124: 220901.

[5] He Q, Hao W, Zhou X, et al. Over 1 GW/cm² vertical Ga_2O_3 Schottky barrier diodes without edge termination. IEEE Electr Device L, 2022, 43: 264.

[6] Zheng X, Moule T, Pomeroy J W, et al. A trapping tolerant drain current based temperature measurement of $\beta - Ga_2O_3$ MOSFETs. Appl Phys Lett, 2022, 120: 073502.

[7] Kumar S, Soman R, Pratiyush A S, et al. A performance comparison between $\beta - Ga_2O_3$ and GaN HEMTs. IEEE Electr Device L, 2019, 66: 3310.

[8] Fu B, Jia Z, Mu W X, et al. A review of $\beta - Ga_2O_3$ single crystal defects, their effects on device performance and their formation mechanism. J Semiconduct, 2019, 40: 011804.

[9] Kim J, Kim J. Monolithically integrated enhancement-mode and depletion-mode $\beta - Ga_2O_3$ MESFETs with graphene-gate architectures and their logic applications. ACS Appl Mater Inter, 2020, 12: 7310.

[10] Pearton S J, Yang J, Cary P H, et al. A review of Ga_2O_3 materials, processing, and devices. Appl Phys Rev, 2018, 5: 011301.

[11] Xue H, He Q, Jian G, et al. An overview of the ultrawide bandgap Ga_2O_3 semiconductor-based Schottky barrier diode for power electronics application. Nanoscale Res Lett, 2018, 13: 290.

[12] Green A J, Chabak K D, Heller E R, et al. 3.8 - MV/cm breakdown strength of MOVPE-Grown Sn-doped $\beta - Ga_2O_3$ MOSFETs. IEEE Electr Device L, 2016, 37: 902.

[13] Kim K T, Jin H J, Choi W. High performance $\beta - Ga_2O_3$ Schottky barrier transistors with large work function TMD gate of NbS_2 and TaS_2. Adv Funct Mater, 2021, 31: 2010303.

[14] Yan Y, Wei S H. Doping asymmetry in wide-bandgap semiconductors: origins and solutions. Phys Status Solidi (B), 2008, 245: 641.

[15] Zhang Y W, Neal A, Xia Z B, et al. Demonstration of high mobility and quantum transport in modulation-doped $\beta - (Al_x Ga_{1-x})_2 O_3 / Ga_2 O_3$ heterostructures. Appl Phys Lett, 2018, 112: 173502.

[16] Karjalainen A, Prozheeva V, Simula K, et al. Split Ga vacancies and the unusually strong anisotropy of positron annihilation spectra in $\beta - Ga_2O_3$. Phys Rev B, 2020, 102: 195207.

[17] Chen J X, Li X X, Ma H P, et al. Investigation of the mechanism for Ohmic contact formation in Ti/Al/Ni/Au contacts to β − Ga$_2$O$_3$ nanobelt Field-Effect Transistors. ACS Appl Mater Inter, 2019, 11: 32127.

[18] Wu C, Wu F, Ma C, et al. A general strategy to ultrasensitive Ga$_2$O$_3$ based self-powered solar-blind photodetectors. Mater Today Phys, 2022, 23: 100643.

[19] Wu Z Y, Jiang Z X, Ma C C, et al. Energy-driven multi-step structural phase transition mechanism to achieve high-quality p-type nitrogen-doped β − Ga$_2$O$_3$ films. Mater Today Phys, 2021, 17: 100356.

[20] Kyrtsos A, Matsubara M, Bellotti E. On the feasibility of p-type Ga$_2$O$_3$. Appl Phys Lett, 2018, 112: 032108.

[21] Neal A T, Mou S, Rafique S, et al. Donors and deep acceptors in β − Ga$_2$O$_3$. Appl Phys Lett, 2018, 113: 062101.

[22] Zhang K C, Liu Y, Li Y F, et al. Origin of ferromagnetism in Cu-doped SnO$_2$: a first-principles study. J Appl Phys, 2013, 113: 053713.

[23] Ma D M, Cheng J N, Zhang J L, et al. The influence of the Cu doping position on GaAs: First-principles calculations. Mater Today Commun, 2020, 25: 101549.

[24] Zavabeti A, Ou J Z, Carey B J, et al. A liquid metal reaction environment for the room-temperature synthesis of atomically thin metal oxides. Science, 2017, 358: 332.

[25] Zhao S, Zhang J, Fu L. Liquid metals: a novel possibility of fabricating 2D metal oxides. Adv Mater, 2021, 33: 2005544.

[26] Evans D S, Prince A. Thermal analysis of Ga-In-Sn system. Metal Sci, 1978, 12: 411.

[27] Yang X H, Liu J. Advances in liquid metal science and technology in chip cooling and thermal management. Advances in Heat Transfer, 2018, 50: 187 − 300.

[28] Datta R S, Syed N, Zavabeti A, et al. Flexible two-dimensional indium tin oxide fabricated using a liquid metal printing technique. Nat Electron, 2020, 3: 51.

[29] Ghasemian M B, Zavabeti A, Mousavi M, et al. Doping process of 2D materials based on the selective migration of dopants to the interface of liquid metals. Adv Mater, 2021, 33: 2104793.

[30] Cui Y T, Yang Z Z, Xu S, et al. Metallic bond-enabled wetting behavior at the liquid Ga/CuGa$_2$ interfaces. ACS Appl Mater Inter, 2018, 10: 9203.

[31] Tang J B, Zhao X, Li J, et al. Gallium-based liquid metal amalgams: transitional-state metallic mixtures (TransM^{2}ixes) with enhanced and tunable electrical, thermal, and mechanical properties. ACS Appl Mater Inter, 2017, 9: 37977.

[32] Shalom S B, Kim H G, Emuna M, et al. Anomalous pressure dependent phase diagram of liquid Ga − In alloys. J Alloys Compd, 2020, 822: 153537.

[33] Premovic M, Du Y, Minic D, et al. Experimental investigation and thermodynamic calculations of the Ag-Ga-Sn phase diagram. Calphad, 2017, 56: 215.

[34] Zhang Y J, Yan J L, Li Q S, et al. Optical and structural properties of Cu-doped β −

Ga_2O_3 films. Mater Sci Eng B, 2011, 176: 846.

[35] Li Z S, Liu X H, Zhou M, et al. Plasma-induced oxygen vacancies enabled ultrathin ZnO films for highly sensitive detection of trimethylamine. J Hazard Mater, 2021, 415: 125757.

[36] Zavabeti A, Aukarasereenont P, Tuohey H, et al. High-mobility p-type semiconducting two-dimensional β-TeO_2. Nat Electron, 2021, 4: 277.

[37] Nguyen C K, Low M X, Zavabeti A, et al. Atomically thin antimony-doped indium oxide nanosheets for optoelectronics, Adv Opt Mater, 2022, 10: 2200925.

[38] Li Z S, Liu X H, Zhou M, et al. Plasma-induced oxygen vacancies enabled ultrathin ZnO films for highly sensitive detection of trimethylamine. J Hazard Mater, 2021, 415: 125757.

[39] Bharti B, Kumar S, Lee H N, et al. Formation of oxygen vacancies and Ti^{3+} state in TiO_2 thin film and enhanced optical properties by air plasma treatment. Sci Rep, 2016, 6: 32355.

[40] Guo D Y, Wu Z P, An Y H, et al. Oxygen vacancy tuned Ohmic-Schottky conversion for enhanced performance in β-Ga_2O_3 solar-blind ultraviolet photodetectors. Appl Phys Lett, 2014, 105: 023507.

[41] Li Z, Liu Y H, Zhang A Y, et al. Quasi-two-dimensional β-Ga_2O_3 field effect transistors with large drain current density and low contact resistance via controlled formation of interfacial oxygen vacancies. Nano Res, 2019, 12: 143.

第8章
液态金属氮化物半导体室温印刷

作为第三代半导体材料的典型代表,具有突出宽带隙的 GaN 已广泛应用于电力电子、射频放大器和恶劣环境设备。由于在实现所需的深紫外发射、激光冲击和电子传输特性方面的量子限制效应,二维(2D)或超薄准二维 GaN 半导体更成为未来微电子器件制造中最有前景的先进材料之一。然而,传统的 GaN 制造能耗大,对设备和环境要求极高,使得制成的终端产品成本过于昂贵,在很大程度上限制了普及推广。若能实现低成本制造,对于半导体工业应用将具有至关重要的意义。笔者实验室从不同于传统的技术理念出发,通过引入等离子体触发的液态金属 Ga 表面受限氮化反应机制,首次提出并证实了在室温下合成和大面积图案化印刷宽带隙二维 GaN 的方法和技术[1],相应工作也打破了惰性气体 N_2 不能与金属 Ga 直接发生反应的固有认知,这一发现具有一定的普遍意义和启示性,表明在特定外加能量的辅助下,对印刷出的液态金属予以相应化学处理可以实现半导体薄膜的图案化快速印制。由此开发的直接制造和合成工艺与各种电子制造方法一致,这为第三代半导体的高效增长开辟了一条简捷易行的道路。特别地,依赖于由此制成的 GaN 的全印刷场效应晶体管显示出 p 型开关特点,其开关比大于 10^5,最大场效应空穴迁移率为 53 $cm^2/(V \cdot s)$ 和较小的亚阈值摆幅。这一方法甚至允许在室温下制造厚度从 1 nm 到 20 nm 以上的 GaN,而如此尺寸的 GaN 薄膜即使采用传统高温制程也很难实现。对液态金属氮化物半导体室温印刷方法作进一步扩展,今后可普及用于制造各种电子和光电子器件。本章内容介绍室温印刷 GaN 半导体的基本原理,并讨论由此构筑相应器件的制造工艺和工作性能。

8.1 引言

由于见证了前两代半导体的瓶颈,第三代高温宽带隙半导体纳米材料,如 GaN[2]、ZnO、AlN[3]、SiC[4, 5]和金刚石等,日益成为业界焦点。GaN 纳米材料是一种新型半导体,具有高饱和电子迁移率、抗辐射性、耐酸碱腐蚀性、高导热性和抗强击穿场等优点。在 GaN 电子器件中,通过宽的能带隙可以抑制从价带到导带的不可避免的电子转移,来自强电场、高温和高能粒子的环境能量可以激活上述电子转移[6]。因此,设备可以在各种情况下保持电气特征。GaN 由于自身理想的效率和稳定性而被视为最具吸引力的半导体材料之一[7],近年来全世界一直在致力于开发和探索 GaN 材料[8-10]。

与块状 GaN 相比,低维 GaN 材料的各种纳米级效应可以显示出更好的光电、机械、热稳定性以及电学[11, 12]和化学特征[13]。GaN 除了基本的物理化学特性外,还具有表面小尺寸和量子限制效应,是未来微电子器件发展最令人期待的领域之一。然而,直到现在,构建低维 GaN 仍然不容易,只有相当有限的途径可用。Syed 等提出了合成二维(2D)GaN 纳米片的两步工艺,包括通过挤压工艺获得 2D Ga_2O_3,然后在管式炉中通过氨解将 Ga_2O_3 转化为 GaN[14]。Chen 等报道了通过化学气相沉积(CVD),利用表面受限氮化反应(SCNR)获得 2D GaN 单晶(约 4.1 nm)[15]。Balushi 等采用迁移增强封装生长方法构建 2D GaN 单层纳米片[16]。遗憾的是,大多数工艺中所使用的温度都在 500℃ 以上,这与各种电子工业发展需要不适应,这是因为沉积时间过长会增加制造成本,降低技术可行性。低维 GaN 材料和器件的构建和制造技术若能得到发展和加强,将满足众多日益增长的需求。在这方面,大面积、高质量和均匀的 GaN 薄膜的低温制备尤其关键,可望对面向电力电子设计的高热稳定性 2D 集成电路产业产生重大影响。长期以来,鲜有关于室温制备超薄或 2D GaN 膜的报道。

正是在面临上述态势的情况下,笔者实验室首次提出并展示在室温下通过引入液态金属合成和印刷工艺[1],可在 SiO_2/Si 基底上印刷超薄准 2D GaN 膜,基本原理依赖于使用 N_2 等离子体在室温下触发 Ga 液滴的氮化,然后通过范德华力学原理将其转移到目标基底上。整个制备过程相当简捷,完全在室温下进行,并与当前的电子制造过程相适应。这一方法可以通过单次或多次印刷获得纳米级厚度的 GaN 膜,实验反映了印刷超薄准二维 GaN 的优异电

子性能。为说明该问题,我们通过完全印刷方式制作了侧栅场效应晶体管
(FET),这种准二维 GaN FET 表现出优异性能,具有大电流开关比($>10^5$)、
高场效应迁移率[约 $53\ cm^2/(V \cdot s)$] 和微小的亚阈值摆幅(约 $98\ mV/dec$),
以及高度的再现性。此项工作建立了一种可靠而直接的室温大面积制造技
术,用于印刷具有突出工作特性的 2D GaN,为晶圆级规模工艺打开了新的发
展空间,也可望为 GaN 半导体在新一代印刷电子器件、集成电路和更多功能
器件中的应用打下基础。

8.2　等离子体介导的 Ga 液态金属与 N_2 限域直接反应

传统上,已有相当多的工艺可用于制备 GaN 膜,如金属有机化学气相沉
积(MOCVD)和原子层沉积(ALD),如图 8.1(a)和(b)所示[1]。高制备温度
($>250℃$)和有毒材料[$Ga(CH_3)_3$]是这些工艺在大规模工业生产 GaN 时面
临的主要缺憾。近年来,室温 N_2 等离子体处理作为绿色氮固定和材料表面改
性的新兴工具,已在氨合成[17]、2D 材料中掺杂 N、等离子体增强 CVD 沉积薄
膜、在刚性材料上形成氮化物层等领域进行了尝试,材料表面氮化处理效率
高、无污染。通过外界能量束辅助,笔者实验室建立了通过 N_2 等离子体触发
清洁的液态 Ga,从而在其表面简便而快捷地制备出 GaN 薄膜的方法和工艺。
值得提及的是,这一原理实际上在笔者实验室于 2012 年发表的文章中[18]已首
次提出,只是后续的试验验证却花费了近 10 年时间。

图 8.1(c)中说明了室温形成 GaN 的过程和机制,这种等离子体氮化工艺
采用了一种涉及高电流和电荷密度的异常辉光放电。通过在放电器(阳极)和
液态 Ga(阴极)之间施加直流电压来产生电势差,使 N_2 电离以产生辉光放电。
通常,原子氮(N_{atom})、激发氮分子(N_2^*)、活化氮分子离子(N_2^+)和电子(e^-)是
N_2 等离子体气体的主要成分[17]。在 Ga 的等离子体氮化中,加速的 N_{atom}、
N_2^*、N_2^+ 都能以高动能撞击液态 Ga 的表面,并与 Ga 原子直接反应形成 GaN
分子。试验证实,N_2 和液态 Ga 在等离子体作用下发生反应产生了 GaN,我们
将此过程表示为一个新的化学反应式:$N_2 + 2Ga \xrightarrow{\text{等离子体}} 2GaN$。由于 N_2 等
离子体的化学反应是热力学稳定的激发态和离子态,并且反应活化能很低,因
此通过 N_2 等离子体与液态 Ga 的反应生成 GaN 比通过传统的氮化反应
(MOCVD)如 $Ga(CH_3)_3 + NH_3 \xrightarrow{\text{高于 } 950℃} GaN + 3CH_4$ 更容易。

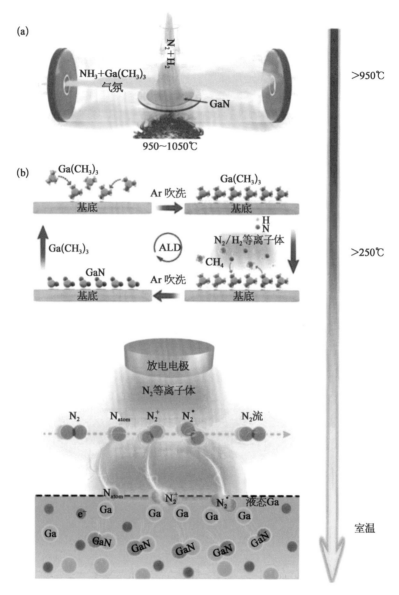

图 8.1 三类 GaN 生长过程及其所需温度示意[1]

(a) 在 950℃以上温度环境制作 GaN 的 MOCVD 轨迹图；(b) 在 250℃以上温度环境制备 GaN 的 ALD；(c) 在室温下，N_2 等离子体与液态 Ga 反应形成 GaN 的图示。

8.3　室温制造 GaN 半导体的材料及设备

如下介绍通过氮化反应在液态 Ga 上形成 GaN 过程[1]。为获得高纯度和低缺陷的 GaN 膜,整个制备和印刷过程需在手套箱中进行,在纯 N_2 环境中及 1~3 atm 压力下工作。手套箱气氛中的 O_2 含量保持在 3×10^{-6} 以下,H_2O 含量控制在 0.5×10^{-6} 以下。将纯度大于 99.99% 的 Ga 熔化,然后置于 NaOH 溶液中以去除表面上的氧化层。用注射器提取 10 ml 清洁液态 Ga,并将其放置在等离子体触发装置的低压电极不锈钢板表面上,不锈钢板接地。在高纯 N_2 环境中,可以看到液态 Ga 的表面是明亮的,没有任何氧化膜。包裹在等离子体高压电极透明石英中的不锈钢盘垂直悬浮在液态 Ga 上方,盘与液态 Ga 表面的距离为 1 mm。通过电压调节装置在等离子体触发装置的两个电极之间施加 50 kV 的电压。此时,N_2 击穿的电场强度为 5×10^7 V/m,输出电流为 16 A,经过一定时间的辉光放电处理后,可以在液态 Ga 表面获得均匀致密的 GaN 层。

超薄 2D GaN 膜的印刷工艺为:用去离子水清洗 Si(SiO_2/Si)上 500 nm SiO_2 晶片 1 min,然后将其在丙酮和异丙醇(IPA)中超声处理 10 min(25℃),并用 N_2 吹干。之后在低真空(0.6 毛)下将 100 W 的 O_2 等离子体(Emitech K-1050X)施加到晶片上 3 min。将氮化的 Ga 液滴置于 SiO_2/Si 基底上并完成印刷程序。氮化物膜的尺寸随液滴直径和刮刀移动距离改变,形成于液态 Ga 表面上的氮化物层可通过刮刀,将其从基材一端向另一端轻轻刮除液滴而转印到基材上。挤出阶段的额外力会损坏氮化物层,通过这种挤出印刷方法,可以有效地将横向尺寸大于几厘米的高质量 GaN 膜印刷在基底上。

机械和化学清洗过程如下:为去除残留在样品上的所有液态金属,可采用乙醇作简单清洗。首先,在烧杯中取约 100 ml 乙醇,并在加热板上将烧杯加热至 100℃。然后,用镊子将带有印刷氮化物膜的基材浸入热乙醇中。为消除金属残留物,使用拭子工具擦拭浸在乙醇中的基材。由于氮化物膜和底层之间具有很强的范德华黏附力,因此在擦拭过程中氮化物膜仍然黏附在 SiO_2 表面上。沉积的氮化物层、液态金属和膜之间的弱黏附性可被快速去除,以保持膜的清洁和完整性。此外,采用化学工艺来清洁样品,以完全消除基材上的金属残留物。在乙醇中配制碘/三碘化物(I^-/I^{3-})溶液(100 mmol/L LiI 和 5 mmol/L I_2),然后置于热板上加热至 50℃。为消除金属夹杂物,将印刷有

GaN 膜的基材浸入加热的 I^-/I^{3-} 溶液；最后，在去离子水中清洗样品可去除残留的蚀刻剂。使用上述两种清洁工艺可以成功去除液态金属颗粒。

FET 制造步骤：为构建全印刷的侧栅 GaN FET，首先，用浓度为 1 mol/L 的 HF 溶液对 GaN/SiO₂ 部分区域进行蚀刻，时间大约 10 s；然后，用乙醇清洗蚀刻区域，在基底上获得特定区域干净的 Si。Ag 墨水（Ag40X，UT Dots，Inc.）包含 40 wt% 的 Ag 纳米粒子，粒径约为 20 nm，分散于二甲苯和松油醇的溶剂混合物中（体积比为 9∶1）。将制备的油墨印刷在 GaN 膜和 SiO₂/Si 基底上。采用喷墨打印机验证打印细节。将所获样品放于喷墨打印机面板上，在计算机控制下，印刷出 Ag 的图案化源/漏电极和侧栅电极。最后，将打印样品置于 120℃下进行退火 30 min，以提高电导率。

表征环节包括：AFM 图像通过 Bruker Dimension Icon 获取。JEOL 2100F TEM/STEM（2011）系统工作于 200 kV 加速电压，包括亮场 Gatan OneView 4 k 电荷耦合器件（CCD）相机，用于低分辨率 HRTEM 成像和 SAED。拉曼光谱通过激光显微拉曼光谱仪获取。此外，使用能量色散 X 射线光谱（EDS）测量来获得所制备样品的元素图谱。采用与来自 Al 阳极（$h\nu = \sim 1\,486.6$ eV）的单色 X 射线相关联的 ThermoScientific KαXPS 光谱仪进行 XPS 分析。利用紫外-可见吸收光谱仪评估薄膜的光学带隙。采用与 Keithley 4200 半导体器件分析仪相连的半自动探针 Cascade Microtech Summit 12000，在室温下测量 GaN FET。

8.4 GaN 半导体室温印制及表征

图 8.2(a) 说明了室温下使用 N₂ 等离子体处理技术，可在液态 Ga 液滴表面上制备出超薄 2D GaN[1]。图 8.3 反映了新鲜 Ga 液滴在 N₂ 等离子体处理前后的变化。图 8.2(b) 给出了将液态 Ga 转化为 GaN 的系统。GaN 薄膜的形成是通过 N₂ 等离子体触发表面限域氮化反应实现的。在液态 Ga 的刮擦过程中，N₂ 环境中等离子体轰击产生的表面氮化物通过范德华力黏附到基底上，干净的 Ga 得以暴露[图 8.2(c)]。Ga 的氮化反应和印刷均在与当前电子器件生产工艺对应的室温下进行。通过选择更大的液滴直径和更长的刮板行程，可以扩大覆盖的基底面积。扩大 N₂ 等离子体触发时间或重叠印刷，可增加膜的厚度（图 8.4）。图 8.2(d) 显示了用 N₂ 等离子体处理 10 min 后从 Ga 液滴表面获得的 GaN 薄膜，它揭示了一个大而连续的超薄 GaN 薄膜，其横向尺寸超过了厘米。

基于原子力显微镜,可测得沉积的 GaN 层厚度为～4 nm,比单个 GaN 晶胞的厚度略大[图 8.2(e)]。可印刷的 GaN 比单层稍厚,表明制备的 GaN 膜是超薄 2D 膜。AFM 还表明,印刷的 GaN 膜的表面粗糙度类似于 SiO_2 基底,表明 GaN 膜具有最小的裂缝、孔洞、褶皱或气泡,反映了共形和均匀的附着特性。

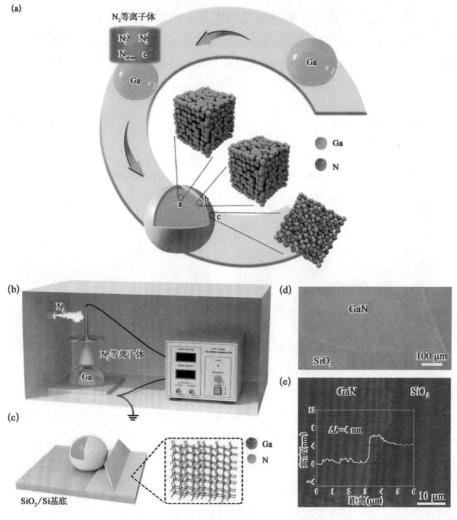

图 8.2　2D GaN 合成和印刷工艺示意[1]

(a) 通过 N_2 等离子体反应机制在液态金属 Ga 上形成表面氮化物层。a. Ga 具有无序原子,b. Ga‐N 键在液态 Ga 表面形成,c. GaN 层。(b) 用于从液态金属 Ga 生成 GaN 的等离子体系统。(c) GaN 膜的范德华印刷方法示意。液态 Ga 的表面氮化物附着到基底上并在表面留下 GaN。右图概括了 GaN 膜的晶体结构。(d) 横向尺寸为几平方毫米的印刷 GaN 层的光学图像。(e) SiO_2/Si 晶片上印刷的 GaN 层的 AFM 图像。插图显示了厚度为 4 nm 的台阶高度轮廓。

图 8.3 给出了 GaN 合成过程和初始 Ga 液滴在经受 N_2 等离子体处理前后的对比[1]。众所周知,由于液态 Ga 与 O_2 的高反应性,液态 Ga 在暴露于环境空气时会被迅速氧化。在氮化处理过程中,Ga 表面的自约束 Ga_2O_3 将阻止 N_2 等离子体与 Ga 直接碰撞和反应,导致无法生成 GaN。因此,为保证 Ga 液滴表面上生成 GaN 膜,需要使用 NaOH 去除氧化物膜。以这种方式,当将新鲜 Ga 液滴放置在等离子体触发装置的低压电极(阴极)不锈钢板上时,在纯 N_2 气氛中,其表面上没有形成 Ga_2O_3[图 8.3(b)]。经过 10 min N_2 等离子体处理后,可以在纯 N_2 气氛中于 Ga 液滴表面上形成致密的 GaN 膜[图 8.3(c)]。

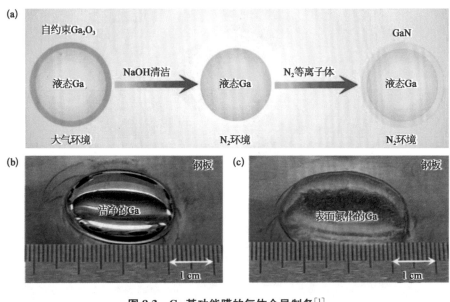

图 8.3 Ga 基功能膜的气体介导制备[1]

(a) 液态 Ga 表面上定义 GaN 形成的流程;(b) 新鲜液态 Ga 液滴在 N_2 气氛中用 NaOH 清洗;(c) 在 N_2 气氛中进行 N_2 等离子体处理后,具有表面限定 GaN 的 Ga 液滴。

值得注意的是,当 N_2 等离子体触发时间低于 1 min 时,单次印刷的 GaN 膜的厚度低于 1 nm[图 8.4 和图 8.5(a)],此时 GaN 膜可归类为 2D 材料。然而,在获得的 2D GaN 上也可以看到裂纹和孔洞。实际上,当 N_2 等离子体触发时间低于 5 min 时,印刷 GaN 膜的均匀性和连续性并不总是足够好。这可能是因为 N_2 等离子体处理不足不利于 GaN 膜在 Ga 液滴表面上实现完美生长。因此,可以采用处理 10 min 后获得的 4 nm GaN 膜,作随后的微观结构形貌观察、光学分析和电子器件制造等。

图 8.4 给出了在不同厚度范围内打印输出参数[1]，这一方法具有广泛的适应性。更多的实验阐明了 N_2 等离子体触发时间对 2D GaN 半导体膜厚度的影响规律。图 8.4 的扩展数据表明，在印刷前延长处理时间不会导致 2D GaN 片材厚度无限增加。当采用分步涂覆程序时，可获得更高的表面覆盖率。在这里，允许氮化一段设定时间的液滴移动到一个液滴直径的距离，然后在再次移动之前将其进一步氮化相同的时间段。对于这种阶梯式滚印，可以发现每一步氮化时间对基底覆盖率和隔离片材的横向尺寸有一定影响。当液滴以相对较慢的步进速度滚动时，可以获得超过 50％ 的基底覆盖率。这为液态金属 Ga 表面受限的氮化反应机制提出了有趣的问题，这是以前从未解决过的工艺，在未来的研究中有很大空间值得探索。

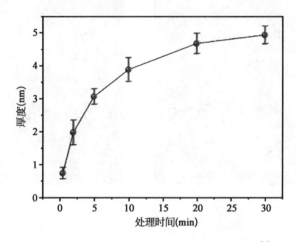

图 8.4　对制作的 GaN 膜的合成技术进行表征[1]

液态 Ga 表面氮化层的厚度随时间的变化表明，当延长氮化时间时，氮化层厚度加大。

图 8.5 给出的是具有不同基底和印刷层的 GaN [1]。如图 8.5(a)所示，当 N_2 等离子体触发时间为 0.5 min 时，可通过单独印刷氮化 Ga 液滴来获得厚度小于 1 nm 的 GaN 膜，此时 GaN 薄膜可定义为 2D GaN。然而，由于存在裂纹和孔洞，制备的 2D GaN 的均匀性和连续性并不总是足够好。从图 8.5(b)、(c)和(d)中，可以看到通过重复印刷 5 次 4 nm 厚的 GaN 膜，在各种基底上形成了致密且均匀的 GaN 薄膜。这些膜的厚度约为 20 nm，表明所提出的印刷工艺可以容易地控制合成 GaN 膜的厚度，并且对于工程应用目的来说比较实用。

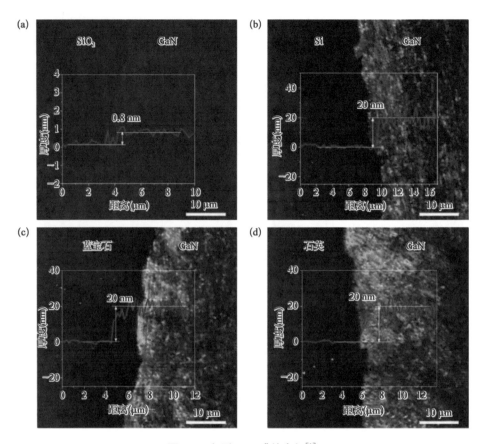

图 8.5　印刷 GaN 膜的表征[1]

(a) SiO₂/Si 晶片上单次接触印刷的 GaN 膜的 AFM 图像；(b)～(d) 分别在 Si 晶片、蓝宝石和石英上频繁印刷的 GaN 膜的 AFM 图像。

　　试验表明,在广泛区域和大量样品中的均匀厚度支持 Cabrera‐Mott 生长机制,在该机制中,整个金属界面之间形成了同时存在的氮化物,由此实现了精确厚度的自限生长。上述方法在生长大面积 GaN 片方面是高度可重复的,实际过程中已重复 50 多次,并且总能形成具有重复特征的相同、连续、横向扩展的 GaN 薄膜。GaN 膜最初印刷在 SiO₂/Si 基底上,但进一步测试表明,可通过印刷技术在各种基底上复制厘米级均匀半导体膜(图 8.5),这表明上述构造方法适合在各种材料上沉积 GaN。此外,应该指出,该方法也适用于 GaN 异质结的制造。为与 Si 基电子技术兼容,应采用印刷在 SiO₂/Si 表面上的超薄准 2D 膜作进一步描述和器件构造。

　　值得注意的是,图 8.6 显示了印刷 GaN 温度和厚度与以往研究中制备超薄 GaN 领域的其他经典技术的比较[1]。迄今，业界将各种工艺引入 GaN 的生长，如金属有机化学气相沉积(MOCVD)、金属有机气相外延(MOVPE)、氢化物气相外延法(HVPE)、原子层沉积(ALD)、等离子体增强原子层沉积法(PELD)、微波等离子体辅助原子层沉积术(MPALD)、等离子体辅助分子束外延(PAMBE)、激光分子束外延法(LMBE)、流调制外延法(FME)、脉冲直流(DC)溅射法和射频磁控溅射法等，这些方法中的高昂设备限制了超薄 GaN 在柔性器件中的普及应用和研究进展。与上述技术相比，基于液态金属的室温印刷 GaN 方法具有工艺简单稳定、速度快、面积大、成本低、效率高、易于去除多余金属，以及所实现的最终样品表面极为清洁等优点。

从图 8.6 给出的印刷工艺与其他典型 GaN 制备工艺的比较，可以看出，除新方法外，GaN 的所有制备工艺基本上均依赖于高温和真空条件，这大大增加

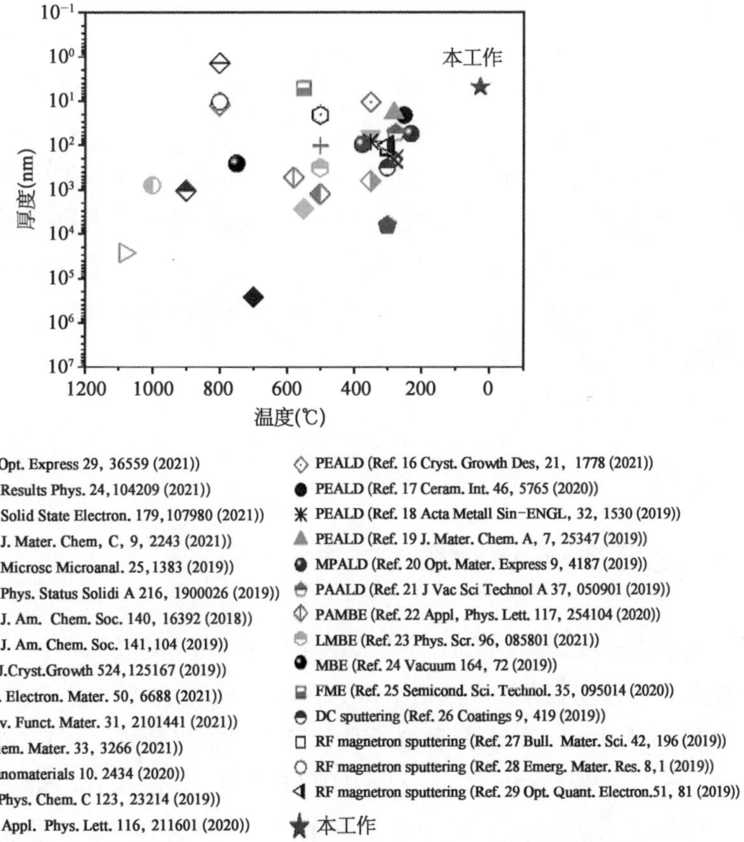
本工作
厚度(nm)
温度(℃)
10⁻¹
10⁰
10¹
10²
10³
10⁴
10⁵
10⁶
10⁷
1200
1000
800
600
400
200
0
MOCVD (Ref. 1 Opt. Express 29, 36559 (2021))
MOCVD (Ref. 2 Results Phys. 24, 104209 (2021))
MOCVD (Ref. 3 Solid State Electron. 179, 107980 (2021))
MOCVD (Ref. 4 J. Mater. Chem, C, 9, 2243 (2021))
MOCVD (Ref. 5 Microsc Microanal. 25, 1383 (2019))
MOCVD (Ref. 6 Phys. Status Solidi A 216, 1900026 (2019))
MOCVD (Ref. 7 J. Am. Chem. Soc. 140, 16392 (2018))
MOCVD (Ref. 8 J. Am. Chem. Soc. 141, 104 (2019))
MOVPE (Ref. 9 J.Cryst.Growth 524, 125167 (2019))
HVPE (Ref. 10 J. Electron. Mater. 50, 6688 (2021))
ALD (Ref. 11 Adv. Funct. Mater. 31, 2101441 (2021))
ALD (Ref. 12 Chem. Mater. 33, 3266 (2021))
ALD (Ref. 13 Nanomaterials 10. 2434 (2020))
ALD (Ref. 14 J. Phys. Chem. C 123, 23214 (2019))
PEALD (Ref. 15 Appl. Phys. Lett. 116, 211601 (2020))
PEALD (Ref. 16 Cryst. Growth Des, 21, 1778 (2021))
PEALD (Ref. 17 Ceram. Int. 46, 5765 (2020))
PEALD (Ref. 18 Acta Metall Sin-ENGL, 32, 1530 (2019))
PEALD (Ref. 19 J. Mater. Chem. A, 7, 25347 (2019))
MPALD (Ref. 20 Opt. Mater. Express 9, 4187 (2019))
PAALD (Ref. 21 J Vac Sci Technol A 37, 050901 (2019))
PAMBE (Ref. 22 Appl, Phys. Lett. 117, 254104 (2020))
LMBE (Ref. 23 Phys. Scr. 96, 085801 (2021))
MBE (Ref. 24 Vacuum 164, 72 (2019))
FME (Ref. 25 Semicond. Sci. Technol. 35, 095014 (2020))
DC sputtering (Ref. 26 Coatings 9, 419 (2019))
RF magnetron sputtering (Ref. 27 Bull. Mater. Sci. 42, 196 (2019))
RF magnetron sputtering (Ref. 28 Emerg. Mater. Res. 8, 1 (2019))
RF magnetron sputtering (Ref. 29 Opt. Quant. Electron.51, 81 (2019))
本工作

图 8.6　当前印刷工艺与文献中 GaN 制备技术的比较，新技术显示出明显的优势[1]

了成本,不利于大规模工业应用,也不易实现柔性器件,会显著阻碍超薄 GaN 在柔性器件中的产业化和研究进展。与现有技术相比,液态金属室温印刷 GaN 工艺简单稳定、成本低、效率高(图 8.6)。由于工艺温度低(室温),在不久 的将来,它可用于各种 GaN 基柔性电子和光电子器件的开发。

为量化载流子迁移率,以评估印刷 FET 的性能,并与所报道的 GaN FET 进行比较,可使用场效应方法计算场效应迁移率,该方法在以往 FET 分析中 常被采用。

使用该方法计算印刷 GaN FET 器件在环境温度下的场效应迁移率,即

$$\mu_{\text{device}} = \frac{L}{V_{\text{ds}} C_{\text{ox}} W} \cdot \frac{\mathrm{d}I_{\text{ds}}}{\mathrm{d}V_{\text{gs}}} \quad (8.1)$$

由于电介质为 500 nm SiO_2,每单位面积的电容计算为:

$$C_{\text{ox}} = \frac{\varepsilon_0 \varepsilon_{\text{ox}}}{t_{\text{ox}}} = \frac{3.9 \times 8.85 \times 10^{-14} \ \text{F/cm}}{500 \times 10^{-7} \text{cm}} = 6.90 \times 10^{-9} \ \text{F/cm}^2 \quad (8.2)$$

其中,μ_{device} 器件是空穴迁移率,I_{ds} 和 V_{ds} 分别是漏极-源极电流和电压,V_{gs} 是栅 极电压,L 和 W 分别是沟道的长度和宽度。

当栅极偏置电压低于阈值电压时,半导体表面上会有漏电流流动。通常 该工作区域被称为亚阈值区域。在亚阈值区,漏极电流来自载流子从源极到 漏极的扩散,而不是漂移。漏极电流曲线的斜率取决于栅极绝缘体的电容和 界面陷阱电荷密度。源极-漏极电流对栅极电压的对数斜率的倒数称为亚阈 值摆幅(SS),即

$$SS = \frac{\partial V_{\text{G}}}{\partial (\log I_{\text{ds}})} \quad (8.3)$$

8.5 超薄 2D GaN 薄膜的性质

透射电子显微镜(TEM)可用于表征印刷 GaN 的晶体学特征。GaN 膜在 印刷后立即移动到 TEM 网格。图 8.7(a)、(b)分别显示了 GaN 的高分辨率 TEM 显微照片(HRTEM)和选择性区域电子衍射(SAED)图案[1],这证实了 印刷 GaN 在多晶型中的结晶。HRTEM 图像中 0.285 nm 原子间距和 0.248 nm 处的条纹距离,对应于 GaN 的(100)和(101)平面。所获得的晶格参 数表明 GaN 样品为纤锌矿结构。

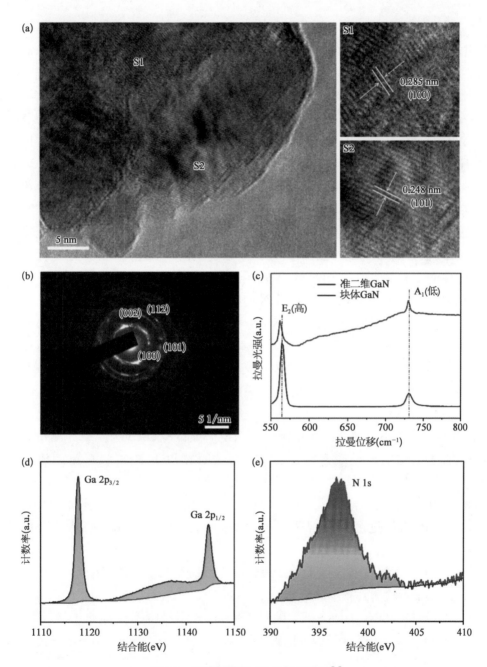

图 8.7　印刷超薄准 2D GaN 的刻画[1]

（a）GaN 的高分辨率 TEM 图像直接层叠到 TEM 网格上。（b）对 GaN 选定区域的衍射图案进行的索引，显示了 GaN 的多晶结构。（c）本体 GaN 和厚度为 4.0 nm 的 GaN 的拉曼光谱，显示了样品的 E_2 和 A_1 模型峰。（d）～（e）分别是 Ga2p 和 N1s 所选区域 GaN 的 XPS 结果：Ga2p 区 $2p_{1/2}$ 和 $2p_{3/2}$ 的特征双峰分别位于约 1 144.8 eV 和约 1 118.1 eV，位于～397.6 eV 的宽 N1s 峰对应于 GaN 中 N 的结合能。

GaN 膜的声子模式与本体声子模式相比也发生了变化[19]。从图 8.7(c)
中拉曼光谱可见,印刷 GaN 中分别出现 561.77 和 729.59 cm^{-1} 处两个峰值,对
应于体相中 564.30 cm^{-1} 处特性 E$_2$(高)和 730.34 cm^{-1} 模式处特性 A$_1$(低)。
此外,上述区别反映了准 2D 极限下 GaN 声子模式的变化。显然,与块状多晶
GaN 相比,GaN 膜的 E$_2$(高)和 A$_1$(低)峰均显示出蓝移。一般来说,影响拉曼
散射的参数包括材料尺寸、顺序、内部应力和结构缺陷。GaN 膜中的拉伸(压
缩)应变将导致 GaN 膜的拉曼光谱出现蓝(红)移。Chen 等报道[15],由于 2D
极限中的拉伸应变状态,2D GaN 的 E$_2$ 峰与块体相比出现明显蓝移。在上述
工作中,印刷 GaN 的厚度为 4 nm,接近于前人报道的 2D GaN 厚度[15]。在制
备的 GaN 膜中也可能存在拉伸应变状态,因此,准 2D GaN 膜的 E$_2$ 峰和 A$_1$ 峰
均出现蓝移。用于拉曼光谱测试的印刷 GaN 膜位于 SiO$_2$/Si 基底上,毫无疑
问,GaN 的拉曼光谱受 SiO$_2$/Si 基材的拉曼光谱影响。因此,在 2D GaN 拉曼
光谱中存在大的凸起,而在体材 GaN 中则不存在。

利用 X 射线光电子能谱(XPS)可获得印刷 GaN 的化学键合状态。
图 8.7(d) 和(e)分别显示了 GaN 的 Ga 2p 和 N 1s 区域的光谱[1]。Ga 2p 区域
中的双峰对应于 Ga 的 2p$_{3/2}$ 和 2p$_{1/2}$ 轨道,Ga$_2$O$_3$ 的特征 Ga 峰位于约 20.4 eV,
表明 Ga 的定量转变。以～397.6 eV 为中心的主要宽 N 1s 峰对应于与 GaN
中所需的 N 1s 区域兼容的 N 1s 区。所得膜组成的能量色散 X 射线光谱
(EDS)绘制如图 8.8 所示。将用于扫描电子显微镜(SEM)和 EDS 测试的
GaN 膜从 SiO$_2$/Si 基底上刮下,并转移到透明的 PET 表面,以避免富 Si 对
GaN 膜 EDS 结果的影响。EDS 结果中检测到的 C 和 O 元素来自 PET 切片,
即 C、O 和 H 元素的含量。但 Ga∶N 的原子比接近 1∶1,说明获得的材料是
GaN,XPS 数据和上述其他表征技术进一步证实,所有的印刷 GaN 具有良好
的一致性。

图 8.8 给出了 GaN 膜上的元素分布[1]。通过 EDS 能谱分析膜表面的化
学成分,显示检测到 4 种元素。光谱中 Ga 和 N 元素的存在证明了印刷薄
膜的成分是 Ga 和 N。这两种元素的原子百分比分别为 16.24% 和 18.37%,约为
1∶1 的化学计量比。因此,可以得出结论,通过这种印刷技术制备的样品是
纯 GaN。

图 8.9(a)为获得的印刷超薄准 2D GaN 的单个晶胞的电子能带结构和状
态密度(DOS)[1]。结合维也纳从头计算模拟包(VASP,版本:5.4.4)及投影
增强波(PAW)方法,可完成第一原理计算[20-22]。基于 DFT – D3 校正的

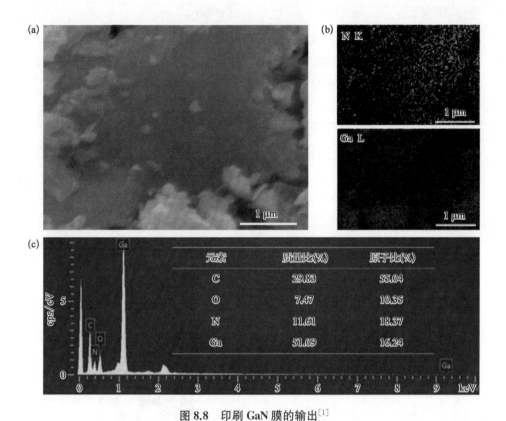

图 8.8　印刷 GaN 膜的输出[1]

(a) 超薄准 2D GaN 样品的 SEM 图像；(b) Ga 和 N 元素沿着从 N_2 等离子体表面收获的 GaN 膜的 EDS 映射；(c) 印刷 GaN 膜的 EDS 光谱。

Perdew Burke Ernzerhof(PBE)函数用于处理交换函数。将平面波截止能量调整为 520 eV[23]。布里渊区积分通过 $15 \times 15 \times 6$ Monkhorts Pack 点完成采样，以优化块状 GaN。自洽计算可以给出 10^{-4} eV 的会聚能量阈值。在所有原子上的最大应力为 0.01 eV/Å 时，可获得平衡几何结构和晶格常数的最佳值。对于 GaN(110)表面结构，使用 $7 \times 7 \times 1$ K 点进行结构优化和自洽计算。由于 PBE 泛函将低估半导体的带隙，可使用混合泛函方法(HSE06)[24]来计算带隙和 DOS。密度 PBE 函数分析表明 GaN 具有 1.51 eV 直接带隙。根据 HSE06 计算，印刷 GaN 具有 3.32 eV 的直接带隙。从图 8.9(b)中，由 UV - Vis 吸收得到的测量带隙为 3.3 eV，这与从 HSE06 计算得到的值非常一致。通过比较，使用能量密度 PBE 泛函分析计算的带隙小于测量结果。图 8.9(c) 显示了具有从纤锌矿体相切片的非极性(110)表面的 GaN 周期性平面。一般来说,可将 GaN 的带隙调制到 5 eV,直到单层极限[25, 26]。值得注意的是,可印刷 GaN 膜(4 nm)的测量带隙为 3.3 eV,小于所报道的 2D GaN 膜的 3.5 eV(1.3 nm)[14]。这是因为获得的超薄准 2D GaN 比 2D GaN 稍厚。随着厚度的增加,超薄准 2D GaN 的带隙减小[15],接近于块状 GaN。

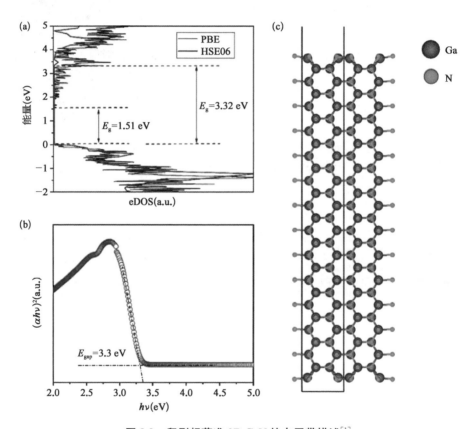

图 8.9 印刷超薄准 2D GaN 的电子带描述[1]

(a) 使用 PBE 和 HSE06 函数计算印刷 GaN 的电子 DOS;(b) 用于确定 GaN 的电子带隙的 Tauc 图显示了 3.3 eV;(c) GaN(110)板的带隙。

8.6　印刷超薄 2D GaN 薄膜在电子器件中的应用

为了对印刷 GaN 的电子传输特性进行实验评估并说明电子器件的潜力,可通过构建 FET 来考察 GaN 在电子器件中的应用[1]。图 8.10(a)显示了基于印刷 GaN 的晶体管的结构图,所有器件采用了单独的侧栅设计。图 8.10(b)

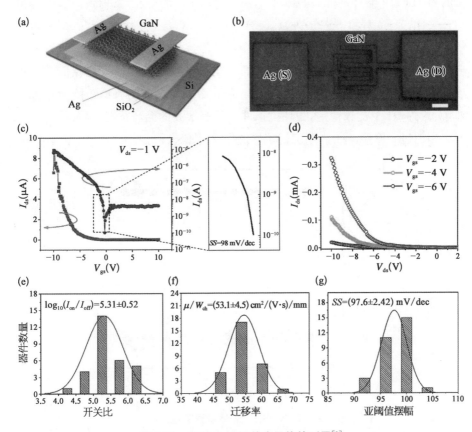

图 8.10　印刷 GaN 场效应晶体管测量[1]

（a）具有 Ag 源极-漏极的 Si 侧栅 FET 器件结构；（b）设备 SEM 图，比例尺为 $100~\mu m$；（c）$V_{ds}=-1~V$ 时的相应 I_{ds}-V_{gs} 曲线，显示出大于 10^5 的开关比，亚阈值斜率 $SS=98~mV/dec$，产生 $\mu=53.1~cm^2/(V\cdot s)$ 的场效应迁移率；（d）单个 FET 的一组 I_{ds}-V_{ds} 输出曲线，显示大于 $0.3~mA$ 大导通电流密度；（e）开关比对数、（f）场效应迁移率和（g）30 个 FET 的亚阈值斜率（SS）直方图。

显示了该装置的 SEM 图像。Ag 被用作栅电极和源漏金属接触，对电极进行图案化形成 FET 沟道，宽度为 $W_{ch}=1~000~\mu m$，长度为 $L_{ch}=50~\mu m$。对印刷侧栅 GaN FET 进行电学测试，图 8.10（c）显示了典型 GaN FET 的转移曲线（漏极电流 I_{ds}，相对于栅极电压 V_{gs}）特征。图 8.10（d）显示了施加于器件各种 V_{gs} 值下，相对于漏极-源极电压（V_{ds}）的 I_{ds}。如图 8.10（c）和（d）所示，印刷 GaN FET 器件的 p 型开关特性具有大于 10^5 的开关比。FET 的亚阈值摆幅（SS）为 $98~mV/dec$，接近预期响应。室温场效应迁移率（μ）的平均值为 $53.1~cm^2/(V\cdot s)$，迁移率为 $57~cm^2/(V\cdot s)$ 表明设备具有最佳性能。为统计分析由印刷工艺制备的多个 FET 器件性能,对 30 个印刷 GaN FET 的电特性进行评估,得到平均开关比、迁移率和 SS 分别为(5.31±0.52)、(53.1±4.5) cm²/(V·s) 和(97.6±2.42) mV/dec[图 8.10(e)~(g)]。考虑到所述设备是在实验室中建造的,在各种设备之间可以看到所需的输出。这种均匀性使人们相信在许多场合中可以使用上述器件和方法,如集成电路和显示器的有源矩阵背板。此外,GaN 基 FET 比较稳定,在环境条件下具有很高的循环特性,以及稳定的开关比和超过 100 个开关周期的稳定导通电流(图 8.11)。

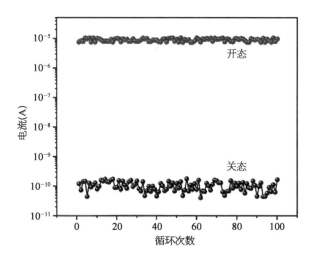

图 8.11　GaN 场效应晶体管稳定性测试[1]

图 8.11 评估了 GaN FET 器件的稳定性[1],可以发现,超薄准 2D GaN 基 FET 非常稳定,具有良好的可回收性,在环境条件下 100 多个开关周期内具有一致的开关比和稳定的开/断电流,这突出显示了印刷 GaN 的优异质量,也表明通过器件设计可以实现进一步的性能提升。

值得注意的是,与传统的高效宽带隙 GaN 基器件相比,印刷器件展现出更高的场效应迁移率[14, 27]。然而,应该注意的是,大多数报道的 GaN FET 器件采用 AlGaN/GaN 异质结作为载流子传输层,并且这些器件具有复杂的结构。由于 AlGaN/GaN 异质结构界面处的二维电子气(2DEG)具有非常高的电子迁移率,AlGaN/GaN 异质结 FET 的性能优于仅由 GaN 膜组成的器件,这两种器件不能直接比较。因此,为更广泛地评估,我们比较了 GaN FET 和文献中的 p 型和 n 型 FET 器件的性能。图 8.12 描绘了文献中报道的其他 FET 以及此处印刷器件的 SS 与迁移率的关系,SS 值与一些最好的 p 型和 n

型氧化物半导体（如 In_2O_3）器件相当，这彰显了一个事实，即新工艺制备的器件在保持小 SS 的同时提供了高电流迁移率，这主要归因于高质量的电子级 GaN 半导体薄膜[1]。此外，在没有封装的环境条件下工作时，没有观察到器件性能的退化，这反映出印刷 GaN 具有优异的质量，同时表明可以通过改进器件结构实现额外的增强。今后研究可集中探索能够将单独的晶体管集成到更复杂电路中的器件，比如可使用具有电介质的范德华异质结构，如六方氮化硼或 Ga_2O_3 与顶栅结合[28, 29]，所述器件配置可用于确定基本参数，如关断电压。

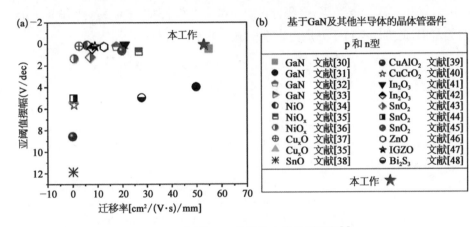

图 8.12　印刷 GaN 的场效应晶体管测量[1]

（a）亚阈值斜率与场效应迁移率的关系，用以比较文献中报道的代表性 FET。当前设备在保持小型 SS 的同时显示出最高的移动性。（b）先前报道的所有图中使用 p 型或 n 型半导体的 FET 图例。

8.7　小结

　　液态金属具有多种非常规功能。这种材料的基本价值之一是它们可以同时用作反应性和模板化介质，从而合成和印刷具有广泛实用价值的 2D 半导体材料。通过等离子体氮化反应和在这种特定条件下构建的液态金属氮化物表层中发生的转移，可在室温下成功地实现大规模印制高质量超薄准 2D GaN 膜。此外，对厚度从 1 nm 到几纳米的印刷 GaN 膜的电学特性进行的完整解释和分析，为今后基于液态金属印刷高性能半导体的发展提供了重要参考，显示其在未来纳米电子学中的巨大潜力。

　　这些工作有效地展示了使用印刷工艺制备的 GaN - FET 器件，描绘了优秀的场效应迁移率和较小的 SS 值，剖析了极其陡峭的亚阈值电压切换行为。

这种高效、简单、大尺寸和低成本的生产工艺为推进 GaN 器件的电力电子应用提供了崭新途径。此外,由于上述优点,2D 或准 2D 半导体可作为印刷不同电子器件的理想材料投入生产。这为后续的电子设备、传感器和更实用设备建立了新的标准,还为在不久的将来使用印刷超薄 2D 高效半导体构建新型电子器件开辟了一条通路。当然,值得指出的是,上述印制的 GaN 半导体薄膜并未包含各种性能,需要进一步发掘更多的液态金属 Ga 及其合金的氮化工艺和带宽调制策略,比如更广意义上的 Ga 基氮化合物还有 InN、AlGaN、GaInN、AlIN、AlGaInN 等,这些材料的禁带宽度覆盖了红、黄、绿、蓝和紫外光谱等范围,此方面有待于开展更多系统深入的基础研究和应用实践。

参 考 文 献

[1] Li Q, Du B D, Gao J Y, et al. Room-temperature printing of ultrathin quasi-2D GaN semiconductor via liquid metal gallium surface confined nitridation reaction. Adv Mater Technol, 2022, 2200733: 1 - 11.

[2] Sanders N, Bayerl D, Shi G, et al. Electronic and optical properties of two-dimensional GaN from first-principles. Nano Lett, 2017, 17: 7345 - 7349.

[3] Mansurov V, Malin T, Galitsyn Y, et al. Graphene-like AlN layer formation on (111)Si surface by ammonia molecular beam epitaxy. J Cryst Growth, 2015, 428: 93 - 97.

[4] Xu L, Li Q, Li X F, et al. Rationally designed 2D/2D SiC/g-C$_3$N$_4$ photocatalysts for hydrogen production. Catal Sci Technol, 2019, 9: 3896 - 3906.

[5] Li Q, Xu L, Luo K W, et al. SiC/MoS$_2$ layered heterostructures: promising photocatalysts revealed by a first-principles study. Mat Chem Phys, 2018, 216: 64 - 71.

[6] Khanna S M, Webb J, Tang H, et al. 2 MeV proton radiation damage studies of gallium nitride films through low temperature photoluminescence spectroscopy measurements. IEEE Trans Nucl Sci, 2000, 47: 2322 - 2328.

[7] Zhu Y, Li H, Chen T, et al. Investigation of the electronic and magnetic properties of low-dimensional FeCl$_2$ derivatives by first-principles calculations. Vacuum, 2020, 182: 109694.

[8] Kolobov A V, Fons P, Tominaga J, et al. Instability and spontaneous reconstruction of few-monolayer thick GaN graphitic structures. Nano Lett, 2016, 16: 4849 - 4856.

[9] Nakamura S. Background story of the invention of efficient blue InGaN light emitting diodes. Rev Mod Phys, 2015, 87: 1139.

[10] Xiao W Z, Wang L L, Xu L, et al. Ferromagnetic and metallic properties of the semihydrogenated GaN sheet. Phys Status Solidi B, 2011, 248: 1442 - 1445.

[11] Zhang J M, Sun C F, Xu K W. Modulation of the electronic and magnetic properties of a GaN nanoribbon from dangling bonds. Sci China Phys Mech Astron, 2012, 55: 631 – 638.

[12] Kandalam A K, Pandey R, Blanco M A, et al. First principles study of polyatomic clusters of AlN, GaN, and InN. 1. Structure, stability, vibrations, and ionization. J Phys Chem B, 2020, 104: 4361 – 4367.

[13] Onen A, Kecik D, Durgun E, et al. Onset of vertical bonds in new GaN multilayers: beyond van der Waals solids. Nanoscale, 2018, 10: 21842 – 21850.

[14] Syed N, Zavabeti A, Messalea K A, et al. Wafer-sized ultrathin gallium and indium nitride nanosheets through the ammonolysis of liquid metal derived oxides. J Am Chem Soc, 2019, 141: 104 – 108.

[15] Chen Y, Liu K, Liu J, et al. Growth of 2D GaN single crystals on liquid metals. J Am Chem Soc, 2018, 140: 16392 – 16395.

[16] Balushi Z Y A, Wang K, Ghosh R K, et al. Two-dimensional gallium nitride realized via graphene encapsulation. Nat Mater, 2016, 15: 1166 – 1171.

[17] Sakakura T, Murakami N, Takatsuji Y, et al. Contribution of discharge excited atomic N, N_2^*, and N_2^+ to a plasma/liquid interfacial reaction as suggested by quantitative analysis. Chem Phys Chem, 2019, 20: 1467 – 1474.

[18] Zhang Q, Zheng Y, Liu J. Direct writing of electronics based on alloy and metal (DREAM) ink: a newly emerging area and its impact on energy, environment and health sciences. Front Energy, 2012, 6(4): 311 – 340.

[19] Caldwell J D, Vurgaftman I, Tischler J G, et al. Atomic-scale photonic hybrids for mid-infrared and terahertz nanophotonics. Nat Nanotechnol, 2016, 11: 9 – 15.

[20] Kresse G, Furthmüller J. Efficient iterative schemes for ab initio total-energy calculations using a plane-wave basis set. Phys Rev B, 1996, 54: 11169.

[21] Paier J, Marsman M, Hummer K, et al. Screened hybrid density functionals applied to solids. J Chem Phys, 2006, 124: 154709.

[22] Blöchl P E. Projector augmented-wave method. Phys Rev B, 1994, 50: 17953.

[23] Jain A, Ong S P, Hautier G, et al. Commentary: the Materials Project: a materials genome approach to accelerating materials innovation. APL Mater, 2013, 1: 011002.

[24] Heyd J, Scuseria G E. Hybrid functionals based on a screened Coulomb potential. J Chem Phys, 2003, 118: 8207.

[25] Wang W, Li Y, Zheng Y, et al. Lattice structure and bandgap control of 2D GaN grown on graphene/Si heterostructures. Small, 2019, 15: 1802995.

[26] Teo K H, Zhang Y, Chowdhury N, et al. Emerging GaN technologies for power, RF, digital, and quantum computing applications: recent advances and prospects. J Appl Phys, 2021, 130: 160902.

[27] Zheng Z, Zhang L, Song W, et al. Gallium nitride-based complementary logic integrated circuits. Nat Electron, 2021, 4: 595 – 603.

[28] Wurdack M, Yun T, Estrecho E, et al. Ultrathin Ga_2O_3 glass: a large-scale passivation and protection material for monolayer WS_2. Adv Mater, 2020, 33: 2005732.

[29] Lee G H, Cui X, Kim Y D, et al. Highly stable, dual-gated MoS_2 transistors encapsulated by hexagonal boron nitride with gate-controllable contact, resistance, and threshold voltage. ACS Nano, 2015, 9: 7019 – 7026.

[30] Gupta C, Chan S H, Lund C, et al. Comparing electrical performance of GaN trench gate MOSFETs with a-plane and m-plane sidewall channels. Appl Phys Express, 2016, 9: 121001.

[31] Zhang K, Sumiya M, Liao M, et al. P-Channel InGaN/GaN heterostructure metal-oxide-semiconductor field effect transistor based on polarization-induced two-dimensional hole gas. Sci Rep, 2016, 6: 23683.

[32] Liu C, Khadar R A, Matioli E. GaN-on-Si quasi-vertical power MOSFETs. IEEE Electron Device Lett, 2018, 39: 71.

[33] Gupta C, Chan S H, Enatsu Y, et al. OG – FET: an in-situ oxide GaN interlayer-based vertical trench MOSFET. IEEE Electron Device Lett, 2016, 37: 1601 – 1604.

[34] Xu W, Zhang J, Li Y, et al. p-Type transparent amorphous oxide thin-film transistors using low-temperature solution-processed nickel oxide. J Alloys Compd, 2019, 806: 40 – 51.

[35] Shan F, Liu A, Zhu H, et al. High-mobility p-type NiO_x thin-film transistors processed at low temperatures with Al_2O_3 high-k dielectric. J Mater Chem C, 2016, 4: 9438 – 9444.

[36] Hu H, Zhu J, Chen M, et al. Inkjet-printed p-type nickel oxide thin-film transistor. Appl Surf Sci, 2018, 441: 295 – 302.

[37] Liu A, Nie S, Liu G, et al. In situ one-step synthesis of p-type copper oxide for low-temperature, solution-processed thin-film transistors. J Mater Chem C, 2017, 5: 2524 – 2530.

[38] Yim S, Kim T, Yoo B, et al. Lanthanum doping enabling high drain current modulation in a p-type tin monoxide thin-film transistor. ACS Appl Mater Inter, 2019, 11: 47025 – 47036.

[39] Li S, Zhang X, Zhang P, et al. Preparation and characterization of solution-processed nanocrystalline p-Type $CuAlO_2$ thin-film transistors. Nanoscale Res Lett, 2018, 13: 259.

[40] Nie S, Liu A, Meng Y, et al. Solution-processed ternary p-type $CuCrO_2$ semiconductor thin films and their application in transistors. J Mater Chem C, 2018, 6: 1393 – 1398.

[41] Ding Y, Fan C, Fu C, et al. High-performance indium oxide thin-film transistors with aluminum oxide passivation. IEEE Electron Device Lett, 2019, 40: 1949 – 1952.

[42] Leppäniemi J, Huttunen O H, Majumdar H, et al. Flexography-printed In_2O_3

semiconductor layers for high-mobility thin-film transistors on flexible plastic substrate. Adv Mater, 2015, 27: 7168 - 7175.

[43] Lee W Y, Ha S H, Lee H, et al. Densification control as a method of improving the ambient stability of Sol - Gel-processed SnO_2 thin-film transistors. IEEE Electron Device Lett, 2019, 40: 905 - 908.

[44] Zhang L, Xu W, Liu W, et al. Structural, chemical, optical, and electrical evolution of solution-processed SnO_2 films and their applications in thin-film transistors. J Phys D: Appl Phys, 2020, 53: 175106.

[45] Liang D D, Zhang Y Q, Cho H J, et al. Electric field thermopower modulation analyses of the operation mechanism of transparent amorphous SnO_2 thin-film transistor. Appl Phys Lett, 2020, 116: 143503.

[46] Saha J K, Billah M M, Bukke R A, et al. Highly stable, nanocrystalline, ZnO thin-film transistor by spray pyrolysis using high-K dielectric. IEEE Trans Electron Devices, 2020, 67: 1021 - 1026.

[47] Xu W, Hu L, Zhao C, et al. Low temperature solution-processed IGZO thin-film transistors. Appl Surf Sci, 2018, 455: 554 - 560.

[48] Messalea K A, Zavabeti A, Mohiuddin M, et al. Two-step synthesis of large-area 2D Bi_2S_3 nanosheets featuring high in-plane anisotropy. Adv Mater Inter, 2020, 7: 200113.

第9章
液态金属印刷制备磷化物和硫化物半导体薄膜

由 Ga 基材料可以衍生出数量众多的半导体类型,在许多领域正被充分发掘和研发,最为典型的代表之一发光二极管(LED)就是利用 Ga 化合物半导体制造的。无独有偶的是,大部分可见光及紫外光 LED 都与 Ga 元素有关,只是传统中的制造方法需要采用耗时耗能的过程如金属有机物化学气相沉积(MOCVD)等制造,这也使得终端产品价格高昂。不过,这些工作也为液态金属印刷半导体提供了有益启示。在实施路径上,借助液态金属或其易于合成的室温液态合金完成图案化印制,再辅之以匹配的化学后处理工序,可以快速高效地实现预定性能的半导体乃至器件集成化。作为液态金属化合物半导体大家族中的一员,镓基化合物半导体本身就蕴含着巨大的探索空间。本章内容以液态金属印刷半导体的两类化合问题为代表,主要介绍液态金属印刷制备磷化物和硫化物半导体薄膜的情况,更多的液态金属如铋基、铟基、锡基合金乃至化合物半导体今后可由此展开。

9.1 引言

Ga、In、Sn、Zn 等元素除了可形成金属氧化物宽禁带半导体外,还可与 P、S 元素形成磷化物和硫化物半导体材料。磷化物中的 GaP 和 InP 等是继第一代半导体 Si 和 Ge 之后,逐渐被人们发掘应用的第二代半导体材料。磷化物半导体在发光二极管、太阳能电池和光电催化等领域均具有广泛的应用价值[1]。例如,GaP(闪锌矿型)半导体具有 2.28 eV 的合适带隙宽度,可受激辐

射出绿色的可见光,因此常用于制造绿光二
极管[2]。InP 具有 1.34 eV 的直接带隙,由
InP 制造的光通信器件具有很好的波长单
色性,其发出的光可在光纤中实现无耗损传
输,因此 InP 成为光通信器件的首选材
料[3,4]。图 9.1 为由 InP 制造的石英光纤材
料。由 InP 制备的光通信器件可广泛用于
激光器、调制器和探测器等领域。

图 9.1　InP 石英光纤通信材料

ⅢA 族金属(M)与ⅥA 族元素 S 形成
的硫化物是另一种典型的层状半导体材料,
其硫化物分子可分为 MS 和 M₂S₃ 两种构型,其中 MS 构型简单且具有理想的
能带结构,因此得到业界的广泛关注[5]。MS 构型中的 GaS 的带隙在 3.05 eV
左右,在催化和光电领域具有巨大的应用潜力[6]。图 9.2 是 GaS 的晶体结构,
GaS 晶体层与层间通过范德华力进行堆叠,相邻层之间的层间距为 0.8 nm。

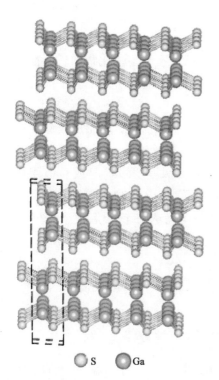

○ S　● Ga

图 9.2　GaS 晶体结构

GaS 晶体可通过机械剥离方法获得二维
结构,其二维结构具有十分优异的光电效
应,使其在光电子器件、电学传感器和非
线性光学转换方面有着广泛用途。Ga、
In、Sn 等元素的磷化物和硫化物半导体材
料在发光、催化和光电探测等领域的广泛
应用,使其一直处于半导体材料研究的
前沿。

长期以来,Ga、In、Sn 等元素磷化物和
硫化物半导体的制备一般通过高温、高压
化合反应进行。例如,为合成 InP 多晶材
料,常用的方法是把高纯红 P 和高纯金属
In 在压力容器内进行高压化合,根据 P 元
素注入方式的不同,可分为溶质扩散合成
技术、水平布里奇曼法、水平梯度凝固法
和原位直接合成法等[7]。图 9.3 为垂直溶
质扩散合成 InP 的示意[8]。

传统磷化物和硫化物半导体合成所

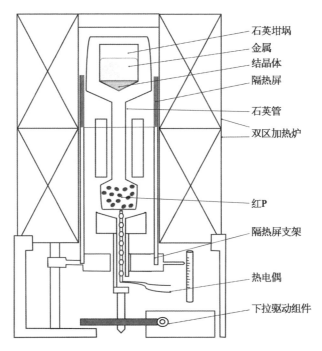

石英坩埚
金属
结晶体
隔热屏
石英管
双区加热炉
红P
隔热屏支架
热电偶
下拉驱动组件

图 9.3　垂直扩散合成 InP 工艺[8]

需的高温、高压工艺不仅成本高、操作难度大,而且不利于磷化物和硫化物外延薄膜的生长,尤其是不能直接合成高性能光电探测器件所需的原子级二维磷化物和硫化物薄膜。

液态金属 Ga 在含氧环境中,可通过氧化反应在表面形成原子级厚度的 Ga_2O_3 薄膜。通过改变液态 Ga 所处的气体环境,使液态 Ga 直接与磷化物或硫化物气体反应,同样可在液态 Ga 表面生长原子级厚度的 GaP 或 GaS 半导体薄膜,进一步通过印刷的方式将液态 Ga 表面的 GaP 或 GaS 薄膜转移至不同基底表面,便可实现原子级厚度 GaP 和 GaS 薄膜在较低温度下(200～300℃)的印刷制备。

9.2　液态金属 Ga 表面磷化反应制备二维半导体薄膜

9.2.1　液态金属 Ga 表面生长二维 GaP 半导体

传统 GaP 的制备工艺利用 Ga 与 P 蒸汽的直接反应,在高温、高压的条件下形成 GaP 晶体。由于 GaP 晶体中的 Ga 原子和 P 原子在三维方向上都是以共价键结合,GaP 倾向于三维同性生长成非层状结构的晶体材料,因此传统高温、高压的方法难以制备出二维(2D)结构或超薄结构的 GaP 薄膜。

液态金属 Ga 具有准原子级光滑的表面和高的原子扩散速率,理论上当少量的 P 蒸汽作用于液态金属 Ga 表面,可在液态 Ga 表面生成 GaP 薄膜。但 GaP 非层状的晶体结构导致液态 Ga 表面生成的 GaP 更多以三维结构存在,只有极少部分 GaP 表现出 2D 生长的倾向。为限制 GaP 的三维生长,在液态金属 Ga 表面生长出 2D GaP,可采用立方氮化硼(h - BN)封装限域法和盐辅助限域法来抑制 GaP 晶体在垂直方向上的生长,使液态 Ga 表面形成的 GaP 在平面方向上扩展,形成 2D GaP 薄膜。武汉大学的付磊课题组采用 h - BN 封装限域＋化学气相沉积(CVD)的方法,在液态 Ga 表面生长出了边长为 5~7 μm 的三角形 2D GaP 单晶[1]。图 9.4 为液态 Ga 表面生长 2D GaP 的工艺示意[9]。

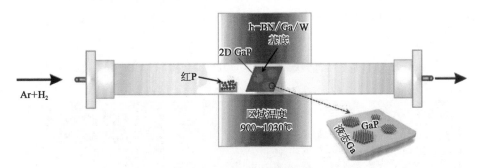

图 9.4　液态 Ga 表面生长 2D GaP 的 CVD 工艺[9]

该团队建立的工艺可分为以下步骤[1]:

(1) Ga/W 基底的制备

将洁净的固体 Ga 球置于经清洗过的金属 W 箔表面,随后将其置于加热台上加热,使 Ga 球液化并黏连在 W 箔上。

(2) h - BN 封装限域生长 2D GaP 单晶

① 在液态 Ga 表面生长 h - BN:将 Ga/W 基底置于石英瓷舟内并推入管式炉中心。在一端封口的石英瓷舟内放入硼烷氨络合物并将其推入距 CVD 腔室约 10 cm 处的位置,以 800 标况毫升每分(sccm)的流速在 CVD 腔室中通入 10 min 的 Ar,以排除炉体内空气。随后将 300 sccm 的 Ar 和 500 sccm 的 H_2 通入 CVD 腔室中,以 30℃/min 升温速率将 CVD 腔室温度升至 1 000~1 100℃。然后将加热至 85℃ 的小加热套移至硼烷氨络合物处保温 15 min,使硼烷氨络合物分解成活性前驱体,并在液态 Ga 表面生长出 2D h - BN。待反

应结束后,将加热套移走并将 CVD 腔室自然冷却至室温。

② 将步骤①制备得到的 h-BN/Ga/W 基底置于石英瓷舟内并推入管式炉中心。在另一个敞口瓷舟内放入适量红 P,并将其置于距 CVD 腔室 1 cm 处。首先在 CVD 腔室中以 800 sccm 流速通入 Ar 10 min,以排出腔室内空气。随后在 CVD 腔室中通入 100 sccm 的 Ar 和 50 sccm 的 H_2,并将 CVD 腔室以 30℃/min 的速率升温至 900~1030℃,然后将载有红 P 的瓷舟推入 CVD 腔室,进行 GaP 单晶生长。反应结束后立即将基底从管式炉中移出并快速降温。

(3) 2D GaP 单晶的转移

首先在匀胶机中以 2500 rpm 转速在 GaP/Ga/W 基底表面旋涂一层聚甲基丙烯酸甲酯(PMMA),室温放置 12~24 h 使 PMMA 固化。随后将 GaP/Ga/W 基底放入盐酸和水体积比为 1:4 的溶液中进行刻蚀,待 PMMA/GaP 膜漂浮起来后将其用超纯水浸泡清洗 6 次,之后将 PMMA/GaP 膜转移至 Si 片或 Cu 网上,晾干后用热丙酮将 PMMA 去除,清洗并自然晾干后得到 GaP 单晶。

图 9.5 为利用上述工艺获得的 2D GaP 形貌和晶体结构[1],高质量的 2D

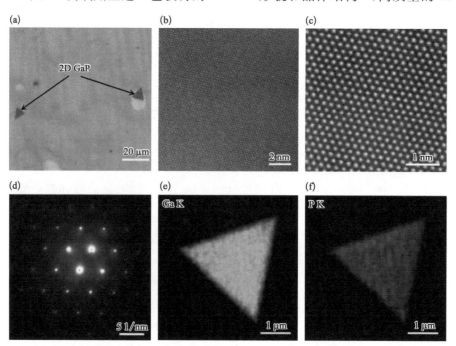

图 9.5 2D GaP 光学形貌、晶体结构及化学成分表征[1]

(a) 2D GaP 光学形貌;(b)和(c) 2D GaP 高分辨透射电镜形貌;(d) 2D GaP 晶体衍射花样;(e)和(f)分别为 2D GaP 中 Ga 和 P 元素的蚀谱图。

GaP 单晶 HRTEM 图像表明,利用该工艺生长的 2D GaP 单晶几乎没有缺陷,体现了这一工艺在生长 2D GaP 单晶方面的优势。

2D GaP 的 PL 光谱显示在 547 nm 处有一吸收峰,如图 9.6 所示,表明 2D GaP 具有 2.26 eV 的带隙,相较于闪锌矿型的块体 GaP,其 PL 光谱蓝移了 0.02 eV,说明 2D GaP 单晶的带隙变大。

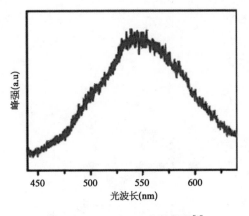

图 9.6　2D GaP PL 光谱曲线[1]

9.2.2　液态金属 Ga 印刷制备 2D 磷酸镓

液态 Ga 表面直接生长 2D GaP 需借助 h-BN 的封装限域来完成,因此需在液态 Ga 表面首先沉积一层 h-BN,这增加了 2D GaP 制备工艺的复杂性。在空气中,液态 Ga 表面自发形成一层厚度在 4 nm 以下的 2D Ga_2O_3,其可通过范德华力去角质的方法从液态 Ga 表面剥离并转移至多种电子基底表面,这一步骤可在低温(<100℃)条件下完成,有利于降低二维薄膜制备的能源消耗。随后在不同气氛环境下对转移的 2D Ga_2O_3 进行热处理,即可将 2D Ga_2O_3 转化成不同类型的镓基化合物半导体。例如,在 NH_3 环境下对转印至 SiO_2/Si 基底表面的 2D Ga_2O_3 进行氮化处理,可将 2D Ga_2O_3 转化成 2D GaN[10]。

实际上,对从液态 Ga 表面转移下来的 2D Ga_2O_3 进行磷化处理,也可将 2D Ga_2O_3 转化为磷化物半导体。图 9.7 是利用上述步骤合成 2D $GaPO_4$ 半导体的工艺[11]。如图 9.7(c)所示,首先在 50℃ 的热板上将金属 Ga 熔化,液态 Ga 表面自发形成 2D Ga_2O_3。然后用 SiO_2/Si 基底接触 2D Ga_2O_3,依靠 SiO_2/Si 基底与 2D Ga_2O_3 间的范德华力将 2D Ga_2O_3 从液态 Ga 表面剥离并转移至 SiO_2/Si 基底表面。随后将 2D $Ga_2O_3/SiO_2/Si$ 基底置于管式炉中,并将载有固体 H_3PO_4 粉末的瓷舟也置于管式炉中,以 N_2 作为载气并在纯 N_2 环境中对 2D Ga_2O_3 进行热处理,温度设定为 350℃。

图 9.8 是 2D $GaPO_4$ 的形貌和晶体结构,利用该工艺合成的 $GaPO_4$ 薄膜厚度约为 1.1 nm,属于二维材料的厚度范畴。$GaPO_4$ 薄膜的选取衍射花样表明所合成的 $GaPO_4$ 是一种晶体薄膜。

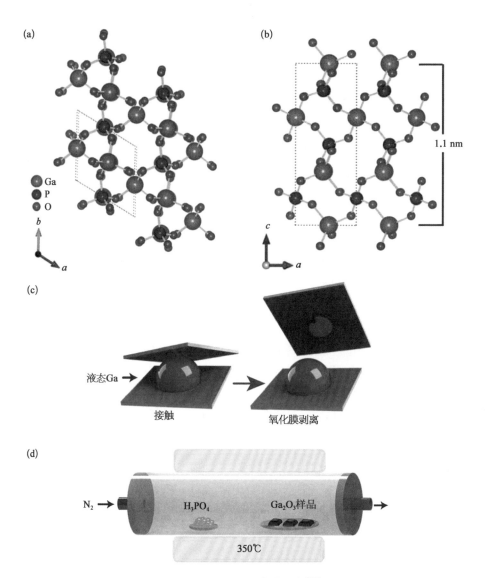

图 9.7 2D GaPO₄ 合成工艺[11]

(a)和(b)分别为 $GaPO_4$ 晶胞结构的俯视图和侧视图，$GaPO_4$ 晶胞平面结构中晶胞参数 $c=11.05$ Å；
(c) 2D Ga_2O_3 印刷过程；(d) 2D Ga_2O_3 转化为 $GaPO_4$ 工艺。

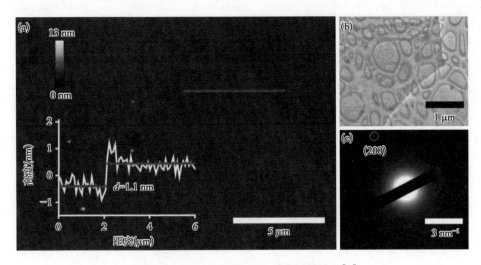

图 9.8　2D GaPO₄ 的厚度和晶体结构表征[11]

(a) 2D GaPO₄ 的厚度表征；(b)和(c)分别为 2D GaPO₄ 的形貌和晶体衍射花样。

与液态 Ga 表面生长 2D GaP 工艺相比，以液态 Ga 表面自然形成的 Ga₂O₃ 为前驱体，进一步通过热处理合成 GaPO₄ 的工艺具有操作步骤简便、合成温度低及能耗低等优点，可进一步降低镓基磷化物 2D 半导体的制备成本。因此，该工艺更符合未来以低温、低成本技术印刷半导体薄膜的技术需求。

9.3　液态金属表面硫化反应制备二维半导体薄膜

9.3.1　液态金属 Ga 印刷制备 2D GaS

液态 Ga 表面自然形成的 2D Ga₂O₃ 是合成其他类型 Ga 基化合物半导体的良好前驱体。对转印至电子基底表面的 2D Ga₂O₃ 进行硫化处理，可得到 2D GaS 半导体薄膜。现有的液态 Ga 印刷制备 2D GaS 的工艺如图 9.9 所示[12]。首先利用旋涂和光刻工艺在 SiO₂/Si 基底表面进行图案化处理［图 9.9(a)和(b)］。随后将图案化基底置于 60℃ 的加热平台上并将清洗过的金属 Ga 置于 SiO₂/Si 基底表面，待金属 Ga 变为液态后，使用 PDMS 刮板将液态 Ga 刮涂在图案化基底表面，并将残留的液态 Ga 从电子基底表面清除［图 9.9(c)］。然后使用氯化氢(HCl)气体对转移至 SiO₂/Si 基底表面的 2D Ga₂O₃ 进行氯化处理，将 Ga₂O₃ 转化为氯化镓(GaCl₃)。最后将表面覆盖有 GaCl₃ 的图案化电子基底置于管式炉中，在 400℃ 及纯 N₂ 环境下，使用 S 蒸汽对 2D GaCl₃ 进行 90 min

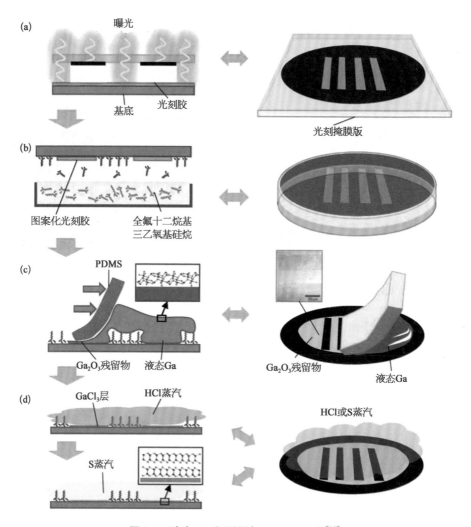

图 9.9　液态 Ga 印刷制备 2D GaS 工艺[12]

(a) 用光刻负胶图案化的光刻工艺；(b) 用可蒸发的全氟十二烷基三乙氧基硅烷覆盖基板的暴露区域；(c) 通过用 PDMS 刮涂液态 Ga，将 Ga_2O_3 薄膜印刷在基板上；(d) 两步法合成 GaS 工艺：首先将 Ga_2O_3 薄膜暴露于 HCl 蒸汽中形成 $GaCl_3$ 层，其次通过暴露在 S 蒸汽中硫化形成 GaS。

的硫化处理，最终得到图案化的 2D GaS 半导体薄膜。

　　图 9.10 为印刷制备的 2D GaS 形貌、厚度、光学及晶体结构分析结果。采用该工艺制备的 2D GaS 薄膜的厚度约为 1.5 nm。PL 光致发光谱[图 9.10(c)]表明印刷制备的 2D GaS 具有约 2.0 eV 的带隙且均匀性较好。图 9.10(f)表明印刷制备的 2D GaS 具有晶体结构。

　　采用上述工艺，以液态 In 作为印刷金属，也可实现 2D In_2S_3 薄膜的制备。

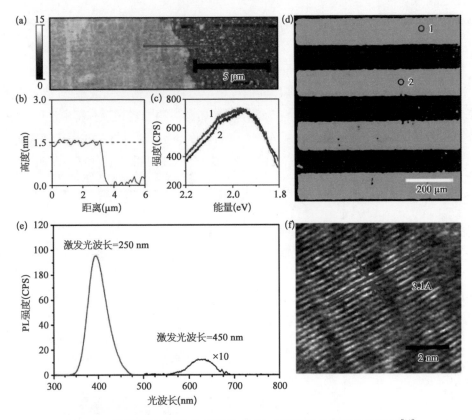

图 9.10　印刷制备的 2D GaS 形貌、厚度、光学及晶体结构分析结果[12]

(a) 和 (b) 分别为 2D GaS 的形貌和厚度；(c) 2D GaS 的激光共聚焦光致发光谱，曲线 1 为 (d) 图中区域 1 位置，曲线 2 为 (d) 图中区域 2 位置；(d) 图案化光致发光谱，绿色区域为 2D GaS，黑色区域为 SiO₂/Si 衬底；(e) 光致发光谱证明 2D GaS 中带隙跃迁 (红色曲线) 和深陷阱重组 (黑色) 的占比；(f) 2D GaS 的高分辨透射电镜形貌。

9.3.2　液态金属 Sn 印刷制备 2D SnS

上述以液态 Ga 印刷制备 GaS 的工艺，首先需要印刷出 Ga_2O_3，进一步通过对 Ga_2O_3 的氯化和硫化处理制备出 GaS。若直接能在洁净的液态金属表面生长出硫化物薄膜，便可实现二维硫化物薄膜的直接印刷，由此降低工艺操作的复杂性和制备薄膜的成本。液态 Sn 表面可通过硫化处理形成 SnS 薄膜，进一步通过在电子基底表面印刷液态 Sn 的方法，将 SnS 薄膜转移至电子基底表面，从而实现 2D SnS 的印刷制备，其工艺流程如图 9.11 所示[13, 14]。为防止 Sn 表面氧化物薄膜抑制 SnS 薄膜的生长，首先用 HCl 或 NaOH 溶液去除 Sn 表面的氧化物薄膜。然后将表面洁净的 Sn 在手套箱中加热熔化，加热板的温度设定为 350℃,加热过程中,手套箱中循环通入 N_2 和 H_2S 的混合气 (H_2S 的体积比为 $50×10^{-6}$)。手套箱气氛中无 O_2,以防止液态 Sn 表面生成氧化物薄膜。待混合气循环通入至少 60 min 后,使用 SiO_2/Si 基底接触液态 Sn 表面,依靠基底与 SnS 薄膜间的范德华力将 SnS 薄膜从液态 Sn 表面剥离并转移至 SiO_2/Si 基底表面。SnS 薄膜的转移过程中也在手套箱中进行,转移过程中,手套箱中持续循环通入 N_2 和 H_2S 的混合气。最后,在手套箱混合气中,将 SiO_2/Si 基底表面残留的液态 Sn 清除后,便可得到洁净的 SnS 薄膜。

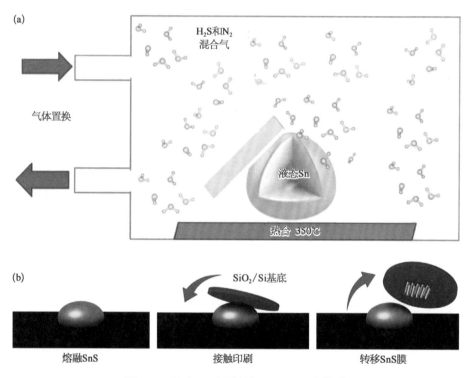

图 9.11 液态 Sn 印刷制备 2D SnS 工艺[6, 7]

(a) 液态 Sn 表面生长 SnS 的工艺;(b) 液态 Sn 表面 SnS 接触印刷转移工艺。

图 9.12 为利用液态 Sn 印刷制备得到的 SnS 薄膜的形貌、厚度和晶体结构分析结果。从图 9.12(b)和(d)可看出,印刷制备的 SnS 具有明显的晶体结构,高分辨和选取衍射结果表明所制备的 SnS 为沿(040)晶面生长的单晶薄膜。SnS 薄膜厚度表征结果[图 9.12(c)和(e)]表明,印刷 SnS 薄膜的厚度约为 0.8 nm,属于二维材料的厚度范畴。从图 9.12(c)可看出,印刷 2D SnS 薄膜具有光滑整洁的表面,说明采用液态 Sn 制备 2D SnS 薄膜的工艺具有规模批量化生成的实用性。

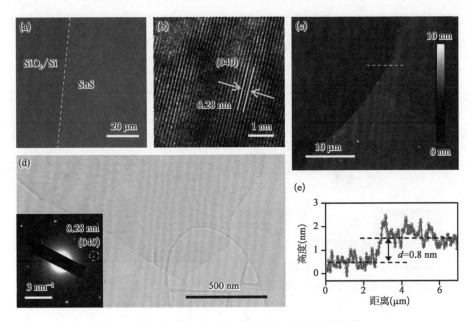

图 9.12 2D SnS 形貌、晶体结构及厚度表征[13, 14]

（a）2D SnS 的光学形貌；（b）2D SnS 的高分辨透射电镜形貌；（c）和（e）分别为 2D SnS 的形貌及厚度
表征；（d）2D SnS 的低倍透射电镜形貌及衍射花样。

9.4 液态金属印刷制备二维半导体器件

液态金属表面较高的化学活性使其成为合成多种二维磷化物和硫化物薄膜的理想场所。液态金属表面生长的二维半导体薄膜被转印至电子基底表面后，可用于构建不同构型的二维半导体器件。

9.4.1 液态金属 Ga 印刷制备 2D GaS 晶体管

采用如图 9.9 所示的工艺，利用液态 Ga 可在 SiO_2/Si 基底表面印刷出 2D GaS 薄膜，进一步结合图案化和金属电极沉积工艺，可在印刷的 2D GaS 表面刻画出所需的金属电极并完成 2D GaS 晶体管的印刷制备。图 9.13 为利用液态 Ga 印刷制备的 2D GaS 底栅顶接触构型场效应晶体管[12]。该场效应晶体管以 W 作为源漏电极，以 SiO_2 作为介电层，以掺杂 Si 作为栅极。从图 9.13（c）可明显看出 GaS 场效应晶体管具备 n 型调控特性，因此液态 Ga 印刷制备的 GaS 为 n 型半导体。该 GaS 场效应晶体管源漏输出电流（I_{ds}）对太阳光具有明显的响应效果，太阳光辐照下的 I_{ds} 较暗电流有明显提升，这与所制备的 GaS 具有约 2.0 eV 的带隙有较

好的对应性。为表征印刷 GaS 薄膜性能的均一性,利用两块同样大小的 GaS 薄膜
(约 1 cm×4 cm)制备了 66 个如图 9.13(b)所示的场效应晶体管。晶体管的太阳光
响应和开关比如图 9.14 所示,从中可看出,晶体管的光响应和开关比性能具有较好
的均一性,其中太阳光平均响应度约为 6.4 A/W,晶体管的平均开关比约为 170。

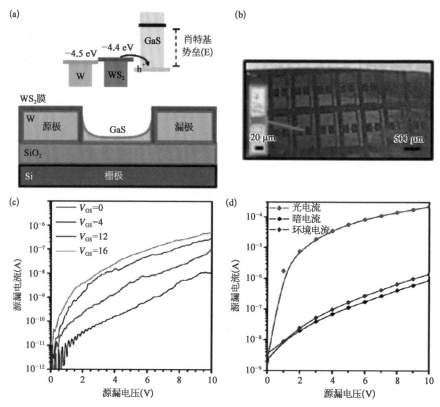

图 9.13　2D GaS 底栅顶接触构型场效应晶体管及其电学性能[12]

(a) 2D GaS 底栅顶接触构型场效应晶体管;(b) 2D GaS 晶体管阵列;(c) 2D GaS 场效应晶体管
输出特性曲线;(d) 2D GaS 场效应晶体管在不同光照条件下的源漏电流输出特性曲线。

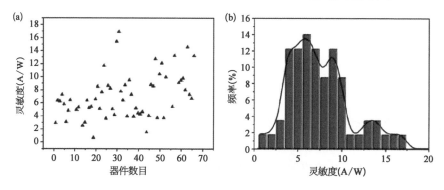

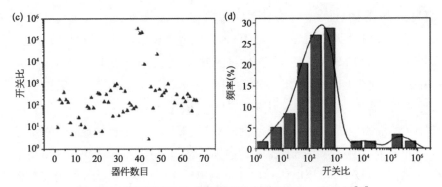

图 9.14　阵列式 2D GaS 场效应晶体管性能均一性分析[12]

（a）单个器件的光响应度；（b）器件光响应度的分布频率；（c）单个器件的开关比；（d）器件开关比的分布频率。

9.4.2　液态金属 Sn 印刷制备柔性 2D SnS 压电纳米发电机

二维材料极薄的厚度使其拥有出色的机械性能，具备了块体材料不易体现的抗弯曲、扭折和拉伸等性能，因此二维材料可集成到多种柔性基底表面制备成高性能的柔性传感器。图 9.15 为利用液态 Sn 印刷工艺制备的 SnS 压电纳米发电机[13]。利用范德华力去角质的方法将液态 Sn 表面生长的 2D SnS 转移至氟金云母片基底表面，云母片贴合在 PDMS 上且厚度约为 20 μm，以使其

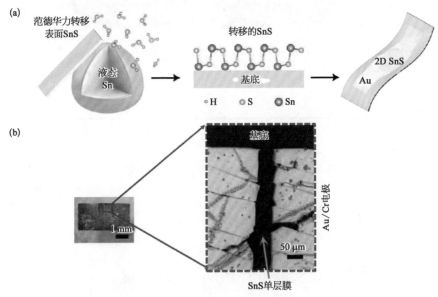

图 9.15　液态 Sn 印刷制备压电纳米发电机器件[13]

（a）液态 Sn 表面 SnS 薄膜的转移过程；（b）印刷制备的 SnS 压电纳米发电机器件形貌。

具有良好的柔韧性。随后在 2D SnS 薄膜表面依次沉积 Cr/Au(10 nm/100 nm)电极,最后使用 PDMS 对 2D SnS 双电极压电器件进行封装。

印刷式 2D SnS 压电纳米发电器件的电学性能如图 9.16 所示,当按压频率为 3 Hz 时[图 9.16(a)],2D SnS 压电器件可产生平均约 150 mV 的输出电压;当按压频率为 5 Hz 时[图 9.16(b)],该纳米压电器件可产生平均约 190 mV 的输出电压。进一步将印刷的 2D SnS 纳米发电机做成柔性可穿戴设备,测试其在手指弯折情况下的电学输出特性。从图 9.16(d)可看出,当手指弯折频率为 5 Hz 时,该压电传感器件可输出约 150 mV 的电压,说明其在人体可穿戴设备上具有一定的实用性。

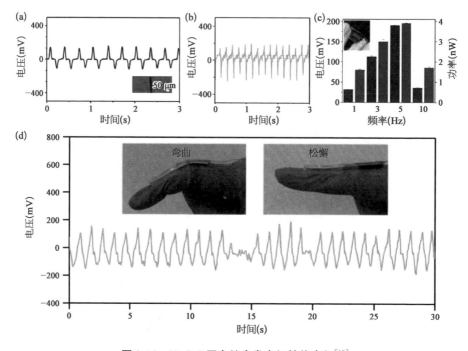

图 9.16　2D SnS 压电纳米发电机性能表征[13]

(a) 两电极结构 2D SnS 压电纳米发电机的响应输出电压;(b) 多电极器件在 5 Hz 激励下的响应输出电压;(c) 器件在不同频率下的输出电压和功率;(d) 采用两电极结构器件制作的可穿戴设备在拉伸弯曲和松弛模式动作下的电压输出曲线。

9.5　镓基液态金属室温印刷 P、S 半导体薄膜

现阶段利用液态金属印刷制备 P、S 半导体薄膜都是通过对液态金属表面

的氧化物薄膜进行磷化和硫化处理,实现 P、S 半导体薄膜的合成。这些工艺中的磷化和硫化处理过程通常需要在较高温度(>350℃)下进行,这不利于二维 P、S 半导体薄膜的低温、低成本印刷制备。

低温等离子体技术可促进化学反应过程在较低温度下进行。液态金属 Ga 室温印刷 GaN 工艺,就是利用低温等离子体技术使 N_2 在室温条件下电离,通过 N 等离子体与液态 Ga 的直接反应,实现 GaN 薄膜在液态 Ga 表面的低温生长[15]。磷化氢(PH_3)和硫化氢(H_2S)是 P、S 的气态化合物,它们均可在高压电场作用下电离产生 P、S 等离子体。若将液态 Ga 氮等离子体处理工艺中的 N_2 改变为 PH_3 或 H_2S,便可在室温条件下生成 P、S 等离子体,进一步通过 P、S 等离子体与液态 Ga 发生反应,可实现 GaP 和 GaS 薄膜在液态 Ga 表面的低温生长。利用等离子体技术低温生长 GaP 和 GaS 薄膜的工艺如图 9.17 所示。

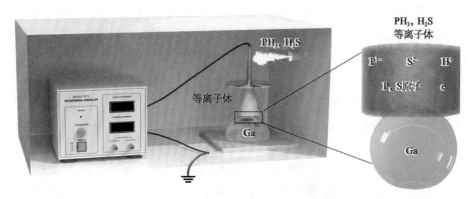

图 9.17　低温等离子体辅助合成 GaP、GaS 薄膜工艺

为刻画对应的半导体生成过程,我们将液态 Ga 表面低温生长 GaP 和 GaS 的化学反应方程式分别定义为:

$$2Ga + 2PH_3 \xrightarrow{\text{等离子体}} 2GaP + 3H_2 \tag{9.1}$$

$$Ga + H_2S \xrightarrow{\text{等离子体}} GaS + H_2 \tag{9.2}$$

类似于笔者实验室在文献[15]提出的 GaN 制备,液态 Ga 表面生长的 GaP 和 GaS 薄膜可进一步通过印刷液态 Ga 工艺,将 GaP 和 GaS 转移至不同的电子基底表面,其印刷工艺如图 9.18 所示。通过液态 Ga 表面低温生长 GaP 和 GaS 薄膜及印刷工艺,可实现 GaP 和 GaS 半导体薄膜的低温、低成本和高效率的快速印刷制备,这对促进二维或超薄 GaP 和 GaS 半导体在高性能柔性传感及光电器件上的应用具有重大的现实意义。

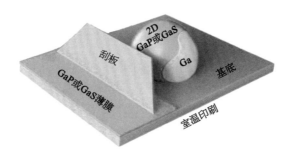

图 9.18 低温印刷 GaP、GaS 薄膜工艺

9.6 小结

与传统磷化物和硫化物半导体制备工艺相比,利用液态 Ga、In、Sn 等金属表面丰富的化学性质,可于低温、低成本下合成多类型的二维磷化物和硫化物薄膜。借助液态金属印刷工艺,利用电子基底与液态金属表面薄膜间的范德华力,可轻松将磷化物和硫化物薄膜转印至多种电子基底表面,从而实现二维或超薄磷、硫化物半导体薄膜的快速、清洁和高度可控的印刷制备。此外,液态金属作为一种良好的金属溶剂,可与多种金属形成低熔点的液态合金,液态合金表面可生长出掺杂的半导体薄膜。例如,Ga 与 Zn 可形成熔点约 120℃的 Ga-Zn 合金(Zn 含量约为 20%,质量百分比),Ga-In 合金表面氧化、氮化、磷化或硫化处理后,可形成多种类型的 Zn 掺杂的 Ga_2O_3、GaN、GaP 或 GaS 薄膜。因此,液态金属印刷工艺也为掺杂型半导体薄膜的快速、低温制备提供了低成本的制备策略。

总之,新兴的液态金属印刷半导体工艺为磷、硫化物半导体薄膜及磷、硫化物基电子元器件的低温、低成本制备打下了基础,这将极大地推动磷、硫化物半导体薄膜在高性能光电探测及柔性传感领域的商业化应用进程。

---------------- **参 考 文 献** ----------------

[1] 郑舒婷. 液态金属化学气相沉积法生长二维材料单晶(硕士论文). 武汉大学,2019.

[2] Assali S, Zardo I, Plissard S, et al. Direct band gap wurtzite gallium phosphide nanowires. Nano Lett, 2013, 13(4): 1559-1563.

[3] Pavesi L, Piazza F, Rudra A, et al. Temperature dependence of the InP band gap from a photoluminescence study. Phys Rev B, 1991, 44(16): 9052.

［4］ Massidda S, Continenza A, Freeman A J, et al. Structural and electronic properties of narrow-band-gap semiconductors: InP, InAs, and InSb. Phys Rev B, 1990, 41(17): 12079.

［5］ 李贵楠. 二维层状硫属化合物原子掺杂改性的同步辐射研究. 中国科学技术大学, 2021.

［6］ Shen G, Chen D, Chen P C, et al. Vapor-solid growth of one-dimensional layer-structured gallium sulfide nanostructures. ACS Nano, 2009, 3(5): 1115-1120.

［7］ 周晓龙. 大直径 InP 单晶制备及其半绝缘特性研究. 河北工业大学, 2010.

［8］ Moravec F, Novotny J. Improved SSD growth of InP single crystals. J Cryst Growth, 1981, 52: 679-683.

［9］ Chen Y, Liu K, Liu J, et al. Growth of 2D GaN single crystals on liquid metals. J Am Chem Soc, 2018, 140(48): 16392-16395.

［10］ Syed N, Zavabeti A, Messalea K A, et al. Wafer-sized ultrathin gallium and indium nitride nanosheets through the ammonolysis of liquid metal derived oxides. J Am Chem Soc, 2018, 141(1): 104-108.

［11］ Syed N, Zavabeti A, Ou J Z, et al. Printing two-dimensional gallium phosphate out of liquid metal. Nat Commun, 2018, 9(1): 3618.

［12］ Carey B J, Ou J Z, Clark R M, et al. Wafer-scale two-dimensional semiconductors from printed oxide skin of liquid metals. Nat Commun, 2017, 8(1): 14482.

［13］ Khan H, Mahmood N, Zavabeti A, et al. Liquid metal-based synthesis of high performance monolayer SnS piezoelectric nanogenerators. Nat Commun, 2020, 11(1): 3449.

［14］ Krishnamurthi V, Khan H, Ahmed T, et al. Liquid-metal synthesized ultrathin SnS layers for high-performance broadband photodetectors. Adv Mater, 2020, 32(45): 2004247.

［15］ Li Q, Du B D, Gao J Y, et al. Room-temperature printing of ultrathin quasi-2D GaN semiconductor via liquid metal gallium surface confined nitridation reaction. Adv Mater Technol, 2022, 7(11): 2200733.

第10章
液态金属印刷多元化合物半导体

　　元素周期表中的常温液态金属单质虽然有限,却可以利用合金化的途径合成种类众多的常温液态合金。在各种液态合金组元中,基于 Ga 形成的液态合金如 GaIn、GaInSn 以及 GaInSnZn 等具有显著的应用价值,由此提供了许多创制先进半导体的机遇。理论上,依据组分调控和更多微量元素的掺杂,可按需设计获得各种预期性能的半导体,并实现原位图案化印刷直至集成出功能器件,更多液态合金也存在类似可能,此方面存在巨大的拓展空间。宽带隙半导体 Ga_2O_3 是制造下一代电力电子器件的高潜力材料,然而,Ga_2O_3 的低电导率和低载流子迁移率仍然是通向实际应用所面临的障碍。多年来,围绕提高 Ga_2O_3 导电性发展高效和低成本的掺杂工艺一直是业界努力方向,但以往策略多在高温下合成,导致终端成品价格过高。从不同于传统制备及掺杂工艺的思路出发,笔者实验室提出了一步合成掺杂型 Ga_2O_3 薄膜材料的策略[1],在液态 Ga - In - Sn(Galinstan)合金表面直接生长掺杂有 In_2O_3 和 SnO_2 (GaInSnO)的 Ga_2O_3 多层膜,由此实现了材料和器件性能的显著提升。基于这种方法,在200℃低温下,采用范德华剥离法可容易获得大面积、厚度可控及高电导率的 GaInSnO 多层膜。而且所印制的 GaInSnO 多层膜呈透明状态,其带隙显示高于 4.5 eV。基于印刷 GaInSnO 多层膜制备的 FET 表现为 n 型调控,开关比均超过 10^5,最大场效应迁移率(μ_{eff})为 65.40 $cm^2/(V \cdot s)$,室温下最小的亚阈值摆幅(SS)为 91.11 mV/dec。随着 GaInSnO 膜中 Ga 浓度的升高,FET 的 μ_{eff} 降低,而 SS 增加。这种方法具有一定普遍意义,可进一步扩展到制备各种掺杂型 Ga_2O_3 膜乃至更多镓基和铋基半导体薄膜的常温印刷,并有望用于制造基于改性半导体的电子和光电子器件。本章内容介绍利用镓基多元液态金属合成和印刷多元金属氧化物半导体的基本原理和方法,相应策略和思想也为今后在更多掺杂型化合物半导体的常温合成和印刷上打下基础。

10.1　引言

与传统的窄带隙半导体 Si 和 GaAs 材料相比,宽带隙半导体材料如 ZnO、SiC、GaN 和 Ga_2O_3 等,长期以来一直是制造高功率电子器件、射频(RF)系统和 UV 光电探测器的理想选择[2-6]。宽带隙半导体中,Ga_2O_3 具有比其他半导体更宽的带隙($4.6\sim4.9$ eV)、更高的击穿场强($6\sim8$ MV/cm)和更大的 Baliga's 品质因数(3444)[7-10]。此外,Ga_2O_3 的化学稳定性和热稳定性也比 SiC 和 GaN 更突出,这些优点使得 Ga_2O_3 成为制备 FET 和肖特基二极管等功率电子器件的较佳选择。

高性能 Ga_2O_3 材料的生长对于其在功率器件领域的实际应用至关重要。对于块状 Ga_2O_3 材料,一般通过光学浮区法、直拉法和边缘限定膜馈电生长法等制备高质量的单晶或多晶块状 Ga_2O_3[11-15]。与块状 Ga_2O_3 相比,薄膜或二维(2D)Ga_2O_3 具有更突出的带隙、结构特性和柔性,这些优点使得 2D Ga_2O_3 受到了极大关注[16, 17]。高质量和高性能的 Ga_2O_3 外延膜通常借助机械剥离、脉冲激光沉积(PLD)、化学气相沉积(CVD)和分子束外延(MBE)[18-22]等常规方法获得,这导致所制备的 Ga_2O_3 外延膜存在成本高、产率低和有效面积小等诸多缺点。

作为新兴的功能材料,具有丰富电学和界面性能的低熔点液态金属(Ga、In、Sn 等)为制造大面积、低成本的 2D 金属氧化物提供了新的策略[23-30]。2D 金属氧化物半导体具有丰富的表面化学性质和独特的电子结构,这使得基于 2D 材料的电子器件具有比基于块体材料器件更好的性能[31-35]。液态 Ga 基金属具有化学活性表面[26],一旦暴露于含氧的大气中,液态 Ga 的表面将被快速氧化,形成只有几纳米厚的 Ga_2O_3 膜。这层 Ga_2O_3 膜和液态 Ga 界面间的电子密度很小,导致液态 Ga 和其氧化膜间的结合力很弱。当使用电子基底与液态 Ga 表面的氧化物层接触时,Ga_2O_3 膜与基底间的范德华力可轻松将 Ga_2O_3 膜从液态 Ga 表面剥离并黏附到基底上。在室温条件下,通过将液态 Ga 印刷在 SiO_2/Si 或 Si 基底上,笔者实验室制造了大面积的 2D Ga_2O_3,并基于所获得的 2D Ga_2O_3 构建了 FET 和紫外光电探测器[27, 29]。

在基底上印刷液态 Ga 和 Ga 基合金提供了在室温下大规模和低成本制备 Ga_2O_3 膜的新策略。然而,Ga_2O_3 生长过程中形成的氧空位和镓空位等缺陷

导致自然生长的 Ga_2O_3 为 n 型半导体且具有很低的载流子浓度,这使得 Ga_2O_3 的本征导电性较差,因此印刷的 Ga_2O_3 膜通常不适用于高性能功率器件和紫外探测器[36-38]。对于 Ga_2O_3 的功率电子器件,高载流子浓度和载流子迁移率必不可少。在 Ga_2O_3 中掺杂其他元素是提高 Ga_2O_3 导电性的一条有效途径,元素 Si、Sn 和 Zn 是用于提高 Ga_2O_3[39-41]载流子浓度和导电性的常用掺杂剂。Zhang 等通过在 Ga_2O_3 膜中掺杂 1.1 at% Si[42],获得了具有 $9.1 \times 10^{19}/cm^3$ 的高载流子浓度和 2.0 S/cm 的 Si 掺杂 Ga_2O_3 膜。而非掺杂 Ga_2O_3 膜的载流子浓度和电导率分别为 $8.9 \times 10^{15}/cm^3$ 和 2.2×10^{-4} S/cm,均低于 Si 掺杂 Ga_2O_3 薄膜。目前,掺杂型 Ga_2O_3 薄膜通常通过 PLD 和 MOCVD 等方法加以制备。然而,昂贵的前驱体材料和复杂工艺均不利于降低高质量和优异导电性 Ga_2O_3 膜的成本[43-45]。

尽管可以通过在室温下印刷液态 Ga 和 Ga 基合金来获得 2D Ga_2O_3,但使用这种策略来制备掺杂型 2D Ga_2O_3 仍然面临诸多挑战。通常情况下,液态金属表面形成的氧化膜是二元氧化物。对于液态金属合金来说,其内更具反应活性的元素会比其他元素更容易占据在液态合金表面,进而通过氧化反应在合金表面形成金属氧化物薄膜。而反应活性较低的惰性元素通常不会发生氧化反应形成氧化物薄膜[23, 26]。例如,与元素 In 和 Sn 相比,Ga 更具氧化反应活性,这是由于其吉布斯自由能降低(ΔG_f)比 In_2O_3 和 SnO_2 的更大。因此,液态 Ga 基共晶合金如 $EGaIn(Ga_{75.5}In_{24.5}$,wt%)和 $EGaInSn(Ga_{67}In_{20.5}Sn_{12.5}$,wt%)形成的氧化膜是 Ga_2O_3[23, 27]。然而,含有比 Ga 更具反应活性元素的液态 Ga 系合金不能形成 Ga_2O_3。例如:Zavabeti 等将约 1 wt% 的元素铪(Hf)和 Al 溶于液态 Ga 中,形成液态 Ga - Hf 和 Ga - Al 合金。液态 Ga - Hf 和 Ga - Al 合金表面分别形成 HfO_2 和 Al_2O_3,因为形成 HfO_2 和 Al_2O_3 的 ΔG_f 均高于形成 Ga_2O_3 的 ΔG_f[23]。

尽管先前的研究结果表明,通过印刷液态 Ga 基合金获得的氧化物是二元金属氧化物。但也存在着一些例外,几种三元金属氧化物可在非 Ga 基液态合金表面上形成。例如,在 200℃ 下,液态 In - Sn 合金表面形成的氧化物为 2D 氧化铟锡(ITO),通过将电子基底(SiO_2/Si)按压在液态 In - Sn 合金表面一段时间,可将 2D ITO 转移至基底表面[46]。在 300℃ 条件下,Ghaseman 等[47]的工作表明,尽管形成 Bi_2O_3 的 ΔG_f 高于形成 SnO 的 ΔG_f 且理论上液态 Sn - Bi 合金表面只选择性地形成 SnO 薄膜,在 SiO_2/Si 基底上印刷液态 Sn - Bi 合金可制备出 2D 三元氧化物(Bi 掺杂 SnO)。随着液态 Sn - Bi 合金的 Bi 含量从

20 wt%提高到 90 wt%,其表面形成的三元氧化物中掺杂剂 Bi 的含量稳定增加,并最终超过 0.6 at%(原子百分比)。上述制备三元金属氧化物的研究结果表明,当 Ga 基液态金属中反应活性较低的元素含量很高时,液态 Ga 基合金表面也可形成掺杂型 Ga_2O_3 薄膜。笔者实验室 Du 等[1]通过范德华力印刷液态 Galinstan 合金的方法,在电子基底表面直接印刷出同时掺杂有 In_2O_3 和 SnO_2(四元 GaInSnO)薄膜的超薄 Ga_2O_3,该液态 Ga 基合金具有高含量的 In 和 Sn 金属(In 和 Sn 的含量超高 70 wt%)。尽管在 EGaIn 和 EGaInSn 合金中,更具反应活性的元素 Ga 会更具竞争性地出现在液态合金表面并形成二元金属氧化物 Ga_2O_3,此时液态 EGaIn 和 EGaInSn 相当于起到过滤网的作用,可阻止反应活性较差的 In 和 Sn 扩散至液态合金表面。但在 In 和 Sn 组合含量超过 70 wt%的液态 Ga‐In‐Sn(Galinstan)合金中,液态 Galinsttan 的筛网作用被大量 In、Sn 元素的扩散运动破坏,很难抑制液态合金中大量 In 和 Sn 元素向表面扩散。因此,反应活性较差的惰性 In 和 Sn 也可通过竞争占据液态 Galinstan 合金表面并氧化形成 In_2O_3 和 SnO_2,从而使经特别配制的液态 Galinstan 合金表面上形成混合氧化物 GaInSnO 膜。

　　Du 等的研究结果表明[1],二维超薄的掺杂型 Ga_2O_3 可通过范德华印刷工艺在低温下进行。印刷的 GaInSnO 膜的导电性和载流子迁移率优于未掺杂的 Ga_2O_3,并且可通过简单调节 GaInSnO 中 In 和 Sn 的浓度来控制 GaInSnO 膜的电学性能。此外,由印刷 GaInSnO 膜构成的 FET 表现出了优异电学性能,具有较大的开关比($>10^5$)和较高的场效应迁移率[最高迁移率约 65.40 $cm^2/(V \cdot s)$],二者均优于由未掺杂 2D Ga_2O_3[27]制备的 FET 器件所展现出的电学性能[最高开关比 10^4 和最高场效应迁移率 21.3 $cm^2/(V \cdot s)$]。这一方法为掺杂 Ga_2O_3 或混合金属氧化物的制备提供了一种新途径,在大规模、低成本制备高性能 Ga_2O_3 薄膜方面具有明显优势,在发展下一代 Ga_2O_3 基功率器件中具有很高的实际应用潜力。

10.2　多元合金及 GaInSnO 和 InSnO 多层膜制备工艺

　　首先,以纯 Ga(99.99%)、纯 In(99.99%)和纯 Sn(99.99%)为原材料合成液态 Galinstan 和 $In_{75}Sn_{25}$(wt%)合金,两种合金的质量均设定为 100 g。将按化学计量比称量好的 Ga、In 和 Sn 放入 Al_2O_3 坩埚中并在 200℃下熔化,待其完全熔化后,使用玻璃棒搅拌熔融金属约 10 min,得到均匀的液态 Galinstan

和 $In_{75}Sn_{25}$ 合金。为使配制的 Galinstan 和 $In_{75}Sn_{25}$ 合金保持液态,将坩埚置于 200℃热台表面。

在 GaInSnO 和 InSnO 多层膜制备工艺方面,为有效地将 GaInSnO 单层从液态 Galinstan 合金表面转移到 SiO_2/Si 基底,将质量约 50 g 的 Galinstan 液滴放置在 SiO_2/Si 基底表面,该基底位于 200℃加热板上。所用 SiO_2/Si 基底包含厚度为 500 nm 的 SiO_2 和厚度为 0.5 mm 的 p 掺杂 Si。液滴在 PDMS 刮刀帮助下,可从 SiO_2/Si 基底一侧滚动到另一侧。

在滚印完成之后,首先使用玻璃滴管收集残余的 Galinstan 液滴,并将其放入 Al_2O_3 坩埚中。随后采用浸渍有热乙醇(约 75℃)的脱脂棉,进一步擦洗基底以最大限度去除基底表面残留的液态金属。然后,将基底浸入碘和三碘化物(100 mmol/L LiI 和 5 mmol/L I_2 的乙醇)的热溶液(50℃)中,以完全消除基底上的金属残留物。最后,在去离子水中清洗基底,以去除表面残留的碘溶液。重复上述滚印工艺 10 次后,可获得 GaInSnO 多层膜。

使用相同的滚印和清洁残余液滴合金的工艺,可得到厚度可控的 InSnO 多层膜。为便于光学观察和 AFM 分析,使用浓度为 0.5 mol/L 的 H_3PO_4 在室温下腐蚀部分多层膜。用注射器将 2～3 ml 的 H_3PO_4 液滴置于多层膜中心区域。经约 5 min 腐蚀后,用乙醇将残余的 H_3PO_4 液滴冲洗掉。由于 SiO_2/Si 不能被 H_3PO_4 腐蚀,因此可在 GaInSnO 多层膜和 SiO_2/Si 基底之间看到明显的刻蚀边界。

用于微观结构表征和电学性能测试的 GaInSnO 多层膜厚度约为 20 nm,通过 SiO_2/Si(500 nm/0.5 mm)基底上重复印刷液态 Galinstan 液滴 10 次而获得。利用 Zeiss Axioscope 5 显微镜观察 GaInSnO 多层膜的光学形貌,采用 AFM 分析印刷薄膜厚度。薄膜化学成分通过 X 射线光电子能谱(XPS)仪进行分析,所使用仪器为 Thermo Scientific K - αXPS,其由 Al 阳极提供单色 X 射线($h\nu=1\,486.6$ eV)。借助 FEI(F50)扫描电镜对薄膜形貌和化学成分作进一步分析。薄膜的晶体结构观测可借助 JEOL 2100F TEM/STEM(2011)系统来获得高分辨(HRTEM)成像和选取衍射成像(SAED)。JEOL 2100F 系统工作于 200 kV 加速电压下,该系统还配备有亮场 Gatan OneView 4k 电荷耦合器件(CCD)相机。对由印刷 GaInSnO 多层膜制成的 FET 的电学性能进行测试时,采用 Keithley 4200 半导体器件系统进行,且在大气环境下完成。

如图 10.1 所示反映的是 2D 及多层 GaInSnO 膜的合成及其在 SiO_2/Si 基底表面的印刷过程[1]。液态 Galinstan 合金中 Ga 的质量比分别设定为

5 wt％、10 wt％、20 wt％和 30 wt％,余量为元素 In 和 Sn,其中元素 In 和 Sn 的质量百分比固定为 75％∶25％。为保证印刷过程中 Galinstan 合金始终保持液态,热台温度控制在 200℃。液态 Galinstan 合金与空气接触后,会迅速在其表面形成自限性 GaInSnO 薄膜,即人们熟知的 Cabrera‑Mott 过程[26]。

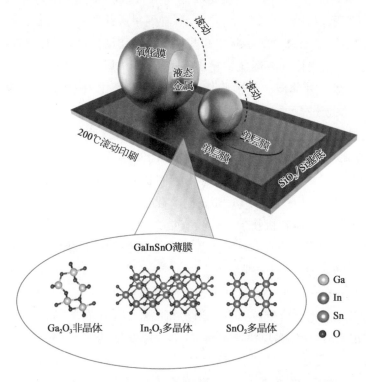

图 10.1　液态 Galinstan 合金在 SiO₂/Si 基底表面的
滚印过程及 GaInSnO 薄膜的组分构成[1]

以块状 PDMS 作为刮刀,将液态 Galinstan 合金在 SiO₂/Si 基底表面滚动。在滚印过程中,液态 Galinstan 合金中形成的 GaInSnO 纳米薄膜可通过范德华力,从合金表面剥离并黏附在 SiO₂/Si 基底表面。该印刷过程类似于先前工作[48]中所报道的制备 2D 金属氧化物的印刷过程。

10.3　印刷型超薄 GaInSnO 半导体薄膜的性能

按照前述步骤,通过多次重复滚印过程,可获得大尺度及厚度可控的薄氧化膜,如图 10.2(a)和(b)所示[1]。从原子力显微镜(AFM)分析中,可以看到 GaInSnO 单层的厚度约为 2 nm[图 10.2(a)],表明获得的单层氧化物是 2D 薄膜。重复印刷工艺 10 次后,获得的 GaInSnO 多层膜[图 10.2(b)]厚度为 20 nm,大约是单层 GaInSnO 厚度的 10 倍。这表明在重复印刷过程中,单层 GaInSnO 薄膜可通过范德华力彼此堆叠,且单层薄膜的厚度在堆叠过程中基本不发生改变。从图 10.2(a)和(b)中,可看到单层薄膜中分布着一些明显的孔洞或裂纹,而多层薄膜中不存在这些现象。多层薄膜的均匀性和连续性均优于单层膜。这是因为在逐层重复印刷过程中,单层薄膜中的缺陷可用新的氧化膜予以覆盖并修复。从薄膜均匀性角度考虑,以下测试均采用厚度为 20 nm 的多层膜进行。

与通过磁控溅射和化学气相沉积(CVD)等传统方法制备的铟镓锡氧化物(IGTO)相比[49, 50],在空气中印刷液态 Galinstan 合金,可快速获得厚度可控、大面积且高质量的 GaInSnO 薄膜。用于制备 GaInSnO 膜的液态 Galinstan 合金无毒性,且可通过 Ga 与 In、Sn 的合金化获得,它比用于溅射和 CVD 合成工艺的陶瓷靶和金属有机物前驱体具有更大的实用性和经济价值。此外,这一工作中提出的印刷策略无须昂贵设备、复杂的操作过程和真空条件,而这些条件在溅射和 CVD 过程中则是必需的。

X 射线光电子能谱(XPS)可用于定性分析液态 Galinstan 表面氧化膜的化学成分和元素的化合价。用于 XPS 分析的样品是印刷在 SiO_2/Si 基底上的 20 nm 厚的 GaInSnO 多层膜,GaInSnO 膜的厚度超过 XPS 的检测深度,因此 XPS 光谱可以准确表示 GaInSnO 多层膜的化学成分。图 10.2(c)~(f)显示了从含 5 wt% Ga 的液态 Galinstan 合金表面获得的多层膜的 In3d、Sn3d、Ga2p 和 O1s 的 XPS 峰。位于~444.4 eV 和 452.1 eV 的 $In3d_{5/2}$ 和 $In3d_{3/2}$ 峰对应于 In_2O_3 的特征峰[51]。$Sn3d_{5/2}$ 峰值约为 486.5 eV,$Sn3d_{3/2}$ 峰值约为 495.0 eV[图 10.2(b)],其对应于 SnO_2 的特征峰[52]。在约 1 144.65 eV 观察到的 $Ga2p_{1/2}$ 峰和约 1 117.80 eV 处观察到的 $Ga2p_{3/2}$ 峰对应于 Ga_2O_3 的特征峰[53]。XPS 结果中观察到的 Ga^{3+}、In^{3+} 和 Sn^{4+} 峰表明所获得的氧化膜为 GaInSnO。此外,O1s 没有明显的特征峰[图 10.2(f)],O1s 峰可通过去卷积拟合成峰值分别在约 532.10 eV、531.30 eV 和 530.40 eV 处的三个叠加峰,它们分别对应于在上述 In_2O_3、Ga_2O_3 和 SnO_2 中观察到的 O^{2-} 态。O1s 峰可拟合成三个叠加峰进一步表明,印刷氧化物薄膜是 Ga_2O_3、In_2O_3 和 SnO_2 的混合物。

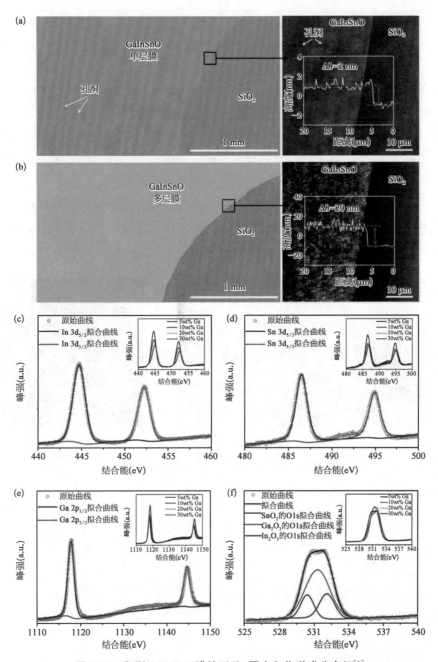

图 10.2　印刷 GaInSnO 膜的形貌、厚度和化学成分表征[1]

（a）单层 GaInSnO 膜的光学和 AFM 图像；（b）多层 GaInSnO 膜的光学和 AFM 图像；
（c）～（f）从 Ga 含量为 5 wt％的液态 Galinsatn 合金表面制备的 GaInSnO 多层膜中 In3d、
Sn3d、Ga2p 和 O1s XPS 峰谱，其中的插图为 Galinsatn 合金中 Ga 含量从 5％变化至 30％时，
In3d、Sn3d、Ga2p 和 O1s 的峰谱变化。

图 10.2(c)~(f)中的插图为 Ga 含量分别为 5 wt%、10 wt%、20 wt%和 30 wt%的液态 Galinstan 合金表面 GaInSnO 膜的 XPS 光谱变化[1]，可看到 GaInSnO 多层膜中 In、Sn 元素的峰强随 Galinstan 合金中 Ga 含量的上升而下降，而 Ga 元素峰强随 Galinstan 合金中 Ga 含量的上升而增强。这表明随着液态 Galinstan 合金中 Ga 含量的增加，GaInSnO 氧化膜中的 Ga 含量升高而 In、Sn 元素含量下降。此外，当液态 Galinstan 合金中 Ga 含量超过 20 wt% 后，GaInSnO 多层膜中的 O1s 峰变窄且峰值移至约 531.30 eV 处，此处的 O1s 峰对应于 Ga_2O_3 中的 O1s 态。说明当 Galinstan 合金中 Ga 含量超过 20 wt% 后，GaInSnO 多层膜主要以 Ga_2O_3 为主。氧化铟锡（InSnO）薄膜同样可通过上述印刷策略，从液态 $In_{75}Sn_{25}$ 合金表面获得，所制成的 InSnO 薄膜形貌及化学成分如图 10.3 所示。

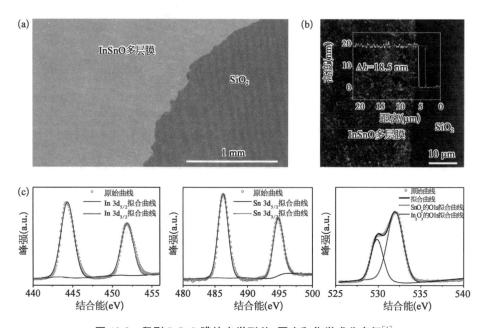

图 10.3　印刷 InSnO 膜的光学形貌、厚度和化学成分表征[1]

(a)~(b) 分别在 SiO_2/Si 基底上获得的 InSnO 多层膜的光学和 AFM 图像；(c) 印刷 InSnO 多层膜的 In3d、Sn3d 和 O1s XPS 光谱。

为更好地阐明 Ga 对液态 Galinstan 合金表面形成的氧化膜中化学组成的影响，进一步采用 XPS 对液态 $In_{75}Sn_{25}$ 合金表面形成的氧化物进行化学成分分析。采用图 10.1 所示工艺在 SiO_2/Si 基底表面重复滚印液态 $In_{75}Sn_{25}$ 10 次后，得到厚度约 18.5 nm 的氧化膜，如图 10.3(a)和(b)所示。氧化膜的 XPS 特征峰谱如图 10.3(c)所示,位于~4 444.4 eV 和 452.1 eV 的 In3d$_{5/2}$ 峰和 In3d$_{3/2}$ 峰对应于 In$_2$O$_3$ 中的特征峰,而位于约 486.5 eV 的 Sn3d$_{5/2}$ 峰和约 495.00 eV 的 Sn3d$_{3/2}$ 峰则对应于 SnO$_2$ 的 Sn^{4+} 态。这表明所获得的氧化膜为 In$_2$O$_3$ 和 SnO$_2$ 的混合物。由于氧化膜中含有两种不同的氧化物,因此印刷的 InSnO 膜中的 O1s 峰也可以拟合成两种 O1s 态的叠加峰[图 10(c)]。两个拟合的 O1s 峰值分别为 530.40 eV 和 532.10 eV,分别对应于 SnO$_2$ 和 In$_2$O$_3$ 中的 O1s 态。综合 XPS 分析结果可确定从液态 In$_{75}$Sn$_{25}$ 合金表面印刷得到的氧化物多层膜是 InSnO(In$_2$O$_3$ 和 SnO$_2$ 的混合物)。

　　为进一步分析印刷 GaInSnO 多层膜中 Ga、In 和 Sn 元素的变化规律,采用 XPS 结果中 Ga、In、Sn 峰谱对应的面积,计算 GaInSnO 多层膜中 Ga、In、Sn 的相对含量[47, 54]。图 10.4(a)为从不同 Ga 含量液态 Galinstan 合金表面制备的 GaInSnO 膜中 In^{3+}、Sn^{4+} 和 Ga^{2+} 的原子比。从图 10.4(a)中可看到,当液态 Galinstan 中的 Ga 含量从 5 wt%上升到 30 wt%时,印刷 GaInSnO 膜中的 Ga 含量从 49.59 wt%增加到 66.43 wt%,而 GaInSnO 膜中 In、Sn 元素的含量则随液态 Galinstan 中 Ga 含量的上升逐渐下降。另外,印刷 GaInSnO 膜中 Ga 含量明显高于前驱体液态 Galinstan 中的 Ga 含量,这是由于液态 Galinstan 中 Ga 元素的反应活性高于 In 和 Sn 元素[47],因此即使液态 Galinstan 中 Ga 含量只有 5 wt%,更具竞争力的 Ga 原子会由于 In、Sn 原子占据液态 Galinstan 合金表面,导致 GaInSnO 膜中 Ga 元素含量处于主导地位。随着母体 Galinstan 中 Ga 含量的上升,更多的 Ga 原子占据在液态合金的表面。因此,印刷 GaInSnO 膜中 Ga 含量随着母体 Galinstan 中 Ga 含量的上升而增加。上述 XPS 定量分析结果表明,仅通过简单调整前体液态 Galinstan 合金的化学成分,即可获得化学成分可控的 GaInSnO 多层膜[1]。

　　为分析印刷 GaInSnO 多层膜的光学性质,可采用紫外-可见光谱(UV - vis)和 XPS 测试 GaInSnO 膜的光学吸收率和价带谱(VB)[1]。印刷 GaInSnO 多层膜的吸收率和带隙如图 10.4(b)所示,从中可看出 GaInSnO 膜在可见光区域的光吸收很小,其有效的光吸收光波长低于 350 nm。当液态 Galinstan 中 Ga 含量上升时,所制备的 GaInSnO 膜的起始光吸收波长向短波长方向移动。印刷 GaInSnO 膜的带隙计算结果[图 10.4(c)中的 Tauc 图]表明,GaInSnO 膜的带隙均高于 4.5 eV,且印刷 GaInSnO 膜的带隙随着母体 Galinstan 中 Ga 含量的上升而逐渐变大。印刷 GaInSnO 膜由 Ga$_2$O$_3$、In$_2$O$_3$、SnO$_2$ 组成,而 Ga$_2$O$_3$(~4.8 eV)的带隙高于 In$_2$O$_3$(~3.7 eV)和 SnO$_2$

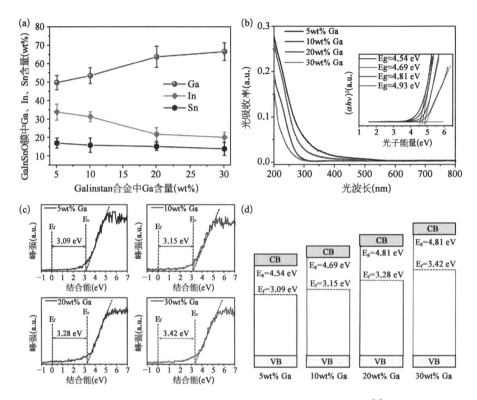

图 10.4 GaInSnO 多层膜的化学成分、光学和带隙分析[1]

(a) 印刷 GaInSnO 多层膜中 Ga、In、Sn 元素含量随液态 Galinstan 中 Ga 含量升高的变化趋势,图中每个点和误差都是三次测试结果的平均值;(b) 从不同 Galinstan 合金表面制备的 GaInSnO 的 UV-vis 吸收光谱,插图为表征不同成分 GaInSnO 膜带隙的 Tauc 图;(c) 印刷 GaInSnO 薄膜的价带谱及相对费米能级;(d) 表征 GaInSnO 膜具有 n 型半导体性质的简化电子能带图。

(~3.6 eV)[55, 56]。随着母体 Galinstan 中 Ga 含量的上升,印刷 GaInSnO 膜中 Ga_2O_3 的含量逐渐升高[图 10.3(a)],因此印刷 GaInSnO 膜的带隙逐渐变大。而印刷 InSnO 薄膜中不含 Ga_2O_3,故 InSnO 薄膜的带隙只有 4.21 eV,低于 GaInSnO 膜的带隙。

表 10.1 为不同化学成分 GaInSnO 膜的光学吸收边和对应的光学带隙,与其他印刷的 2D Ga_2O_3 和 ZnO 的吸收边和带隙相比,印刷 GaInSnO 膜的光学吸收边更小,相应的带隙更大。GaInSnO 膜的带隙甚至高于印刷 2D Ga_2O_3 的带隙,这表明印刷 GaInSnO 膜在 UV 探测领域具有很大的应用潜力。

图 10.5 为印刷 InSnO 多层膜的吸收率和带隙,可见其在可见光区域的吸收也很小。Tauc 图分析(图 10.5 中的插图)显示,印刷 InSnO 膜的带隙约为 4.21 eV,低于印刷 GaInSnO 多层膜的带隙。

表 10.1 GaInSnO 多层膜与其他 2D 材料的光学性能比较[1]

薄膜类型	厚度(nm)	制备方法	吸收边缘(nm)	带隙(eV)	参考文献
1# GaInSnO	20	印刷液态 Galinstan	～307	～4.54	[1]
2# GaInSnO	20	印刷液态 Galinstan	～292	～4.69	[1]
3# GaInSnO	20	印刷液态 Galinstan	～275	～4.81	[1]
4# GaInSnO	20	印刷液态 Galinstan	～246	～4.93	[1]
Ga_2O_3	～4.1	印刷液态 Ga	～288	～4.8	[29]
In_2O_3	～3.2	印刷液态 In	～391	～3.1	[29]
SnO	～4.4	印刷液态 Sn	～350	～3.7	[29]
InO_x	～2.2	印刷液态 In	——	～4.06	[28]
ZnO	～1.1	印刷液态 Zn	——	～3.5	[57]
Zn 掺杂 In_2O_3	1.6～1.7	印刷液态 In - Zn 合金	337～365	3.31～3.51	[58]
ITO	～1.5	印刷液态 In - Sn 合金	346	～3.9	[46]
$\beta - TeO_2$	～1.5	印刷液态 Te - Se 合金	——	～3.7	[48]

注：1# GaInSnO 到 4# GaInSnO 来自分别含有从 5 wt% 到 30 wt% Ga 的液态 Galinstan 合金。

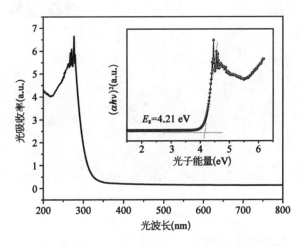

图 10.5 InSnO 多层膜的 UV - vis 吸收光谱，插图是 InSnO 层膜的 Tauc 图[1]

图 10.4（c）为 GaInSnO 膜的价带谱（VB）。可以看出，从含 5wt%、10wt%、20wt% 和 30wt% Ga 的液态 Galinstan 合金表面制备的 GaInSnO 多层膜的费米能级分别为 3.09 eV、3.15 eV、3.28 eV 和 3.42 eV。4 种 GaInSnO 多层膜的简化电子能带如图 10.4(d) 所示，可以看到 GaInSnO 多层膜的费米能级均接近导带底而远离价带顶，这表明印刷 GaInSnO 多层膜均为 n 型半导体。

　　从 GaInSnO 多层膜的能谱(EDS)分析结果[图 10.6(b)],可进一步确认 GaInSnO 多层膜中 Ga、In 和 Sn 元素的共存特性。图 10.6(b)反映出,Ga、In 和 Sn 在 GaInSnO 膜中均匀分布。从 5 wt% Ga 含量液态 Galinstan 合金表面印刷的 GaInSnO 膜能谱分析结果表明,GaInSnO 多层膜中 Ga 的浓度显著高于 In 和 Sn,该结果与 XPS 中元素定量分析结果一致[图 10.4(a)]。用于 EDS 分析的样品是印刷在 SiO_2/Si 基底上 20 nm 厚的 GaInSnO 多层膜,因此元素 Si 也可被检测到并显示在 EDS 图谱中。

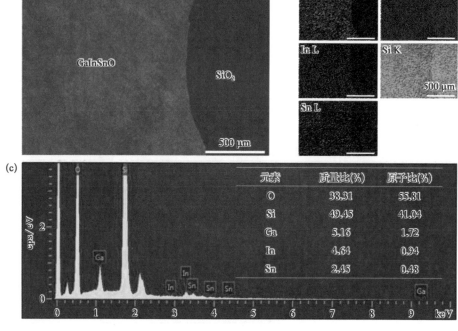

**图 10.6　从 5 wt% Ga 含量 Galinstan 合金表面印刷的
GaInSnO 多层膜的 SEM 图和 EDS 分析**[1]

(a) 印刷 GaInSnO 多层膜的典型 SEM 图;(b) GaInSnO 多层膜中 Ga、In、Sn、O 和 Si 元素的 EDS 图谱;
(c) 印刷 GaInSnO 多层膜的定量 EDS 分析。

　　为进一步说明母体 Galinstan 合金中 Ga 含量变化对印刷 GaInSnO 膜中化学成分的影响,采用 SEM 和 EDS 对从 30 wt% Ga 含量液态 Galinstan 合金表面印刷的 GaInSnO 薄膜进行分析。图 10.7 中给出了 GaInSnO 多层膜的 SEM 观察和 EDX 分析结果[1],可见检测到的元素 Ga、In 和 Sn 均匀分布在印刷 GaInSnO 多层膜中,与从含 5wt%Ga 的 Galinstan 合金表面获得的印刷

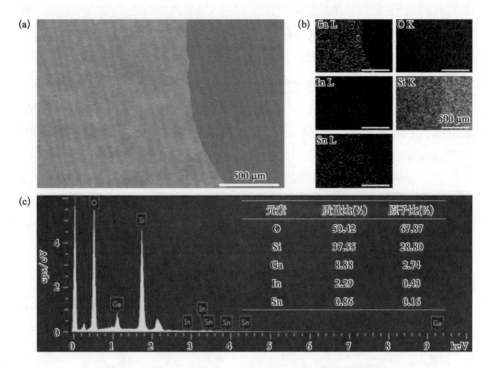

**图 10.7　从 30 wt% Ga 含量 Galinstan 合金表面印刷的
GaInSnO 多层膜的 SEM 图和 EDS 分析**[1]

(a) 印刷 GaInSnO 多层膜的典型 SEM 图；(b) GaInSnO 多层膜中 Ga、In、Sn、O 和 Si 元素的 EDS 图谱；
(c) 印刷 GaInSnO 多层膜的定量 EDS 分析。

GaInSnO 多层膜相比（图 10.6），图 10.7(a) 中所示的 GaInSnO 多层膜中的 Ga
浓度较高，而 In 和 Sn 浓度较低。

　　为深入分析 GaInSnO 膜的晶体结构，使用透射电子显微镜（TEM）分析印
刷 GaInSnO 多层膜的晶体结构[1]。为制备 TEM 样品，使用不锈钢刀片从
SiO_2/Si 基底表面刮取印刷的 GaInSnO 纳米片。图 10.8(a) 为 GaInSnO 纳米
片的低倍放大图，该 GaInSnO 纳米片从 5 wt% Ga 含量 Galinstan 合金表面获
得。从图中可看到，纳米片的边缘呈现出明显的多层结构，表明印刷 GaInSnO
多层膜为多个 GaInSnO 单层依靠范德华力堆叠而成。印刷 GaInSnO 纳米片
的高分辨率 TEM（HRTEM）图像和相应的选区电子衍射（SAED）图像分别如
图 10.8(b) 和 (c) 所示。HRTEM 图像表明，GaInSnO 多层膜同时含有晶体结构
和非晶结构。对于晶体结构，4.16 的晶格间距是 In_2O_3（JCPDS 卡号 06‒0416）
的（211）晶面[59]，而 2.97 和 2.61 的晶格间距则分别对应 SnO_2（JCPDS 卡号

29 - 1484)的(111)和(200)晶面[60]。GaInSnO 纳米片的 SAED 图[图 10.8(c)]未表现出多晶衍射花样的典型特征,从中可观察到明显的晕和扩散环等非晶特征,这进一步表明印刷 GaInSnO 多层膜中存在非晶结构。由于观察到的晶体结构晶面分别属于 In_2O_3 和 SnO_2,因此非晶结构属于 Ga_2O_3,这与文献[23]中报道的通过印刷液态共晶 Galinstan 合金获得的 Ga_2O_3 为非晶结构的结果相一致。上述结果表明,印刷 GaInSnO 多层膜确实是 Ga_2O_3、In_2O_3 和 SnO_2 的混合物,这与图 10.2(c)~(f)中的 XPS 分析结果相对应。

进一步分析从 30 wt% Ga 含量 Galinstan 合金表面制备的 GaInSnO 多层膜的晶体结构,结果如图 10.8(d)所示。HRTEM 图像显示该类型 GaInSnO

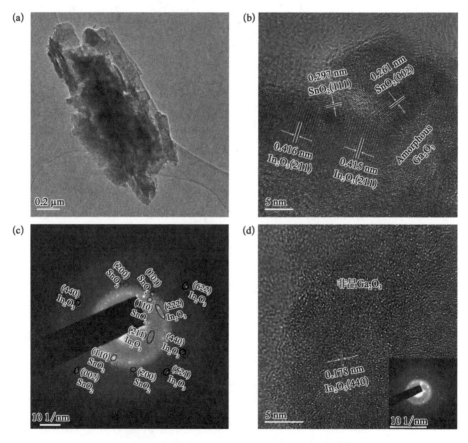

图 10.8 印刷 GaInSnO 多层膜的 TEM 表征[1]

(a) GaInSnO 纳米片的低倍图像,该纳米片从含 5 wt% Ga 的 Galinstan 合金表面获得;(b) GaInSnO 纳米片的局部高分辨图像;(c) GaInSnO 纳米片的 SADE 图像;(d) 从 30 wt% Ga 含量 Galinstan 合金表面制备的 GaInSnO 纳米片高分辨图像,插图是相应的 SADE 花样。

纳米片主要由非晶态 Ga_2O_3 组成,GaInSnO 纳米片中几乎观察不到 In_2O_3 和 SnO_2 的晶格。与图 10.8(c)相比,该 GaInSnO 纳米片 SAED 中 In_2O_3 和 SnO_2 晶体的衍射斑点明显减少,而 Ga_2O_3 的非晶衍射花样特征更加明显。这说明从 30 wt% Ga 含量 Galinstan 合金表面制备的 GaInSnO 多层膜 Ga_2O_3 的含量明显升高,与 XPS 的定量分析结果[图 10.4(a)]相一致。

　　为说明印刷的 GaInSnO 膜中存在 Ga_2O_3 非晶结构,采用 TEM 进一步分析了印刷 InSnO 薄膜的晶体结构,结果如图 10.9 所示[1]。在 InSnO 纳米片中明显观察到 In_2O_3 和 SnO_2 的晶体结构。SAED 花样进一步表明印刷 InSnO 多层膜由 In_2O_3 和 SnO_2 组成。印刷 InSnO 膜的衍射花样观察不到类似印刷 GaInSnO 膜中观察到的非晶衍射花样特征,而呈现典型的多晶衍射圆环,说明印刷的 InSnO 膜为多晶体结构。

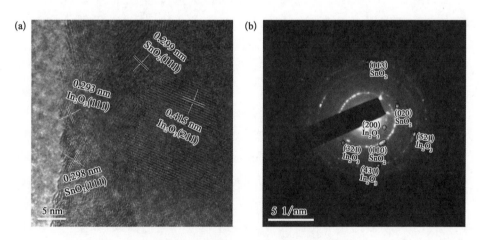

图 10.9　印刷 InSnO 膜的 TEM 表征[1]

(a) InSnO 膜的高分辨图像;(b) InSnO 膜的 SAED 衍射花样。

10.4　基于多层膜印制的电子器件集成及应用

　　在尺寸为 3 cm×3 cm 的 SiO_2/Si 基底上分别印刷 4 种不同类型的 GaInSnO 多层膜后,将尺寸为 2 cm×2 cm 的掩膜板紧密贴合在 SiO_2/Si 基底表面。掩膜板为聚酰亚胺材质,掩膜板中裸露出的源极/漏极的尺寸为 1 mm×1 mm,源漏电极间的沟道间距为 100 μm,掩膜板中有 50 对源漏电极图案。进一步采用磁控溅射(HM‐ETD‐2000C),在掩膜板裸露的电极图案处沉积金属。源漏电极图案处沉积有 10 nm 厚的 Cu 及 40 nm 厚的 Au 金属层。为增强 p 掺杂 Si 的导电性,在底栅 Si 表面沉积 40 nm 厚的 Au 膜。电极沉积完毕后,未对沉积电极后的基底进行热处理。

使用 Keithley 4200 半导体器件测试系统,对构建的 GaInSnO 薄膜 FET 进行电学性能测试,该测试系统配备有 Cascade Microtech Summit 12000 半自动探针台,FET 测试在常温常压环境下进行。

为探索这种新型 GaInSnO 膜在电子器件中的应用潜力,我们使用印刷 GaInSnO 多层膜构建了底栅顶接触结构的 FET,如图 10.10(a)所示[1]。构建的 FET 中 GaInSnO 沟道层、SiO_2 介电层和 p 型掺杂的 Si 栅极厚度分别为 20 nm、500 nm 和 0.5 mm。GaInSnO 沟道层上沉积的 Cu/Au 电极块形貌如图 10.10(b)所示。FET 中 GaInSnO 沟道尺寸如图 10.10(b)所示,其中沟道宽度 W 为 1 000 μm,沟道长度 L 为 100 μm。FET 器件在零栅压下的源漏电流(I_{ds})-源漏电压(V_{ds})曲线如图 10.10(c)所示。可以看到,以 4 种 GaInSnO 薄膜构建的 FET 均展现非线性的 I_{ds}-V_{ds} 曲线,这说明 Cu/Au(10/40 nm)电极和印刷的 GaInSnO 膜之间存在肖特基势垒。从图 10.10(c)中可看出,随着液态 Galinstan 合金中 Ga 含量的升高,以印刷 GaInSnO 膜构建的 FET 器件的开态电流(V_{ds}=10 V)从～17 μA 持续下降到 0.03 μA。该结果表明母体 Galinstan 合金中 Ga 含量的上升会使印刷 GaInSnO 膜的电导率下降,即 GaInSnO 膜中 Ga 含量的上升会降低 GaInSnO 膜的导电性能。利用从 5 wt% Ga 含量 Galinstan 合金表面制备的 GaInSnO 膜构建的 FET 器件在不同栅压(V_{gs})下的 I_{ds}-V_{ds} 输出曲线,如图 10.10(d)所示,从中可看到 FET 器件的饱和电流随着栅压的上升逐渐增大,呈典型的 n 型调控 FET 器件特征,这与 GaInSnO 薄膜简化电子能带[图 10.4(d)]所表现的 n 型特性结果对应,进一步确认印刷 GaInSnO 薄膜具有 n 型半导体性质。值得注意的是,GaInSnO 膜印刷层数的增加可改善 FET 的电学性能。图 10.11 为重复印刷 5 次得到的 GaInSnO 膜形貌及构建的 FET 器件所展现的非线性 I_{ds}-V_{ds} 曲线。从中可明显看到,随着 GaInSnO 膜印刷层数的增加,FET 在 V_{ds}=10 V 处的开态电流得到明显提升。这是因为随着 GaInSnO 膜印刷层数的增加,薄膜中的缺陷逐渐减少,薄膜缺陷的降低可降低 GaInSnO 膜与 Cu/Au 间的接触势垒,进而提升 FET 器件的开态电流。

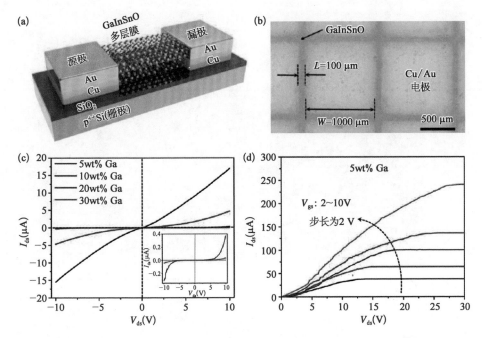

图 10.10　以印刷 GaInSnO 多层膜构建的场效应晶体管电学性能测试[1]

（a）底栅顶接触构型 FET 结构示意；（b）FET 器件源漏电极及沟道层的光学图像；（c）零栅压时，FET 的非线性 I_{ds}-V_{ds} 曲线；（d）不同栅压条件下，以从 5 wt％ Ga 含量液态 Galinstan 合金表面制备的 GaInSnO 膜构建的 FET 的 I_{ds}-V_{ds} 输出曲线。

以 4 种 GaInSnO 膜构建的 FET 器件所展现的 I_{ds}-V_{gs} 转移特性曲线如图 10.12 所示[1]。从中可明显看出，4 种 FET 器件均具有 n 型调控的特性，且开关比均超过了 10^5，而以未掺杂 Ga_2O_3 构建的 FET 只有 10^4 的最优开关比[27]。图 10.12 还反映出，随着母体 Galinstan 合金中 Ga 含量从 5 wt％上升到 30 wt％，所构建的 FET 在 $V_{gs}=10\ V$ 处的开态电流从 95 μA 持续下降到 2.5 μA，这与印刷 GaInSnO 膜中 Ga 含量上升导致 GaInSnO 膜电导率下降有关。为验证 Ga 含量升高会降低 GaInSnO 薄膜的导电性能，进一步研究了以印刷 InSnO 膜构建的 FET 器件的电学性能，如图 10.13 所示。从中可看到，以 InSnO 膜构建的 FET 器件在零栅压下展现的 I_{ds}-V_{ds} 曲线呈明显的线性，这说明 InSnO 膜与 Cu/Au 电极间为欧姆接触。此 FET 器件在 $V_{ds}=10\ V$ 处的电流约为 5.4 mA，这明显高于以 GaInSnO 膜构建的 FET 器件所展现的电流密度。该结果表明同样厚度的 InSnO 膜的电导率高于 GaInSnO 膜的电导率，这是由 GaInSnO 膜中含有导电性能较差的 Ga_2O_3 所导致的。由于印刷 InSnO 薄膜具有明显的导电性能[46]，而半导体 Ga_2O_3 具有较低的导电性。因

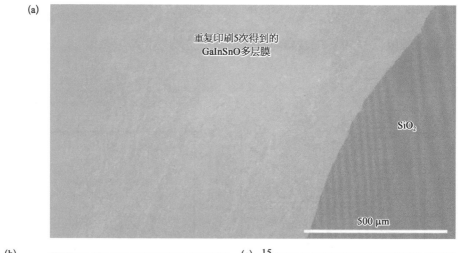

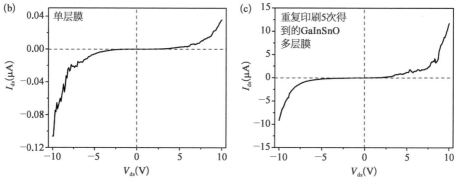

图 10.11　不同厚度 GaInSnO 膜的形貌和以不同厚度 GaInSnO 膜构建的 FET 器件的 I_{ds}-V_{ds} 曲线[1]

(a) 重复印刷 5 次得到的 GaInSnO 膜的表面形貌；(b) 以 GaInSnO 单层膜构建的 FET 器件的 I_{ds}-V_{ds} 曲线；(c) 以重复印刷 5 次制备的 GaInSnO 多层膜构建的 FET 器件的 I_{ds}-V_{ds} 曲线。

此由导体 InSnO 与半导体 Ga_2O_3 混合构成的 GaInSnO 薄膜的导电性能会弱于 InSnO 薄膜的导电性能，且随着 GaInSnO 薄膜中 Ga_2O_3 含量的升高，GaInSnO 薄膜的电导率会进一步降低，这与以高 Ga 含量 GaInSnO 膜构建的 FET 具有较低开态电流的结果相一致。虽然高电导率的 GaInSnO 膜可使构建的 FET 具有更高的开态电流，但此时 FET 的截止电流也处于较高水平，因此从 5 wt％ Ga 和 10 wt％ Ga 含量液态 Galinstan 合金表面制备的 GaInSnO 膜并未使 FET 表现出更好的开关比。而从 20 wt％ Ga 含量液态 Galinstan 合金表面制备的 GaInSnO 膜可使构建的 FET 具有最优的开关比 10^7。

此外,从图 10.12 还可看到,当母体 Galinstan 中 Ga 含量从 5 wt% 增加至 30 wt% 时,以印刷 GaInSnO 膜构建的 FET 开启电压由 5 V 增加到 6.6 V,这表明随着印刷 GaInSnO 膜电导率的降低,FET 需要更高的开启电压。

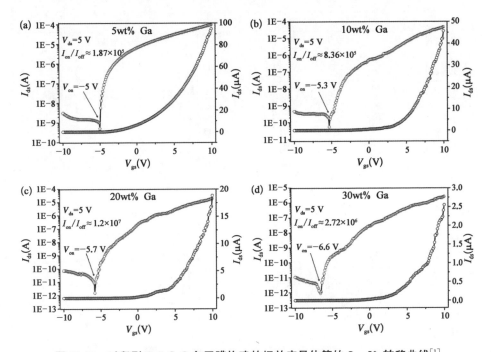

图 10.12　以印刷 GaInSnO 多层膜构建的场效应晶体管的 I_{ds}-V_{gs} 转移曲线[1]

(a)~(d) 以 Ga 含量为 5 wt%、10 wt%、20 wt% 和 30 wt% 的 Galinstan 合金表面获得 GaInSnO 薄膜构建的 FET 展现的 I_{ds}-V_{gs} 转移曲线。

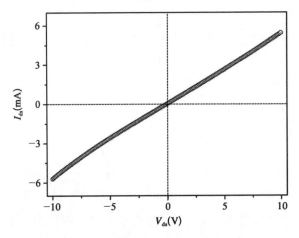

图 10.13　以印刷 InSnO 多层膜构建的 FET 器件展现的线性 I_{ds}-V_{ds} 曲线[1]

图 10.14 为以印刷 GaInSnO 膜构建的 FET 在 $V_{ds}=5$ V 时的栅源电流，可看到栅源电流基本维持在 $10^{-13}\sim10^{-11}$ A，这远小于该电压下的 I_{ds} 电流，进一步说明构建的 FET 可在很低的栅电流作用下具有良好的调控性能[1]。

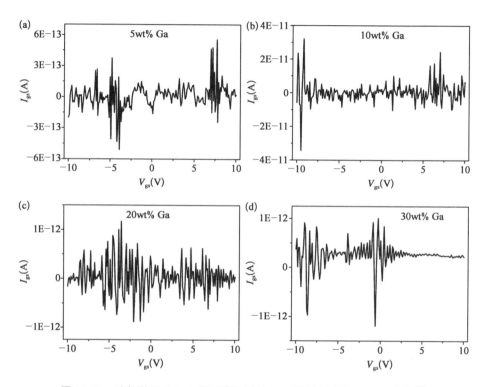

图 10.14　以印刷 GaInSnO 多层膜构建的 FET 器件展现的 I_{gs}-V_{gs} 曲线[1]

Du 等[1]进一步测量了在同一种印刷 GaInSnO 膜上构建的 50 个 FET，以评估构建的 FET 器件的均匀性。图 10.15 为 50 个 FET 在室温条件下的场效应迁移率（μ_{eff}）、亚阈值摆幅（SS）和开关比的数据统计图。FET 器件的 μ_{eff} 和 SS 值分别计算如下：

$$\mu_{eff}=\frac{dI_{ds}}{dV_{gs}}\frac{L}{WV_{ds}C_{ox}} \tag{10.1}$$

其中，I_{ds} 及 V_{ds} 分别为漏极-源极电流和电压；V_{gs} 是栅极电压；L 及 W 分别是 GaInSnO 膜的沟道长度和宽度；C_{ox} 是栅极绝缘体电容（6.90×10^{-9} F/cm²，对应 Si 基底上热生长的 500 nm 厚 SiO_2 薄膜）。

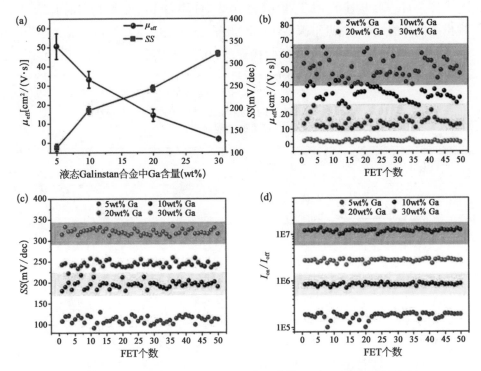

图 10.15　基于每种类型 GaInSnO 多层膜的 50 个 FET 的电特性[1]

（a）由 GaInSnO 多层膜构建的 FET 的平均 μ_{eff} 和 SS；（b）～（d）分别基于每种类型 GaInSnO 多层膜的 50 个 FET 的统计 μ_{eff}、SS 和 I_{on}/I_{off}。

SS 是 V_{gs} 与 I_{ds} 对数曲线的切线斜率，其计算公式如下：

$$SS = \frac{\mathrm{d}V_{gs}}{\mathrm{d}(\log I_{ds})} \tag{10.2}$$

从图 10.15 中可看出，以 5 wt% Ga 含量液态 Galinstan 合金表面制备的 GaInSnO 膜制备的 FET 具有最优性能的 μ_{eff} 和 $SS^{[1]}$，其 μ_{eff} 平均值为（49.39±7.76）$\mathrm{cm^2/(V \cdot s)}$，最优 μ_{eff} 值为 65.40 $\mathrm{cm^2/(V \cdot s)}$；其 SS 为（121.93±7.52）$\mathrm{mV/dec}$，表现出良好的开关电势。随着 GaInSnO 膜中 Ga 含量的上升，构建的 FET 所具有的 μ_{eff} 逐渐下降，而 SS 逐渐升高。以 30 wt% Ga 含量液态 Galinstan 合金表面制备的 GaInSnO 膜构建的 FET 的平均 μ_{eff} 降低到（2.27±1.13）$\mathrm{cm^2/(V \cdot s)}$，这接近于以未掺杂 Ga_2O_3 膜构建的 FET 所具有的 μ_{eff} 值[27]。

从图 10.15 中可看出，每种 GaInSnO 膜构建的 FET 所展现的 μ_{eff}、SS 和 I_{on}/I_{off} 均具有良好集中性，这表明印刷制备的 FET 器件具有良好的均匀性。

与未掺杂 Ga_2O_3 构建的 FET 相比(表 10.2),印刷 GaInSnO 膜构建的 FET 表现出更优异的性能,说明印刷 GaInSnO 膜在工业化应用方面具有很大潜力。值得注意的是,以印刷 GaInSnO 膜构建的 FET 通过进一步的结构设计可具备更优的电学性能,值得拓展研究。

表 10.2 以印刷 GaInSnO 多层膜构建的 FET 性能与文献报道的
Ga_2O_3 膜构建的 FET 的性能对比[1]

薄膜类型	厚 度	制备方法	μ_{eff} [$cm^2/(V \cdot s)$]	SS (mV/dec)	I_{on}/I_{off}	文献
1# GaInSnO	20 nm	印刷液态 Galinstan	50.62±6.73	111.21±8.23	10^5	[1]
2# GaInSnO	20 nm	印刷液态 Galinstan	33.21±4.36	194.72±8.41	10^5	[1]
3# GaInSnO	20 nm	印刷液态 Galinstan	14.46±3.24	243.49±7.25	10^7	[1]
4# GaInSnO	20 nm	印刷液态 Galinstan	2.02±0.67	321.29±6.24	10^6	[1]
β-Ga_2O_3	2.7~5.9 nm	印刷液态 EGaIn	5~10	——	$10^3 \sim 10^4$	[27]
Si 掺杂 Ga_2O_3	20 nm	分子束外延	55~95	300	10^5	[61]
Sn 掺杂 Ga_2O_3	50~70 nm	机械剥离	——	150	10^{10}	[62]
Cr 掺杂 Ga_2O_3	45~70 nm	机械剥离	——	——	$10^4 \sim 10^5$	[63]
β-Ga_2O_3	146 nm	机械剥离	——	——	10^4	[64]
Sn 掺杂 Ga_2O_3	5 μm	气相外延	——	——	10^3	[65]
Sn 掺杂 Ga_2O_3	70~100 nm	机械剥离	21.7~30.2	65	10^9	[66]
β-Ga_2O_3	304~359 nm	机械剥离	45~52	116~141	$10^8 \sim 10^9$	[67]
β-Ga_2O_3	400 nm	机械剥离	1.77~4.87	348~502	$10^6 \sim 10^7$	[68]
Sn 掺杂 Ga_2O_3	68 nm	机械剥离	≤3.77	——	10^8	[69]
Nb 掺杂 Ga_2O_3	160 nm	机械剥离	32.11~71.54	120	10^8	[70]
β-Ga_2O_3	153 nm	机械剥离	≤ 43.15	250	10^6	[71]

注:1# GaInSnO 到 4# GaInSnO 从含有 5 wt%~30 wt% Ga 的液态 Galinstan 合金表面获得;EGaIn 指 $Ga_{75.5}In_{24.5}$ 合金。

与借助传统方法制备的 Ga_2O_3 FET 器件相比,采用印刷液态 Galinstan 合金和 Ga_2O_3 半导体墨水制备掺杂型 Ga_2O_3 薄膜及 FET 器件的方法[72-76],均能快速生长大面积且厚度可调的 Ga_2O_3 薄膜,这些方法在 Ga_2O_3 薄膜的商业化应用方面已展现巨大潜力。Du 等[1]提出的以印刷 Galinstan 合金制备掺杂型 Ga_2O_3 膜的方法,可通过简单调控液态 Galinstan 合金成分及金属液滴大小,印刷出尺寸和化学成分可控的掺杂型 Ga_2O_3 薄膜,这种印刷工艺在未来一段时间内极有可能被业界用于制备宽禁带 Ga_2O_3 半导体薄膜及 Ga_2O_3 基功率器件。

10.5　小结

总的说来，印刷制备掺杂型 Ga_2O_3 的工艺[1]表明，当液态 Galinsatn 合金中的 Ga 含量低于 30 wt％时，可通过在电子基底表面滚印液态 Galinstan 的方法制备大面积、厚度可控且高性能的 GaInSnO 膜。液态 Galinstan 合金表面形成 In_2O_3 和 SnO_2 掺杂的 Ga_2O_3 的过程未完全遵循热力学定律，母体 Galinstan 合金中高浓度的 In 和 Sn 元素打破了母体合金过滤反应活性较低的 In、Sn 元素，并阻止其扩散至液态合金表面的作用。印刷 GaInSnO 膜中 Ga 元素含量明显高于其在母体 Galinstan 合金中的含量，这与 Ga 原子较高的反应活性易使 Ga 原子更具竞争力地占据更多合金表面反应位点有关。从 Ga 含量为 5 wt％的液态 Galinstan 合金表面制备的 GaInSnO 膜中 Ga 含量可达（49.59±3.87）wt％。随着母体 Galinstan 合金中 Ga 含量上升，印刷 GaInSnO 膜中 Ga 元素的含量逐渐升高。

XPS 价带谱分析和 FET 电学性能测试均证实印刷的 GaInSnO 膜具有 n 型半导体性质。印刷 GaInSnO 多层膜具有高于 4.5 eV 的宽带隙属性，且其带隙宽度会随着 GaInSnO 膜中 Ga 含量的升高而进一步增加。但 GaInSnO 膜中 Ga 含量的升高会降低薄膜的电导率，使得 FET 的开态电流有所降低。与未掺杂型 Ga_2O_3 膜构建的 FET 相比，以印刷 GaInSnO 膜构建的 FET 具有更优的开关比、场效应迁移率和亚阈值摆幅等电学性能。当母体 Galinstan 中 Ga 含量低于 20 wt％时，以印刷 GaInSnO 膜构建的 FET 具有高于 $10~cm^2/(V \cdot s)$ 的场效应迁移率，这使得 In_2O_3 和 SnO_2 掺杂的 Ga_2O_3 多层膜在高功率电子器件中具有广阔的应用潜力。总之，这一工作为制备具有优异光学和电学性能的 GaInSnO 膜提供了新的印刷途径，同时也为掺杂型 Ga_2O_3 薄膜的制备提供了有一定普适性的策略。

-------------------------------- 参 考 文 献 --------------------------------

[1] Du B D, Li Q, Meng X W, et al. Liquid Ga-In-Sn alloy printing of GaInSnO ultrathin semiconductor films and controllable performance field effect transistors. ACS Appl Electron Mater, 2023, 5：1879.

[2] Kim M, Seo J H, Singisetti U, et al. Recent advances in free-standing single

crystalline wide band-gap semiconductors and their applications: GaN, SiC, ZnO, β-Ga_2O_3, and diamond. J Mater Chem C, 2017, 5(33): 8338-8354.

[3] Zhang J Y, Han S B, Cui M Y, et al. Fabrication and interfacial electronic structure of wide bandgap NiO and Ga_2O_3 p-n heterojunction. ACS Appl Electron Mater, 2020, 2(2): 456-463.

[4] Chen X H, Xu Y, Zhou D, et al. Solar-blind photodetector with high avalanche gains and bias-tunable detecting functionality based on metastable phase α-Ga_2O_3/ZnO isotype heterostructures. ACS Appl Mater Inter, 2017, 9(42): 36997-37005.

[5] Syed N, Zavabeti A, Messalea K A, et al. Wafer-sized ultrathin gallium and indium nitride nanosheets through the ammonolysis of liquid metal derived oxides. J Am Chem Soc, 2018, 141(1): 104-108.

[6] Chen Y X, Liu K L, Lv T R, et al. Growth of 2D GaN single crystals on liquid metals. J Am Chem Soc, 2018, 141(48): 16392-16395.

[7] Xue H W, He Q M, Jian G Z, et al. An overview of the ultrawide bandgap Ga_2O_3 semiconductor-based Schottky barrier diode for power electronics application. Nanoscale Res Lett, 2018, 13(1): 1-13.

[8] Zhang J C, Dong P F, Dang K, et al. Ultra-wide bandgap semiconductor Ga_2O_3 power diodes. Nat Commun, 2022, 13(1): 1-8.

[9] Dong H, Xue H W, He Q M, et al. Progress of power field effect transistor based on ultra-wide bandgap Ga_2O_3 semiconductor material. J Semicond, 2019, 40 (1): 011802.

[10] Choi Y H, Baik K H, Kim S, et al. Photoelectrochemical etching of ultra-wide bandgap β-Ga_2O_3 semiconductor in phosphoric acid and its optoelectronic device application. Appl Surf Sci, 2021, 539: 148130.

[11] Villora E G, Shimamura K, Yoshikawa Y, et al. Large-size β-Ga_2O_3 single crystals and wafers. J Cryst Growth, 2004, 270(3-4): 420-426.

[12] Galazka Z, Irmscher K, Uecker R, et al. On the bulk β-Ga_2O_3 single crystals grown by the Czochralski method. J Cryst Growth, 2014, 404: 184-191.

[13] Kuramata A, Koshi K, Watanabe S, et al. High-quality β-Ga_2O_3 single crystals grown by edge-defined film-fed growth. Jpn J Appl Phys, 2016, 55(12): 1202A2.

[14] Hoshikawa K, Ohba E, Kobayashi T, et al. Growth of β-Ga_2O_3 single crystals using vertical Bridgman method in ambient air. J Cryst Growth, 2016, 447: 36-41.

[15] Suzuki K, Okamoto T, Takata M. Crystal growth of β-Ga_2O_3 by electric current heating method. Ceram Int, 2004, 30(7): 1679-1683.

[16] Su J, Zhang J J, Guo R, et al. Mechanical and thermodynamic properties of two-dimensional monoclinic Ga_2O_3. Mater Des, 2019, 184: 108197.

[17] Su J, Guo R, Lin Z H, et al. Unusual electronic and optical properties of two-dimensional Ga_2O_3 predicted by density functional theory. J Phys Chem C, 2018, 122 (43): 24592-24599.

[18] Ahn S, Ren F, Kim J, et al. Effect of front and back gates on β − Ga₂O₃ nano-belt field-effect transistors. Appl Phys Lett, 2016, 109(6): 062102.

[19] Yang G, Jang S, Ren F, et al. Influence of high-energy proton irradiation on β − Ga₂O₃ nanobelt field-effect transistors. ACS Appl Mater Interfaces, 2017, 9(46): 40471 − 40476.

[20] Yang H, Qian Y D, Wu D S, et al. Surface/structural characteristics and band alignments of thin Ga₂O₃ films grown on sapphire by pulse laser deposition. Appl Surf Sci, 2019, 479: 1246 − 1253.

[21] Lee S, Kaneko K, Fujita S. Homoepitaxial growth of beta gallium oxide films by mist chemical vapor deposition. Jpn J Appl Phys, 2016, 55(12): 1202B8.

[22] Ghose S, Rahman S, Hong L, et al. Growth and characterization of β − Ga₂O₃ thin films by molecular beam epitaxy for deep-UV photodetectors. J Appl Phys, 2017, 122 (9): 095302.

[23] Zavabeti A, Ou J Z, Carey B J, et al. A liquid metal reaction environment for the room-temperature synthesis of atomically thin metal oxides. Science, 2017, 358 (6361): 332 − 335.

[24] Huang C H, Tang Y, Yang T Y, et al. Atomically thin tin monoxide-based p-channel thin-film transistor and a low-power complementary inverter. ACS Appl Mater Interfaces, 2021, 13(44): 52783 − 52792.

[25] Tang Y, Huang C H, Nomura K. Vacuum-free liquid-metal-printed 2D indium-tin oxide thinfilm transistor for oxide inverters. ACS Nano, 2022, 16 (2): 3280 − 3289.

[26] Zhao S S, Zhang J Q, Fu L. Liquid metals: a novel possibility of fabricating 2D metal oxides. Adv Mater, 2021, 33(9): 2005544.

[27] Lin J, Li Q, Liu T Y, et al. Printing of quasi-2D semiconducting β − Ga₂O₃ in constructing electronic devices via room-temperature liquid metal oxide skin. Phys Status Solidi-R, 2019, 13(9): 1900271.

[28] Hamlin A B, Ye Y, Huddy J E, et al. 2D transistors rapidly printed from the crystalline oxide skin of molten indium. npj 2D. Mater Appl, 2022, 6(1): 1 − 8.

[29] Li Q, Lin J, Liu T Y, et al. Gas-mediated liquid metal printing toward large-scale 2D semiconductors and ultraviolet photodetector. npj 2D. Mater Appl, 2021, 5 (1): 1 − 10.

[30] Cooke J, Ghadbeigi L, Sun R, et al. Synthesis and characterization of large-area nanometer-thin β − Ga₂O₃ films from oxide printing of liquid metal gallium. Phys Status Solidi (a), 2020, 217(10): 1901007.

[31] Guo Z N, Cao R, Zhang X, et al. High-performance polarization-sensitive photodetectors on two-dimensional β − InSe. Natl Sci Rev, 2022, 9(5): nwab098.

[32] Gao L F, Ma C Y, Wei S R, et al. Applications of few-layer Nb₂C MXene: narrow-band photodetectors and femtosecond mode-locked fiber lasers. ACS Nano, 2021, 15 (1): 954 − 965.

［33］Qiao H，Huang Z Y，Ren X H，et al. Self-powered photodetectors based on 2D materials. Adv Opt Mater，2020，8(1)：1900765.

［34］Fan T J，Xie Z J，Huang W C，et al. Two-dimensional non-layered selenium nanoflakes：facile fabrications and applications for self-powered photo-detector. Nanotechnology，2019，30(11)：114002.

［35］Zhang Y，Huang P，Guo J，et al. Graphdiyne-based flexible photodetectors with high responsivity and detectivity. Adv Mater，2020，32(23)：2001082.

［36］Wang X L，Liu T Y，Lu Y Z，et al. Thermodynamic of intrinsic defects in $\beta-Ga_2O_3$. J Phys Chem Solids，2019，132：104-109.

［37］Karjalainen A，Weiser P M，Makkonen I，et al. Interplay of vacancies，hydrogen，and electrical compensation in irradiated and annealed n-type $\beta-Ga_2O_3$. J Appl Phys，2021，129(16)：165702.

［38］Wei Y D，Yang J Q，Liu C M，et al. Interaction between hydrogen and gallium vacancies in $\beta-Ga_2O_3$. Sci Rep，2018，8(1)：1-8.

［39］Zhang F B，Arita M，Wang X，et al. Toward controlling the carrier density of Si doped Ga_2O_3 films by pulsed laser deposition. Appl Phys Lett，2016，109(10)：102105.

［40］Du X J，Li Z，Luan C N，et al. Preparation and characterization of Sn-doped $\beta-Ga_2O_3$ homoepitaxial films by MOCVD. J Mater Sci，2015，50(8)：3252-3257.

［41］Wang X H，Zhang F B，Saito K，et al. Electrical properties and emission mechanisms of Zn-doped $\beta-Ga_2O_3$ films. J Phys Chem Solids，2014，75(11)：1201-1204.

［42］Zhang F B，Saito K，Tanaka T，et al. Electrical properties of Si doped Ga_2O_3 films grown by pulsed laser deposition. J Mater Sci Mater Electron，2015，26：9624-9629.

［43］Leedy K D，Chabak K D，Vasilyev V，et al. Highly conductive homoepitaxial Si-doped Ga_2O_3 films on (010) $\beta-Ga_2O_3$ by pulsed laser deposition. Appl Phys Lett，2017，111(1)：012103.

［44］Wang D，Ma X C，Xiao H D，et al. Effect of epitaxial growth rate on morphological，structural and optical properties of $\beta-Ga_2O_3$ films prepared by MOCVD. Mater Res Bull，2022，149：111718.

［45］Tao J J，Lu H L，Gu Y，et al. Investigation of growth characteristics，compositions，and properties of atomic layer deposited amorphous Zn-doped Ga_2O_3 films. Appl Surf Sci，2019，476：733-740.

［46］Datta R S，Syed N，Zavabeti A，et al. Flexible two-dimensional indium tin oxide fabricated using a liquid metal printing technique. Nat Electron，2020，3(1)：51-58.

［47］Ghasemian M B，Zavabeti A，Mousavi M，et al. Doping process of 2D materials based on the selective migration of dopants to the interface of liquid metals. Adv Mater，2021，33(43)：2104793.

［48］Zavabeti A，Aukarasereenont P，Tuohey H，et al. High-mobility p-type semiconducting two-dimensional $\beta-TeO_2$. Nat Electron，2021，4(4)：277-283.

[49] Wang Z L, Xu H W, Zhang Y J, et al. Low temperature (< 150℃) annealed amorphous indium-gallium-tin oxide (IGTO) thin-film for flash memory application. Appl Surf Sci, 2022, 605: 154614.

[50] Hwang S H, Yatsu K, Lee D H, et al. Effects of Al_2O_3 surface passivation on the radiation hardness of IGTO thin films for thin-film transistor applications. Appl Surf Sci, 2022, 578: 152096.

[51] Durrani S M A, Khawaja E E, Shirokoff J, et al. Study of electron-beam evaporated Sn-doped In_2O_3 films. Sol. Energ Mat Sol C, 1996, 44(1): 37 – 47.

[52] Stranick M A, Moskwa A. SnO_2 by XPS. Surf Sci Spectra, 1993, 2(1): 50 – 54.

[53] Schön G. Auger and direct electron spectra in X-ray photoelectron studies of zinc, zinc oxide, gallium and gallium oxide. J Electron Spectros Relat Phenomena, 1973, 2(1): 75 – 86.

[54] Grant J T. Methods for quantitative analysis in XPS and AES. Surf Interface Anal, 1989, 14(6 – 7): 271 – 283.

[55] Zhou W, Liu Y, Yang Y, et al. Band gap engineering of SnO_2 by epitaxial strain: experimental and theoretical investigations. J Phys Chem C, 2014, 118(12): 6448 – 6453.

[56] Karim M R, Feng Z X, Zhao H P. Low pressure chemical vapor deposition growth of wide bandgap semiconductor In_2O_3 films. Cryst Growth Des, 2018, 18(8): 4495 – 4502.

[57] Mahmood N, Khan H, Tran K, et al. Maximum piezoelectricity in a few unit-cell thick planar ZnO-A liquid metal-based synthesis approach. Mater Today, 2021, 44: 69 – 77.

[58] Jannat A, Syed N, Xu K, et al. Printable single-unit-cell-thick transparent zinc-doped indium oxides with efficient electron transport properties. ACS Nano, 2021, 15(3): 4045 – 4053.

[59] Ayeshamariam A, Kashif M, Muthu-Raja S, et al. Synthesis and characterization of In_2O_3 nanoparticles. J Korean Phys Soc, 2014, 64(2): 254 – 262.

[60] Wang Y F, Li X F, Li D J, et al. Controllable synthesis of hierarchical SnO_2 microspheres for dye-sensitized solar cells. J Power Sources, 2015, 280: 476 – 482.

[61] Xia Z, Joishi C, Krishnamoorthy S, et al. Delta doped $\beta – Ga_2O_3$ field effect transistors with regrown ohmic contacts. IEEE Electr Device L, 2018, 39(4): 568 – 571.

[62] Zhou H, Maize K, Qiu G, et al. $\beta – Ga_2O_3$ on insulator field-effect transistors with drain currents exceeding 1.5 A/mm and their self-heating effect. Appl Phys Lett, 2017, 111(9): 092102.

[63] Ge L, Chen Q, Wang S, et al. Enhancement mode Ga_2O_3 field effect transistor with local thinning channel layer. Crystals, 2022, 12(7): 897.

[64] Yan X D, Esqueda I S, Ma J, et al. High breakdown electric field in $\beta – Ga_2O_3/$

graphene vertical barristor heterostructure. Appl Phys Lett, 2018, 112(3): 032101.

[65] Sasaki K, Thieu Q T, Wakimoto D, et al. Depletion-mode vertical Ga_2O_3 trench MOSFETs fabricated using Ga_2O_3 homoepitaxial films grown by halide vapor phase epitaxy. Appl Phys Express, 2017, 10(12): 124201.

[66] Zhou H, Maize K, Noh J, et al. Thermodynamic studies of β – Ga_2O_3 nanomembrane field-effect transistors on a sapphire substrate. ACS Omega, 2017, 2(11): 7723 – 7729.

[67] Son J, Kwon Y, Kim J, et al. Tuning the threshold voltage of exfoliated β – Ga_2O_3 flake-based field-effect transistors by photo-enhanced H_3PO_4 wet etching. ECS J Solid State Sc, 2018, 7(8): Q148.

[68] Kim J, Mastro M A, Tadjer M J, et al. Quasi-two-dimensional h-BN/β – Ga_2O_3 heterostructure metal-insulator-semiconductor field-effect transistor. ACS Appl Mater Inter, 2017, 9(25): 21322 – 21327.

[69] Kim M K, Kim Y, Bae J, et al. (100) Plane β – Ga_2O_3 flake based field effect transistor and its hydrogen response. ECS J Solid State Sc, 2021, 10(12): 125004.

[70] Chen J X, Li X X, Tao J J, et al. Fabrication of a Nb-doped β – Ga_2O_3 nanobelt field-effect transistor and its low-temperature behavior. ACS Appl Mater Inter, 2020, 12 (7): 8437 – 8445.

[71] Chen J X, Li X X, Ma H P, et al. Investigation of the mechanism for ohmic contact formation in Ti/Al/Ni/Au contacts to β – Ga_2O_3 nanobelt field-effect transistors. ACS Appl Mater Inter, 2019, 11(35): 32127 – 32134.

[72] Choi C H, Lin L Y, Cheng C C, et al. Printed oxide thin film transistors: a mini review. ECS J Solid State Sci Technol, 2015, 4(4): 3044.

[73] Garlapati S K, Divya M, Breitung B, et al. Printed electronics based on inorganic semiconductors: from processes and materials to devices. Adv Mater, 2018, 30(40): 1707600.

[74] Park J W, Kang B H, Kim H J. A review of low-temperature solution-processed metal oxide thin-film transistors for flexible electronics. Adv Funct Mater, 2020, 30 (20): 1904632.

[75] Gillan L, Li S, Lahtinen J, et al. Inkjet-printed ternary oxide dielectric and doped interface layer for metal-oxide thin-film transistors with low voltage operation. Adv Mater Inter, 2021, 8(12): 2100728.

[76] Divya M, Pradhan J R, Priyadarsini S S, et al. High operation frequency and strain tolerance of fully printed oxide thin film transistors and circuits on PET substrates. Small, 2022, 18(32): 2202891.

第11章
在不同基底表面上的液态金属电子及半导体印刷

　　液态金属印刷电子及半导体的独特优势使其在变革现代电子工程学方面展示出巨大潜力。超越于传统电子及半导体制造的是,液态金属可以印刷到几乎所有的固体材质基底上,在此基础上结合进一步的化学后处理工序,可原位形成特定 n、p 类型的半导体继而集成出相应的功能器件。可以说,要制造半导体,发展出高适应性的印刷技术是第一步,笔者实验室为此建立了一系列可在不同基底表面上印刷液态金属油墨方法。其中,通过在各种基底上引入半液态金属以及具有选择性黏附特性的滚动和转印(SMART)方法[1],已发展成有一定通用性的电子器件快速制造工具。这种 SMART 方法的原理在于基于半液态金属及其在目标材料上的黏附差异,可快速沉积出高精度大面积复杂电子图案,工艺较之以往大多数电子制造策略要快出许多,且在时间和材料消耗方面成本较低。在此基础上,按照前述章节介绍的后续化学处理措施,可进一步印制出图案化半导体包括掺杂半导体。本章内容介绍 SMART 方法在制造功能电子器件方面的情况,如多层和大面积电路,并简要讨论由此制造半导体的技术策略。以这种方式制造的电子和半导体器件具有很强的可重复性,尤其值得注意的是,全部制造过程均可实现高度自动化,因此有助于开发用户界面友好的印刷设备。该方法为超高速柔性电子和半导体器件制造铺平了道路,部分装备已用于实践,今后可望在工业和消费电子产品制造中发挥更多作用。

11.1　引言

　　基于液态金属良好的流动性、高电导性、无毒性、零刚度和极好的拉伸性,目前已开发出各种制造方法在特定基材上形成电子图案。比如,基于液态金属在调色剂上较弱的附着力,可使用激光打印机在各种柔性基材上预先打印调色剂,继而借助液态金属在调色剂和聚氨酯(PU)胶上的黏附力差异,实现电子电路的低成本超快印刷,笔者实验室将此方法命名为具有选择性黏附特性的滚动和转印,其英文缩写为 SMART Printing(semi-liquid metal and adhesion-selection enabled rolling and transfer printing),也寓意"智慧印刷"[1]。利用该方法,液态金属油墨可在极短时间内滚动打印在热转印纸上,继而在此基础上形成半导体。

在液态金属电子墨水制备及电路印制方面,一种典型方案是选用满足需求的 75.5% Ga 和 24.5% In 制成 EGaIn。随后,将一些 Ni 颗粒(直径 48 μm)分散在 GaIn 合金表面。用玻璃棒不断搅拌 EGaIn,直到 Ni 颗粒完全均匀混合在 EGaIn 中。由此,可获得掺有微 Ni 颗粒掺杂的 GaIn 合金,称为 Ni - EGaIn 合金。这里,在 GaIn 合金中混合微 Ni 颗粒的梯度含量从 0% 到 20%。填充比定义为 $\phi = mNi/mGaIn$,其中 mNi 和 mGaIn 分别表示 Ni 颗粒和液态金属的质量。

选用热转印纸作为印刷基材,其上覆盖一层 PU 胶水。C 粉由激光打印机打印在热转印纸上。将 Ecoflex(可降解塑料)前体以体积比 1∶1 混合并均匀搅拌。为去除气泡,将混合的 Ecoflex 前体置于 36 Torr 的干燥器中 5 min。

采用 4 种方法评估 Ni - EGaIn 在调色剂、PU 胶和 Ecoflex 上的附着力。首先,通过接触角计测量调色剂、PU 胶和 Ecoflex 上的 Ni - EGaIn 液滴的接触角。其次,通过动态接触角测量仪测试 Ni - EGaIn 液滴在调色剂、PU 胶和 Ecoflex 上的附着力。测试中,所有样品(三张纸上涂有调色剂、PU 胶和 Ecoflex)均连接到应力探针上,该探针与固定的应力传感器相连。Ni - EGaIn 由可垂直调节的容器保持。首先将探针插入 Ni - EGaIn 样品中,然后以受控速度拉出,在整个过程中记录作用于探头上的力。全部案例的插入深度 D 均设定为 2 mm。在所有阶段将位移调节器的移动速度均设置为 0.05 mm/s,探针到达样品表面之前的阶段除外,在此期间使用 0.5 mm/s 的速度接近。过程中采用测力计记录张力,并选择最大张力作为附着力。随后,采用倾斜实验来评估 Ni - EGaIn 液滴在分别覆盖有调色剂、PU 胶和 Ecoflex 的三张纸上的黏合稳定性。用相机记录液态金属液滴滚落的斜面照片。最后,通过激光打印机将调色剂打印在涂有 PU 胶的热转印纸上,并显示条纹图案。用刷子在热转印纸上印刷 Ni - EGaIn。

　　为研究印刷在纸上的液态金属的电学性质,使用 Agilent 34420 测量 Ni‑EGaIn 线的电阻。使用标准四点法测量 Ni‑EGaIn 样品的电导率。样品填充于 750 mm 长的凹槽内,该凹槽具有(5.1±0.03) mm×(4.1±0.06) mm 的矩形截面。

　　图 11.1(b)展示了基于调色剂和 PU 胶上 Ni‑EGaIn 选择性黏附的半液态金属滚压和转印方法的主要步骤。这种 SMART 方法主要包括两步:① 在纸上滚压印刷半液态金属。首先将涂有 PU 胶的热转印纸放入激光打印机,并用 PU 胶在热转印纸上打印预先设计好的图案。然后,用滚筒将 Ni‑EGaIn 打印在带有调色剂图案的纸上。由于 Ni‑EGaIn 在调色剂和 PU 胶上的黏附力存在显著差异,Ni‑EGaIn 被选择性地印刷在具有更大黏附力的 PU 胶上,而非调色剂表面。② 在 Ecoflex 上转印半液态金属。打印在热转印纸上的 Ni‑EGaIn 可以转印在 Ecoflex 基底(1 mm 厚)上。将热转印纸的带有 Ni‑EGaIn 的一面放在 Ecoflex 基材表面上。为提高转印效果,先向热转印纸施加压力(2.4 kPa)以加速转印。再将热转印纸从 Ecoflex 基材上取下,然后将 Ni‑EGaIn 直接转印到 Ecoflex 上。最后将一些混合的 Ecoflex 前体倒入转印的 Ni‑EGaIn 上,以填充 Ni‑EGaIn 图案。混合的 Ecoflex 前体在室温下 15 min 后固化。图 11.1(c)显示了液态金属滚压和转印方法主要步骤。此外,一些电子元件可以与 Ni‑EGaIn 线路实现集成,将其引脚插入 Ni‑EGaIn 中,即可为这些部件提供电连接。

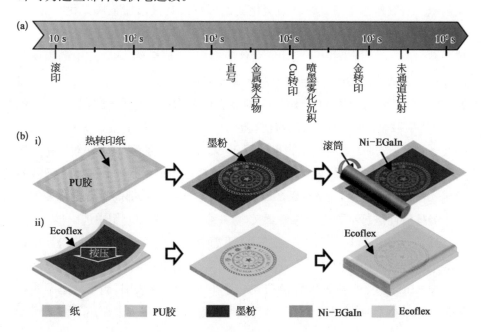

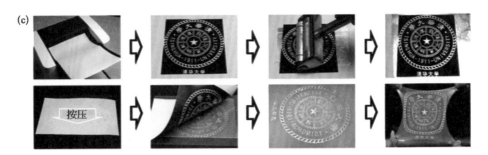

图 11.1   液态金属 SMART 印刷方法[1]

(a) 制备柔性电子器件的各种方法所需周期;(b) 半液态金属滚压转印法原理;(c) 滚动转印方法制备过程照片。

11.2   有较宽基底适应性的半液态金属电子油墨印刷特性

Ni‐EGaIn 呈现出的半液态是此种材料的标志性特征,决定着在柔性电子应用中的性能。因此,有必要探讨 Ni‐EGaIn 半液态的形成机理[1]。图 11.2(a)显示了具有不同质量比的微 Ni 颗粒的 Ni‐EGaIn 照片。Ni‐EGaIn 的表面粗糙度显著增加了微 Ni 颗粒的含量。先前对液态金属表面特性的研究揭示[2, 3],其暴露于空气时表面氧化物的形成或直接添加金属氧化物后,会显著改变液态金属与各种表面和固体颗粒之间的黏合力,这实际上促成了后续一系列液态金属直写电子或功能器件的出现[4, 5]。显然,EGaIn 中的固体金属颗粒会降低其流动性。起初,EGaIn 表面覆盖了一层金属氧化物。然后,将 Ni 颗粒加入 EGaIn 中,由于 EGaIn 的高表面张力而漂浮在表面上。通过搅拌,Ni 颗粒被金属氧化物包裹,这使得它更容易被 EGaIn 吞噬。另一方面,包裹在 Ni 颗粒周围的金属氧化物也被带入 EGaIn,这将加速 EGaIn 的氧化。最重要的是,EGaIn 中金属氧化物和 Ni 颗粒的增加导致了 Ni‐EGaIn 半液态的形成。值得指出的是,对 Ni 掺杂 EGaIn 氧化物包括经局部高温合金化处理后的半导体特性进行刻画也有重要意义,可在今后的研究和应用中进一步深化。

通常,Ni‐EGaIn 的性质会随着微 Ni 颗粒的比例而改变。为获得具有足够导电性和良好印刷性的 Ni‐EGaIn,在 PU 基底上印刷出 5 种不同类型的 Ni‐EGaIn(微 Ni 颗粒梯度含量从 0%到 20%)。结果表明,当半液态金属印刷在其他基材上时,由于表面张力较高,半液态金属会在重力作用下倾向于聚

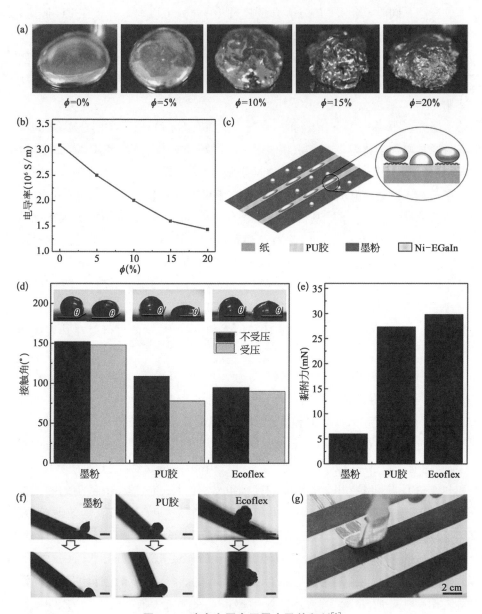

图 11.2 液态金属电子墨水及其印制[1]

（a）不同 Ni 微粒含量的 Ni‐EGaIn 照片；（b）不同 Ni 微粒含量的 Ni‐EGaIn 的电导率；（c）Ni‐EGaIn 在 PU 胶和调色剂上的黏附机理示意；（d）Ni‐EGaIn 在调色剂、PU 胶和 Ecoflex 基材上的接触角；（e）Ni‐EGaIn 在调色剂、PU 胶和 Ecoflex 基材上的附着力；（f）倾斜实验中调色剂、PU 胶和 Ecoflex 基材上的 Ni‐EGaIn 图像（比例尺为 2 mm）；（g）用刷子在热转印纸上打印出的照片是 Ni‐EGaIn，而非调色剂。

集成液滴。同时,当 Ni‐EGaIn 含量超过 10%时,可以均匀分布在 PU 胶上,并提供稳定的电连接。此外,对 Ni‐EGaIn 的电导率(微 Ni 颗粒的梯度含量从 0%到 20%)测量结果表明,其电导率随着微 Ni 颗粒增加而逐渐降低,如图 11.2(b)所示。作为筛选出的合适的导电性和黏附性,以下实验采用含 10%微 Ni 颗粒的半液态金属 Ni‐EGaIn。

研究表明,Ni‐EGaIn 表面在空气中覆盖有 Ga$_2$O$_3$ 层[6],两个表面之间的黏附通常取决于化学相互作用和表面上的微观结构[7]。这里使用 X 射线光电子能谱(XPS)测试 Ni‐EGaIn 的表面组成,结果清楚表明 Ni‐EGaIn 表面上存在 Ga$_2$O$_3$。通常,Ga$_2$O$_3$ 对各种基材的亲和力高于 EGaIn[8, 9]。图 11.3(a)中的 SEM 图像显示,PU 基材具有光滑的表面形态,Ni‐EGaIn 对此表现出良好的润湿性和黏附性。然而,涂有调色剂的 PU 基材具有非常粗糙的表面形态[图 11.3(b)],这减少了 Ni‐EGaIn 液滴和 PU 基材之间的接触面积。于是,Ni‐EGaIn 液滴很难黏附到基底上,如图 11.2(c)所示。因此,除调色剂外,Ni‐EGaIn 可以在 PU 基材上实现滚动印刷。同时,Ecoflex 基底表面也很光滑[图 11.3(c)],与 Ni‐EGaIn 具有很强的黏附力,这使得可以在其表面转印 Ni‐EGaIn。

如图 11.2(d)中接触角测试结果显示了 Ni‐EGaIn 在调色剂、PU 胶和 Ecoflex 上的黏附差异。这里,调色剂、PU 胶和 Ecoflex 上的 Ni‐EGaIn 液滴的接触角分别为 152°、109°和 95°。使用聚四氟乙烯块(15 mm × 15 mm × 2 mm,质量 1 g)对 Ni‐EGaIn 液滴施加压力(约 9.8 mN),所有接触角均减小,调色剂、PU 胶和 Ecoflex 上的 Ni‐EGaIn 液滴的接触角分别为 148°、78°和 90°。PU 胶和 Ecoflex 上较低的接触角显示出与 Ni‐EGaIn 液滴的黏附性有所改善,这表明 Ni‐EGaIn 可以在 PU 胶和 Ecoflex 上快速、均匀地扩散。选择最大张力作为黏附力,在测试中,Ni‐EGaIn 在调色剂(6.01 mN)上的黏附力明显低于 PU 胶(27.35 mN)和 Ecoflex(29.84 mN),如图 11.2(e)所示。此外,倾斜实验表明,调色剂上的 Ni‐EGaIn 液滴将以 37°的倾斜度从斜面滚落。相反,PU 胶和 Ecoflex 上的 Ni‐EGaIn 液滴由于强大的黏合力,即使倾斜 90°,也不会从斜面滚落,如图 11.2(f)所示。最后,如图 11.2(g)显示,用刷子很容易将 Ni‐EGaIn 印刷在 PU 胶上,而调色剂表面没有 Ni‐EGaIn。最重要的是,结果表明,Ni‐EGaIn 在调色剂、PU 胶和 Ecoflex 上的黏附力差异明显,这是滚印和转印方法的标志性机制[1]。

此外,还研究了 PU 胶上印刷调色剂[图 11.3(a)]和 Ni‐EGaIn 线

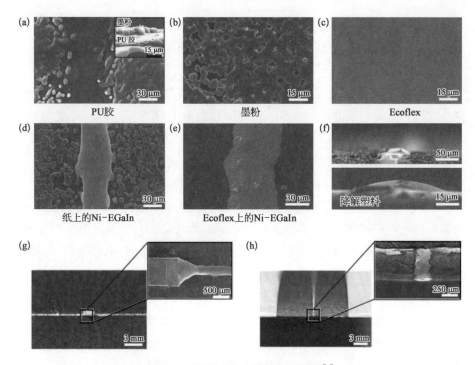

图 11.3　印刷液态金属的微观图案[1]

（a）PU 胶的 SEM 图像及其横截面图；（b）PU 胶上印刷调色剂的 SEM 图像；（c）Ecoflex 基材的 SEM 图；（d）在 PU 胶上滚动打印的 Ni‑EGaIn 线的 SEM 图；（e）Ecoflex 上打印的 Ni‑EGaIn 在线转印的 SEM 图；（f）打印在 PU 胶上的 Ni‑EGaIn 线和转印在 Ecoflex 上的 Ni‑EGaIn 的横截面图；（g）照片和 SEM 图显示了连接有 Ni‑EGaIn 线的小型片式电阻器；（h）折叠纸的照片和弯曲部分的 SEM 图显示了 Ni‑EGaIn 线的连续状态。

［图 11.3（d）］的微观特征。从这些图像中可以看出，Ni‑EGaIn 填充在调色剂两侧的间隙中，并黏附在 PU 胶上。纸上 PU 胶的厚度约为 15 μm，调色剂厚度约 8 μm。目前，Ni‑EGaIn 线的最小宽度约为 50 μm，这取决于印刷调色剂的间隙宽度。图 11.3（e）显示了在 Ecoflex 上印刷的 Ni‑EGaIn 线转移，Ni‑EGaIn 线的最小宽度约为 60 μm，略宽于 PU 胶。图 11.3（f）中的图片显示了印刷在 PU 胶上的 Ni‑EGaIn 线和转移在 Ecoflex 上的 Ni‑EGaIn 的横截面显微照片。图 11.3（g）展示了一个小型片状电阻器（长 1.4 mm，宽 0.73 mm，高 1 mm）与 Ni‑EGaIn 线连接的情形。由于 Ni‑EGaIn 在镀 Sn 引脚上的良好润湿性，该部件的两端渗透到 Ni‑EGaIn 中。SEM 图像显示了 Ni‑EGaIn 与芯片组件之间的精细连接。图 11.3（h）显示了折叠热转印纸的照片（弯曲角度为 180°）和弯曲部分的 SEM 图像。可以看出，印刷的 Ni‑EGaIn 与 PU 胶紧密黏合，并保持稳定的表面形貌。

11.3 Ni 基液态金属油墨印制电路的刻画

打印在热转印纸上的 Ni - EGaIn 线显示出高稳定性和良好导电性[1]。图 11.4(a) 显示了不同宽度的 Ni - EGaIn 线的电阻(长度为 5 cm,宽度分别为 0.1、0.3、0.5、1、3 和 5 mm)。这里测量了印刷在 PU 胶上并转移到 Ecoflex 上的 Ni - EGaIn 线的电阻,特别是还测量了转印后 PU 胶上残留的 Ni - EGaIn 线的电阻(蓝色曲线)。很明显,电阻随着线宽减小而逐渐增大。线宽为 0.1 mm 时,最大电阻为 3.6 Ω;线宽为 5 mm 时,最小电阻为 0.3 Ω。众所周知,金属导体的电阻可通过以下公式计算:$R = \rho L / S$,其中 R 是电阻,ρ 是电阻率,L 是导体长度,S 是导体横截面积。这里,Ni - EGaIn 的电导率($1/\rho$)约为 2.01×10^6 S/m。0.1 mm 的 Ni - EGaIn 线宽的理论电阻比 5 mm 的 Ni - EGaIn 线宽高 50 倍,而实际电阻约高 12 倍。该结果表明,Ni - EGaIn 线的横截面积不均匀,这与图 11.3(e)、(f)中的 SEM 图像一致。因此,在实际应用之前测量 Ni - EGaIn 线的电阻并根据电阻变化予以修正非常重要。此外,Ecoflex 上转印的 Ni - EGaIn 线的电阻显著高于 PU 胶上滚动印刷的原始 Ni - EGaIn 线(线宽 0.1 mm 时最大电阻为 10.4 Ω,线宽 5 mm 时最小电阻为 1.0 Ω),PU 胶上残留的 Ni - EGaIn 线也高于原始 Ni - EGaIn 线(线宽 0.1 mm 时最大电阻为 11.0 Ω,线宽 5 mm 时最小电阻为 1.3 Ω)。这些结果表明,只有一部分 Ni - EGaIn 转移到 Ecoflex,这减少了 Ni - EGaIn 线的横截面积。此外,在转印过程中,Ni - EGaIn 会被氧化并覆盖一层氧化物,这会降低 Ni - EGaIn 的电导率。当然,若为了形成特定半导体,此过程中的氧化乃至高温处理却是值得充分发挥的。

热转印纸具有优异的柔韧性,可弯曲并改变形态[1],如图 11.4(b)中插图所示。首先评估这些具有不同宽度的 Ni - EGaIn 线在弯曲过程中的电阻(弯曲角度从 −180° 到 180°),如图 11.4(b)所示。弯曲 Ni - EGaIn 线的电阻在弯曲过程中表现出轻微变化(0.1 mm 线的 $\Delta R = 0.15$ Ω,0.3 mm 线的 $\Delta R = 0.15$ Ω、0.5 mm 线的 $\Delta R = 0.02$ Ω、1 mm 线的 $\Delta R = 0.06$ Ω、3 mm 线的 $\Delta R = 0.07$ Ω、5 mm 线的 $\Delta R = 0.02$ Ω)。这些电性能没有明显变化。此外,在 180° 反方向上重复 1 000 次弯曲循环并未导致 Ni - EGaIn 线的电阻发生明显变化 [图 11.4(c)],表明弯曲 Ni - EGaIn 线具有优异的电稳定性。此外,使用 Ni - EGaIn 线(宽度为 1 mm)连接 LED 灯,并在不同弯曲条件下(弯曲角度

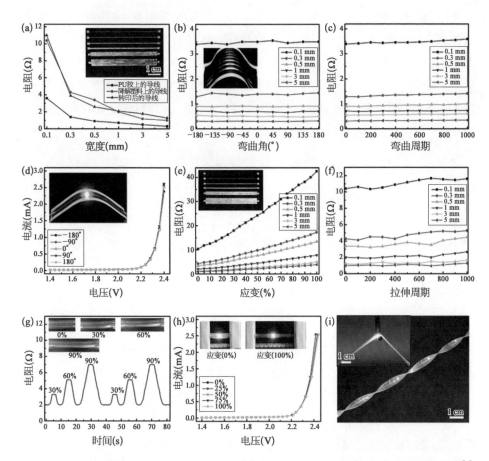

图 11.4　打印在热转印纸上的 Ni‑EGaIn 线和打印在 Ecoflex 上的可拉伸线的电气测试[1]

(a) 不同宽度 Ni‑EGaIn 线的电阻(长度为 5 cm,宽度分别为 0.1、0.3、0.5、1、3 和 5 mm);(b) 弯曲过程中(弯曲角度从−180°到 180°),不同宽度 Ni‑EGaIn 线的电阻;(c) 弯曲周期与不同宽度 Ni‑EGaIn 线电阻之间的关系;(d) 在不同弯曲条件下(弯曲角度从−180°到 180°),带有 LED 的 Ni‑EGaIn 线的 I‑V 曲线;(e) 不同应变下不同宽度 Ni‑EGaIn 线的电阻;(f) 拉伸周期与不同宽度 Ni‑EGaIn 线电阻之间的关系;(g) Ni‑EGaIn 线拉伸到不同长度(30%、60% 和 90%)时的电阻曲线;(h) 不同应变(应变 0% 至 100%)下含 LED 的 Ni‑EGaIn 线的 I‑V 曲线;(i) 垂直拉伸并扭曲的 Ecoflex 封装的 LED 灯照片。

从−180°到 180°)测试了 Ni‑EGaIn 线与 LED 的 I‑V 曲线,如图 11.4(d)所示。Ni‑EGaIn 线的最大电阻变化率约为 8%,与 LED 灯的电阻(大于 3 kΩ)相比要小得多,说明 Ni‑EGaIn 线的电阻变化对电子元件和整个电路影响轻微。

　　为评估其作为可拉伸导电材料的潜力,对转印于 Ecoflex 上的 Ni‑EGaIn 线进行了一系列电气测试[1]。图 11.4(e)描绘了不同应变下不同宽度

Ni-EGaIn线的电阻。很明显,Ni-EGaIn线的所有电阻均随着拉伸长度逐渐增加,即使在高达 100% 的大应变下,也没有观察到 Ni-EGaIn 线的断裂。这里,Ni-EGaIn线的横截面积(S)及其长度(L)遵循方程: $S = V/L$,其中 V 是 Ni-EGaIn 线的体积。在各种应变($V = V_0$)下,体积是恒定的,因此 Ni-EGaIn线的拉伸伸长率和电阻变化之间的关系可通过以下方程计算,

$$\frac{R}{R_0} = \frac{\dfrac{\rho \cdot L}{S}}{\dfrac{\rho \cdot L_0}{S_0}} = \frac{V_0}{V}\left(\frac{L}{L_0}\right)^2 = \left(\frac{L}{L_0}\right)^2 \tag{11.1}$$

式中,R_0,L_0,S_0 和 V_0 分别为 0% 应变下 Ni-EGaIn 线的电阻、长度、横截面积和体积。选择二次函数来拟合曲线。例如,0.1 mm 线宽的 Ni-EGaIn 电阻曲线的拟合函数($R^2 = 0.999\,3$)如下所示:

$$R = 0.000\,8x^2 + 0.238\,5x + 10.195 \tag{11.2}$$

式中,R 是 Ni-EGaIn 线路的电阻(Ω),x 是 Ni-EGa 线路的应变(%)。这一结果表明,Ecoflex 上的 Ni-EGaIn 线显示出作为电阻可变应变传感器的巨大潜力。此外,对于应变传感器的实际应用,长期稳定性和耐久性非常重要。Ni-EGaIn线在 50% 应变的 1 000 次加载和卸载循环中均表现出良好的长期稳定性[图 11.4(f)]。然而,在 1 000 次循环后,Ecoflex 上所有 Ni-EGaIn 线的电阻略有增加,这与 Ecoflex 的不可逆变形有关。此外,1 mm 的 Ni-EGaIn线宽度被拉伸到不同长度(30%、60% 和 90%),曲线显示 Ni-EGaIn 线具有相当高的稳定性[图 11.4(g)]。此外,将 LED 灯连接到 Ecoflex,并与 1 mm 的 Ni-EGaIn 线宽连接,如图 11.4(h)所示。在不同应变(应变 0% 至 100%)下,带有 LED 的 Ni-EGaIn 线的 I-V 曲线表明,Ni-EGaIn 线具有显著的稳定性,不会影响电路的正常运行。最后,尽管 Ecoflex 封装的 LED 灯垂直拉伸并进一步扭曲,但整个电路仍保持正常工作,如图 11.4(i)所示。

为证明基于滚动打印方法的柔性纸电子器件的优异和稳定的电性能,制作 LED 阵列柔性纸电路[1],如图 11.5(a)所示。这里,选择了一个 MCU(STC 15W4K56S4)来依次控制 LED 灯,然后进行往复运动,如图 11.5(b)所示,这种纸电子制备方法也为制造多层电路和大面积导电图案提供了一种简捷方法。

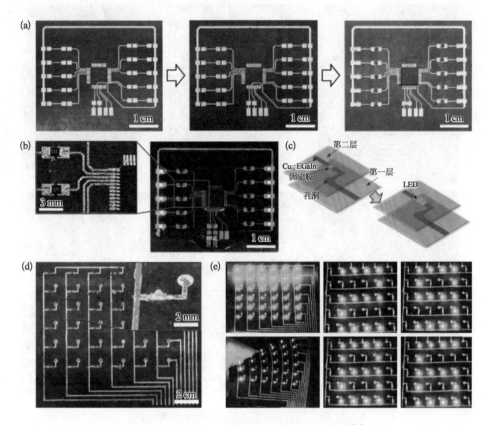

图 11.5　基于滚动打印方法的柔性电子应用[1]

(a) LED 阵列柔性纸电路；(b) LED 阵列柔性纸电路的细节和工作图；(c) 两个纸层上 Ni‐EGaIn 连接
示意；(d) 双层纸电路照片；(e) 双层纸 LED 阵列用作显示器。

图 11.5(c)、(d) 和 (e) 所示制作了一个双层纸电路，用作 6×6 LED 阵
列[1]。图 11.5(c) 显示了 Ni‐EGaIn 在两个纸层上的连接情况。起初，
Ni‐EGaIn 是在双层纸上滚动打印的。然后，在第二层纸上制作 6×6 孔阵
列。之后，用固定胶将这两层黏合在一起，并在孔中填充一点 Ni‐EGaIn，
两层上的 Ni‐EGaIn 线得以连接在一起。最后，通过固定胶将 LED 灯黏
附到第二层纸上。此外，通过这种滚印方法制作了一系列大面积导电图
案[图 11.6(a)、(b) 和图 11.7]。特别是，可以在彩色调色剂上滚动打印
Ni‐EGaIn，如图 11.6(c) 所示。此外，中国书法作品(15 cm×28 cm)也可
加以印刷，如图 11.6(d) 所示。

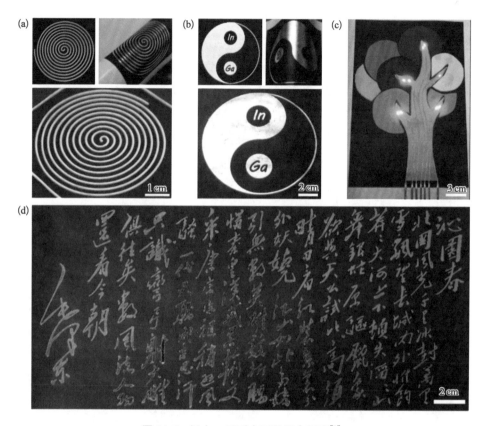

图 11.6　纸上一系列大面积导电图案[1]

(a) 大面积电磁线圈；(b) 太极导电图案；(c) 用彩色调色剂在纸上印刷的 Ni‐EGaIn；(d) 大面积中国书法导电图案。

如图 11.8(a)展示了可拉伸 LED 阵列电路，其可被拉伸至 100％应变并保持正常工作，这证明 SMART 方法在快速制造可穿戴电子产品方面的潜力和实用价值。此外，为证明该器件的循环稳定性，将 LED 阵列电路拉伸至 100％应变并扭曲 100 次，同样也保持了正常工作。

最初，在纸上滚动打印 Ni‐EGaIn，然后在 Ecoflex 上转印。随后，将 LED 与 Ni‐EGaIn 线连接，并使用固定胶固定。同时，将两根 Cu 线插入 Ni‐EGaIn 线端部，以提供 3.3 V 电压。最后，将一些混合的 Ecoflex 前体倒入转印的 Ni‐EGaIn 上，将其封装。Ecoflex 上的转印 Ni‐EGaIn 线可直接用于人体，以监测关节运动，这是因其具有高拉伸性和生物相容性。如图 11.8(b)所示，利用所设计的 Ni‐EGaIn 应变传感器(线宽 1 mm)，可测试各种应变下的电阻。图 11.8(c)显示了该应变传感器在手腕关节不同弯曲角度下的电阻。

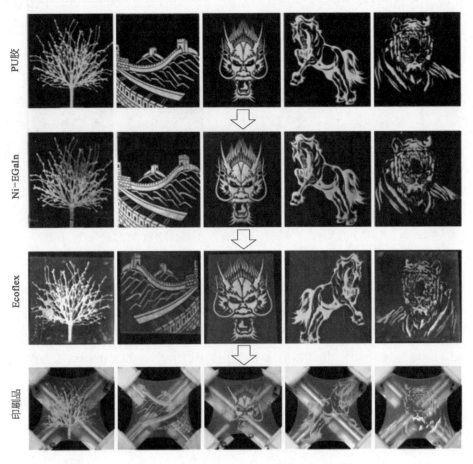

图 11.7　一系列大面积印刷的液态金属图案[1]

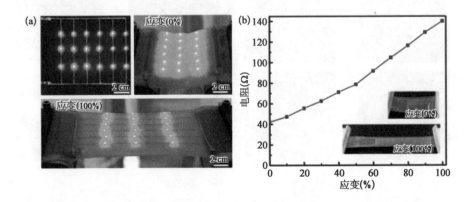

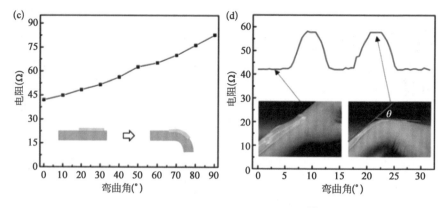

图 11.8 液态金属印刷电路及性能[1]

(a) 可拉伸 LED 阵列电路照片；(b) Ni - EGaIn 应变传感器在各种应变下的电阻；(c) 该应变传感器在手腕关节的各种弯曲角度下的电阻；(d) 手腕伸直运动循环弯曲过程中的 Ni - EGaIn 应变传感器响应信号。

实际应用中，可以通过测量该应变传感器的电阻来计算腕关节的弯曲角度。类似地，还可看到 Ni - EGaIn 应变传感器对腕关节运动的重复响应特性[图 11.8(d)]。

值得指出的是，印刷在 PU 胶上的 Ni - EGaIn 可通过酒精溶液去除，如图 11.9(a)、(b)所示。用酒精溶液喷洒并使用刷子，Ni - EGaIn 得以被去除并聚集成液滴[图 11.9(b)]。这里，起初印刷的 Ni - EGaIn 质量约 0.3 g，纸上剩余的 Ni - EGaIn 约 0.1 mg，这一结果可用于回收 Ni - EGaIn，以降低制造成本和减少环境污染。此外，打印在纸上的 Ni - EGaIn 线也可作为生物降解物燃烧处理，如图 11.9(c)所示。

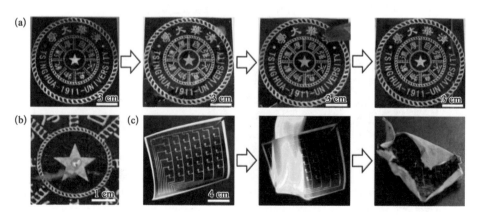

图 11.9 Ni - EGaIn 印刷与去除[1]

(a) 印刷在 PU 胶上的 Ni - EGaIn 回收过程；(b) 聚集的 Ni - EGaIn 液滴；(c) Ni - EGaIn 燃烧过程。

用于制造柔性电子器件的半液态金属轧制和转印方法的典型优点可以总结如下[1]：① 快速制造纸质电子器件和可拉伸电子器件，印刷时间为 10 s；② 基于纸张及 Ecoflex 印刷的 Ni - EGaIn 导线具有极好的电学稳定性；③ SMART 是一种制备多层和大面积电路的极其简单的方法；④ SMART 可回收能力的优势进一步降低了制造成本和环境污染；⑤ 对印刷液态金属作进一步的化学后处理，可形成预期的半导体，因此选择性黏附转印从理论上讲可以在各种界面上印刷出半导体继而构筑功能器件。

11.4　三维基材表面的电子及半导体印制

除平面印刷外，液态金属印刷作为一种有普遍适用性的电子制造方法尤其不受三维空间表面的限制[8]。公众熟知的 3D 打印被视为进入下一场比较适合电子发展的重要标志。然而，降低 3D 电子的制造成本和时间仍然是其获得广泛应用的最大挑战之一。镓基液态金属具有低熔点、高导电性和可逆刚度，在开发多功能 3D 电子和半导体器件方面价值独特。然而，大多数研究只将液态金属作为 3D 通道中的填料，这大大削弱了液态金属的界面功能。笔者实验室 Guo 等[10]建立了基于液态金属油墨空间选择性黏附机制的 3D 打印方法，这是一种简单、实用和快速制造多功能 3D 电子电路的策略，适用于具有各种机械性能和材料类型的空间结构。

当前，随着对各种复杂表面上新特性和功能潜力的认识，3D 电子在许多应用中得到了越来越多的重视，如可穿戴电子设备、可植入器件、可重构电子设备、共形天线和智能机器人、人造皮肤等。此前，大多数电子产品都是使用基于光刻、蚀刻、喷墨和转移印刷的微制造技术在平面刚性或柔性基材上印刷的，这些技术在理想情况下仍然不能与复杂的 3D 基材兼容。3D 打印作为一种相对成熟的技术在世界上得到了广泛应用，原则上可以适应任何复杂结构。然而，大多数 3D 打印材料是不导电的。与此同时，尽管金属 3D 打印已经取得大量成果，但高昂的制造成本严重限制了其在消费电子产品中的广泛应用。作为替代方案，人们通过将平面电子器件转印或组装到 3D 表面上来实现更多 3D 电子器件。然而，经典的转印方法需要与之匹配的可弯曲、可拉伸及与 3D 基底的一致性，而机械组装取决于复杂的结构设计和优化，这增加了制备成本和时间。此外，传统的通过沉积导电涂层方法在减少制备成本和时间方面显示出巨大前景，但电化学反应仍然需要长时间，且反应溶液制备成本高。

笔者实验室为此建立了液态金属 3D 转印方法[10],基于控制液体金属在 3D 基底材料和黏合剂涂层之间的选择性黏附,可实现液态金属电子图案化沉积和功能器件,根据需要,对此再作进一步的化学处理和反应,还可就地实现目标半导体。通过这种方法,使用常见的商业 3D 打印设备就可实现各种复杂的 3D 电子和半导体,具有简单、快速和低成本的优势。

11.5   三维电子及半导体墨水材料刻画

EGaIn 在空气中易于形成一薄层金属氧化物(O-EGaIn),通过用刮刀刮取 EGaIn 表面覆盖的金属氧化物层而获得。在室温下进行刮擦操作,可以获得具有相同氧化程度的 O-EGaIn。此外,刮刀插入液态金属的深度将影响 O-EGaIn 中液态金属氧化物的含量,插入深度越深,其携带的液态金属越多,这将降低金属氧化物的含量。因此,刮刀只需轻轻接触液态金属表面即可。聚甲基丙烯酸甲酯(PMA)胶购自市场。采用 Ecoflex 灌注成型工艺制备三维可拉伸软结构,该工艺由两种前体材料以质量比 1∶1 混合制备,室温固化 4 h。

在应用中,可以使用 3 种 3D 打印方法来构建各种材料的立体结构。首先,基于选择性激光烧结(SLS)技术,使用 3D 打印机打印尼龙(聚酰胺,PA)和玻璃纤维增强尼龙的结构,打印分辨率为 200 μm。其次,使用 3D 打印机基于多射流融合(MJF)技术以 200 μm 打印分辨率打印尼龙结构。最后,采用 3D 打印机基于立体光固化成型法(SLA)技术打印分辨率为 50 μm 的光聚合物结构。

用扫描电子显微镜拍摄各种 3D 结构和 PMA 胶的显微图像。共焦激光扫描显微镜用于测量各种 3D 结构、印刷 PMA 胶和覆盖在 3D 基材上的 O-EGaIn 线的表面 3D 形貌。接触角计用于测量 O-EGaIn 液滴在 3D 结构上与光聚合物和印刷 PMA 胶的接触角。通过动态接触角测量系统刻画 3D 结构、光聚合物与印刷 PMA 胶及 O-EGaIn 的黏合力。这里,首先将连接到固定应力传感器的带有光敏聚合物的 3D 打印圆棒(横截面半径:2 mm,长度:50 mm)推入 O-EGaIn(深度为 2 mm),然后以受控速度(0.05 mm/s)拔出。在整个过程中记录作用在圆杆上的力。圆杆上的最大张力是黏合力。随后,将 PMA 胶印刷在这根圆棒的表面,并重复上述操作。

使用数字万用表测量打印在 3D 结构上的 O-EGaIn 线的电阻。通过矢量网络分析仪测量基于 3D 天线的 O-EGaIn 的频率相关测量反射系数,采用通用试验机和数字源表测量基于 O-EGaIn 的 3D 网格线的电阻曲线。

11.6 液态金属三维印刷电子器件及功能

液态金属 3D 电路的制造方案基于 3D 印刷基材材料和黏合剂涂层之间的氧化液态金属的选择性黏附机制实现[10]。由于高表面张力和表面上覆盖固体氧化物层,镓基液态金属(EGaIn)通常很难黏附到许多 3D 打印基底材料上。为提高液态金属在 3D 结构上的附着力,在 3D 结构表面预涂了一种黏合剂涂层 PMA 胶。此外,由于具有优异的流动性,EGaIn 在重力作用下很容易从 3D 结构表面流出。因此,使用流动性较差的氧化液态金属(O - EGaIn)作为 3D 电路的导电涂层。制造方案如图 11.10(a)所示。将 3D 打印结构直接浸入 PMA 胶中 10 s。在室温下,将具有 PMA 涂层的 3D 结构置于空气中,直到 PMA 涂层固化成膜。然后,将具有 PMA 涂层的 3D 结构缓慢插入 O - EGaIn 中。最后,可顺利地将 3D 结构从 O - EGaIn 中拉出。由于 PMA 涂层的高黏性,O - EGaIn 被均匀地黏附到 3D 结构表面。基于 O - EGaIn 的 3D 转印方法可在几分钟内完成。为展示 O - EGaIn 的 3D 电路性能,采用 3 种最常用的 3D 打印方法,如选择性激光烧结(SLS)、多射流融合(MJF)和激光光刻(SLA),以制造 3D 结构。同时,采用 3 种 3D 打印基材,如尼龙(聚酰胺、PA)、玻璃纤维增强尼龙和光聚物,以检验基于 O - EGaIn 的 3D 转印方法的广泛适用性。如图 11.10(b)所示,PMA 涂层可在 4 种 3D 打印结构上形成,O - EGaIn 涂层也可以黏附到这些 3D 结构的表面[10]。此外,由于 3D 打印技术在制造复杂结构方面的优势,可以形成一系列复杂的 3D 导电结构[图 11.10(c)]。对此导电图案予以氧化、氮化或更多化学处理,可以形成特定的半导体继而组装集成功能器件。

图 11.11(a)显示了从 EGaIn 表面刮取 O - EGaIn 的制备方法(图 11.12),可以看到 EGaIn 表面覆盖很多金属氧化物[10]。先前研究表明,EGaIn 主要由于在表面上形成氧化物层而黏附在基底上,并且固体金属氧化物(Ga_2O_3)会降低 EGaIn 的表面张力和迁移率[11]。因此,在重力影响下,O - EGaIn 附着在垂直平面上,而 EGaIn 则从垂直平面流出,位置没有偏移,如图 11.11(b)所示。由于存在过量金属氧化物,O - EGaIn 处于半流体状态,具有流动性和刚性。采用冲击试验可表征 O - EGaIn 与 EGaIn 的半流体状态特征,如图 11.11(c)所示,EGaIn 显示出液态,具有更长的冲击持续时间(3 ms)和更高的液滴边缘膨胀比 d_x/d_0(6.33)。而 O - EGaIn 则显示出刚性增加迹象,其撞击持续时间仅 2 ms,液滴边缘的膨胀率 d_x/d_0 约为 2.14。为解释 EGaIn 和 O - EGaIn

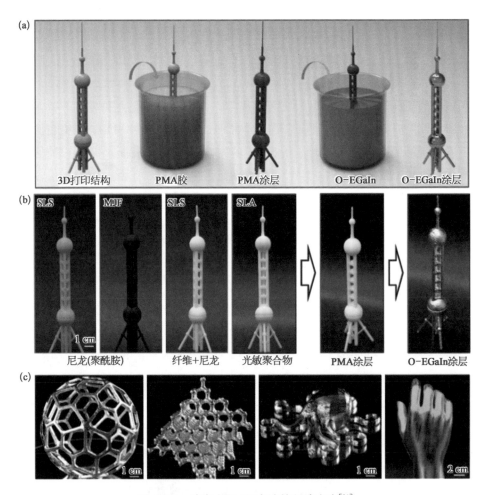

图 11.10 液态金属 3D 电路的制造方案[10]

(a) 3D 转印过程;(b) 利用选择性激光烧结(SLS)、多射流融合(MJF)和激光光刻技术(SLA)制作 3D 结构;选择尼龙(聚酰胺)、玻璃纤维增强尼龙和光敏聚合物作为 3D 打印基材;(c) 通过液态金属 3D 转印制作的一系列复杂的 3D 导电结构。

之间的机械性能差异,通过 EDS 对 EGaIn 与 O‐EGaIn 的化学成分作进一步检查。图 11.11(d) 中的元素分布显示了 EGaIn 及 O‐EGaIn 表面存在 Ga、In 和 O。同时,从 O 元素分布可以看出,O‐EGaIn 表面有更多的 O 分布。图 11.11(e) 定量显示了 EGaIn 和 O‐EGaIn 表面上 Ga、In 和 O 的原子比。O 在 O‐EGaIn 表面的原子比(35.2%)明显高于 EGaIn(28.1%)。以上步骤也展示了室温下获取 O‐EGaIn 半导体的基本途径,此方法可根据功能器件的性能要求直接实现图案化印刷,此处不再赘述,读者可参阅前文相关内容。

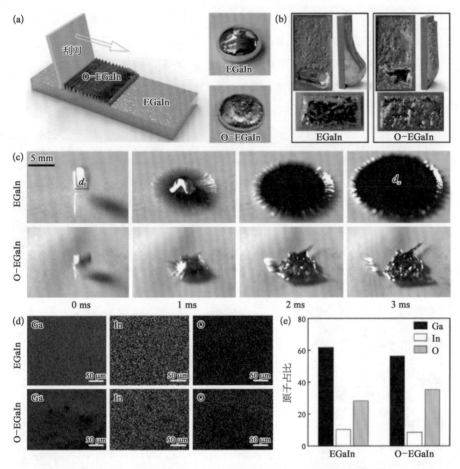

图 11.11　EGaIn 和 O‑EGaIn 的机械性能和化学成分表征[10]

（a）O‑EGaIn 制备方法；（b）重力对 O‑EGaIn 和 EGaIn 的影响情况；（c）EGaIn 和 O‑EGaIn 液滴撞击过程中连续图像；（d）EGaIn 和 O‑EGaIn 的 EDS 元素分布；（e）EGaIn 和 O‑EGaIn 表面 Ca、In 和 O 的原子比。

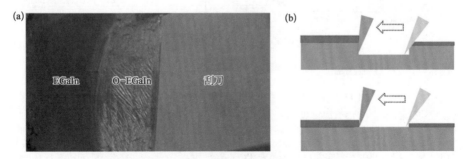

图 11.12　从 EGaIn 表面刮取 O‑EGaIn 的制备方法[10]

（a）刮擦过程光学图像；（b）刮刀插入深度影响 O‑EGaIn 中液态金属氧化物的含量。

　　试验发现,O－EGaIn 在 3D 基底材料和 PMA 涂层之间的选择性黏附十分显著[10]。三个实验证明,在 PMA 涂层表面上的 O－EGaIn 比在 3D 基底上的黏合更出色。为简化实验,仅使用 SLA 印刷的光聚合物作为 3D 基底。首先,通过接触角仪研究印刷 PMA 涂层前后 3D 基材的黏附力变化,如图 11.13(a)所示,O－EGaIn 液滴在 3D 基底上的接触角约为 140°,而在 PMA 涂层上的接

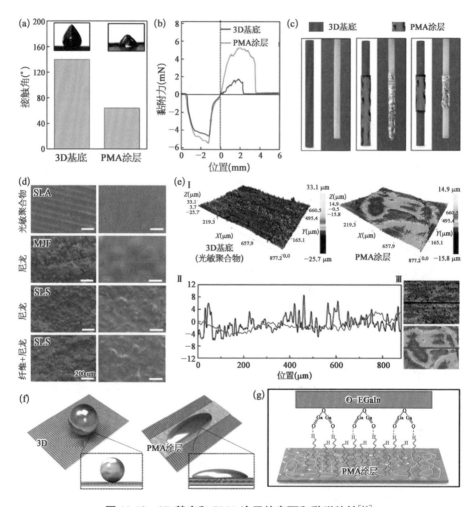

图 11.13　3D 基底和 PMA 涂层的表面和黏附特性[10]

(a) O－EGaIn 液滴在 3D 基底和 PMA 涂层上的接触角;(b) 推拉试验期间,O－EGaIn 在 3D 基底和 PMA 涂层上的 F 位曲线;(c) 使用刷子将 PMA 胶打印到 3D 打印棒的不同位置,并且 O－EGaIn 仅黏附到涂有 PMA 胶的目标区域;(d) 印刷 PMA 胶前后 4 种 3D 基材样品的 SEM 图像;(e) Ⅰ. SLA 印刷光聚合物和 PMA 涂层的 3D 表面轮廓结构,Ⅱ. 3D 基底(黑线)和 PMA 涂层(红线)3D 表面轮廓中心的两条轮廓曲线,Ⅲ. 两条剖面曲线在三维表面剖面结构中的位置;(f) 表面粗糙度对 O－EGaIn 附着力影响示意;(g) O－EGaIn 和 PMA 涂层之间氢键示意。

触角约为 64°。根据液体在固体表面上润湿性的经典定义,液体在固体上的润湿性随着接触角的增加而降低。因此,O‐EGaIn 液滴在 PMA 涂层上的润湿性明显高于在 3D 基底上的润湿。进一步地,引入推拉法(图 11.14)来表征 O‐EGaIn 在 3D 基底和 PMA 涂层上的黏附力。图 11.13(b)显示了推拉试验期间 3D 基底和 PMA 涂层上 O‐EGaIn 的 F 位曲线。可以看出,PMA 涂层覆盖的探针上的最大作用力(5.4 mN)远高于 3D 基底上的最大作用力(1.9 mN)。最后,使用画笔将 PMA 打印到 3D 圆棒的不同位置,如图 11.13(c)所示。将这些圆棒插入 O‐EGaIn 并取出后,发现 O‐EGaIn 仅黏附在涂有 PMA 的区域。

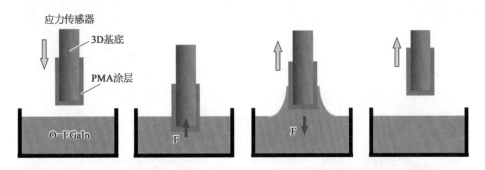

图 11.14　推拉法示意[10]

为揭示 PMA 涂层如何影响 3D 基底材料和 O‐EGaIn 系统的界面性能,开展了一系列概念实验[10]。首先将 PMA 印刷在 4 种 3D 基材表面,包括 SLA 印刷光聚合物、MJF 印刷尼龙(图 11.15)、SLS 印刷尼龙(图 11.16)和玻璃纤维增强尼龙(图 11.17)。图 11.13(d)中的 SEM 图像显示了印刷 PMA 前后这些基材的表面形态。从图 11.3(d)可看到,这些基材的表面粗糙度已显著降低,这是因为其表面空隙已被 PMA 填充。然而,SLS 印刷尼龙和玻璃纤维增强尼龙基材的表面过于粗糙,无法形成光滑平坦的 PMA 涂层。此外,通过图 11.13(e)Ⅰ中的共焦激光扫描显微镜测量表明,SLA 印刷光聚合物的 3D 基底表面具有明显的粗糙微粒结构。为定量描述 3D 基材和 PMA 涂层的表面粗糙度,分别在 3D 基材[图 11.13(e)Ⅲ中的黑线]和 PMA 涂料[图 11.13(e)Ⅲ中的红线]的 3D 表面轮廓中心选择了两条轮廓曲线[图 11.13(e)Ⅰ]予以展示。

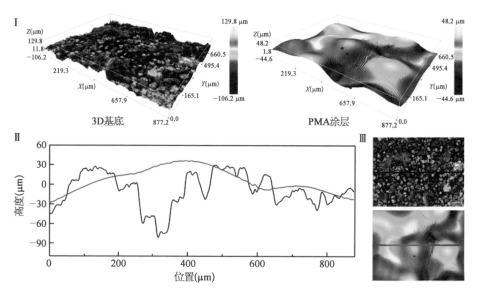

图 11.15　MJF 印花尼龙的 3D 表面轮廓结构和轮廓曲线[10]

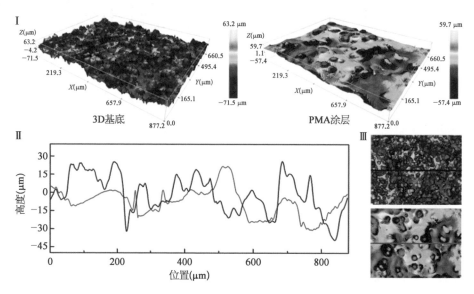

图 11.16　SLS 印刷尼龙的 3D 表面轮廓结构和轮廓曲线[10]

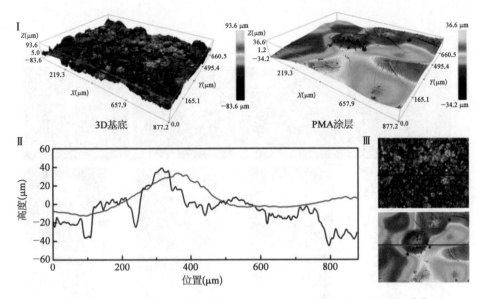

图11.17　SLS打印玻璃纤维增强尼龙的3D表面轮廓结构和轮廓曲线[10]

　　总之,由普通3D打印技术制成的结构具有微粗糙表面,这可以在间隙中有效地吸引空气,并减少O-EGaIn和3D结构之间的有效接触面积。因此,O-EGaIn几乎不能黏附到3D结构的表面。然而,PMA涂层可以填充到微小的间隙中,并形成光滑表面,这增加了有效接触面积,如图11.13(f)所示。此外,先前研究指出,PMA涂层中存在大量羟基,可与O-EGaIn的氧化物层形成强氢键,如图11.13(g)所示。因此,在表面形态和氢键的协同作用下,O-EGaIn得以选择性地黏附在PMA涂层上,而不是3D基底上。

　　覆盖3D结构的O-EGaIn使得一步制造复杂3D电子器件成为可能[10]。这里,所有的3D打印结构都是使用SLA打印的光聚合物制成的。如图11.18(a)所示,覆盖O-EGaIn的网状3D结构类似于导线,可用于连接3D电路中的电子元件。此外,PMA胶只能用于3D结构的特定部分,以在3D结构表面上制造更复杂的电子器件。图11.18(b)显示了在立方体和正方形棱锥体表面上制造O-EGaIn电子器件的情形,其中O-EGaIn黏附到特定部件以连接LED灯。为评估3D结构表面上O-EGaIn导线的电学性能,对3D结构上不同宽度的O-EGaIn导线(长度为5 cm)的电阻进行表征,如图11.18(c)所示。O-EGaIn导线的电阻随着线宽的减小而逐渐增大。而O-EGaIn导线的电阻与其宽度之间存在非线性关系。因此,通过共焦激光扫描显微镜测量了O-EGaIn导线的3D表面轮廓结构[图11.18(d)]。图11.18(e)中的轮

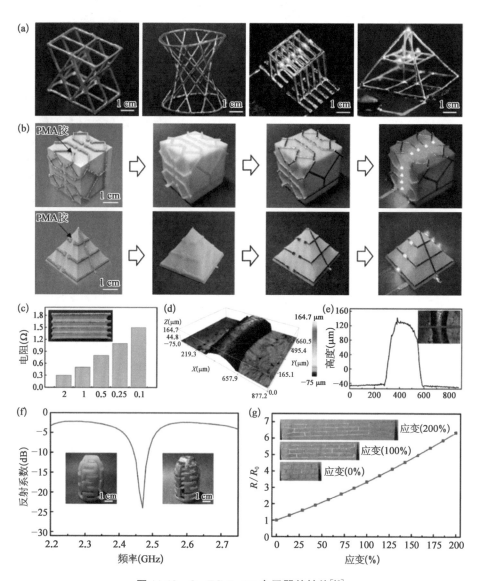

图 11.18 O－EGaIn 3D 电子器件性能[10]

（a）完全覆盖 O－EGaIn 的复杂 3D 网格结构用作连接电子元件；（b）在立方体和正方形金字塔表面上制备 O－EGaIn 电子器件；（c）三维结构上不同宽度 O－EGaIn 导线的电阻；（d）O－EGaIn 导线的三维表面轮廓结构；（e）位于三维曲面轮廓中心的轮廓曲线；（f）3D 天线的频率相关测量反射系数；（g）3D 网格电子在各种应变下的相对电阻曲线。

廓曲线选择自 3D 表面轮廓的中心(红线)。可以看出,横截面形态不均匀。除了
用作连接电子元件的导体外,O‑EGaIn 电子器件本身也可用作具有复杂 3D 结
构的功能器件。这里设计了一个反射系数在 2.47 GHz 下达到 24 dB 的表面,采
用 O‑EGaIn 完全覆盖 3D 打印结构实现[图 11.18(f)]。此外,可通过改变 3D 结
构的制造方法或材料来调节 O‑EGaIn 电子器件的机械性能,从而产生对应变
敏感的 3D 传感器。使用 Ecoflex 制造可拉伸的 3D 网格结构,O‑EGaIn 可以直
接黏附在其上。图 11.19 显示了可拉伸 3D 网格结构的制造方法。首先,使用 3D
打印制备模具。然后,将 Ecoflex 倒入模具中。固化 Ecoflex 后,从模具中移除
3D 网格结构。由于 Ecoflex 的出色拉伸性,3D 网状电子元件可以拉伸至 200%
应变,并保持良好的电气稳定性。图 11.18(g)描绘了 3D 网状电子器件在各种
应变下的相对电阻曲线,显示了应变与其相对电阻之间的良好线性关系。

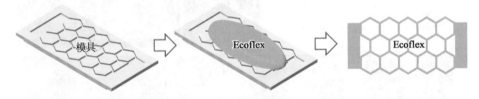

图 11.19　可拉伸 3D 网格结构的制造方法[10]

　　此外,熔融温度低的 O‑EGaIn 在固态和液态之间的弹性模量存在显著
差异(固态 Ga 的杨氏模量为 9.8 GPa[11])。这里,使用弹性模量为 124 kPa 的
硅酮弹性体(Ecoflex)膜作为基底材料(3 cm × 1 cm × 1 mm),其覆盖有
O‑EGaIn 涂层。为研究 O‑EGaIn 涂层 3D 结构的热机械行为,可进行动态
力学分析测试[10]。图 11.20(a)显示,由于 O‑EGaIn 涂层熔化,低温(4℃)下
的弹性模量(1.5 GPa)显著高于室温下的弹性模数(0.21 MPa)。进一步研究
热活化 O‑EGaIn 涂层的硬度变化,方法是在室温下印刷 O‑EGaIn 涂层前
后,将 100 g 质量压在六边形结构上,并在 4℃ 下将 200 g 质量压在带有
O‑EGaIn 涂层的六边形结构上[图 11.20(b)]。结果表明,O‑EGaIn 涂层在
低温下可以支撑 200 g 质量,几乎看不见变形,而在室温下 100 g 质量的压力
下,它变得柔软,显著变形。此外,O‑EGaIn 涂层的固液相变可以作为刚性机
器人关节的控制骨架网络。例如,在 25℃ 和 4℃ 温度下,使用 SLA 印刷的可
弯曲结构(接头覆盖有 O‑EGaIn 涂层)来提升 100 g 重物[图 11.20(c)]。可
以看出,固化的 O‑EGaIn 涂层限制了接头运动,以在 4℃ 下平衡 100 g 质量。此

外,图 11.20(d)展示了一个使用气动致动器和可弯曲结构的爬行机器人,气球的充气和拔出可通过调节可弯曲结构的关节夹角实现,其中覆盖的 O - EGaIn 涂层充当可变刚度的外骨骼。由此,关节放松时,机器人向前移动;当气球充气时,外骨骼被冻结在这个位置,机器人被锁定;之后,外骨骼被加热,关节再次放松。

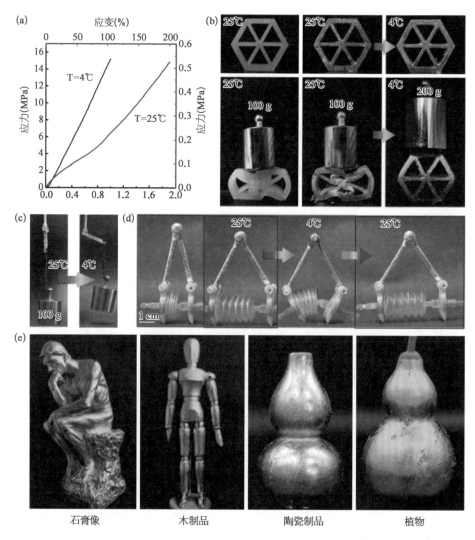

图 11.20　O - EGaIn 涂层固-液转变的表征和应用[10]

(a) 25℃和 4℃时 O - EGa 涂层的应力-应变曲线;(b) 具有 O - EGaIn 涂层的六边形结构的刚度变化;(c) 用 O - EGaIn 涂层覆盖 SLA 印刷连杆结构的刚度变化演示;(d) 使用气动致动器和连杆结构的爬行机器人应用演示,其中 O - EGaIn 涂层充当可变刚度外骨骼;(e) 液态金属印刷在生活中各种常见物品表面从而制造 3D 电子产品的情形。

O - EGaIn 打印方法的一个吸引人之处是能够适应许多常见的粗糙材料。借助 PMA 涂层,可在日常生活中的许多常见物品上印刷液态金属,如图 11.20(e)所示。图 11.21 给出的是印刷 PMA 涂层前后的各种物品[10]。

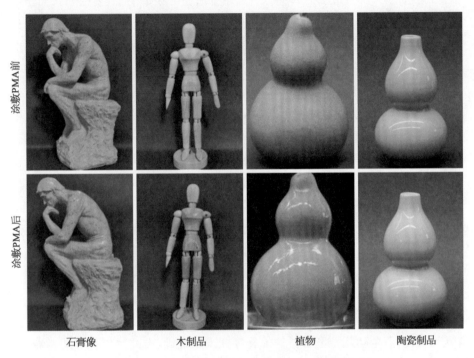

涂敷PMA前　　　涂敷PMA后

石膏像　　　　木制品　　　　植物　　　　陶瓷制品

图 11.21　印刷 PMA 涂层前后的各种常见物品[10]

对 O - EGaIn 和 PMA 胶印刷性能试验表明,PMA 胶具有良好的流动性,可直接注入针管。O - EGaIn 中由于有许多固体金属氧化物,用打印针很难直接书写。因此,可用刷子将 O - EGaIn 黏附在基底表面上。使用针管将 PMA 胶直接印刷在复杂的 3D 曲面上,然后使用刷子将 O - EGaIn 黏附到 PMA 胶表面。显然,对成型后的液态金属表面予以特定的化学处理,可以获得一定特性的半导体。

11.7　小结

本章介绍的 SMART 印刷方法提供了超快速、低成本的电子及半导体制备工艺,通过滚压和转印半液态金属(Ni - EGaIn),可在纸张和 Ecoflex 基材上制造柔性电子产品。此外,还介绍了 Ni－EGaIn 与不同目标基材(调色剂、PU 胶和 Ecoflex)之间的界面黏附选择原理。实验表明,在重复循环超过10 000 次后,纸电子器件中具有优异的电稳定性和耐久性,Ecoflex 上的电子器件可拉伸至 100％应变。SMART 打印方法在可穿戴电子、多层和大面积电路领域也比较适用。凭借这些重要的技术特征,SMART 印刷方法有望在未来为快速制造各种功能性柔性电子产品开辟一条量产道路,事实上目前在由北京梦之墨公司推动的产业化实践中正在得到越来越多的应用。

进一步地,基于 O－EGaIn 在 3D 基底材料和 PMA 涂层之间的空间选择性黏附机制,可以实现立体电子制造。通过从 EGaIn 表面刮除金属氧化物,可开发出低流动性的 O－EGaIn 材料,该材料更适合用作导电及半导体涂层。选择性黏附的原理,取决于基底表面粗糙度和界面化学相互作用。结合几种常见的 3D 打印设备在各种立体基材上制作复杂导电结构,说明了该方法的适用性。该技术可用于开发基于 O－EGaIn 涂层相变的可重构 3D 电子和可逆刚度机器人。无疑,这种方法不仅限于在 3D 印刷材料上制造电子器件,其他材料如聚乙烯泡沫、可拉伸硅树脂甚至日常生活中常见的物品(石膏、陶瓷、木材和植物)也可被用作 3D 基底材料,显示出电子产品的多种机械性能。

以上方法从二维平面到 3D 物体表面所沉积的图案化电子进一步结合化学处理和反应,可形成特定类型的半导体。这些技术方案的充分发挥可完成在广泛表面上全功能型电子器件的直接打印和集成,由此制作各种功能器件。沿着这个方向,未来可通过微立体光刻 3D 打印来开发微 3D 电子。总体而言,基于液态金属的普适制造方法为构建空间电子和半导体功能器件提供了新的机会。

参 考 文 献

[1] Guo R, Yao S, Sun X, et al. Semi-liquid metal and adhesion-selection enabled rolling and transfer (SMART) printing: a general method towards fast fabrication of flexible electronics. Sci China Mater, 2019, 62(7): 982 - 994.

[2] Gao Y X, Liu J, Gallium-based thermal interface material with high compliance and wettability. Appl Phys A, 2012, 107: 701 - 708.

[3] Li H Y, Mei S F, Wang L, et al. Splashing phenomena of room temperature liquid metal droplet striking on the pool of the same liquid under ambient air environment. Int J Heat Fluid Fl, 2014, 47: 1 - 8.

[4] Gao Y X, Li H Y, Liu J. Directly writing resistor, inductor and capacitor to composite functional circuits: A super-simple way for alternative electronics. PLoS ONE, 2013, 8(8): e69761 - 1 - 8.

[5] Li H Y, Yang Y, Liu J. Printable tiny thermocouple by liquid metal gallium and its matching metal. Appl Phys Lett, 2012, 101: 073511.

[6] Chang H, Guo R, Sun Z, et al. Direct writing and repairable paper flexible electronics using nickel - liquid metal ink. Adv Mater Inter, 2018, 5: 1800571.

[7] Guo R, Tang J, Dong S, et al. One-step liquid metal transfer printing: towards fabrication of flexible electronics on wide range of substrates. Adv Mater Technol, 2018, 3(12): 1800265.

[8] Zhang Q, Gao YX, Liu J. Atomized spraying of liquid metal droplets on desired substrate surfaces as a generalized way for ubiquitous printed electronics. Appl Phys A, 2014, 116: 1091 - 1097.

[9] Chrimes A F, Berean K J, Mitchell R, et al. Controlled electrochemical deformation of liquid-phase gallium. ACS Appl Mater Inter, 2016, 8: 3833 - 3839.

[10] Guo R, Zhen Y, Huang X, et al. Spatially selective adhesion enabled transfer printing of liquid metal for 3D electronic circuits. Appl Mater Today, 2021, 25: 101236.

[11] Yuan B, Zhao C, Sun X, et al. Liquid-metal-enhanced wire mesh as a stiffness variable material for making soft robotics. Adv Eng Mater, 2019, 21: 1900530.

第12章
一维纤维形状与结构液态金属电子及半导体印刷

电子及半导体可根据需要制作成各种形状,如点、线、面乃至立体空间结构。在可穿戴和柔性电子领域,可拉伸电子纤维由于其独特性而引人注目。当前,具有优异电性能和半导体特性的高拉伸纤维的研究正逐步引起重视。为实现快速导电纤维的制造,笔者实验室引入选择性黏附机制[1],制备出一系列具有优异导电性的高度可拉伸纤维,该纤维包含芯纤维、中间改性层和外部共晶镓铟(EGaIn)液态金属层,对此金属层作进一步的化学处理可得到更多类型的半导体乃至集成器件。此类纤维具有出色的导电性,远优于传统的可拉伸导电纤维,在最高工作温度接近250℃时仍表现出优异的热稳定性。这种独特的纤维可用作高度可拉伸、可变形的导体和半导体,比如为手机充电以及用于监测人体活动等。传统上,要实现纤维上印制半导体面临来自材料和印刷技术的限制。由于液态金属印刷的灵活性,这类技术易于快速制造出各种形状和结构的半导体,如从线状到曲面、块状等,涉及尺度则涵盖从纳米层面到大面积印刷。本章内容对此加以介绍。

12.1 引言

电子产品的应用形式不仅仅只体现在平面器件上。由于在医疗保健、智能消费电子产品、人机界面和人体运动跟踪等方面的巨大应用潜力,柔性和可穿戴电子产品呈指数级增长,易于编织成纺织品或黏贴在便携式设备及皮肤上的纤维日益引发人们的兴趣,大多数最新开发的基于纤维的电子器件在高弹性条件下表现出有限的导电性。制造具有优异导电性和较大拉伸性的高性能光电子器件仍然具有挑战性[2, 3]。

镓基液态金属具有良好的生物相容性,当直接接触皮肤时,不会引发免疫反应或对生物体造成伤害[4]。因此,镓基液态金属是制造高性能柔性电子器件的候选材料。将液态金属电子及半导体与纤维相结合,在创造具有优异性能的可穿戴纤维基电子产品方面具有很大潜力。纤维材料在人类文明进程中发挥了不可或缺的作用,广泛应用于社会的各个方面。近年来,随着智能织物和可穿戴电子的发展[5, 6],传统纤维已经无法同时满足电学、半导体性能和机械性能等方面的需求。室温液态金属兼具液体的流动性和金属的导电性,可很好地解决纤维材料拉伸性和导电性无法兼备的难题。随着一系列基础特性的发现和制备技术的突破,液态金属纤维的研究得到了快速发展[7],已在柔性可拉伸织物电子、多模态柔性传感器、金属绷带、硬度切换电极等领域展现了潜力。

液态金属纤维主要是指以液态金属为主要成分的纤维状材料。典型的制造液态金属纤维的基础技术途径有多种[8],如:表面印刷液态金属型导电导热或吸热型纤维、内部填充液体金属型管状纺织纤维,由上述纤维编织而成的网状纤维以及有关温度调节、防辐射、抗静电乃至杀菌、抗菌物件。液态金属纤维主要可分为以下几种类型:液态金属微纳米线、液态金属涂层纤维、液态金属鞘芯纤维、液态金属复合物纤维(图 12.1)。近年来发展出的金属纤维线直径甚至可小于 2 μm。改性后的液态金属可直接印刷在预处理的纤维材料表面,形成

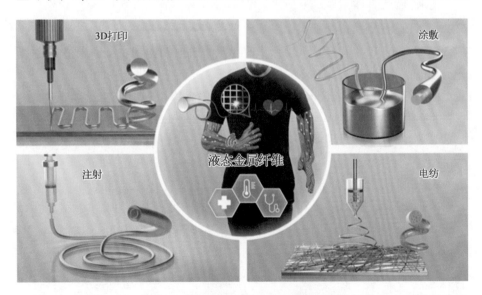

图 12.1　液态金属纤维类型及制备技术[7]

液态金属涂层,从而赋予传统纤维优异的导电及导热性。该方法可适用于棉线、蚕丝、毛发等多种纤维材料。原则上,通过打印技术快速制备出液态金属纤维后,对其予以后续化学处理,可以形成纤维状的半导体并进而集成出功能器件。

12.2 导电纤维及半导体材料制备

笔者实验室开发了具有高导电性和高拉伸性共晶镓铟(EGaIn)纤维[1]。这种可拉伸纤维由三层组成:具有超弹性的聚氨酯(PU)纤维作为核心可拉伸纤维层,聚甲基丙烯酸酯(PMA)沉积在 PU 纤维表面作为中间黏胶层,EGaIn 液态金属作为纤维外层。获得的 PU@PMA@EGaIn(PPE)纤维具有优异的电气性能和高拉伸性能,可拉伸超过 500%,电导率超过 10^3 S/cm。PPE 纤维具有良好的热稳定性,可在接近 250℃的温度下保持稳定。PPE 纤维不仅可以作为高度可拉伸和可变形的导体为手机充电,还可以作为可穿戴传感器监测人的行为。基于该方法制造可拉伸导电纤维、半导体及集成器件的策略也可用于其他可拉伸和可穿戴设备制造。

制备导电 PPE 纤维时,采用 EGaIn 液态金属,其由 75.5%Ga 和 24.5%的 In(纯度 99.999%)组成。将 Ga 和 In 加热,并在 200℃下使用真空干燥炉混合 2 h。在加热过程中,EGaIn 通过玻璃棒不断搅拌。

PMA 胶购自商用产品。为增加 PMA 胶的流动性,在胶中加入 25%的去离子水。PU 纤维从市场购买。

SEM(Quanta 200)用于表征 PPE 纤维的表面和微观特征。通过 X 射线光电子能谱(PHI Quantera II)鉴定 PPE 纤维表面金属氧化物的组成。

使用数字源表(Keithley 2400)和带有力传感器(负载能力 5 N,负载精度 1%)的通用测试机(AGS-X)测试光纤的电气和机械性能。应变率为 1 mm/min。

在 N₂ 气氛中以 10℃/min 的速度将样品从 25℃加热至 500℃,进行热重分析(TGA)(TGA/DSC 1 STAR 系统)。

在心电信号采集方面,为实现同步记录,将一对 Ag/AgCl 电极(圆形,敏感区直径 10 mm,购自有限公司)紧贴于一名健康受试者的手腕上。信号被放大(增益 128)、滤波(0.5～100 Hz,缺口为 50 Hz),并使用 ECG 传感器(BMD101)进行采样(512 Hz,16 位)。

图 12.2(a)说明了 PPE 纤维的制备过程。该纤维具有三层核壳结构,分别由超弹性 PU 纤维作为芯层、PMA 作为中间黏合剂层和 EGaIn 液态金属作

为外层组成。首先,将 PU 纤维完全浸泡在 PMA 溶液中 10 min,以确保在 PU 纤维表面沉积并形成连续且光滑的 PMA 层。其次,将纤维在 50℃干燥箱中干燥 10 min,以获得 PU@PMA 纤维。最后将 PU@PMA 纤维浸入 EGaIn 液态金属浴池中以获得 PPE 纤维,通过该纤维,EGaIn 液体金属可以牢固地黏附到 PU@PMA 纤维,形成一薄层 EGaIn。对此作进一步的化学后处理,可以生成对应的半导体薄膜,为简捷起见,形成半导体过程此处不具体展开,主

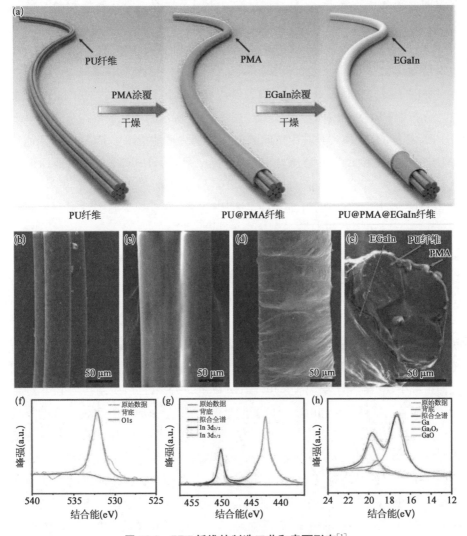

图 12.2　PPE 纤维的制造工艺和表面形态[1]

(a) PPE 光纤制造过程示意;(b)~(d)分别为 PU 纤维、PU@PMA 纤维和 PPE 纤维的 SEM 图像;(e) PPE 纤维的横截面(图像为彩色);(f)~(h) PPE 纤维表面 XPS 光谱表征结果。

要介绍导电体的印刷装备和应用案例。

图 12.2(b)显示了 PU 纤维的表面形态,该纤维提供超弹性,并作为 PPE 纤维的核心载体(它不是黏合在一起的,而是由三小股组成的统一纤维)。显然,PU 纤维表面覆盖了一层薄薄的 PMA 作为中间黏合剂层,使其更加光滑[图 12.2(c)]。特别是,在没有任何处理的情况下,EGaIn 液态金属不能很好地黏附在 PU 纤维表面。在没有 PMA 的液态金属中涂覆 EGaIn 的 PU 纤维的表面形态是不均匀的,这有力地证明了 PMA 膜的重要性。对 EGaIn 液态金属具有良好亲和力的 PMA 层很好地将 EGaIn 液体金属黏结到表面,因为 PMA 层的脂族基团可以与 EGaIn 的液态金属氧化物形成氢键,确保了 EGaIn 层不易剥落。

如图 12.2(d)所示,纤维表面均匀涂覆有 EGaIn 液态金属。Ga 和 In 元素均匀分布在 PPE 纤维表面。此外,图 12.2(e)中所示的横截面形态清晰地呈现了 PPE 纤维的三层结构,其中指向的箭头分别清楚地指示了 PU 纤维(蓝色)、PMA 层(绿色)和 EGaIn 液态金属层(黄色)。显然,PPE 纤维在横截面形态上有三层结构和元素分布。此外,对 PPE 纤维表面进行 XPS 光谱刻画,图 12.2(f)～(h)显示了 PPE 纤维表面的 XPS 光谱,这直接证明了黏附到表面的物质由 EGaIn 液态金属及其金属氧化物组成。

12.3 导电纤维机电特性及热稳定性

PPE 纤维具有优异的机电和热稳定性。图 12.3(a)显示,PPE 纤维可以拉伸超过 500%,并且能在应变处理过程中承受巨大应力,表明其优异的机械性能。图 12.3(b)显示了 PPE 纤维在 0%～523% 的不同应变下的导电性能。此外,在拉伸过程中,电导率仍然保持在 10^3 S/cm 以上。另一方面,所制备的 PPE 纤维显示出显著的线性关系和电阻与应变的单调增加,最大应变为 523%,表明其具有用作可拉伸导体和应变传感器的潜力。同时,在拉伸过程中,电传导特性逐渐降低,从电阻公式 $R=\rho L/S$ 容易解释。这里,R 是电阻,ρ 是电阻率,L 是长度,S 是 PPE 纤维的横截面积。根据电阻变化公式,电阻与长度 L 成正比,与面积 S 成反比。PPE 纤维的直径在不同应变状态下逐渐减小,这反映了 S 的变化。在拉伸过程中,长度 L 逐渐增加,S 逐渐减少,导致电阻 R 单调增加[图 12.3(b)]。

此外,图 12.4 生动地显示了拉伸过程中不同应变状态下 PPE 表面形态的变化。如图 12.4(a)所示,可以看出,在初始状态下,表面上存在 EGaIn 覆盖层

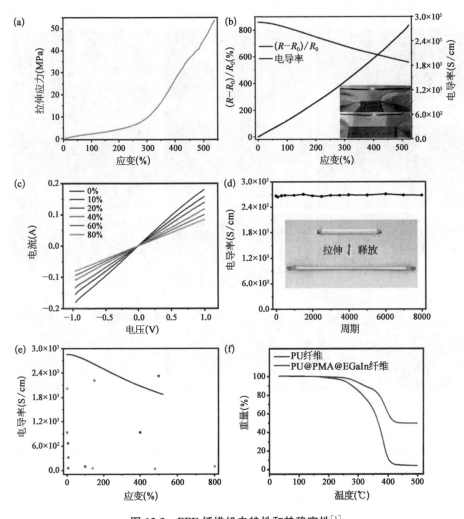

图 12.3　PPE 纤维机电特性和热稳定性[1]

（a）PPE 纤维的应力-应变曲线；（b）PPE 纤维在从 0%～500%不同应变下的导电性能范围，插入图是用作可拉伸电线和发光 LED 灯的 PPE 纤维；（c）通过施加－1～1 V 直流电压，PPE 纤维在不同应变下的 I-V 曲线；（d）PPE 纤维在 40%应变下的循环拉伸加载和卸载下的电导率；（e）PPE 纤维与先前报道的导电纤维在应变和电导率方面的比较；（f）PU 纤维和 PPE 纤维的热重曲线，范围为室温至 500℃。

的致密氧化物层。拉伸过程中，表面液态金属中的 EGaIn 氧化物层开始出现裂纹迹象，当拉伸继续时，裂纹数量增加，每个裂纹的面积开始逐渐扩大［图 12.4（b）～（e）中的箭头所指］。随着时间的推移，暴露的 EGaIn 液态金属在表面上逐渐形成新的氧化保护层［图 12.4（f）］。此外，由于 EGaIn 液态金属层提供了流体和类似金属的电特性，在拉伸过程中，裂纹将实时自愈。值得指

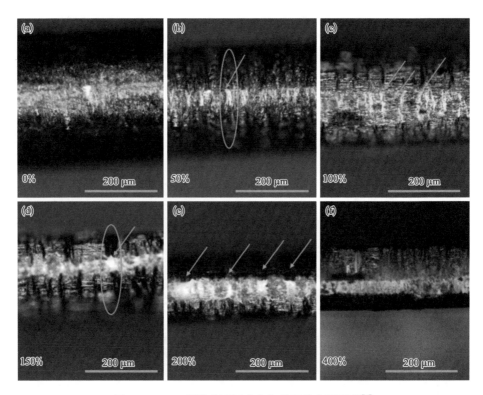

图 12.4　PPE 纤维在不同应力条件下的表面形貌[1]

出的是，EGaIn 氧化物是一种半导体，因此这里的拉伸情况对于发挥液态金属印刷半导体性能方面值得进一步研究。

　　无论应变状态如何，PPE 纤维的 I-V 曲线均呈标准线性，表明 PPE 纤维可在 0%～80% 的不同应变状态下稳定工作[图 12.3(c)]。图 12.3(d) 显示了在 40% 应变下，经 8 000 次循环拉伸加载和卸载时 PPE 纤维的电导率，表明 PPE 纤维具有优异的电导率循环稳定性。图 12.3(e) 将 PPE 纤维拉伸应变的电导率与已有工作进行了比较，这就解释了可拉伸和导电纤维的真正含义，即它在拉伸状态下始终保持优异的导电性，而大多数报道的文献均无如此优异的性能。此外，PPE 纤维可以相当快速高效地实现大规模连续制备[1]。

　　众所周知，导线在长时间通电期间会不断积累热量，如果导电材料的工作温度范围非常有限（保险丝除外），则显然不会被接受。因此，导电材料需要具有足够的耐热性，以确保长期有效运行。为研究 PPE 纤维的热稳定性工作范围，采用热重分析法对其热稳定性进行了研究。如图 12.3(f) 所示，PPE 纤维的最高工作温度接近 250℃,能满足大多数应用场合,并为 PPE 纤维在相对高温条件下的广泛应用提供了坚实基础。

由于具有优异的导电性,PPE 纤维是有鲜明应用价值的可拉伸导体。以下介绍两个实际案例。第一部分,采用 PPE 纤维作为柔性和可拉伸的移动电话充电电缆。如图 12.5(a)所示,在 PPE 纤维拉伸过程中,手机仍然可以稳定充电。对于第二部分,PPE 光纤用作可拉伸导体,以在 ECG 采集系统中捕获心电图(ECG)信号[图 12.5(b)]。特别地,人体 ECG 信号的采集需要稳定的环境,这是因为一点点抖动,均会对信号采集产生巨大影响。如图 12.5(b)所示,在不同应变状态下记录的 ECG 信号显示出良好的一致性和稳定性。此外,即使在捕获 ECG 信号的过程中不断拉伸导电纤维,仍可以稳定可靠地获得 ECG 信号。这归因于其自身优异的导电性,即使在大拉伸状态下仍保持在 10^3 S/cm 以上。因此,在许多情况下,PPE 光纤不仅可用作电话充电电缆,还能充当柔性和可拉伸电线。

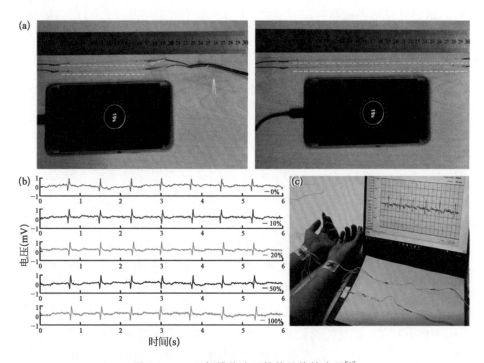

图 12.5　PPE 纤维作为可拉伸导体的应用[1]

(a) PPE 纤维用作柔性和可拉伸移动电话充电电缆;(b) PPE 纤维用作在不同应变状态下采集 ECG 信号的可拉伸导体;(c) 心电图信号采集实验照片。

此外,PPE 纤维还可方便地用作可穿戴的应变传感器。如图 12.6(a)所示,PPE 纤维在拉伸过程中表现出良好的线性电阻增加,因此,它在纤维型应变传感器中具有巨大潜力。PPE 纤维的相对电阻随着应变的增加而单调增加。应变传感器在 0~500% 的应变下显示出 1.5 的应变因子,反映其灵敏度和广泛的工作应变范围。除了相对电阻的明显变化外,应变传感器在不同条件下稳定可靠工作十分重要。图 12.6(b)显示了当 PPE 纤维固定在 20% 应变状态时,在施加不同频率刺激下电阻的变化。可见,PPE 纤维的相对电阻变化在施加应变测试频率范围(0.1~2 Hz)内几乎没有频率依赖性。图 12.6(c)显示了在施加 0.5 Hz 的恒定刺激频率时,不同应变循环拉伸和释放下 PPE 纤维的相对电阻变化,结果表明,在不同的应变状态下,相对电阻发生了明显变化,而恒定频率刺激在不同应变状态下的响应是稳定的,这与图 12.6(a)所示结果一致。

为评估信号是否能够在各种应变状态下保持稳定,通过在各种特定应变下保持一段时间(30 s)来进行实验,并记录相对电阻变化信号。如图 12.6(d)所示,PPE 纤维的曲线具有极好的对称性,在每个周期中几乎没有明显漂移,表明 PPE 纤维具有极好的稳定性。PPE 纤维的响应时间约为 220 ms,这可能是由液态金属的流动性引起的[图 12.6(e)]。同时,还验证了 PPE 纤维的响应速度、松弛时间和弯曲变形的更多特征信息。此外,应变传感器的长期可靠性在实际应用中同样重要。为进一步评估 PPE 纤维的长期实用可靠性和稳定工作性能,对导电纤维进行了数千次拉伸循环试验,如图 12.6(f)所示,PPE 纤维在频率为 1 Hz 的 8 000 次循环测试后仍表现出高度稳定的性能,表明其显著的耐久性和可靠性。因此,PPE 纤维可以有效地用作纤维型电阻应变传感器。

PPE 纤维具有优异的拉伸性、灵敏度和广泛的工作范围,在可穿戴电子领域具有巨大潜力。图 12.7(a)说明了 PPE 纤维用作传感器检测人类行为的情况,如手腕、手指、肘部和膝盖的弯曲问题。如图 12.7(b)所示,将 PPE 纤维应变传感器固定在手腕后部,以检测其对手腕弯曲的响应。当手腕弯曲一定角度时,应变传感器的相对电阻做出相应响应。此外,PPE 纤维通过连续弯曲固定在手指上,监测传感器电阻的相对变化,可以精确跟踪手指的弯曲[图 12.7(c)]。此外,还可以轻松检测肘部弯曲和膝盖弯曲的运动[图 12.7(d)和(e)]。所有实验表明,PPE 纤维的优异性能可以作为传感器来维持和监测人体的大变形。

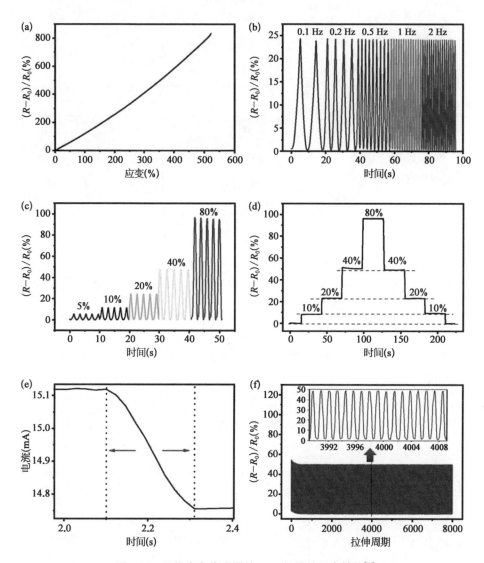

图 12.6　用作应变传感器的 PPE 纤维的机电性能[1]

（a）作为拉伸应变函数的相对电阻变化；（b）在 0.1、0.2、0.5、1 和 2 Hz 频率下，以 20% 应变进行 5 次循环拉伸释放时的相对电阻变化；（c）在频率为 0.5 Hz 的各种循环应变下的相对电阻变化；（d）在不同应变状态下保持 30 s 时，可忽略的漂移；（e）PPE 纤维以 16 cm/min 速度拉伸 1 mm 的响应时间；（f）传感器在 40% 应变的循环拉伸加载和卸载下 8 000 次循环的性能，显示其稳定性和耐久性。

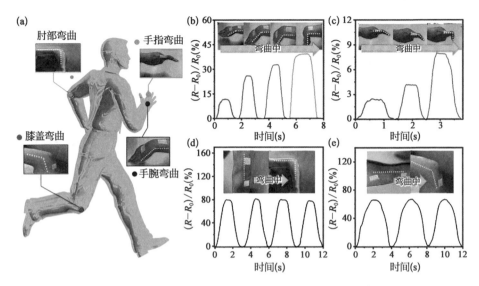

图 12.7　用作检测人体运动状态的 PPE 纤维传感器[1]

(a) 连接人体不同部位以检测运动的 PPE 纤维传感器示意；(b)～(e)分别为手腕弯曲、手指弯曲、肘部弯曲和膝盖弯曲的照片和相应信号。

12.4　智能响应型液态金属纤维丛及半导体

以上所介绍的方法高效且可扩展，可用于大量制造具有各种设计性能的半液体金属导电涂层和可焊接纤维，对表面作进一步化学处理后可形成半导体，而金属颗粒的提前掺杂可用于调控最终印刷半导体的 n、p 性质。结合不同纤维芯的独特机械性能和 Cu-Ga-In 涂层的高导电性，笔者实验室制备了具有大拉伸强度、可编织性和强拉伸性的导电纤维，作为加热器和可拉伸电线[9]。此外，Cu-Ga-In 涂层可以实现液体焊接，响应室温刺激，并提供独特的软刚度切换特性；而 Cu-Ga-In/光纤可作为 3D 电路和液桥，以减少光纤拉伸引起的电阻变化。

在 Cu-Ga-In 的合成方面，先前的研究揭示了 Cu-Ga-In 的制备原理，即颗粒内部化导致 Cu 颗粒润湿到 EGaIn 中。将 Cu 微粒完全混合到 EGaIn 中，可形成半液态金属 Cu-Ga-In。在制备 Cu-Ga-In/纤维方面，首先，将这 4 种纤维(合成、棉花、头发和 PU 纤维)固定在支撑架上，并在 PMA 溶液中浸泡 5 s。在空气中干燥后，这些纤维表面黏附有一层稳定且坚固的 PMA 涂层。然后将它们放置在覆盖有 Cu-Ga-In 的基底上，由于 Cu-Ga-In 和 PMA 涂层之间的显著黏附性，Cu-Ga-In 被印刷到这些纤维的表面上，重复印刷 Cu-Ga-In 步骤可控制 Cu-Ga-In-涂层的厚度。

　　如图 12.8(a) 所示，选择几种典型的天然(棉花和头发)和合成纤维作为 Cu-Ga-In/纤维的核心。这些纤维是廉价且不导电的材料，可提供不同的机械性能，例如高拉伸强度和可拉伸性，通过以下实验制成具有不同功能的导电纤维。Cu-Ga-In/纤维由三层组成：① 内部天然或合成纤维作为芯；② 纤维芯外表面为 PMA 涂层；③ Cu-Ga-In 涂层黏附在 PMA 涂层表面[图 12.8(b)]。金属氧化物膜与 PMA 涂层相互作用形成氢键，会增强其与 PMA 涂料的黏附力[10]。此外，与内纤维的粗糙表面相比，PMA 涂层的光滑表面增加了 Cu-Ga-In 接触面积。图 12.8(c) 中右图还显示，在没有 PMA 涂层的情况下，有少量 Cu-Ga-in 涂层黏附在纤维表面。由于这些纤维与 Cu-

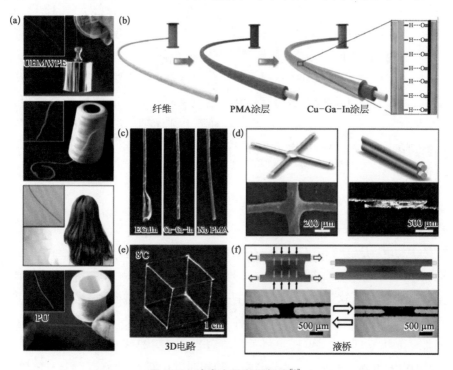

图 12.8　液态金属印刷纤维[9]

(a) 4 种内芯纤维：超高分子量聚乙烯(UHMWPE)、棉、毛和 PU 纤维；(b) Cu-Ga-In/纤维制备工艺；(c) EGaIn 涂覆纤维的情形，以及无 PMA 涂层时的不良黏合效果；(d) Cu-Ga-In/纤维的两种组合(交叉和平行)；(e) 由 Cu-Ga-In/纤维和棉纤维内芯组成的立体电路；(f) 平行 Cu-Ga-In/纤维与 PU 纤维内芯之间的液桥。

Ga-In涂层的黏合性差,在这些纤维的表面上可以形成不连续的导电结构。此外,具有低流动性的Cu-Ga-In涂层可以均匀涂覆在PMA表面,而EGaIn则会在重力影响下流动到纤维底部,如图12.8(c)所示。

图12.8(d)显示了Cu-Ga-In/纤维的两种组合(交叉和平行)。与Ag纳米颗粒(AgNP)或碳纳米管(CNT)等固体导电涂层不同,具有半流动性的Cu-Ga-In涂层可与另一种纤维焊接,并在室温下形成金属键,如图12.8(d)中扫描电子显微镜(SEM)图像所示。Cu-Ga-In/纤维的液体焊接可显著降低导电纤维网络的接触电阻。此外,液态焊接键将在低于Cu-Ga-In熔点(15.5℃)的温度下固化。这里,固化的金属能提供结构支撑,使得可以借助这些Cu-Ga-In/纤维构建3D电路,如图12.8(e)所示。特别地,由于Cu-Ga-In/纤维的液体焊接特性,无论在外部拉伸之前还是之后,在平行纤维之间均存在液桥。当拉伸具有PU纤维内芯(直径为126 μm)的平行Cu-Ga-In/纤维时,液桥随着Cu-Ga-In纤维的拉伸而变形,且该过程是可逆的[图12.8(f)]。在接下来的电学实验还证明,液桥的存在有助于降低这些可拉伸导电纤维的电阻,而液桥的增加将缓解变形期间导电性的下降。

图12.9(a)显示了4种Cu-Ga-In/纤维的典型SEM图像,其进一步证实PMA涂层与Ga_2O_3的化学相互作用确保了Cu-Ga-In涂层的高黏附性。经测量,Cu-Ga-In涂层密集地涂覆在纤维上,厚度为26~35 μm。Cu-Ga-In/纤维的电阻(R)可近似表示为如下等式:

$$R = \frac{4\rho \cdot L}{\pi \cdot (D^2 - d^2)} \tag{12.1}$$

式中,ρ为Cu-Ga-In的电阻率(1.94×10^{-7} $\Omega \cdot m$),L为Cu-Ga-In/纤维长度(10 cm),D为Cu-Ga-In/纤维直径,d为纤维芯直径。由此可计算这4种Cu-Ga-In/纤维的理论R值,并与测量电阻(R_0)作比较。结果表明,测量值高于理论电阻,这可能是纤维上Cu-Ga-In涂层局部不均匀分布所致。

图12.9(b)~(e)分别显示了4种Cu-Ga-In/纤维(初始长度为10 cm)的机械和电气性能。图12.9(b)中的应力-应变曲线(黑色)比较了具有UHMWPE纤维(直径为112 μm)内芯和相同直径Cu线的Cu-Ga-In/纤维的应力应变响应。具有UHMWPE纤维内芯的Cu-Ga-In/纤维显示出超高的拉伸强度(最大应变7.5%时为1.8 GPa),远高于Cu线(最大应变7.1%时为0.19 GPa)。因此,可以使用具有UHMWE纤维内芯而非Cu线的Cu-Ga-In/

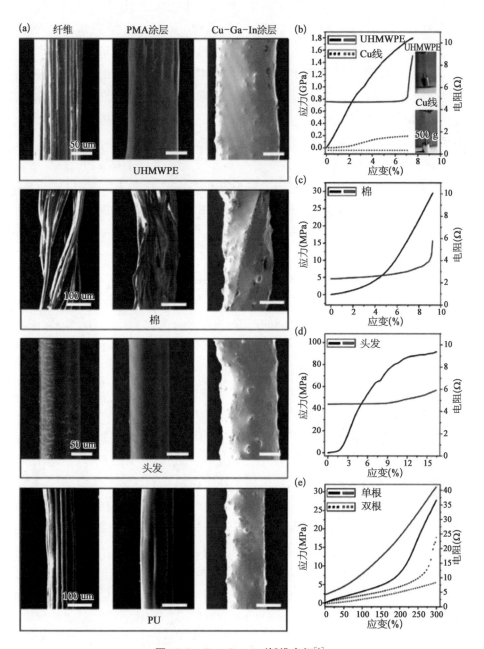

图 12.9　Cu‑Ga‑In/纤维表征[9]

(a) 4 种 Cu‑Ga‑In/纤维 SEM 图像；(b)～(e) 4 种 Cu‑Ga‑In/纤维(合成纤维、棉花、头发和 PU 纤维,初始长度为 10 cm)的机械和电气性能。

纤维提起 500 g 的质量[图 12.9(b)]。图 12.9(b)中的电阻-应变曲线(红色)表明,在 Cu - Ga - In/纤维(初始电阻 4.7 Ω)和 Cu 线(初始电阻 0.34 Ω)拔出之前,其电阻没有明显变化,电阻的突然增加对应于 UHMWPE 纤维的断裂。这些结果表明,具有 UHMWPE 纤维内芯的 Cu - Ga - In/纤维表现出优异的机械性能和电学性能。基于这些优点,可将 Cu - Ga - In/纤维用于提升模型玩具(228 g)并打开 LED 灯。图 12.9(c)显示了具有棉纤维内芯的 Cu - Ga - In/纤维的应力-应变和电阻-应变曲线。拉伸试验期间电阻略有增加,其电阻从 2.36 Ω 增加到 5.78 Ω(最大应变为 9.25%)。远低于 UHMWPE 纤维,后者拉伸强度约为 29.5 MPa。类似于内芯为棉纤维的是,内芯为头发的 Cu - Ga - In/纤维也表现出有限的拉伸性,其电阻从 4.65 Ω 增加到 5.92 Ω(最大应变为 16.4%时,拉伸强度约为 91.4 MPa),具有 PU 纤维内芯的 Cu - Ga - In/纤维显示出高度拉伸性(最大应变为 300%),如图 12.9(e)所示。为展示液桥对电阻的影响,可沉积两条平行的 PU 纤维,并在其上印刷 Cu - Ga - In 涂层,Cu - Ga - In 涂层在两条 PU 光纤之间可形成液桥。如 SEM 图像所示,过量的 Cu - Ga - In 存储在两个 PU 纤维之间的间隙中,这显著增加了 Cu - Ga - In 涂层的横截面积。于是,双 Cu - Ga - In/光纤的 R 值仅从 1.02 Ω 增加到 8.42 Ω,而单根 Cu - Ga - In 光纤的 R 值则从 4.22 Ω 增加到 41.14 Ω。

为证明导电纤维的能力,首先设计了一种加热器,其使用 Cu - Ga - In/纤维,内芯为棉纤维(长度为 10 cm)。如图 12.10(a)所示,随着电流增加,温度逐渐升高,在 0.26 A 输入电流下,最高加热温度约为 46℃,仅需要低的驱动电压(0.61 V)即可达到 0.26 A 电流,且在关断电流之后长时间保持加热。此外,具有棉纤维内芯的 Cu - Ga - In/纤维固定在支撑框架上以形成螺旋形状,其两端连接到 LED 灯[图 12.10(c)]。借助于导电纤维中的感应电流,LED 灯可由电磁线圈无线供电。在这两个例子中,证明 Cu - Ga - In/纤维用作导电纤维的特点。此外,棉内芯 Cu - Ga - In/纤维具有良好的可编织性,可编织成如网络[图 12.10(d)]等形状。Cu - Ga - In/光纤网络在 100%应变下的相对电阻(R/R_0)仅增加到 1.05。Cu - Ga - In/光纤网络详细照片显示,所有交叉点均被焊接在一起。

事实上,Cu - Ga - In 涂层具有独特的软硬转换特性。首先,低于 15.5℃温度时,Cu - Ga - In 将变为固体状态。如图 12.10(e)所示,在室温(25℃)下,使用两个具有 UHMWPE 纤维内芯的液体焊接 Cu - Ga - In/纤维无法提升重物(500 g)。然而,具有 UHMWPE 纤维内芯的两种液态焊接 Cu - Ga - In/纤

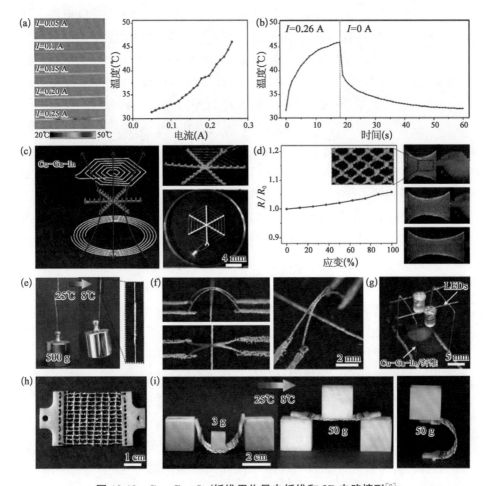

图 12.10 Cu‑Ga‑In/纤维用作导电纤维和 3D 电路情形[9]

（a）采用 Cu‑Ga‑In/纤维制成的内芯为棉纤维的加热器及其温度-电流曲线；（b）加热/冷却过程中加热器的温度曲线；（c）Cu‑Ga‑In/纤维，内芯为棉纤维，用作无线供电线圈；（d）Cu‑Ga‑In/光纤网络及其相对电阻曲线；（e）在 25℃和 8℃采用 UHMWPE 内芯液体焊接的 Cu‑Ga‑In/纤维进行 500 g 拉伸应力试验；（f）使用 Cu‑Ga‑In/纤维和棉纤维内芯制作的 3D 电路；（g）方形 Cu‑Ga‑In/光纤与 LED 灯连接；（h）使用 Cu‑Ga‑In/纤维的编织网络；（i）在 25℃和 8℃拉伸下的 Cu‑Ga‑In/纤维网络。

维将在 8℃时变为固态，并形成坚固的金属键，强度足以提升重物。此外，测试了具有 UHMWPE 纤维内芯的焊接 Cu‑Ga‑In/纤维在低温（8℃）下的断裂强度，可见焊接 Cu‑Ga‑In/纤维的断裂强度随着两个纤维的焊接长度逐渐增加，最大断裂强度约为 15 N，焊接长度为 20 mm。关于 Cu‑Ga‑In/纤维断裂前后的图片显示，Cu‑Ga‑In 外壳首先断裂，然后棉纤维的内芯被拉出。基于 Cu‑Ga‑In 涂层的固液转换特性，Cu‑Ga‑In/纤维的所有焊接点和液态金属均可转变为刚性结构,并抵消重力影响,这可用于构建 3D 电路。图 12.10(f)显示了使用具有棉纤维内芯的 Cu‐Ga‐In/纤维制造的 3D 电路示例。Cu‐Ga‐In/纤维是弯曲的,且其端部与 2D 印刷液态金属线实现电连接,该液态金属线跨越了另一个 2D Cu‐Ga‐In/纤维。在 8℃下,弯曲的 Cu‐Ga‐In/纤维被冻结,由于可提供足够强度以保持 3D 结构。此外,可将两个 Cu‐Ga‐In/纤维弯曲成正方形,在 8℃下放置在一个平面上形成 3D 结构。两个 LED 灯置于这些 Cu‐Ga‐In/光纤顶部,并由 3.3 V 直流电点亮。在室温(25℃)下,针对一条直的 Cu‐Ga‐In/纤维(内芯为棉纤维),可将其弯曲成各种形状,并在低温(8℃)下保持 3D 架构。随后,Cu‐Ga‐In/纤维可在室温下恢复其原始形状。结果表明,Cu‐Ga‐In/光纤可以作为可重构天线的温度响应可变形 3D 电路。为显示 Cu‐Ga‐In/纤维的显著刚度变化,使用 Cu‐Ga‐In/纤维与棉纤维内芯编织了网络[图 12.10(h)]。图 12.10(i)显示,在金属熔点(25℃)处,在 3 g 弯曲载荷下,网络立即产生明显挠曲,而在 8℃时,它可以承受 50 g 弯曲载荷。这些结果证明了 Cu‐Ga‐In/纤维的两种功能性力学状态:液态和固态。控制温度允许根据金属熔点任意成形 Cu‐Ga‐In/纤维,并在熔点以下构建 3D 结构。

先前的研究表明,基于液态金属的变刚度复合材料具有良好的形状适应性和承载能力。这可提高智能系统在不同环境下的适应性。例如,Cu‐Ga‐In/纤维可用于软机器的外骨骼,以在低温下保护内部脆弱结构,并且在室温下不会降低其变形能力。此外,Cu‐Ga‐In/纤维可以用作装载机器人的关节固定装置。固体 Cu‐Ga‐In/纤维可以提高接头的结构稳定性,而软 Cu‐Ga‐In 纤维则可用于恢复正常的接头柔性。

此外,还可考察内芯为 PU 纤维的 Cu‐Ga‐In/纤维的电稳定性。如图 12.11(a)所示,单根和双根 Cu‐Ga‐In/纤维(初始长度为 10 cm)在 100%~300% 不同应变下表现出稳定和连续的响应。在 100% 应变下测试了单根和双根 Cu‐Ga‐In/纤维 2 000 次循环的循环稳定性[图 12.11(b)]。在拉伸循环期间,电阻没有明显变化,这表明其具有良好的可靠性和适用于长工作寿命。这里,应用双 Cu‐Ga‐In/光纤连接 LED 灯,并拉伸至不同长度(0%~300%)。在拉伸过程中,LED 灯保持正常工作状态[图 12.11(c)]。此外,Cu‐Ga‐In/纤维将容易与相邻纤维形成新的液桥。这里,设计了一组端到端 Cu‐Ga‐In/光纤,其内芯为 PU 光纤,彼此平行,间隙为 0.5~1 mm,如图 12.11(d)所示。Cu‐Ga‐In/纤维组可拉伸至 50% 应变,其相对电阻增加

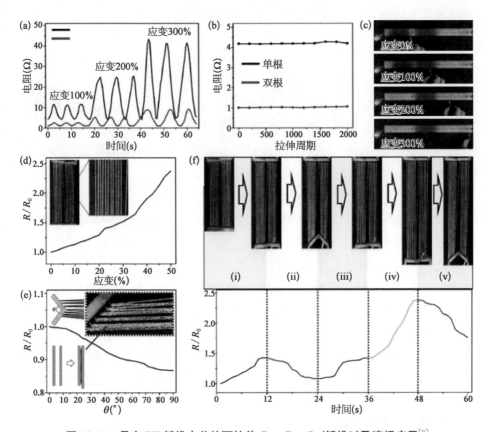

图 12.11 具有 PU 纤维内芯的可拉伸 Cu‑Ga‑In/纤维以及液桥应用[9]

(a) 单、双根 Cu‑Ga‑In/纤维在不同应变下的电阻曲线;(b) 单、双根 Cu‑Ga‑In/纤维在 100% 应变下 2 000 次循环的稳定性;(c) 双根 Cu‑Ga‑In/光纤连接 LED 灯并拉伸至不同长度;(d) 端到端 Cu‑Ga‑In/纤维组的电阻‑应变曲线;(e) 端到端 Cu‑Ga‑In/纤维组电阻折叠角曲线;(f) Cu‑Ga‑In/纤维组在 5 个步骤中的相对电阻变化。

(R/R_0) 至约 2.37[图 12.11(d)]。特别是,Cu‑Ga‑In/纤维组一侧的固定框架是可折叠的,且随着折叠角度(θ)的增加,这些 Cu‑Ga‑In/纤维的间隙将逐渐减小至彼此接触[图 12.11(e)]。由于相邻 Cu‑Ga‑In/光纤的接触,形成了新的液桥,可作为并联 Cu‑Ga‑In/光纤之间的短路点,这导致电阻降低,如图 12.11(e)。实验表明,液桥的应用可以减少纤维拉伸引起的阻力变化。图 12.11(f)显示了实验的 5 个步骤:(i) 将 Cu‑Ga‑In/纤维组拉伸至 25% 应变;(ii) 将固定框架折叠至 90°;(iii) 将固定框架恢复到原始状态;(iv) 将 Cu‑Ga‑In/纤维组拉伸至 50% 应变;(v) 将固定框架折叠至 90°。图 12.11(f)中的电阻曲线显示了 Cu‑Ga‑In/纤维组的相对电阻变化。在拉伸步骤期间,R/R_0 分别增加到 1.42 和 2.37,而在折叠步骤期间 R/R_0 分别减少到 1.08 和 1.75。

12.5 小结

总之,基于选择性黏附机理,可以制造出具有优异导电性的高拉伸 PPE 纤维,该纤维包含芯纤维、中间改性层和 EGaIn 液态金属外层。PPE 纤维具有优异的导电性(高达 10^3 S/cm),远超现有报道的可拉伸导电纤维。PPE 纤维具有超过 500% 应变的高拉伸性和优异的热稳定性,最高工作温度可达 250℃。独特的 PPE 纤维由于其高拉伸性、稳定的电阻变化和优异的工作性能,可作为优异的可拉伸导电纤维和应变传感器,在柔性和可穿戴电子领域具有广泛的应用前景。

进一步地,可通过更多高效且可扩展的方法来制造半液态金属导电纤维,如 Cu-Ga-In/纤维。在纤维上的黏合剂 PMA 涂层的帮助下,Cu-Ga-In 很容易被涂覆到通常纤维材料(UHMWPE、棉花、头发和 PU)的表面。具有不同内芯的 Cu-Ga-In/纤维可以用作具有多种机械性能的导电纤维。例如,Cu-Ga-In/纤维被证实具有高拉伸强度(UHMWPE 纤维的内芯)、易编织(棉纤维内核)和优异拉伸性(PU 纤维内芯)。与传统的固体导电材料不同,Cu-Ga-In 涂层通过温度变化具有显著的刚度变化。当温度达到熔点时,相邻纤维之间会形成液桥。此外,在刚度变化的基础上,Cu-Ga-In/光纤具有作为 3D 电路的应用前景。此外,Cu-Ga-In/纤维之间的液桥表现出非常规的电阻降低。这类制备高性能 Cu-Ga-In/纤维的方法可扩展到制备其他导电纤维、柔性电子器件包括超级电容器[11]等。应当注意,Cu-Ga-In/纤维也具有缺点。例如,随纤维直径应进一步减小,未包裹的 Cu-Ga-In 涂层容易损坏。未来,可以致力于几个目标,如:① 使用这种方法制造导电纳米纤维;② 开发具有更多功能的导电纤维,如用于人工肌肉的可变形纤维等;③ 用于柔性显示器的变色纤维;④ 借助于印刷于纤维表面的液态金属或其掺杂物制造各种 n 型、p 型半导体并集成出特定功能器件等。

参 考 文 献

[1] Chen G, Wang H, Guo R, et al. Superelastic EGaIn composite fibers sustaining 500% tensile strain with superior electrical conductivity for wearable electronics. ACS

Appl Mater Inter, 2020, 12: 6112 - 6118.

[2] Liu Y, Xu Z, Zhan J, et al. Superb electrically conductive graphene fibers via doping strategy. Adv Mater, 2016, 28: 7941 - 7947.

[3] Son D, Kang J, Vardoulis O, et al. An integrated self-healable electronic skin system fabricated via dynamic reconstruction of a nanostructured conducting network. Nat Nanotechnol, 2018, 13: 1057.

[4] Chen S, Zhao R, Sun X, et al. Toxicity and biocompatibility of liquid metals. Adv Healthcare Mater, 2023, 12(3): 2201924.

[5] 吕永钢, 刘静. 智能服装的研究与应用进展. 2005 现代服装高科技发展研讨会, 北京, 2005: 11 - 22.

[6] 刘静, 吕永钢. 一种降低太阳辐射的防暑服用衣料. 中国发明专利 03264231.8, 2003.

[7] Wang H, Li R, Cao Y, et al. Liquid metal fibers. Adv Fiber Mater, 2022, 4: 987 - 1004.

[8] 刘静, 杨阳, 邓中山. 一种含有液体金属的复合型面料. 中国发明专利 CN201010219755.2, 2010.

[9] Guo R, Wang H M, Chen G Z, et al. Smart semiliquid metal fibers with designed mechanical properties for room temperature stimulus response and liquid welding. Appl Mater Today, 2020, 20: 100738.

[10] Guo R, Tang J, Dong S, et al. One-step liquid metal transfer printing: towards fabrication of flexible electronics on wide range of substrates. Adv Mater Technol, 2018, 12: 1800265.

[11] Duan M, Ren Y, Sun X, et al. EGaIn fiber enabled highly flexible supercapacitors. ACS Omega, 2021, 6(38): 24444 - 24449.

第13章
液态金属印刷集成电路及芯片

集成电路,顾名思义就是基于一定的制造工艺如氧化、光刻、扩散、外延、蒸镀等,将各种晶体管、电阻、电容和电感等元件及互联导线通过半导体工艺集成在一起予以封装,以完成特定功能的微型电子器件。在过去60年中,Si集成电路(IC)的性能和集成密度以前所未有的速度发展。近年来集成电路则逐渐向着多元化发展,发展至今,在柔性或非常规基底上制造高性能逻辑电路也变得日益重要。不过,与那些在刚性基底上构造的晶体管相比,目前印刷的大面积和柔性薄膜晶体管(TFT)性能仍显不足,一定程度上会限制它们的实际应用。印刷集成电子学的实现需要材料科学的进步以及新的制造技术。

为满足日益增长的低成本、低功耗和高速的要求,有必要开拓新的电子材料和制造技术来补充现有的互补金属氧化物半导体技术,并克服传统刚性 Si 的高成本电子器件的局限性。液态金属是下一代集成电路的一种非常有前景的功能材料[1]。本章讨论基于液态金属的印刷集成电路,在简要回顾传统集成电路和液态金属场效应晶体管发展的基础上,评估液态金属材料在制造下一代印刷集成电路方面的潜力,还讨论结合液态金属与各种半导体材料实现大规模系统集成面临的挑战。

作为典型案例,本章特别介绍笔者实验室利用快速印刷工艺在薄的聚对苯二甲酸乙二醇酯(PET)基底上制造液态金属碳纳米管 TFT 的尝试[2]。这种柔性 TFT(p 型)表现出优异的稳定性和灵活性,以及载流子迁移率 $[10.61\ cm^2/(V \cdot s)]$ 和跨导(0.88 μS)性质,可用以实现基于液态金属的可靠的 n 型和双极晶体管,其电荷传输效率与 p 型晶体管相当。此类方法为在柔性基材上制造集成电路和互补型逻辑门奠定了基础,也显示了液态金属在印刷功能集成器件方面的潜力。虽然目前实现的集成度还远不能与传统相匹配,但该方法具有显著的拓展空间及制造方式上的普惠性,随着研究和应用的不断推进,可望为各种实际应用打开诸多可能,也为即将到来的印刷高性能和大面积柔性液态金属电子产品开辟新路。

13.1　集成电路发展概况

传统意义上,集成电路是通过特定的处理技术将多个有源和无源器件集成在单个半导体芯片或陶瓷基底上而实现的,它们可以用作放大器、振荡器、计时器、微处理器、计数器甚至计算机存储器。在短短几十年内,集成电路彻底改变了整个世界,已被用于几乎所有的电子设备。此外,以集成电路为基础的电子信息产业已经成为超过以汽车、石油和钢铁为代表的传统产业的最大产业。集成电路在维护现代社会高效运行中日益发挥着不可替代的作用,其发展经历了 3 个阶段。

13.1.1　1940 年代至 1950 年代(晶体管阶段)

1947 年 12 月第一个晶体管的实现标志着电子时代的开始。美国贝尔实验室展示了首个具有放大功能的基于 Ge 半导体的点接触晶体管,这一成就开创了现代半导体工业和信息时代。1950 年,基于 Ge 的 NPN 结晶体管被开发出来。1954 年,贝尔实验室生产了第一个 Si 晶体管,德州仪器公司在同年将这些晶体管予以商业化。在此期间,晶体管化电子电路通过电线连接单个半导体元件,证明了半导体器件的威力。1954 年,贝尔实验室开发了第一台晶体管计算机,使用了近 700 个晶体管和 10 000 个 Ge 二极管,每秒可执行 100 万次逻辑运算,功率只有 100 瓦。1955 年,IBM 开发了一台带有 2 000 个晶体管的商用计算机。

13.1.2　1960 年代至今(IC 阶段)

1958 年,德州仪器公司的工程师杰克·基尔比(Jack Kilby)发明了第一个集成电路,将三种电子元件组合在一个小型 Si 片上。自那时起,更多的组件被集成到单个半导体芯片中,计算机变得更小更快,功耗更低。1965 年,英特尔创始人之一摩尔提出了摩尔定律:集成电路中可安装的组件数量每 18~24 个月增加一倍,性能也提高一倍。随后,IC 半导体产业的发展与摩尔定律的基本理论相一致。1971 年,英特尔推出了第一批基于 MOS 技术的 4 位商用微处理器英特尔 4004(由 2 300 个晶体管构成)。1972 年,Intel 8008(3 500 个晶体管)作为 8 位商用微处理器推出。IBM 则推出了世界上第一台基于 Intel 8008 的 PC 机。随着越来越多的晶体管集成到一个芯片中,芯片变得越来越小,但功能变得越来越强大。

13. 1. 3　印刷 IC

在过去 60 年中,Si 基半导体微电子技术一直主导着电子工业。然而,由于制造复杂性和巨大成本,Si 基 IC 的生产几乎被世界上少数大公司垄断。近十年来溶液化导电、电介质和半导体材料方面的发展推动了通过印刷技术制造各种电子器件和电路的研究。

印刷电子技术作为一种利用传统印刷技术制造各种电子和光电子器件的工艺,具有大面积、灵活、低成本、环保等优点,蚀刻涂层材料可以处理器件堆叠中的每一层。在传统显影工艺中,采用真空沉积或液滴沉积可实现各种材料的图案化。之后,将多余材料予以去除,即可得到目标 IC。可见,基于该工艺的大面积制造是昂贵且资源密集的。相比之下,印刷则是一个增材制造过程。通过选择性地沉积可溶性可加工材料,可避免微机械加工中使用的光刻和蚀刻步骤,由此显著降低了成本。印刷电子的主要优点在于大面积制造和便于大规模生产的卷对卷工艺[3]。此外,该技术允许在柔软、柔性和非传统基材上进行印刷,显然,这些品质与 Si IC 互补。

尽管印刷技术具有如此鲜明的优点,但可印刷电子材料在初期的缓慢发展阻碍了其实际应用。20 世纪 70 年代,有机导电材料的发现开创了有机电子学的新领域。由于有机聚合物材料可以被制备成水溶性的,并且最终可以通过印刷技术以低成本方式大量制造有机电子器件,因此近年来日益获得了关注。在有机电子发展的早期阶段,一些研究人员试图通过溶液处理制备有机电子材料,并将其用于晶体管。然而,直到 2000 年,通过喷墨打印制备的有机场效应晶体管才被证明[4]。

与其他新兴技术一样,材料技术的进步一直是印刷电子产品的主要推动力。由于液态金属具有独特的金属和流体特性以及优异的物理和化学性质,由笔者实验室启动的面向全新印刷电子的常温液态金属已成为制备功能电子的理想候选材料。除了其优异的固有导电性和稳定性外,液态金属可以传统电子材料无法达到的方式弯曲和拉伸,因此它可以提供各种基本材料(包括半导体、绝缘体和导体)所需的终极可扩展性[5, 6]。特别是,液态金属可在柔性聚合物或塑料基底上实现器件物理和器件力学的无与伦比的组合,这可以制造长期可用的大面积、高性能柔性集成器件,而且是低成本规模化制造。液态金属在印刷电子领域的巨大潜力已在先前的综述中讨论[7-10]。本章重点关注开发低功耗和高速的基于液态金属的印刷 IC 的关键问题。

13.2　改变集成电路及芯片制造模式的液态金属印刷技术

集成电路(IC)是电子工业的核心,硅 IC 的性能和集成密度在过去 60 年中以前所未有的速度发展。然而,正如其他行业一样,一些主要问题阻碍了它的发展。首先,硅 IC 制造严重依赖于真空沉积,这使得大规模生产具有挑战性且成本高昂[11]。另一方面,Si 基互补金属氧化物半导体(CMOS)技术正接近其性能极限[12]。大规模半导体集成电路对功耗和集成密度的需求日益增长,需要从材料、工艺和结构三个方面同时开发晶体管器件。在材料领域,各种纳米材料的发现为进一步发展信息处理技术提供了新的途径。在工艺领域,由于其成本低、灵活性强、生产简单和易于集成的独特优势,印刷技术已成为微纳米加工技术的一个有前途的替代品,有望开辟新一代印刷芯片。最近,液态金属已成为将"材料、工艺和结构"有机结合的绝佳候选材料。它可以有效地促进后摩尔时代印刷晶体管器件的发展,从而满足工业界对小型、快速和大规模生产高效率、低能耗、低价格印刷芯片的需求[13]。

TFT 是电子电路的重要技术,具有广泛的用途,如柔性器件和显示器等。TFT 技术的潜力在于其低成本,由于处理步骤简单,与材料选择和 Si(CMOS)相比,TFT 技术只需有限的光刻工艺[11]。在物联网(IoT)和柔性电子领域,可望用作显示性能良好的低成本 TFT。特别是,印刷 TFT 在提供这种大规模和低成本电子产品方面具有巨大潜力,省去了光刻的复杂过程。利用在非常规或柔性基材上制造的高性能印刷逻辑电路对于实时分析等新应用至关重要。然而,印刷柔性 TFT 的缺点通常在于其性能不如在刚性基材上生产的 TFT。印刷柔性 TFT 的工作电压以及载流子迁移率(存在印刷源极/漏极接触的情况下)实际上受到接触电阻、印刷导体层以及有源沟道膜中半导体性能的限制。碳纳米管(CNT)是弥补 CMOS 技术中 Si 的有前途的替代品。CNT 的电子和空穴迁移率相当高。因此,通过适当的后处理技术,理论上可以获得性能优异的 p 型和 n 型 TFT 器件。然而,由于氧和水的吸附,CNT 通常在环境条件下表现出 p 型特性,这是形成 p 型和 n 型晶体管互补 CMOS 逻辑电路面临的巨大障碍。为降低功耗,CMOS逻辑更受欢迎,虽然具有高灵活性的TFT大多是单极p型场效应晶体管,这对于大规模系统至关重要。许多报告试图评估包括CMOS逻辑门的n型CNT晶体管的应用途径,其制造可通过p型或n型TFT实现[13, 14]。但在150℃以下的柔性基材上实现隔离空气的稳定的n型TFT相当困难。因此,关于柔性基材上低温印刷或溶液处理CNT的CMOS电路的文献很少[15-17]。作为一种替代方案,双极性晶体管近年来获得了很多关注,因为这样的单个器件可以同时具有p型和n型晶体管的特性。然而,由于n型晶体管对氧和水敏感,电路必须在真空下封装。此外,还须解决一些问题。具体而言,n型器件的电荷传输效率需要匹配p型TFT器件的性能。因此,开发在环境条件下稳定可操作的设备,确保可靠性和高性能是关键要求。为了在柔性电路中利用这种器件,柔性印刷TFT必须具备许多其他特性,例如良好的均匀性、优越的鲁棒性和环境稳定性。

近年来,人们对在薄且可弯曲的基材上制造集成电路投入极大的兴趣。液态金属印刷电子被认为是集成电路的一种新的有前途的候选者[18]。当然,此方面需要做更多的工作。考虑到液态金属在印刷电子领域显示出的巨大前景,笔者实验室提出并证实了全印刷集成型晶体管,其由EGaIn栅电极、PMMA栅电介质层、CNT半导体层和液态金属源极-漏极组成。当栅极电压脉冲通过时,载流子在电介质层/CNT层界面附近积聚并形成导电沟道。然后载流子从源电极注入半导体层中,并通过沟道传输到漏电极。此外,栅极电压会改变CNT的费米能级,而源极和漏极金属电极的准费米能级则是固定的。对于半导体CNT,这改变了CNT带隙相对于源极和漏极费米能级的位置,由此显著地调制了漏极电流。

笔者实验室[2]通过引入基于液态金属油墨的直接印刷方法,在柔性基材上实现了大面积印刷的液态金属碳纳米管晶体管(LM - CTFT)。p型器件在环境条件下显示出了高跨导(0.88 μS)、低阈值电压(2 V)以及良好的本征场效应迁移率[10.61 cm²/(V·s)],这反映了在稳定性和器件性能方面优于传统印刷电子器件。这些研究通过印刷用作源极-漏极电极的不同金属,在柔性基底上展示了第一个基于液态金属的n型和双极晶体管,其迁移率与p型器件相当。具体而言,生产具有所有类型传输特性的LM - CTFT已展示出很高的成功率,其可以在空气中长期稳定工作。这种单分散半导体CNT和液态金属的非同寻常的有趣组合显示出高兼容性,可以在低温下实现大面积印刷,并应用于低功率TFT电子器件。研究表明,所制造的设备可以在测试期间承受连续弯曲,同时保持其电气特性。这些努力为液态金属印刷薄膜宏观电子学奠定了坚实的基础,可望成为传感、计算、数据存储等电子领域的有前途的选择,以及一些其他新兴应用(如可穿戴系统、mHealth、智能城市,以及安全的物理上不可克隆功能[19]和物联网等)。

13.3　液态金属导电油墨的改性和增强

选择不同元素作为掺杂剂,可对 EGaIn 进行掺杂和改性[2]。Li 等[2]通过球磨工序,将金属或 CNT 粉末均匀地涂覆在液态金属表面上,由此优化性能。试验中,对大约 20 种金属样品进行电学评估,从中选择 7 种合适样品,实现了良好的 CNT 金属结性能,分别命名为 LM-1：GaSn-Ag@Cu;LM-2：GaIn-Ag@Cu-1;LM-3：GaIn-Ag@Cu-2;LM-4：GaIn-Ag@Cu-3;LM-5：GaIn-Ni CNTs;LM-6：GaIn-Ni;LM-7：GaIn-CNT(掺杂信息见表 13.1)。使用 LM-2 作为插图示例。将液态金属 EGaIn 添加到带有惰性气体保护的容器中,并将其加热至 150℃保持 30 min。然后添加称重好的合金粉末(C1 型镀银铜粉)(15 wt%的 EGaIn,以下相同)。经自然冷却后,加入润湿剂(4.17 wt%)、钛酸酯偶联剂(1.04 wt%)和气体凝固剂粉末(1.04 wt%),并以 2 000 r/min 转速搅拌混合 2 h,以确保导电增强材料能够均匀分散在液体金属导电黏合剂中。接下来,将混合物转移至具有惰性气体保护的水平砂磨机中,以 ZrO_2 颗粒作为研磨介质以 5 000 r/min 转速研磨 3 h。将糊状物过滤并使用自动填充机在惰性气体气氛中倒入容器。除质量比之外,所有掺杂液态金属的工艺都相同,表 13.1 总结了关于具有不同掺杂元素和质量比的 LM-1、LM-2、LM-3、LM-4、LM-5、LM-6 和 LM-7 的更多信息。

表 13.1　7 种液态金属的不同掺杂元素和质量比[2]

金属浆料	原材料	质量比	复合浆料 EDS 元素分布(%)						
			Ga	In	Sn	Cu	Ni	C	O
GaSn-Ag@Cu$^\alpha$	GaSn, H_1 (Ag@Cu)	100∶15	74.94		10.20	6.56		7.27	1.03
GaIn-Ag@Cu-1	EGaIn, H_{20} (Ag@Cu)	100∶15	66.21	27.50		2.33		3.95	

（续表）

| 金属浆料 | 原材料 | 质量比 | 复合浆料 EDS 元素分布（%） | | | | | | |
			Ga	In	Sn	Cu	Ni	C	O
GaIn - Ag@Cu - 2	EGaIn, H_1 (Ag@Cu)	100 : 10	67.86	23.41		2.88		5.85	
GaIn - Ag@Cu - 3	EGaIn, C_1 (Ag@Cu)	100 : 15	68.19	22.68		2.13		6.12	0.88
GaIn - Ni - CNTs	EGaIn, Ni, CWNT	100 : 2 : 1.5	70.94	21.78			1.05	6.22	
GaIn - Ni	EGaIn, Ni	100 : 4	69.08	23.58			1.12	6.22	
GaIn - CNT	EGaIn, CNT	100 : 2	72.30	21.21				6.49	

ᵃ GaSn - Ag@Cu 表示具有镀银铜粉的 GaSn，H_1、C_1、H_{20} 分别表示不同粉末类型。

13.4 液态金属导电体印制及材料表征

制造的第一步，是利用液态金属电子电路打印机（DP - 1），在柔性聚对苯二甲酸乙二醇酯（PET）基材上制作出具有高黏附力的大面积液态金属源极和漏极图案。将市售的纯度为 99% 的半导体 CNT 油墨印刷在液态金属源极和漏极之间的通道上，并在 50℃ 烘箱中加以干燥。然后将样品浸泡在去离子水中（10 s），以去除任何残留的表面活性剂。整个过程重复三次，随后在 120℃ 下退火 30 min。这将增强制备膜的电性能。印刷一层 PMMA 薄膜，然后加热到 120℃ 30 min，在器件的 CNT 半导体层上形成介电层。随后使用印刷沉积的液态金属作为顶栅电极。最后，可得到完整的柔性顶栅/底接触 LM - CTFT 有源矩阵。

使用金相显微镜（尼康 ECLIPSE LV150N）观察液态金属表面和通道层。为测量液态金属电极的薄层电阻，采用四探针装置，其与 Keithley 2400 源表相连。使用 SEM（QUANTA FEG 250）表征液态金属膜的微观结构。应用原子力显微镜（AFM，Bruker）表征 CNT 和 PMMA 膜的形貌。使用半导体参数分析仪（Keithley，型号 4200 - SCS）获得生成的 LM - CTFT 器件的电特性。使用黏附在微操作器的 W 探针上的 Cu 线（50 μm）探测漏极和源极电极。在空气中对印刷 TFT 器件的电子特性进行测量。在弯曲试验方面，通过操作弯

曲设备进行,伺其完成指定次数的循环后,在释放状态下记录电学性能。所有
测量均在环境条件下进行。

　　利用梦之墨 DP‑1 打印机可将导电的液态金属予以图案化。图 13.1(a)
显示了典型的 EGaIn 液滴的形态,其很难形成作为晶体管源极‑漏极的平坦
膜。相比之下,改性液态金属具有良好的成膜性能。通过扫描电子显微镜
(SEM)检测 7 种金属的形态[图 13.1(a)],可以看到掺杂到 EGaIn 油墨中的不
同元素在视觉上改变了金属结构的表面。进一步地,对合理混合的液态金属
进行能量色散 X 射线光谱(EDS)成像,以显示 Ga、Cu、Sn 和 C 的分布,以及覆
盖表面的纳米材料的存在,如图 13.1(b)、(c)和图 13.2 所示。数据表明,分布
在掺杂液态金属表面的纳米材料远少于最初添加的纳米材料。图 13.1(b)进
一步证实了液态金属均匀包裹纳米级粉末并改变相应性质的情况。更引人注
目的是,图 13.1(d)评估了各种材料的电导率,对于经溶液处理的可拉伸导
体[20‑26],包括掺杂液态金属,这些材料处于其最大持续应变状态。所有液态金
属的电阻率值均为 $(3.36 \sim 8.12) \times 10^{-7}\ \Omega \cdot m$,与其他弹性导体相当。
图 13.1(d)插图和表 13.2 中还显示了 7 种金属的电导率变化。所有测试的金
属均显示出优异的电导率,正如预期那样,由于各种掺杂元素的掺杂浓度不
同,这些液态金属的电导率也各不相同。具有柔性的高功率电子器件可从如
此高的导电性和可拉伸性中获得益处,这在以往是不易实现的。此外,金属半
导体结在电子器件中的作用十分重要,这是因为结可以提供足够的载流子
注入。

表 13.2　7 种液态金属的导电性[2]

液态金属	薄膜厚度 (mm)	片电阻 (mΩ)	ρ ($10^{-7}\ \Omega \cdot m$)	σ (10^{6} S/m)
GaSn‑Ag@Cu	0.022	24.6	5.41	1.85
GaIn‑Ag@Cu‑1	0.021	19.4	4.06	2.46
GaIn‑Ag@Cu‑2	0.032	10.5	3.36	2.98
GaIn‑Ag@Cu‑3	0.030	11.8	3.55	2.81
GaIn‑Ni‑CNTs	0.035	23.2	8.12	2.23
GaIn‑Ni	0.019	27.3	5.18	1.93
GaIn‑CNT	0.029	19.3	5.6	1.78

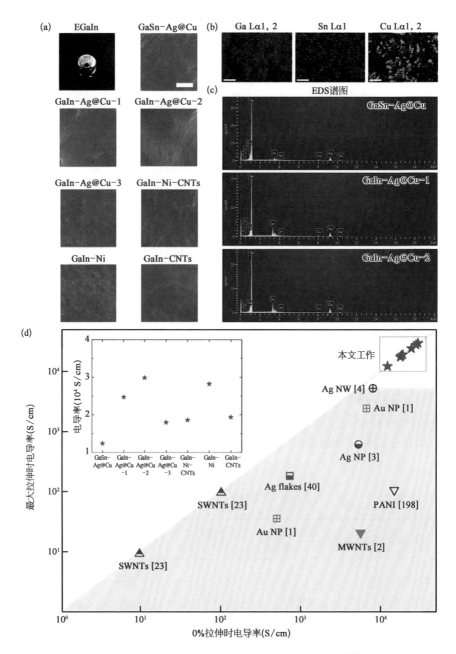

图 13.1 通过掺杂方式制备的柔性液态金属导体[2]

(a) 液态金属 EGaIn 液滴和 7 种液态金属的 SEM 图像。比例尺为 50 μm。不同掺杂元素及掺杂浓度导致不同形态。(b) EDS 图谱清楚显示了 GaSn-Ag@Cu 液态金属中 Ga、Sn 和 Cu 的分布，以及表面纳米材料的存在。(c) GaSn-Ag@Cu，GaIn-Ag@Cu-1 和 GaIn-Ag@Cu-2 的电极。(d) 各类弹性导体对比，包括 Ag 纳米线（Ag-NW）、Au 纳米颗粒（Au-NP）、Ag 纳米颗粒、多壁碳纳米管（MWCNT）、单壁 CNT、聚苯胺（PANI）以及液态金属（对应于红星）。插图显示 7 种金属导率。

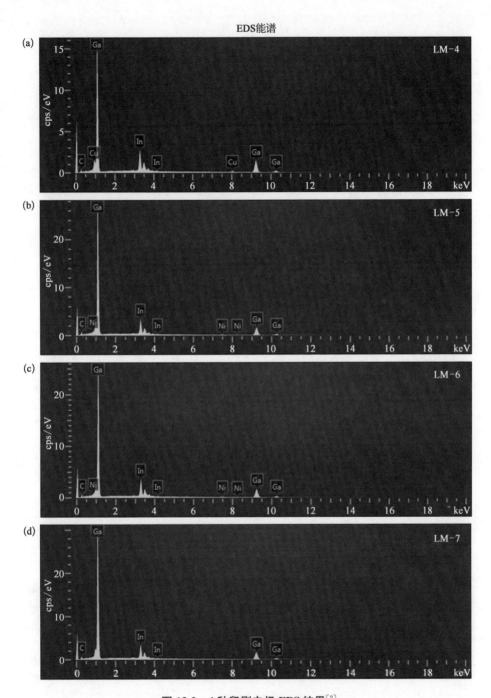

图 13.2　4 种印刷电极 EDS 结果[2]

(a) GaIn – Ag@Cu – 3(LM – 4)；(b) GaIn – Ni – CNTs(LM – 5)；(c)GaIn Ni(LM – 6)；(d) GaIn – CNTs(LM – 7)。

13.5　柔性基材上印刷的液态金属碳纳米管薄膜晶体管

如图 13.3 所示,柔性 TFT 通过印刷方法制备,并借助具有 PET(基底)/液态金属(源极-漏极接触)/CNT/PMMA 电介质/EGaIn(栅极接触)堆叠,实现顶部栅极-底部接触结构。选择这种结构是因为其增强的注入特性,以及典型的交错(顶栅)结构。此外,它还包含用于底部接触 TFT 的沟道小型化[27, 28]。利用液态金属打印机[29],将液态金属油墨直接印刷在 PET 基材上,以表征 TFT 的源极/漏极(S/D)电极阵列。在漏极和源极之间印刷半导体 CNT 网络(密度>50 管/μm^2),作为导电通路。通过拉曼光谱和吸收光谱分析 s-CNTs,光谱中的径向呼吸模式(RBM)、D 波段和 G 波段模式,证明半导体成分是高纯度的 CNT,这可以从 633 nm 激发波长的 RBM 中得到验证。在 CNT 溶液的紫外-可见-近红外吸收光谱中,强 S22 吸收峰(来自半导体管的第二次光学跃迁)和完全衰减的 M11 峰(来自金属管的第一个光学跃迁)表明半导体纯度高。随后,将 PMMA 油墨印刷在 TFT 沟道区域中,作为器件的电介质。PMMA 和 CNT 层的厚度分别为 8 μm 和 20 nm。通过原子力显微镜(AFM)刻画 PMMA 介电层均匀性的细节,可见其典型厚

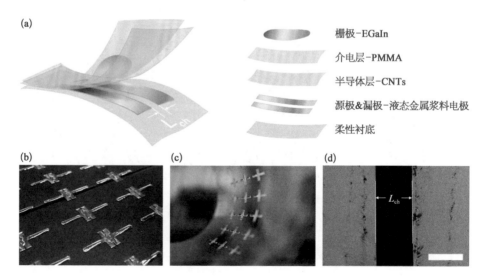

图 13.3　柔性薄膜上印刷的 LM-CTFT[2]

(a) 柔性 LM-CTFT 装置示意;(b)、(c) PET 薄膜上 LM-CTFT 阵列的图像,这些装置采用印刷工艺制造;(d) 沟道区域的金相显微图像。比例尺为 50 μm。

度为～8 μm。接下来,印刷 EGaIn 顶部栅电极阵列,即完成 TFT 的制造。该过程结束后,为获得高性能晶体管[图 13.3(b)],将器件在 120℃空气中退火 30 min,以增强 CNT 薄膜与液态金属电极之间的结合。印刷 TFT 器件阵列的光学图像如图 13.3(c)所示,其典型沟道长度(L)为 50 μm,宽度(W)为 2 000 μm[图 13.3(d)]。

13.6　高性能柔性液态金属碳纳米管薄膜晶体管

用不同的掺杂和改性液态金属电极对 LM - CTFT 的电学性能进行系统测量和评估。此处主要关注具有最佳性能的 3 种典型晶体管,其他 4 种类型如图 13.5(a)～(c)所示,它们分别显示了在底部接触配置中基于 LM - 1、LM - 2 和 LM - 3 源极/漏极的印刷 LM - CTFT 器件的传输特性。所有电气测量均在环境条件下进行。总体而言,这些器件在环境温度下显示出增强的稳定性。从电传输特性可以看出,使用相当低的工作电压(−5 V),所有器件均表现出不错的晶体管性能。在 LM - 1/CNT - TFT 曲线中[图 13.4(a)],可从传输特性的最大斜率(0.88 μS)中获得跨导(g_m)。LM - CTFT 的场效应迁移率可以计算为: $\mu = (L_{ch}g_m)/(WC_{ox}V_{DS})$,其中 L_{ch} 和 W 分别是器件沟道长度和宽度,g_m 表示跨导,$V_{DS} = -5$ V。为推算出载流子迁移率,可以首先利用平板模型预测栅极电容 C_{ox}: $C_{ox} = \varepsilon_0\varepsilon_{ox}/t_{ox}$,同时考虑 PMMA 层的相对厚度和碳纳米管网络的高密度[30]。使用图 13.4(a)～(c)中所示的传输曲线,可以计算出峰值跨导,从而得到器件迁移率,LM - 1 器件的迁移率为 10.61 $cm^2/(V \cdot s)$,LM - 2 器件为 6.58 $cm^2/(V \cdot s)$,LM - 3 器件为 9.38 $cm^2/(V \cdot s)$。对于 LM - 4/CNT - TFT、LM - 5/CNT - TFT、LM - 6/CNT - TFT 和 LM - 7/CNT - TFT,相应转移特性分别显示在表 13.3 中,其反映了由 7 种液态金属印刷的器件的相关特性(开关比等)。此外,印刷器件具有较低的栅漏电流和阈值电压(～2 V)[图 13.4(a)～(h)],这些结果允许制造基于印刷液态金属 TFT 的逻辑电路。将这 7 个 LM - CTFT 的相应输出特性(I_D-V_D)分别绘制在图 13.5(a)～(g)中,可见,在小的 V_D 偏压下,器件表现出线性行为,表明在液态金属电极和纳米管之间形成了欧姆接触。

表 13.3 7 种液态金属晶体管器件性能比较($L=50~\mu m$, $W=2~000~\mu m$) [2]

液态金属	$I_{on}(\mu A)$	I_{on}/I_{off}	$\mu~[cm^2/(V \cdot s)]$	$G_{on}(\mu S)$	$g_m(\mu S)$
GaSn - Ag@Cu	2.94	98	10.61	0.58	0.88
GaIn - Ag@Cu - 1	1.18	109	6.58	0.23	0.54
GaIn - Ag@Cu - 2	1.80	201	9.38	0.36	0.78
GaIn - Ag@Cu - 3	2.82	206	9.58	0.56	0.79
GaIn - Ni - CNTs	1.24	158	4.01	0.25	0.33
GaIn - Ni	1.18	220	6.67	0.24	0.55
GaIn - CNT	1.07	116	4.73	0.21	0.39

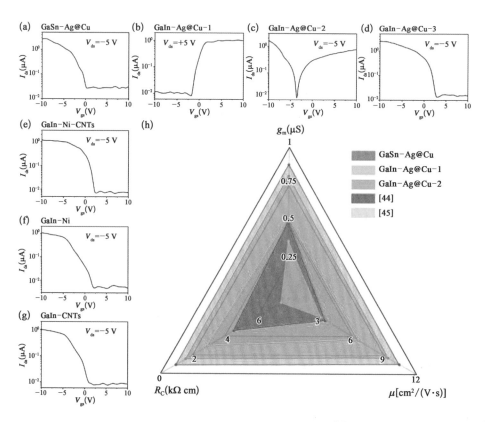

图 13.4 7 种液态金属晶体管输出特性[2]

(a)~(g)分别为 GaSn - Ag@Cu - CTFT、GaIn - Ag@Cu - 1 - CTFT、GaIn - Ag@Cu - 2 - CTFT、GaIn - Ag@Cu - 3 - CTFT、GaIn - Ni - CNTs - CTFT、GaIn - Ni - CTFT 和 GaIn - CNTs - CTFT 器件在 $V_{ds}=|5|$ V 时电流与 V_{gs} 的传输曲线,所有器件的沟道长度和宽度分别为 $50~\mu m$ 和 $2~000~\mu m$;(h) 迁移率与跨导关系图,旨在比较文献中报道的典型柔性 TFT,液态金属表现出最高的迁移率与跨导。

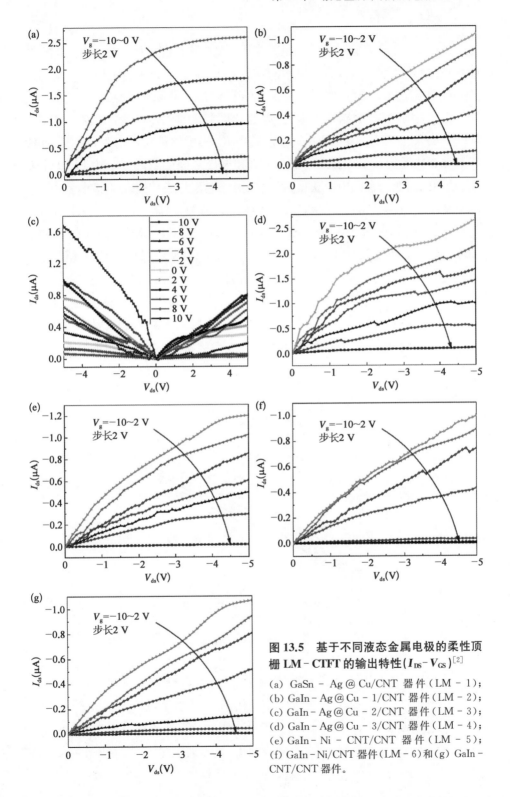

图 13.5　基于不同液态金属电极的柔性顶栅 LM‐CTFT 的输出特性(I_{DS}‐V_{GS})[2]

(a) GaSn‐Ag@Cu/CNT 器件(LM‐1);
(b) GaIn‐Ag@Cu‐1/CNT 器件(LM‐2);
(c) GaIn‐Ag@Cu‐2/CNT 器件(LM‐3);
(d) GaIn‐Ag@Cu‐3/CNT 器件(LM‐4);
(e) GaIn‐Ni‐CNT/CNT 器件(LM‐5);
(f) GaIn‐Ni/CNT 器件(LM‐6)和(g) GaIn‐CNT/CNT 器件。

图 13.6 比较了不同器件的接触电阻(R_c),这是在金属源极/漏极电极和半导体之间测量得到的,通过对不同沟道长度(30、50、100、200 和 500 μm)结构测量总电阻(R_{total}),再使用传输线法(TLM)估计出接触电阻(R_c)。将总电阻(R_{total})绘制为每个金属接触的沟道长度(L_{ch})的函数(图 13.5)。LM - CTFT 的 R_{total} 为 $R_{total} = 2R_c + R_{ch}$,其中 R_{ch} 表示器件沟道电阻,$2R_c$ 表示漏极和源极之间的接触电阻。于是,通道和电极之间的 R_c(表示为 $2R_c$)可从 TLM 图的线性拟合截距中获得;通道的薄层电阻与线性拟合的斜率相关[31]。这里从 $V_{DS} = -5\ V$ 的导通状态获得了 TLM 图的总电阻。计算表明,LM - 1/CNT - TFT、LM - 2/CNT - TFT、LM - 3/CNT - TFT、LM - 4/CNT - TFT、LM - 5/CNT - TFT、LM - 6/CNT - TT、LM - 7/CNT - TF 的通道薄层电阻分别为 0.95、2.86、1.76、1.30、1.54、2.01 和 2.29 $k\Omega \cdot cm$。在所有液态金属电极材料中,与其他印刷 CNT - TFT 相比,金属 - CNT 触点的接触电阻降低[32, 33],这归因于低能量势垒以及半导体 CNT 层和印刷液态金属源/漏电极间的优良接触特性,所获得的值与利用蒸发金属源/漏电极产生的有机 TFT 器件相当。

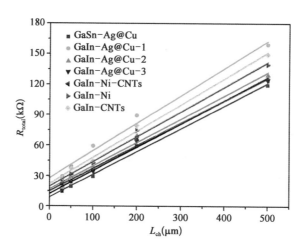

图 13.6　源/漏电极接触电阻数据

图 13.4(h)总结了笔者实验室制造的各种 TFT 以及文献[44, 45]中基于 CNT 的其他 TFT 的迁移率、跨导和接触电阻。利用平行板模型检验上述迁移率,根据所制备的 TFT 结果,可以看到平均迁移率和跨导分别为 8.24 cm^2/$(V \cdot s)$和 0.68 μS,而相应的最大值分别为 10.61 cm^2/$(V \cdot s)$和 0.88 μS。与

前人报道的 TFT 器件相比,这里实现的器件具有更好性能。首先使用纯半导体 CNT 网络作为晶体管的导电通道。由于电极和 CNT 之间具有良好兼容性,从改性液态金属电极获得的增益是可观的。此外,低接触电阻可以显著减少空穴或电子注入势垒,这将增强电极/半导体层接触。良好的液态金属 CNT 接触可以最小化减少对器件性能的影响,同时又增强了全印刷 TFT 的性能。由于这些原因,具有改性液态金属电极的基于 p 型半导体的 LM-CTFT 获得了良好的场效应迁移率。值得注意的是,与一些印刷柔性双极 CNT-TFT[36, 37]、可溶性有机材料[$<$1 cm²/(V·s)][38, 39]、α-Si[～1 cm²/(V·s)][40]和有机聚合物[0.1～0.6 cm²/(V·s)][41]相比,LM-CTFT 显示出更好的器件性能,与几种非常规有机光电管 TFT[～3.4 cm²/(V·s)]相比性能更佳[42]。因此,这样的制造工艺很容易应用到柔性基底上,从而实现液态金属与 CNT 良好组合的本征传输特性晶体管。此外,应该注意到,来自 p-Si 的器件需要在极高温度下进行处理以生成膜[50],而液态金属和 CNT 网络可通过简单程序轻松创建,如室温滴涂、印刷或旋涂,无须高温后处理。考虑到通过化学气相沉积生长的致密排列的 CNT 阵列显示出约 1 100 cm²/(V·s)[43]的器件迁移率,可以使用更长的 CNT 和/或制备更高密度的 CNT 列阵来进一步提高 LM-CTFT 迁移率。上述用于增强器件性能的措施可以实现高迁移率和开关比的 LM-CTFT。

此外,可以观察到各种金属接之间的巨大差异。在 LM-1-CNT TFT 器件中,当栅极扫到正电压时,器件显示单极 p 型特性(即大多数载流子是空穴)[图 13.4(a)]。LM-2/CNT TFT 以 n 型导电(即大多数载流子是电子)方式工作的传输特性如图 13.4(b)所示。特别地,n 型 CNT-TFT 的载流子迁移率为 9.38 cm²/(V·s),跨导为 0.78 μS,这与此处的 p 型器件很好匹配。而 LM-3 器件显现出双极性[图 13.4(c)],具有更好的空穴和电子传输性,表明电子和空穴都是从电极注入的。该器件显示出 9.38 cm²/(V·s)的空穴迁移率,在电子累积状态下,迁移率为 7.72 cm²/(V·s)。

CNT-TFT 的特性由 CNT 金属结处的势垒决定,这是由于 CNT 和金属之间的金属功函数和费米能级的差异而产生的。Leonard 及其同事[44]进行了一项研究,与平面结肖特基二极管进行了比较,通过操纵阈值实现最佳器件性能。研究表明,这些器件的肖特基势垒受金属功函数高度调控,而金属功函数不受费米能级钉扎的影响,因此可以通过简单选择合适的金属来调节势垒高度。通过选择具有不同功函数的接触金属,可以改变晶体管的 n 型或 p 型行为。众所周知,互补逻辑器件对于具有低功率需求的应用更为理想。然而,所构建的 CNT-TFT 大多显示 p 型特性。在短沟道 CNT 晶体管($L_{ch} < L_{CNT}$，即直接接触传输)情况下，源极-漏极接触的功函数过滤注入沟道的载流子类型，从而影响晶体管极性。因此，低功函数金属(如 Sc 和 Er)可被用作制备 n 型 TFT 的直接接触。与长沟道 CNT-TFT($L_{ch} \gg L_{CNT}$，即渗流传输)相比，利用 n 型沟道掺杂是制备 n-CNT TFT 的常用方法(有关报告显示了 n 型 TFT，其中 Sc 用作源极-漏极接触[45])。许多介电膜(如 Si_3N_4、Al_2O_3 和 HfO_2)和有机分子已被用作 CNT-TFT 的 n 型掺杂源[46-49]。然而，基于有机分子的设备可能会面临兼容性和稳定性方面的障碍。此外，在 CMOS 逻辑器件的构造中，这些分子可能无法与工艺兼容。这里实验中使用的液态金属掺杂元素 In 在 4.1 eV 处具有较低的功函数，LM-2 含有最多浓度的 In 元素，在所使用的 7 种金属中，它具有最低的功函数。LM-2 接触的 CNT 表现出 n 型特性，而由其他液态金属构建的 TFT 为 p 型或双极性。预期电子从接触电极注入纳米管中，并且 n 型纳米管 TFT 可在 CNT 通道中没有任何掺杂的情况下实现。这些工作利用各种改性液态金属作为源极-漏极接触，从而能够通过印刷技术获得 p 型、n 型和双极性晶体管，这对于构建未来高性能复杂柔性集成 CMOS 电路非常重要。

为充分研究不同液态金属 TFT 器件性能的均匀性，Li 等[2]对总共 70 个器件(从 LM-1/CNT TFT 到 LM-7/CNT TFT，每种类型 10 个样品)进行表征，这些器件在沟道中每 μm 具有相同的 CNT 线密度。如图 13.7 中的方框给出了器件性能及细节，包括导通、跨导、场效应迁移率和开关比等。所有这些参数分布在相当窄的范围内，表明器件具有优异的均一性。此外，这种工艺还具有优秀的成品率，器件间差异很小，在未来大规模生产 TFT 方面潜力巨大。

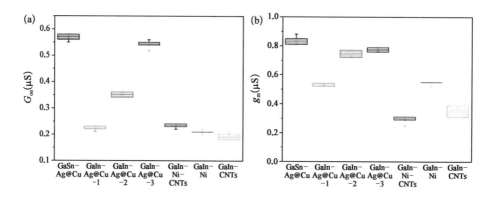

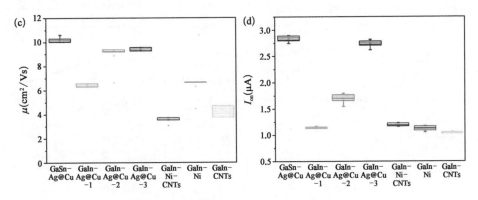

图 13.7　不同液态金属 TFT 器件性能数据[2]

所有器件通道长度和宽度分别为 50 μm 和 2 000 μm,(a)～(d)依次为电导、跨导、器件迁移率和开态电流的统计数据。表明设备间差异较小,有利于批量制备。

13.7　印刷液态金属-碳纳米管基薄膜晶体管器件的稳定性

通过平行于通道中的电流方向弯曲器件来进行电气特性测试。如图 13.8(a)和(b)所示,将提取的 LM - CTFT 性能参数(包括标准化开关比和场效应迁移率)绘制为弯曲周期的函数。在多个平行弯曲循环期间,可获得与电流和跨导无关的弯曲特性(图 13.9)。开关比和跨导在整个循环中保持相对恒定。在完成 500 和 1 000 次循环后约 5 min,在原始状态下测量装置的特性。可以看到,在弯曲角度为 90°的情况下,所检测的 LM - CTFT 的传递特性发生了微小变化,这一稳定性在 1 000 次弯曲循环后仍得以保持,且对所有 TFT 指标都是一致的。TFT 增强的柔性和可靠性可归因于液态金属的优异柔性。在柔性电子器件中,改性液态金属可能比传统的导体材料更合适,这是因为它们具有更高的机械顺应性,对于降低成本和扩大制造规模至关重要。

此外,时间稳定性对于基于半导体电子器件来说是一个挑战,对于 n 沟道晶体管来说更是如此。在 p 沟道和 n 沟道 TFT 情况下,偏置应力效应极其重要[50-52],器件的货架稳定性对于在环境条件下实现低成本加工和封装至关重要[38]。因此,n 型 TFT 器件在空气中具有增强的稳定性是非常重要的。为检查这种稳定性,在完成制造后将一组液态金属和基于 CNT 的 TFT 储存在环境条件下,并在几天内定期监测器件性能。图 13.8(c)～(d)绘制了暴露于空气中超过 50 天后这些 LM - CTFT 阵列的平均性能参数(图 13.10),没有观察到开关比及其迁移率的明显统计变化,由此证明了器件优异的稳定性,为今后在柔性集成

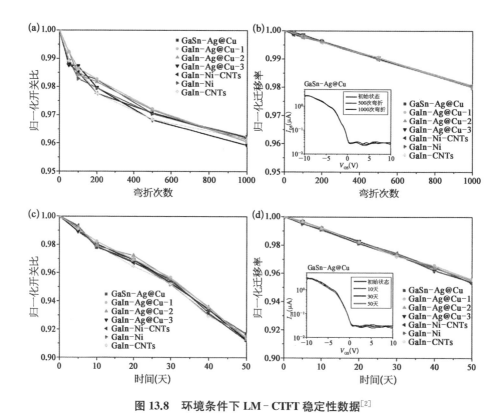

图 13.8　环境条件下 LM‑CTFT 稳定性数据[2]

(a)~(b) LM‑CTFT 性能,包括作为弯曲周期函数的场效应迁移率和开关比。在 1 000 次循环后,所有指标均表现出可忽略的变化,表明设备具有良好的灵活性。(c) ~(d) LM‑CTFT 晶体管性能参数与时间图。50 天后,所有指标均显示出可忽略的变化,表明设备具有良好的可靠性。所有器件的沟道长度和宽度分别为 50 μm 和 2 000 μm。

电路中的实际应用铺平了道路。可以认为,均匀的膜形貌、适当的半导体电子结构和介电材料,以及自封装顶栅 TFT 结构是确保器件稳定性的基础。

　　在此项工作中,由于介电层厚度和沟道长度的不足,LM‑TFT 不能实现特别高的开关比和导通电流。但应该考虑到,与其他材料相比,其研究周期要短得多,很明显,在不久的将来,LM‑TFT 器件的性能可以通过减少沟道长度和介电层厚度、提高 CNT 密度或减少载流子散射并改善栅极耦合等措施得到进一步增强和改善。此外,目前的工作显示在 CNT 薄膜和液体金属层之间沉积适当的缓冲介电材料,可在柔性基材上获得更高性能的印刷 LM‑CTFT。由于具有更高的导电性和对各种类型的应力和应变效应的优异适应性,在未来,液态金属印刷可望成为具有大规模生产高速和低功耗柔性电子产品的有吸引力的替代方案。

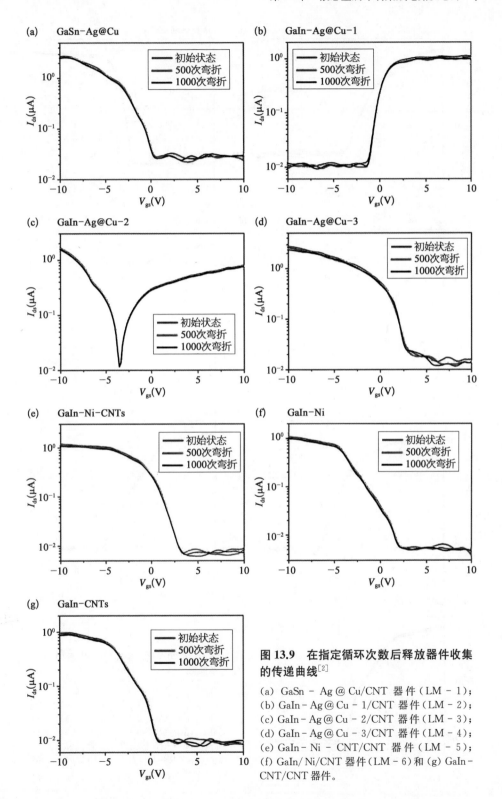

图 13.9　在指定循环次数后释放器件收集的传递曲线[2]

(a) GaSn－Ag@Cu/CNT 器件（LM－1）;
(b) GaIn－Ag@Cu－1/CNT 器件（LM－2）;
(c) GaIn－Ag@Cu－2/CNT 器件（LM－3）;
(d) GaIn－Ag@Cu－3/CNT 器件（LM－4）;
(e) GaIn－Ni－CNT/CNT 器件（LM－5）;
(f) GaIn/Ni/CNT 器件（LM－6）和 (g) GaIn－CNT/CNT 器件。

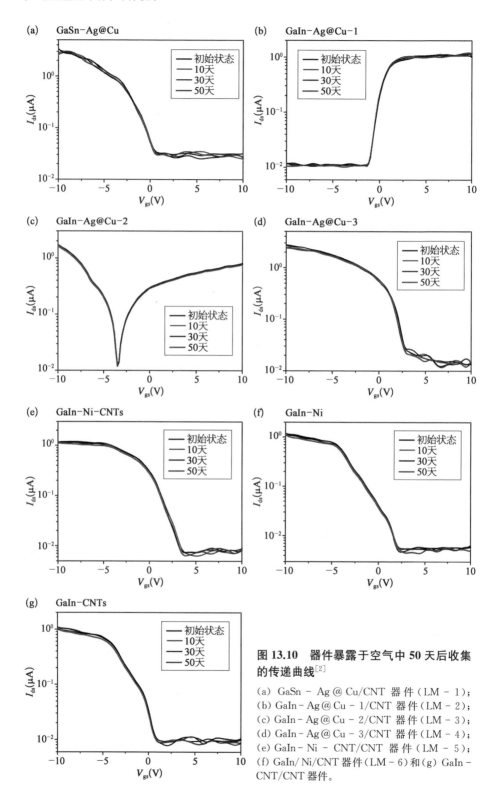

图 13.10　器件暴露于空气中 50 天后收集的传递曲线[2]

（a）GaSn－Ag＠Cu/CNT 器件（LM－1）；
（b）GaIn－Ag＠Cu－1/CNT 器件（LM－2）；
（c）GaIn－Ag＠Cu－2/CNT 器件（LM－3）；
（d）GaIn－Ag＠Cu－3/CNT 器件（LM－4）；
（e）GaIn－Ni－CNT/CNT 器件（LM－5）；
（f）GaIn/Ni/CNT 器件（LM－6）和（g）GaIn－CNT/CNT 器件。

13.8　液态金属印刷集成电路发展路线图

　　总的说来，液态金属印刷技术由于其低成本和高效率优势，为实现下一代印刷 IC 提供了解决方案，此方面包括低功耗开关行为、晶体管尺寸的连续缩放、逻辑门和芯片的高效集成等方面。然而，液态金属材料系统在 TFT 技术中用于制备印刷 IC 的应用还处于早期阶段。对于逻辑电路，液态金属系统具有尺寸缩放和高面积效率集成等优点，但仍缺乏芯片级的实验验证。为解决这个问题，需要克服一系列技术障碍，包括稳定掺杂的可靠的液态金属 2D 半导体印刷，以提高驱动电流并实现大规模异质集成。图 13.11 显示了为下一代印刷 IC 集成液态金属材料系统的路线图[1]。此方面面临着来自材料、器件和系统层面与液态金属材料集成的挑战，但同时也存在着不少富有前景的解决方案。

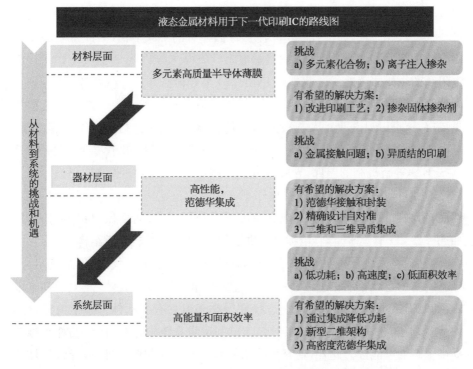

图 13.11　为印刷 IC 实现下一代集成液态金属材料系统的路线图[1]

从材料、设备和系统角度分析了这些因素的挑战和未来解决方案。在材料层面，高质量、大面积 2D 半导体和稳定的掺杂技术是关键。在设备级，需要高性能和小容量范德华集成。在系统级，需要低功耗、高速和高能效。

在材料层面,大规模制造 2D 半导体是 IC 制备的必要条件,最佳掺杂是互补晶体管技术的关键。尽管通过液态金属印刷可以容易地制造 2D 器件,但大面积制备多元素化合物(如过渡金属二卤化物)仍然是一个挑战。为制备高质量的多元素 2D 半导体,必须控制化学计量、厚度、缺陷、晶粒尺寸和表面粗糙度等关键因素。由于前驱体中的杂质很少能保证完美的化学计量或纯度,精确控制相和层的数量仍然是一个挑战,它们可能会降低器件性能,因此需要进一步研究。此外,高可调谐性和稳定的 2D 半导体掺杂对于在互补电路中实现 n 型和 p 型材料特性也必不可少。然而,由于液态金属 2D 半导体的原子厚度,传统的离子注入掺杂方法并不适用。气体分子掺杂可以解决这个问题,但由于其稳定性低,目前尚不实用。使用高 k 电介质通过工业友好的原子层沉积,从固体掺杂剂转移电荷是一个有前途的解决方案。

在制造工艺方面,提高器件性能和实现小规模范德华集成极为重要。高接触电阻会制约晶体管的最大驱动电流,进一步抑制了能量效率。降低源极-漏极界面的接触电阻是提高二维材料驱动电流的关键。典型 LM - TFT 的源极-漏极接触电阻约为 10 k$\Omega\mu$m,它是 Si 晶体管的 100 多倍,因此重要的是尽可能减少金属和 2D 材料之间的接触电阻。值得注意的是,表面杂质也是接触电阻高的主要原因之一。此外,印刷的 2D 半导体必须在空气中稳定,否则会导致阈值漂移和性能下降。通常,hBN[53, 54] 和有机分子膜[55, 56] 被用作范德华封装层,这可以显著改善大气稳定性并优化器件性能,包括载流子迁移率、传导电流和栅极可调谐性。对于基于隧道 FET(TFET)和狄拉克源极 FET(DSFET)等新机制的器件,异质技术至关重要,可以极大地提高电路设计的灵活性。到目前为止,基于液态金属印刷氧化物的范德华异质结构已得以证明。然而,为制造超小型器件并实现高密度异质结构集成,需要做出更多努力,例如选择性 2D 半导体蚀刻、精细自对准以及 2D 和 3D 材料异质结构集成。

最后,在系统层面,大规模集成、高速和低功耗是下一代 IC 的最终目标。硅基结构的连续收缩在进一步提高性能方面取得了显著成效,但由于基本限制(如所需最小沟道长度),这一过程变得越来越具有挑战性。基于液态金属的新型 2D 器件的设计将 2D 半导体集成到逻辑系统中,这为优化功耗和能效提供了新的可能性。此外,现有系统依赖笨重的组件和单元堆叠,导致区域效率低。基于液态金属的 2D 半导体有望与悬空无键晶格很好地集成,这可以显著提高系统的面积效率,从而提高 IC 的综合性能。

随着 CMOS 技术接近其物理极限,液态金属基材料系统和印刷技术为下一代芯片的发展提供了一条有前途的道路,并将成为器件工程和芯片原型设计方面不断增加的研究重点。从几种已经开发的用于 IC 应用的器件,可以看到它们在功能和 IC 应用中的许多潜在机会。在设备、架构和算法层面,该领域已经在开展各种令人鼓舞的举措,而且实现起来机会很大。如图 13.12 所示,通过印刷技术的战略性发展和持续进步,可以实现下一代印刷 IC 中液态金属的各种预期潜力。对于未来的 IC,必须优化集成技术以满足低成本和高效率要求。下一代芯片应该在实现与传统芯片相同计算精度的同时实现能量效率在几个数量级上的提高。液态金属纳米印刷技术有望促进未来更高效、成本更低的芯片生产。

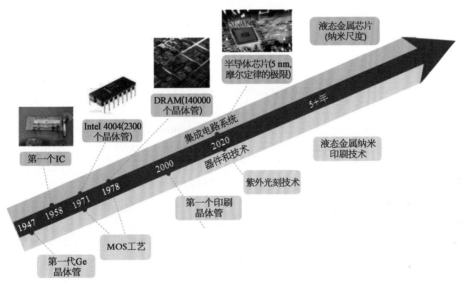

图 13.12　液态金属印刷电子产品的既往里程碑和未来前景[1]

13.9　小结

　　总之,通过液态金属印刷工艺可以制造大面积晶体管乃至 IC。可以看到,液态金属柔性晶体管具有良好的器件迁移率,以及优异的耐久性和稳定性。在柔性基材上使用低功率互补电路的情况下,已能使用不同金属电极实现可靠的 n 型和双极性晶体管。具体而言,所获得的 LM - TFT 显示出更大的器件间均匀性,其具有与 p 型计数器部件相似且良好的电学特性。众所周知,实现这种液态金属基印刷柔性晶体管的尝试还很鲜见。在未来,通过更多研究,包括减少介电层厚度和沟道长度,以及提高 CNT 的密度,可以进一步提高所开发的柔性薄膜晶体管的性能。而且,除了 CNT 外,更多的有机或无机半导体材料也可与液态金属结合,实现 IC 印刷,此方面空间巨大。总的说来,液态金属印刷通过构建高性能、低成本和可扩展的集成电子器件,为实际应用创造了高效方法。在所开发设备的演示中,由此实现的液态金属柔性电子在未来应用中还有各种可能,包括发光二极管显示器、致动器、可穿戴传感器和电子皮肤,在弹性体和塑料基材上使用印刷工艺等。虽然目前的集成度远远低于传统电子制造途径,随着研究的深入和工艺的完善,未来的液态金属印刷 IC 的精度、密度和性能将跃升到一个前所未有的层面。

参 考 文 献

[1] Li Q, Liu J. Liquid metal as candidates for next-generation printed integrated circuits. Internal Report, 2022.

[2] Li Q, Lin J, Liu T, et al. Printed flexible thin-film transistors based on different types of modified liquid metal with good mobility. Sci China Inform Sci, 2019, 62: 202403.

[3] 刘静,王倩. 液态金属印刷电子学. 上海:上海科学技术出版社,2019.

[4] Sirringhaus H, Kawase T, Friend R H, et al. High-resolution inkjet printing of all polymer transistor circuits. Science, 2000, 290(5499): 2123 - 2126.

[5] Yao Y, Ding Y, Li H, et al. Multi-substrate liquid metal circuits printing via superhydrophobic coating and adhesive patterning. Adv Eng Mater, 2019, 21: 1801363.

[6] Zhao R, Guo R, Xu L, et al. A fast and cost-effective transfer printing of liquid metal inks for three-dimensional wiring in flexible electronics. ACS Appl Mater Inter, 2020, 12(32): 36723 - 36730.

[7] Wang X L, Liu J. Recent advancements in liquid metal flexible printed electronics: Properties, technologies, and applications. Micromachines, 2016, 7: 206.

[8] 刘静,杨应宝,邓中山. 中国液态金属工业发展战略研究报告:一个全新工业的崛起. 昆明:云南科技出版社,2018.

[9] Wang L, Liu J. Advances in the development of liquid metal based printed electronic inks. Front Materials, 2019, 6: 303.

[10] 刘静,盛磊,邓中山,等. 液态金属材料产业链. 昆明:云南出版集团,2022.

[11] Myny K. The development of flexible integrated circuits based on thin-film transistors. Nat Electron, 2018, 1: 30 - 39.

[12] Ding L, Zhang Z, Liang S, et al. CMOS-based carbon nanotube pass-transistor logic integrated circuits. Nat Commun, 2012, 3: 677.

[13] Li Q, Liu J. Liquid metal printing opens the way to save big energy in semiconductor manufacturing industry. Front Energy, 2022, 16: 542 – 547.

[14] Hong K, Kim Y H, Kim S H, et al. Aerosol jet printed, sub-2 V complementary circuits constructed from p- and n-type electrolyte gated transistors. Adv Mater, 2014, 26: 7032 – 7037.

[15] Chen H, Cao Y, Zhang J, et al. Large-scale complementary macroelectronics using hybrid integration of carbon nanotubes and IGZO thin-film transistors. Nat Commun, 2014, 5: 4097.

[16] Honda W, Harada S, Ishida S, et al. High-performance, mechanically flexible, and vertically integrated 3D carbon nanotube and InGaZnO complementary circuits with a temperature sensor. Adv Mater, 2015, 27: 4674 – 4680.

[17] Han S J, Tang J, Kumar B, et al. High-speed logic integrated circuits with solution-processed self-assembled carbon nanotubes. Nat Nanotechnol, 2017, 12: 861.

[18] Zheng Y, He Z Z, Yang J, et al. Direct desktop Printed-Circuits-on-Paper flexible electronics. Sci Rep, 2013, 3: 1786 – 1 – 7.

[19] Hu Z, Comeras J M M L, Park H, et al. Physically unclonable cryptographic primitives using self-assembled carbon nanotubes. Nat Nanotechnol, 2016, 11: 559.

[20] Xu F, Zhu Y. Highly conductive and stretchable silver nanowire conductors. Adv Mater, 2012, 24: 5117 – 5122.

[21] Kim Y, Zhu J, Yeom B, et al. Stretchable nanoparticle conductors with self-organized conductive pathways. Nature, 2013, 500: 59.

[22] Park M, Im J, Shin M, et al. Highly stretchable electric circuits from a composite material of silver nanoparticles and elastomeric fibers. Nat Nanotechnol, 2012, 7: 803.

[23] Matsuhisa N, Kaltenbrunner M, Yokota T, et al. Printable elastic conductors with a high conductivity for electronic textile applications. Nat Commun, 2015, 6: 7461.

[24] Stoyanov H, Kollosche M, Risse S, et al. Soft conductive elastomer materials for stretchable electronics and voltage controlled artificial muscles. Adv Mater, 2013, 25: 578 – 583.

[25] Chun K Y, Oh Y, Rho J, et al. Highly conductive, printable and stretchable composite films of carbon nanotubes and silver. Nat Nanotechnol, 2010, 5: 853.

[26] Sekitani T, Nakajima H, Maeda H, et al. Stretchable active-matrix organic light-emitting diode display using printable elastic conductors. Nat Mater, 2009, 8: 494.

[27] Gelinck G H, Huitema H E A, van Veenendaal E, et al. Flexible active-matrix displays and shift registers based on solution-processed organic transistors. Nat Mater, 2004, 3: 106.

[28] Gamota D R, Brazis P, Kalyanasundaram K, et al. Printed organic and molecular

electronics. Springer Science & Business Media, 2013.

[29] Zheng Y, He Z Z, Yang J, et al. Personal electronics printing via tapping mode composite liquid metal ink delivery and adhesion mechanism. Sci Rep, 2014, 4: 4588.

[30] Cao Q, Xia M, Kocabas C, et al. Gate capacitance coupling of singled-walled carbon nanotube thin-film transistors. Appl Phys Lett, 2007, 90: 023516.

[31] Ante F, Kälblein D, Zaki T, et al. Contact resistance and megahertz operation of aggressively scaled organic transistors. Small, 2012, 8: 73 - 79.

[32] Cao C, Andrews J B, Kumar A, et al. Improving contact interfaces in fully printed carbon nanotube thin-film transistors. ACS Nano, 2016, 10: 5221 - 5229.

[33] Okimoto H, Takenobu T, Yanagi K, et al. Tunable carbon nanotube thin-film transistors produced exclusively via inkjet printing. Adv Mater, 2010, 22: 3981 - 3986.

[34] Andrews J B, Mondal K, Neumann T V, et al. Patterned liquid metal contacts for printed carbon nanotube transistors. ACS Nano, 2018, 12: 5482 - 5488.

[35] Liu C, Xu Y, Li Y, et al. Critical impact of gate dielectric interfaces on the contact resistance of high-performance organic field-effect transistors. J Phys Chem C, 2013, 117: 12337 - 12345.

[36] Yu M, Wan H, Cai L, et al. Fully printed flexible dual-gate carbon nanotube thin-film transistors with tunable ambipolar characteristics for complementary logic circuits. ACS Nano, 2018, 12: 11572 - 11578.

[37] Cao C, Andrews J B, Kumar A, et al. Improving contact interfaces in fully printed carbon nanotube thin-film transistors. ACS Nano, 2016, 10: 5221 - 5229.

[38] Allard S, Forster M, Souharce B, et al. Organic semiconductors for solution-processable field-effect transistors (OFETs). Angew Chem Int Ed, 2008, 47: 4070 - 4098.

[39] Sirringhaus H. Device physics of solution-processed organic field-effect transistors. Adv Mater, 2005, 17: 2411 - 2425.

[40] Sun Y, Rogers J A. Inorganic semiconductors for flexible electronics. Adv Mater, 2007, 19: 1897 - 1916.

[41] Yan H, Chen Z, Zheng Y, et al. A high-mobility electron-transporting polymer for printed transistors. Nature, 2009, 457: 679 - 86.

[42] Chortos A, Lim J, To J W F, et al. Highly stretchable transistors using a microcracked organic semiconductor. Adv Mater, 2014, 26: 4253 - 4259.

[43] Kang S J, Kocabas C, Ozel T, et al. High-performance electronics using dense, perfectly aligned arrays of single-walled carbon nanotubes. Nat Nanotechnol, 2007, 2: 230.

[44] Léonard F, Tersoff J. Novel length scales in nanotube devices. Phys Rev Lett, 1999, 83: 5174 - 5177.

[45] Yang Y, Ding L, Han J, et al. High-performance complementary transistors and

medium-scale integrated circuits based on carbon nanotube thin films. ACS Nano, 2017, 11: 4124 - 4132.

[46] Zhao Y, Li Q, Xiao X, et al. Three-dimensional flexible complementary metal - oxide - semiconductor logic circuits based on two-layer Stacks of single-walled carbon nanotube networks. ACS Nano, 2016, 10: 2193 - 2202.

[47] Geier M L, McMorrow J J, Xu W, et al. Solution-processed carbon nanotube thin-film complementary static random access memory. Nat Nanotechnol, 2015, 10: 944.

[48] Ha T J, Chen K, Chuang S, et al. Highly uniform and stable n-type carbon nanotube transistors by using positively charged silicon nitride thin films. Nano Lett, 2015, 15: 392 - 397.

[49] Li G, Li Q, Jin Y, et al. Fabrication of air-stable n-type carbon nanotube thin-film transistors on flexible substrates using bilayer dielectrics. Nanoscale, 2015, 7: 17693 - 17701.

[50] Ng T N, Daniel J H, Sambandan S, et al. Gate bias stress effects due to polymer gate dielectrics in organic thin-film transistors. J Appl Phys, 2008, 103: 044506.

[51] Richards T, Sirringhaus H. Bias-stress induced contact and channel degradation in staggered and coplanar organic field-effect transistors. Appl Phys Lett, 2008, 92: 023512.

[52] Salleo A, Street R A. Light-induced bias stress reversal in polyfluorene thin-film transistors. Appl Phys Lett, 2003, 94: 471 - 479.

[53] Wang S, Hou X, Liu L, et al. A photoelectric-stimulated MoS$_2$ transistor for neuromorphic engineering. Research, 2019, 1618798.

[54] Lee G H, Cui X, Kim Y D, et al. Highly stable, dual-gated MoS$_2$ transistors encapsulated by hexagonal boron nitride with gate-controllable contact, resistance, and threshold voltage. ACS Nano, 2015, 9: 7019 - 7026.

[55] Zhao Y, Zhou Q, Li Q, et al. Passivation of black phosphorus via self-assembled organic monolayers by van der Waals epitaxy. Adv Mater, 2017, 29: 1603990.

[56] He D, Wang Y, Huang Y, et al. High-performance black phosphorus field-effect transistors with long-term air stability. Nano Lett, 2018, 19: 331 - 337.

第14章
液态金属印刷半导体工业应用

各种大规模半导体包括 2D 材料(Ga_2O_3、In_2O_3 和 SnO)已被证明可以借助液态金属,在环境空气和气体特殊气氛、化学试剂乃至结合外场辅助直接印刷在不同基底如 SiO_2、Si、石英和塑料等上[1]。这种打印代表了快速制造常规或 2D 半导体的新模式,此方面可供选用的材料种类和应用范畴十分广泛。作为其中的一些代表性应用,本章介绍系列可望得到工业化应用的技术案例,如利用液态金属结合气体介导制备厘米级二维(2D)半导体进而实现全印刷紫外光电探测器的方法等。通过一系列表征,对印刷 2D 半导体膜的性能进行量化讲解。进一步地,为探索和促进这类 2D 半导体在实际功能电子应用中的优势,剖析了开发通过低温、大面积和低成本工艺实现全印刷 2D 电子的策略,解读了全印刷 Ga_2O_3/Si 异质结光电探测器的特点。这类方法具有一定的普适性,通过选择不同的掺杂和材料改性,还可实现不同频率的光电转换器如 X 光探测器、光伏电池等;反之,设计合理的材料也可用于印制发光器和显示器如 micro - LED 等,这些技术对于相关领域的工业化应用将带来重大变革和显著的节能减排效果。通过这些方法可以看到,几乎所有的光电子元件均可望通过液态金属及其相关材料的打印予以直接沉积,其退火温度允许在商业柔性基材上制造,且无须额外的辅助结构,相应装置具有优异的灵敏度和快速的光响应时间。这些工作为开发低成本、大面积、适合个性化生产的高性能光电转换器提供了可行途径,也为未来大规模制造光电子和电子系统提供了一个很有前景的普惠性方向。

14.1 引言

二维半导体具有良好的矢量迁移率和优异的机械特性,是现代电子的理想材料,尤其在用于柔性电子、大面积和光电子方面更是如此。然而,大规模低成本生产柔性电子产品需要将这些材料予以沉积和图案化的新策略[2]。到目前为止,业界已经证明了几种分离和合成二维材料的方法。最简单者是用胶带[3]从层状晶体中以机械方式去除原子片,这允许制造高结晶度的薄片,但产率相当低。此外,这些片材形状不规则,长度只有几十微米,不很适合大规模实际使用。化学气相沉积(CVD)[4]和金属有机化学气相淀积(MOCVD)[5]作为二维材料大面积生长的方法已经取得了巨大进展。在这些方法中,使用一种或多种挥发性前体,以便在层的表面上方实施分解或反应以沉积所需材料,它们允许材料在包括蓝宝石和 SiO₂ 一类的刚性基底上生长,面积可达约数十平方厘米。但这些工艺需要很高温度(高于 550℃),因而限制了在高柔性聚合物基材上的生长。此外,所需的生长时间过长(厘米级 MOCVD 生长约26 h)也是大规模制造普遍面临的问题。

液态金属许多独特的表面和本体性质,催生了各种新的工程应用,如微流体组件[6]、传感器[7]、电极[8]、晶体管[9]、适形和可扩展系统[10]、神经生物医学电子[11]和低维物质的合成[12]。特别是,在大气条件下,液态金属在其界面上显示出自然形成的原子级氧化物薄层[13],可以很好黏附于通常用作电子器件基底的其他氧化物(如 SiO₂ 和 Si)上,但其液态母体金属则不能,由此易于将氧化层分离。对合金表层加以调整,可为制造各种 2D 薄膜提供机会。通过将液态金属液滴与目标基底接触,利用液态金属外皮如 Ga₂O₃[14, 15]、Bi₂O₃[16]、SnO[17, 18]和 SnO₂[18],可获得各种薄的氧化物片,由此得到的金属氧化物是二元组分。然而,也有一些例外,如 In - Sn 合金上形成的表面氧化物包含 In 和Sn,其 In - Sn 比率与氧化铟锡(ITO)相似。近年来,通过范德华剥离分离 In - Sn 合金表层,已可制备出厚度仅为几个原子的晶圆级 ITO 片[19]。此外,液态金属外皮也可用于制造更多晶圆级 2D 膜,例如 GaPO₄[14]、GaN[15]、GaS[12]和Ga₂S₃[20],以及微尺度 2D 单晶,如 Mo₂GaC[21]、GaN[22],无论它们本质上是层状材料还是非层状材料均是如此。此外,选择 Hf、Al 和 Gd 分别与 Galinstan合金化,可分别在液态金属合金表面上制备过渡金属氧化物(HfO₂)、过渡后金属氧化物(Al₂O₃)和稀土金属氧化物(Gd₂O₃)[23]。然而,对这些 2D 氧化物膜电特性的表征研究仍然很少,很少有关于使用 2D 氧化物膜制造半导体功能器件的报道。

笔者实验室[1]首次报道了基于印刷 2D 氧化物膜和 Si 异质结的全印刷紫外(UV)日盲光电探测器。为制备适用于光电子器件的二维氧化物薄膜,实验中采用了晶片级二维半导体膜的低温印刷技术。通过在基底上熔化金属并刮印金属,可将一层薄薄的金属氧化物转移到目标层上。这项技术的工作原理与丝网印刷中在纸或织物上喷涂墨水的过程一样。使用这种印刷技术,Li等[1]在不同基底上制造出了大面积高质量的 2D 半导体膜,并对印刷的 2D 半导体材料进行了一系列表征,考察了先前研究中缺少的电学性质和光学吸收性质。此外,还分析和探索了三种印刷 2D 半导体,并选择具有最佳光吸收特性的 Ga$_2$O$_3$ 来构建紫外光电器件。通过在 p 型 Si 上印刷 n 型 Ga$_2$O$_3$ 膜,Li等[1]展示了全印刷 UV 日盲光电探测器表现出的 p - n 范德华异质结特性电流整流特性,以及具有快速光响应时间和对 UV 射线源的良好敏感性,提供了用于日盲检测的性能,其具有稳定性和敏感性。所展示的液态金属印刷策略揭示了制备 2D 半导体光电探测器的新途径,其印刷面积大、成本低且适合大规模生产。此外,较低的制备温度使得印刷工艺可用于高度柔性的聚合物基材,例如聚酰亚胺(PI),这使得该技术在新一代光电检测和光电仪器中具备广泛应用的可能性。

14.2　印刷 2D 半导体光电探测器基本材料及测试工具

首先获得 Ga(99.99%)、Sn(99.8%)和 In(99.98%)。

Ga$_2$O$_3$ 半导体的制备异常简捷,当 Ga 滴暴露在大气中时,其金属表面会形成一个自限性的原子级厚的 Ga$_2$O$_3$ 薄壳层。将 Ga 液滴置于 SiO$_2$/Si 基底上,通过加热板将其温度调节至 200℃。2D 氧化物膜随液滴直径尺寸变化。在加热条件下,使用刮板将液滴从基材一端轻轻刮到另一端,Ga$_2$O$_3$ 膜可即转印到基材上。如果在水平挤压期间使用额外的力,则氧化物层可能被损坏。横向尺寸大于几厘米的高质量 Ga$_2$O$_3$ 膜可通过这种方法有效地印刷在基底上。

In$_2$O$_3$ 和 SnO 的获取与上述类似。首先,将 SiO$_2$/Si 基底全部预热至 200℃,以避免接触时液态金属凝固成核。其次,将具有高纯度的 In 金属熔化在基底顶部,在相同温度下用加热板处理。最后,使用同样印刷方法将 2D In$_2$O$_3$ 氧化物膜转移到 SiO$_2$/Si 基底上。2D SnO 膜的印刷采用类似工艺进行。

残留在样品上的任何液态金属可以使用简单的乙醇清洗法加以清除。首先,在烧杯中加入约 100 ml 乙醇,然后在加热板上将烧杯加热至 100℃。用镊子将带有印刷 2D 氧化物膜的基材浸入热乙醇中。通过使用擦拭工具擦拭浸在乙醇中的基材,可去除金属残留物。在氧化膜和底层之间存在一种强有力的范德华黏附力,在擦拭过程中氧化膜仍然黏附在 SiO$_2$ 表面上。另一方面,在沉积的氧化物与液态金属和膜之间只有微弱的黏附力,因而可轻易地将氧化物擦除以保持 2D 膜清洁和完整。此外,为完全彻底地去除基材上的金属残留物,使用化学方法清洁样品。在乙醇中制备碘/三碘化合物溶液并在热板上加热至 50℃。将印刷有 2D 半导体膜的基材浸入加热的碘/三碘溶液一段时间,以完全去除任何金属夹杂物。然后在去离子水中清洗样品以去除任何残留蚀刻剂。上述两种清洁工艺可方便有效地去除液态金属颗粒。

为了确定 2D 半导体薄膜的特性和所构建仪器的性能,需进行各种评估。应用 Bruker Dimension Icon AFM 获得样品表面厚度和形貌图。利用 JEOL 2100F TEM/STEM 在 100 keV 加速度下进行高分辨率 TEM 测量和 EELS 研究。XRD 则利用 Bruker D8 微衍射仪进行,其配备有 Vantec 500 型检测器和 0.5 mm 准直仪。XPS 分析则由 Thermo Scientific KαXPS 光谱仪进行,该光谱仪提供单色 Al Kα 资源($h\nu=\sim 1\,486.6$ eV)和同心半球分析器(CHA)。通过使用紫外-可见(UV‐vis)吸收光谱仪(Hitachi U3900 UV‐vis 分光光度计)评估膜的光学带隙。分别通过强度调谐紫外灯(254 nm 和 365 nm)、单色仪、程控半导体测定系统(Keithley 4200 和 4200 远程前置放大器)、飞秒脉冲激光器以及数字示波器(Tektronix TBS 1102)测量光电探测器的光电性能。

14.3　液态金属基 2D 半导体印刷及表征

基于液态金属的 2D 半导体印刷工艺依赖于金属表面上氧化物薄层的有效转移和黏附。如图 14.1 所示,相应制备过程分为两个步骤:熔化金属和刮掉液态金属母体。液态金属(Ga、In 和 Sn)的原子级厚氧化层,与母体金属的结合力弱,可以很容易地通过范德华力转移并黏附到目标基材上。通过溶剂辅助的机械和化学清洗去除残留的小金属液滴,范德华力确保氧化膜牢固地黏附在基底表面。整个过程完成后,可以获得横向尺度超过几厘米的大而连续的二维半导体(金属氧化物)薄膜。

为制造光电器件,可选择合适的 2D 半导体膜,为此需要测量 SiO$_2$/Si 基底上印刷的 2D Ga$_2$O$_3$、In$_2$O$_3$ 和 SnO 膜的形貌和结构特征。半导体膜的光学图像如图 14.2 左侧所示,表明所有膜显示出几毫米至近厘米的横向尺寸。通

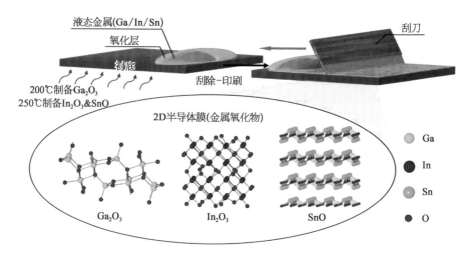

图 14.1 2D 半导体印刷工艺[1]

液态金属在大气条件下可形成原子薄层金属氧化物。当用"刮刀"将液态金属刮到 SiO_2 层表面时，液态金属被清除，但氧化物层黏附在基底表面，从而形成大面积半导体薄层。

过原子力显微镜(AFM)测量印刷膜的表面形貌和厚度。由于 AFM 扫描区域有限，图 14.2 的中心显示了半导体芯片的唯一微小部分，这证实了半导体层已被成功转移和印刷。对于大多数合成的 2D 膜，基底和 Ga_2O_3 膜之间的规则台阶高度约为 4.1 nm，这比先前公开的通过液态金属印刷技术分离的片材稍厚。局部金属夹杂物仅偶尔出现在膜的边缘。通过该方法制备的每个 2D 膜具有不同的厚度：Ga_2O_3 为 4.1 nm，In_2O_3 为 3.2 nm，SnO 为 4.4 nm。实验证明，印刷技术可在不同基底上复制厘米级均匀半导体膜（图 14.3）。相对而言，在 SiO_2/Si 表面上印刷的半导体膜的质量是最佳的，因此后续表征和器件制备采用在 SiO_2/Si 表面印刷的 2D 膜。

应用高分辨率透射电子显微镜刻画晶体结构以及印刷膜的结构特性。图 14.2 右侧显示了印刷的 2D 半导体的 TEM 图像，其中插图是所选区域的电子衍射(SAED)图。从图 14.2(a)可以观察到，根据 Ga_2O_3(201)面的 d 间距值，晶格间距为 0.46 nm。从图 14.2(b)中 In_2O_3 的 HRTEM 图解和 SAED 图案，可以看到膜中存在两个晶格 d 间距。0.25 nm 的 d 间距符合(400)平面，而其他 0.28 nm 的 d 间隔归因于 In_2O_3 的(222)面。对于 SnO，0.26 nm 的 d 距离符合 SnO 的(110)平面[图 14.2(c)]。此外，还可分析各种氧化物膜的 X 射线光电子能谱(XPS)和 X 射线衍射(XRD)，以确认通过该方法获得的产物是纯相的。XPS 结果表明，2D 氧化物膜中只有纯 Ga_2O_3、In_2O_3 和 SnO，但没有

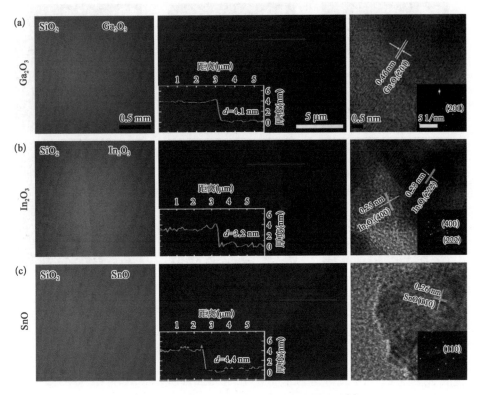

图 14.2　印刷 2D 半导体的形态和晶体特征[1]

左图：光学图像展示了横向尺寸跨越几厘米（比例尺，0.5 mm）的均质胶片。中心图：AFM 图示红线处指明厚度轮廓（插图）（比例尺，5 μm）。右图：印刷半导体的 TEM 表征，包括 HRTEM 图（比例尺，0.5 nm）和相应区域 SAED 图（底部插图）。

金属元素和/或其他氧化物（详细分析见图 14.4 和 14.5）。XRD 结果表明，所有 2D 氧化物膜均具有良好的晶格结构，与标准光谱的峰值位置匹配良好（详细分析见图 14.6）。所获得的 XPS 数据和上述其他表征技术提供的结果表明，所有的印刷 2D 半导体材料均具有良好的一致性，并且可用于进一步表征电学和光电性质。

　　为评估大面积印刷 2D 半导体膜的状态，可全面测量 X 射线光电子能谱（XPS）。图 14.4(a) 和 (b) 分别显示了 Ga2p 的光谱以及印刷 Ga_2O_3 膜的 3d 区域。Ga 3d 区域中的特征宽峰为 21.4 eV，这显示了 Ga_2O_3 中的 Ga^{3+} 状态。O1s[图 14.4(c)]、Ga $2p_{3/2}$ 和 Ga $2p_{1/2}$ 的结合能集中在 529.98 eV、1 117.56 eV 和 1 144.44 eV，原因在于生成了 Ga_2O_3 而非 Ga 金属和/或其他形式。此外，由于改进清洁工艺，与先前研究相比，在 Ga 3d 区域中没有发现 Ga0 的峰，表

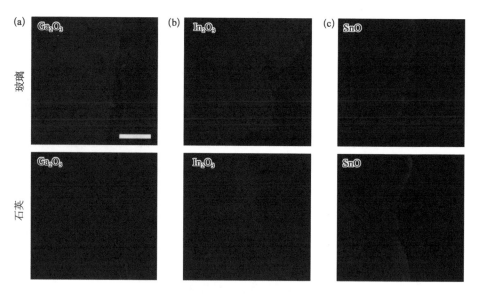

图 14.3 玻璃和石英基底上的半导体膜[1]

(a) Ga$_2$O$_3$ 膜；(b) In$_2$O$_3$ 膜；(c) SnO 膜。这两种基材均具有相对较低的表面粗糙度，能够印刷大面积、均匀且连续的 2D 膜。(比例尺，5 μm)。

明在膜的中心区域中并无残留金属元素。此外，图 14.5(a)～(b)显示了 In$_2$O$_3$ 膜的 XPS 光谱。In 3d$_{3/2}$(452.13 eV) 和 In 3d$_{5/2}$(444.63 eV) 的峰具有理想的对称性，并位于晶格 In[3] 内。两个峰之间的分辨率为 7.5 eV，表明 In 以 In^{3+} 的形式存在。O1s 光谱与 529.38 eV 处的峰一致，对应于晶格氧(O^{2-}) Sn 3d XPS 光谱峰的位置，如图 14.5(c)所示，其中 Sn^{2+} 3d$_{3/2}$ 峰位于 494.48 eV，Sn^{2+} 3d$_{5/2}$ 峰位于 486.08 eV[4]，Sn 3d 区域中未发现金属 Sn 峰(SnO)。O1s 的结合能位于 530.98 eV[图 14.5(d)]，可归属于 SnO[5] 中的 O^{2-}。

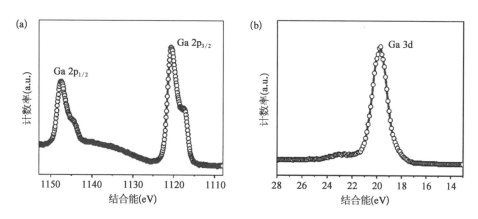

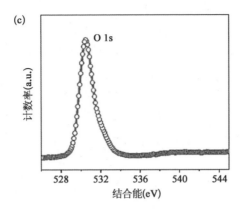

图 14.4　印刷在 SiO₂/Si 基底上的 Ga₂O₃ 膜的 XPS 光谱[1]

(a) Ga2p；(b) Ga3d；(c) O1s。

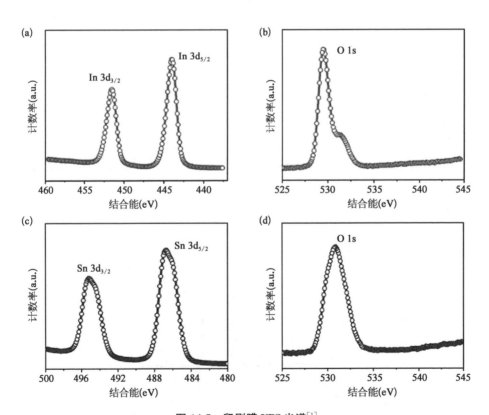

图 14.5　印刷膜 XPS 光谱[1]

（a）～（b）印刷 In₂O₃ 膜的 In3d 和 O1s 区域的 XPS 结果；（c）～（d）印刷 SnO 膜的 Sn3d 和 O1s 区域的
XPS 结果。

　　为进一步确认该工艺是否产生纯相产物,通过 X 射线衍射(XRD)研究了印刷的 2D 膜。在 $18.83°$、$38.17°$ 和 $58.86°$ 处观察到对应于 Ga_2O_3(201)、(402)和(603)的三个峰[图 14.6(a)],这证明了印刷膜的 β 相。通过 XRD 测量的晶面可与 SAED 匹配,差异可能是由于样品的测试选择不同所致。图 14.6(b)显示了印刷在 SiO_2/Si 基底上的 In_2O_3 膜的 XRD 图案,在 $21.50°$、$30.58°$、$35.47°$、$51.04°$ 和 $60.68°$ 处具有多个峰,分别与(211)、(222)、(400)、(431)、(440)和(622)晶面的衍射峰相关。样品的衍射峰与基准 In_2O_3 卡(JCPDS 06‐0416)高度一致,未发现任何其他杂质衍射峰[6]。高强度图案表明印刷的 In_2O_3 具有高结晶度和纯度。图 14.6(c)显示了印刷 SnO 薄膜的 XRD 图案。对于SnO 膜,$29.8°$(101)、$33.3°$(110)和 $37.0°$(002)处的峰与四方相 SnO(JCPDS No.06‐0395)基本吻合。

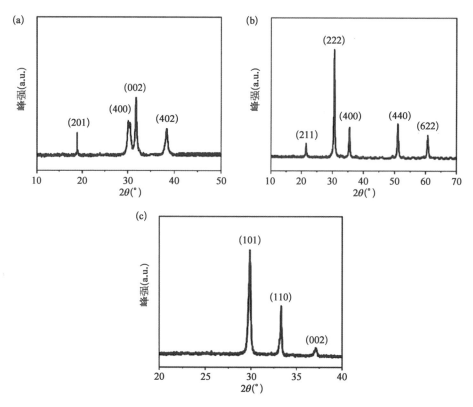

图 14.6　液态金属印刷 Ga_2O_3 薄膜的 XRD 结果[1]

14.4 印刷 2D 半导体材料的光电特性

通过印刷和 CVD 制备的 2D 膜之间存在形态差异,这可能会对电子和光学特性产生一些影响。首先,需要进一步探索通过印刷方法制备的三种 2D 氧化物材料的光学吸收特性。对 Ga_2O_3、In_2O_3 和 SnO 膜的光学吸收进行测量,结果如图 14.7(a)所示。可以看出,Ga_2O_3 膜在小于 250 nm 的光谱区表现出强烈吸收,并在 260~800 nm 光谱范围内近似透明,表明该膜在紫外区域具有显著的吸收性,特别是在日盲区,它是制造紫外探测器的极好材料。In_2O_3 薄膜对小于 400 nm 的紫外光具有较强的吸收能力,对 400~455 nm 的紫外光和 455~492 nm 的蓝光也具有一定的吸收能力。SnO 膜对不同波长的光吸收具有很小的选择性,且在 200~800 nm 范围内的光吸收能力几乎没有差异。理想的日盲紫外光电探测器要求设备对波长超过 280 nm 的光没有响应[24]。因此,对于光电探测器的构造,Ga_2O_3 膜的光学性能明显优于 In_2O_3 和 SnO 膜。

Ga_2O_3 是一种直接带隙半导体材料[25]。基于与 Ga_2O_3 薄膜相关的吸收光谱可评估 Ga_2O_3 薄膜的带隙,相应的带隙能量(E_g)通过以下方程的 Tauc 分析加以估计:

$$(\alpha h\nu)^2 = C \cdot (h\nu - E_g) \tag{14.1}$$

这里,h 为普朗克常数,α 表示线性吸收系数,ν 为光子频率,C 表示常数。如图 14.7(b)所示,通过拟合 $(\alpha h\nu)^2$ 和光子能量 $h\nu$ 轴之间的线性区域,印刷 Ga_2O_3 的带隙约为 4.8 eV,这与双层 Ga_2O_3 的间接跃迁比较一致,因而进一步证明了膜的均匀性。图 14.7(c)显示了基于印刷 2D In_2O_3 的 UV‐vis 吸收光谱的 $(\alpha h\nu)^2$ 与 $h\nu$ 的曲线图。通过 UV‐vis 分析获得的 Tauc 曲线图,显示 2D In_2O_3 带隙约为 3.1 eV,表明膜具有几乎固有的行为。对于 SnO[图 14.7(d)],使用 Tauc 图中 $(\alpha h\nu)^2$ 曲线的线性部分进行横坐标外推,光学测量结果用作直接计算 E_g。印刷 SnO 膜的 E_g 经评估约为 4.1 eV,接近四方 SnO 的 E_g 约为 3.6 eV[26]。$(\alpha h\nu)^{1/2}$ 与 $h\nu$ 关系图表明存在~2.4 eV 间接带隙(图 14.8)。第一原理计算表明,间接带隙比直接带隙小约 1.6 eV[27],这与实验值一致。这种印刷 SnO 的间接带隙比大多数普通 SnO 稍大,可能原因是吸收边缘附近的光学性质受到薄膜质量强烈影响,即化学成分、微晶尺寸、结构缺陷数量等所致[28, 29]。

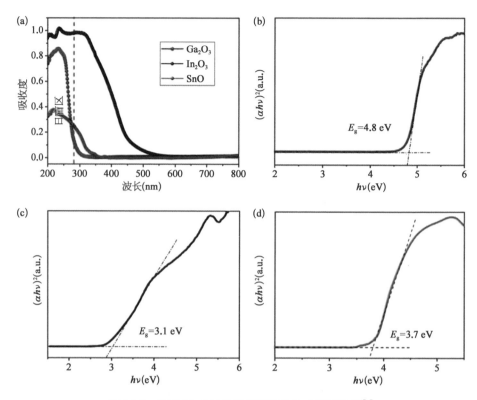

图 14.7 印刷 2D 半导体的材料特性和电子带特性[1]

（a）与印刷 Ga_2O_3、In_2O_3 和 SnO 膜相关的吸收光谱。使用 Tauc 图，易于确定（b）Ga_2O_3、（c）In_2O_3 和（d）SnO 的电子带隙。

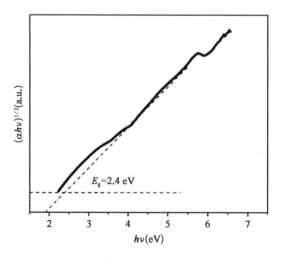

图 14.8 印刷 2D SnO 膜的 Tauc 图，显示约 2.4 eV 间接带隙[1]

半导体器件利用对电荷载流子流动的精细控制,可将电荷载流子通过电接触注入半导体材料。在半导体功能器件理论中,功函数表示电子从材料逃逸到自由空间的最小热能,电子亲和性表示电子从自由空间坠落到半导体导带底部所释放的能量。这些参数可以为探索金属和 2D 半导体之间的接触提供重要的理论基础,接触性质决定了器件性能。因此,对其电特性作进一步研究,对整个电子和光电子器件的性能提升和半导体本身一样重要。

以下使用 UPS 计算电子亲和力和肖特基势垒。

通过 UPS 光谱的线性部分相交可获得 E_{onset} 和 E_{cutoff} 值。根据价带最大值 (VBM) $= 21.22 - (E_{cutoff} - E_{onset})$,$Ga_2O_3$ 薄膜的 E_{onset} 为 6.49 eV,E_{cutoff} 为 22.5 eV,符合 VBM 值为 5.21 eV。类似地,In_2O_3 薄膜表现出 $E_{onset} = 1.41$ eV 和 $E_{cutoff} = 16.67$ eV,对应的 VBM 值为 6.03 eV,且 SnO 的 VBM 能量计算为 5.23 eV。

使用如下方程(14.2)[30]计算印刷 Ga_2O_3 的电子亲和性:

$$\chi = \Phi - (E_C - E_F) \tag{14.2}$$

其中,χ 表示印刷半导体的电子亲和性,E_C 和 E_F 分别为导带和费米能级。Φ 是 Ga_2O_3 的功函数。计算出印刷 Ga_2O_3 的电子亲和力为 3.5 eV,略小于块状 β-Ga_2O_3 的电子亲和力(通常约为 4 ± 0.05 eV[30])。由于具有不同的表面性质,印刷 Ga_2O_3 的较低亲和电子可能是由于不同晶体取向所致。为澄清这一问题,需作进一步研究。类似地,In_2O_3 和 SnO 的电子亲和力分别计算为 2.9 eV 和 3.8 eV。

计算出 3.5 eV 的电子亲和力后,应用肖特基-莫特模型(也称为功函数模型)计算肖特基势垒高度为 4.1 eV[31]:

$$\Phi_B = E_G - (\Phi_M - \chi) \tag{14.3}$$

其中,Φ_B 表示肖特基势垒高度,E_G 表示带隙,χ 表示 Ga_2O_3 的电子亲和力,Φ_M 表示金属功函数(Ag 为 4.2 eV)。肖特基势垒高度和电子亲和性计算均表明,印刷 Ga_2O_3 实现了 4.8 eV 的 E_G,这在上述研究中通过紫外-可见分光光度法已加以确定。

紫外光电子能谱(UPS)是测试上述参数的常用方法,为表征 2D 半导体膜的电性能,在超高真空系统中进行 UPS 评估,该系统由规格化微波紫外光源(He I $= 21.2$ eV;UV 斑点直径约为 1 mm)提供。印刷 2D 半导体的 UPS 光谱如图 14.9 所示,其中显示了价带的截止区和边缘区。通过计算,Ga_2O_3 价带值(VBM)的一致最大值为 5.21 eV,而印刷 Ga_2O_3 的电子亲和力为 3.5 eV。

类似地，In_2O_3 薄膜表现为 VBM = 6.03 eV，且 SnO 的 VBM 能量计算为 5.23 eV。In_2O_3 和 SnO 的电子亲和力分别计算为 2.9 eV 和 3.8 eV。这些结果 与理论值较为一致，表明印刷 Ga_2O_3、In_2O_3 和 SnO 膜具有良好的电性能。考 虑到材料的光学吸收特性、带隙、VBM 和电子亲和性，印刷的 Ga_2O_3 膜非常 适合于制备日盲紫外光电探测器。因此，构建并探索基于 Ga_2O_3 的工业化光 电探测器很有意义。

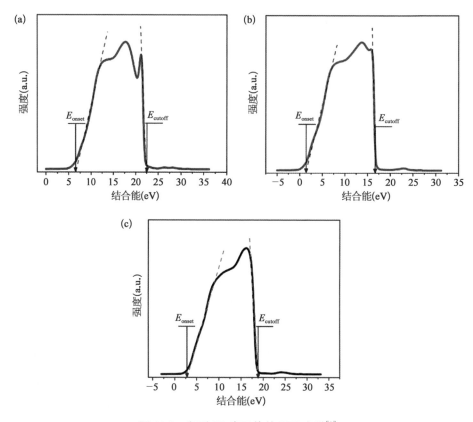

图 14.9　印刷 2D 半导体的 UPS 光谱[1]

从印刷的(a) 2D - Ga_2O_3、(b) In_2O_3 和(c) SnO 获得的 UPS 光谱，由此可确定其电子亲和力值。光电 子的截止能边界(E_{cutoff})和最大价带(VBM)的初始值由谱线的线性插值表示。

14.5　基于 β - Ga_2O_3/Si 异质结的全印刷日盲紫外光电探测器

近几十年来，在 UV 日盲区(220～280 nm)内工作的光电探测器在军事和民用领域引起了广泛关注。笔者实验室[1]通过在 p 型 Si 上印刷 n 型 Ga_2O_3,制备了基于 Ga_2O_3/Si p - n 异质结的高响应性全印刷日盲紫外光电探测器。对这种 p - n 异质结光电探测器电学和光学特性的系统研究,表明全印刷 Ga_2O_3 基(光电)电子器件具有巨大潜力。

图 14.10(a)描述了完全印刷的日盲紫外探测器的制造过程。SiO_2/p^{++} Si(300 nm/500 μm)涂覆光刻胶(PR),并在环境温度下浸入蚀刻剂缓冲氧化物(6∶1 稀释 HF,BOE,j.t.baker)中 5 min。对受试 SiO_2 进行湿法蚀刻,以揭示潜在 p^{++}Si,并通过连接到源表面的四探针(Keithley 2400)测量片电阻来考察蚀刻质量。在图案化 SiO_2/p^{++} Si 上印刷 Ga_2O_3 膜。沉积的 Ga_2O_3 的一端在范德华效应内与 p^{++} Si 形成 p - n 结,另一端被 SiO_2 和 Si 完全隔离。最后,通过印刷 Ag 电极完成 Ga_2O_3/Si 异质结光电探测器的制造。

为深入了解 Ga_2O_3/Si 异质结在改善光电性能方面的枢转作用,并展示在所研究光电探测器中的调控机制,图 14.10 中显示了与 Ga_2O_3/Si 异质结相关的能带图,其中包括暗环境和紫外照射结果。由于 Ga_2O_3 的间隙宽度为 4.8 eV,Ga_2O_3 膜的载流子浓度显著低于 p - Si,因此形成了 p - n 结。这里应用安德森模型来解释 Ga_2O_3/p - Si 异质结的能带图[31]。使用安德森规则确定导带偏移(ΔE_{CB})和价带偏移(ΔE_{VB})值[图 14.10(b)~(d)]。根据 Ga_2O_3 和 Si 的电子亲和力差异,ΔE_{CB} 估计为 0.55 eV,分别为 3.5 eV 和 4.05 eV。基于 Ga_2O_3 和 Si 的带隙值,ΔE_{VB} 值确定为 3.68 eV,分别为 4.8 eV 和 1.12 eV。考虑到所有值,Ga_2O_3 和 Si 在结形成之前和之后的能带图分别如图 14.10(a)和(b)所示。当对 Ga_2O_3 施加正电压时,由 Ga_2O_3 层构成的耗尽层将膨胀。由于 Ga_2O_3 的阻抗远大于 Si 的阻抗,几乎所有的电压都施加到 Ga_2O_3 上。如图 14.10(c)所示,当 Ga_2O_3/p - Si 异质结受到 254 nm 紫外光照射时,其光子能量足以激发 Ga_2O_3 的载流子,光激发产生的载流子在结区中的大电场加速下获得高能量,然后与电离结区中其他原子碰撞产生载流子,获得雪崩倍增效应。电子可以容易地转移到 p - Si 中以获得高的光电流和响应度。因此,Ga_2O_3/p - Si 异质结的光电流在 254 nm 紫外光照射后随施加电压呈指数增加。应当理解,该仪器仅具有 254 nm 以下的理想响应波长。然而,365 nm 处的紫外能量不足以激发 Ga_2O_3 价带中的电子,并且不会发生上述增益现象。因此,Ga_2O_3/p - Si 异质结光电探测器具有日盲紫外特性。当向 Ga_2O_3 施加负电压时,接近耗尽层,这是因为被阻挡的势垒电子和空穴不能传输到 p - Si 中。

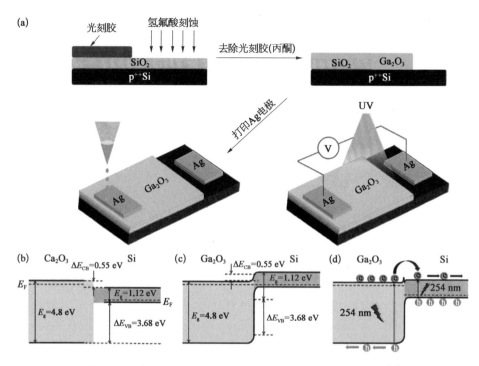

图 14.10 全印刷 Ga₂O₃/Si 异质结光电探测器示意和能带图[1]

(a) 光电探测器制造工艺。n 型 Ga₂O₃ 和 p⁺⁺Si 异质结构的能带图表明结前生成(b)、结后生成(c),以及在 254 nm 照射下(d)的情况。

Li 等[1]全面考察了 Ga₂O₃/Si 异质结器件的电学和光电性能。图 14.11(a)显示了受各种环境影响的光电探测仪器的电流-电压($I-V$)特性,电压施加在两个 Ag 电极之间。使用 254 nm 低压灯作为紫外光源。结果表明,反向电流密度比施加的正向电流密度小,证实了结阻的产生。Ga₂O₃ 上的 Ag 电极连接到 0 V,施加到 p-Si 上 Ag 电极的电压高于 0 V,这称为正向电压。在 10 V 偏压附近,光电探测器显示出低至 9.41×10 的暗电流-3 μA,而相应光电流为 8.1 μA,约为暗电流的 10³ 倍。低暗电流和高 I_{photo}/I_{dark} 比表明该探测器具有显著的信噪比。365 nm 处的光电流近似等于暗电流,表明 Ga₂O₃/Si 异质结对 365 nm 波长(UV-A)没有响应[图 14.11(a)中插图]。器件对 254 nm 波长(UV-C)的响应表明,Ga₂O₃/Si 异质结是日盲的。特别是,由于这里的光电器件中使用 p-n 结构,它可以同时显示紫外光电二极管和光电探测器的功能。因此,它在多功能光电应用等复杂光电系统中具有显著的优势。

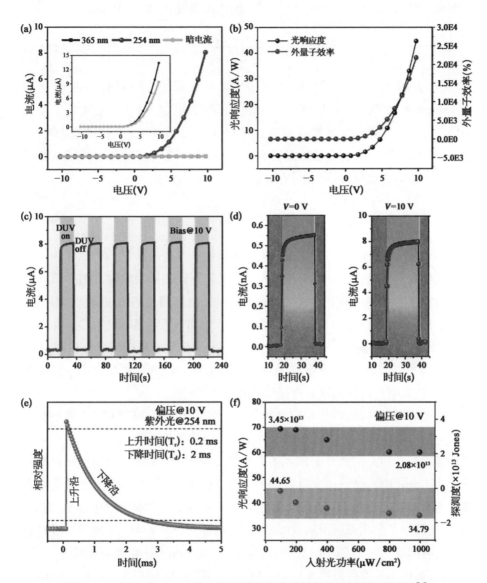

图 14.11　基于 Ga₂O₃/Si 基底异质结的全印刷日盲光电探测器的表征[1]

(a) 线性尺度 I-V 在黑暗中以及 100 μW/cm² 的 254 nm 和 365 nm 紫外光源特征；(b) 254 nm 紫外光响应和各种实施电压下的外量子效率；(c) 在 10 V 的 254 nm 光下可再现地打开/关闭光电探测器单元；(d) 激光作用下的时间分辨光电流评估，绿色阴影区域显示激光照射 20 s；(e) Ga₂O₃/Si 光电探测器的时间响应；(f) 在 10 V 下作为大强度函数的光响应和光检测性。

为定量评估光电探测器的行为,图 14.11(b)考察了施加偏置电压时的峰值响应度(R),光强度为 $100\,\mu\mathrm{W/cm^2}$。响应度通过式(14.4)描述:

$$R = \frac{I_\lambda - I_\mathrm{d}}{P_\lambda S} \tag{14.4}$$

其中,I_λ 表示光电流,I_d 为暗电流,P_λ 表示光强度,S 为有效照明面积($0.18\,\mathrm{mm^2}$)。如图 14.11(b)所示,与光电探测器相关的峰值响应度随着实现的偏置电压的增加而呈现线性提高。在 10 V 电压和 $100\,\mu\mathrm{A}$ 的结果表明,光电探测器对日盲光具有合适的光谱响应。外部量子效率(EQE)是光电探测器的另一个基本性能指标,可通过方程(14.5)[32]加以评估:

$$EQE(\eta) = \frac{hcR_\lambda}{q\lambda} \tag{14.5}$$

其中,h 为普朗克常数,c 表示光速,q 为初始电子电荷($1.6 \times 10^{-19}\,\mathrm{C}$),$\lambda$ 表示入射紫外光的波长(254 nm),R_λ 表示对特定紫外光波长的响应。图 14.11(b)还显示了在 254 nm 照明下,施加偏置电压时光电探测器的 E_QE 变化。对于这里的器件,254 nm 处的峰值响应度约为 44.6 A/W,相应的 E_QE 值高达 21 854 %(在 10 V 偏压下),这表明光电探测器和紫外光资源耦合良好,可用于紫外检测[33]。与 R 的趋势类似,在正向偏置电压下,E_QE 随着实现电压的增加而增强,这表明光电探测器具有很大的增益[34]。

在评估光电探测器时,响应时间是一个重要基本特性,特别是在需要快速光响应的应用中更为关键。光电探测器的时间依赖光电流曲线(I-t)可通过周期性地打开和关闭光开关来评估。在测量过程中,以 20 s 间隔反复打开和关闭 254 nm、$100\,\mu\mathrm{W/cm^2}$ 的 UV 光源。图 14.11(c)显示了 $\mathrm{Ga_2O_3/Si}$ 光电探测器的瞬态反应。在 10 V 正向偏置电压下获得了与时间相关的光学响应。此外,还测量了激光照射前后 20 s 的光电流时间分辨($V=0$ 和 10 V),以研究光衰减时间(τ 衰减)[图 14.11(d)]。如图 14.11(c)和(d)所示,在照明下,电流瞬间从约 0.6 nA 提高到约 $8.1\,\mu\mathrm{A}$,并且在光源关闭时快速衰减到约 0.8 nA。

此外,在 365 nm 照射下,几乎没有观察到光电流变化(图 14.12),这优于其他报道的对 365 nm 波长具有一定响应的 $\mathrm{Ga_2O_3}$ 光电探测器[35-37]。理论上,当存在深能级缺陷时,探测器可以吸收比带隙能量更长的波长。该探测器在 365 nm 处没有明显的光响应,证明了印刷材料的高质量以及 $\mathrm{Ga_2O_3}$ 和 Si 之间的良好结合性。

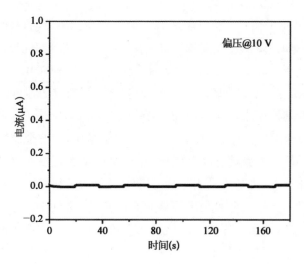

图 14.12　Ga₂O₃/Si 光电探测器在 10 V 下 365 nm(100 μW/cm²) 光下的可再现开/关切换[1]

反应速度是光电探测器的另一个关键指标,与光生载流子的有效提取有关。使用飞秒脉冲激光以及 266 nm 示波器进一步研究仪器的时间分辨响应,结果如图 14.11(e)所示,用于观察灵敏度和响应的上升时间(τ_r)和下降时间(τ_f)。对于更详细的研究,瞬态响应曲线通过如下指数衰减方程拟合:

$$I = I_0 + Ae^{-t/\tau} \tag{14.6}$$

其中,I_0 表示稳定状态下的光电流,A 表示常数,t 为时间,τ 指弛豫时间常数。τ_r 和 τ_f 分别表示时间常数的增加和减少边缘。如图 14.11(e)所示,通过对光响应进行拟合处理可以得到 $\tau_r = 0.2$ ms 和 $\tau_f = 2$ ms。快速衰减过程可归因于带间跃迁,而速度降低的过程则归因于陷阱内的跃迁[38]。

检测率(D^*)意味着从噪声环境中探测微弱信号的可能性,是光电探测器最重要的特征之一,它解释了最少数量的可检测信号,相应基准可表示如下[39]:

$$D^* = \frac{R_\lambda}{\sqrt{2qI_d/S}} \tag{14.7}$$

考虑到 $R_{254} = 44.6$ A/W 及 $I_d = 4.6 \times 10^{-5}$ μA,由于抑制暗电流和响应度的提高,Ga₂O₃/Si 异质结构光电探测器的 D^* 值在 254 nm 波长下测得为 3.45×10^{13} cm Hz$^{1/2}$/W(Jones),显示出光电探测器确定归一化信噪比行为的强大能力。响应度和检测度也通过不同光强度来加以表征[图 14.11(f)]。总体上,全印刷 Ga₂O₃/Si 光电探测器表现出相当显著的光响应性和光电探测能力。

表 14.1 显示了笔者实验室制造的 Ga_2O_3 光电探测器与以往工作的对比。可以看到,这里的 Ga_2O_3/Si 探测器显示出一些令人鼓舞的优异性能。一些关键参数优于基于 Ga_2O_3[40, 41]、$PEDOTs/Ga_2O_3$[42]、石墨烯$/\beta - Ga_2O_3$[43, 44],以及一些由 AlGaN[45, 46]、MgZnO[47, 48] 和 ZnO[49-52] 等制成的器件。尽管与性能最佳的光电探测器相比,某些参数仍存在一定差异,但上述工作的优势在于采用了基于液态金属的全印刷方法。与其他方法相比,液态金属印刷在快速制备大面积半导体膜方面具有巨大优势,这对于构建大规模和复杂的光电系统至关重要。此外,上述工艺无须高温,表明在柔性聚合物基底(如 PI)上印刷半导体膜是可行的。液态金属和半导体膜是耐热的,这意味着这种方法也可用于高温制造工艺,例如芯片加工。该技术有可能扩展到柔性光电系统和高温光电检测。总之,部分优异的性能,以及简单、易于制造和低成本的特点,代表了全印刷光电探测器有望生产柔性高速光电系统。此外,今后在基于低维材料的混合电路方案的实施中器件还可进一步发展,从而为将来开发大规模、低成本和理想性能的工业化印刷光电系统铺平道路。

表 14.1 当前和先前研究中实现的光电探测器基本标准的比较[1]

光电探测器	响应性 [A/W]	可检测性 [Jones]	开关比	EQE (%)	t_{rise}/t_{decay}	文献
Si/Ga_2O_3	44.6@10 V	3.4×10^{13}	10^5	21 854	0.2/2 ms	[1]
$\beta - Ga_2O_3$	1 000@3 V	——	10^6			[40]
$\beta - Ga_2O_3$	8.9@15 V	3.3×10^{13}		4 450	15 μs/1.7 ms	[41]
$PEDOTs/Ga_2O_3$	2.6@0 V	2.2×10^{13}	10^4		0.34/3 ms	[42]
石墨烯$/\beta - Ga_2O_3$	39.3@20 V	5.92×10^{13}	10^4	19 600	94.83/219.19 s	[43]
石墨烯$/\beta - Ga_2O_3$	12.8@6 V	1.3×10^{13}	10^4		1.5/2 ms	[44]
AlGaN	0.233@10 V	4×10^{14}	10^5	45.5	0.22/14.1 s	[45]
AlGaN	1.42@10 V	——	1 000			[46]
MgZnO/Al/ZnO	12@5 V	5.26×10^{10}		363	3.52/3.46 s	[47]
TiO_2:GDY/MgZnO	0.000 41@10 V	8.1×10^8			3.5/2.7 s	[48]
Si/ZnO	101.2@−5 V	6×10^{12}	4 000	7 310	0.44/0.59 s	[49]
$p - Si$/石墨烯$/n - ZnO$	——		10.71		1.02/0.34 s	[50]
WS_2/Si	0.51@9 V	1.93×10^9	300	101	4.1/4.4 s	[51]
石墨烯量子点/ZnO 纳米棒/GaN	0.034@10 V	$\sim10^{12}$			0.1/0.12 s	[52]
$CH_3NH_3PbCl_3$	0.049 6@15 V	1.2×10^{10}	10 000		24/62 ms	[53]
$CH_3NH_3PbI_3$	12@4 V	$\sim10^{11}$	100	5 889	2.2 ms/4 ms	[54]

14.6　液态金属印刷光伏发电器

　　能源是人类社会赖以生存和发展的重要资源。随着全球经济的蓬勃发展以及人类物质文化生活水平的不断提高,能源供需之间存在的矛盾不断显现。由于石油、煤炭、天然气等自然资源的日益匮乏,以及传统能源利用技术所面临的困境,今后在相当长一段时间内,要实现能源应用技术的突破,很大程度上必须从超越传统理念的思路中寻求可能[55]。在诸多新兴能源利用方案中,太阳能这一亘古以来就以各种形式为人类社会的繁荣昌盛提供动力的能源无疑是最佳选择之一。随着材料科学与微电子生产所带来的新技术的不断涌现,越来越多的研究逐步着手探索通过太阳能解决各类电子设备供电的难题。然而,受光电转化材料高成本、低转化效率这两大瓶颈的制约,太阳能惊人的能量潜力被大大削弱。这是因为,在实际的产业链条甚至政府和消费者的购买决策中,成本往往占据首要地位[56]。价格低廉的太阳能电池材料不仅是商业问题,与之相关的研究水平、生产制造流程乃至应用环节等也都是研究中亟待解决的问题。

　　当前在太阳能光伏发电产业中,制约其大规模普及应用的障碍之一在于,Si 材料由于生产中的高能耗、高污染处理会导致最终用户使用成本过高,因此采用远低于其成本的材料如塑料、染料敏化材料等实现光伏发电,正成为科学界与工业界共同努力的方向,一些纳米材料技术的引入还促成了光电转换效率的大幅提升。特别是,工业界正尝试在制造环节中降低成本及工艺的复杂性,由此提出了印刷式有机薄膜太阳能电池技术,其中的有机光活性层可以溶液方式涂覆于电极,从而形成的电池较之传统 Si 基太阳能电池制备大大降低了成本。然而,这种印刷的革新远未达到彻底,最关键的问题之一在于其中的金属背电极乃至透明电极等仍需借助传统的蒸镀方式实现,因而仍不能免除由此涉及的一系列复杂工艺过程和设备,在应用面也就受到很大限制,如已有技术很难直接将太阳能电池直接喷涂到房屋、墙壁及玻璃等表面,以实现太阳能发电的家庭化及规模化普及应用。

　　为解决上述技术问题,借助液态金属印刷半导体技术可发展出可涂敷式太阳能电池[57]。这样的光伏电池可在基底上自下而上依次印刷出金属背电极、太阳能电池薄膜、透光电极和透明基底,金属背电极和透光电极通过导线形成闭合回路,闭合回路中接入蓄电设备。这里,金属背电极采用低熔点金属油墨在基底上印刷或涂覆而成。太阳能电池薄膜采用光伏活性液态金属油墨或有机聚合物半导体溶液在所述金属背电极上印刷或涂覆后经蒸发而成。

此方面合适的印刷材料有许多选项。有机聚合物半导体溶液为：含有纳米光伏半导体颗粒的有机聚合物溶液，含有 Cu、In、Ga、Se 4 种导电性纳米颗粒的 CIGS 光伏活性油墨，含有硫化镉（CdS）和碲化镉（CdTe）导电性纳米颗粒的聚合物油墨，或含有二氧化钛（TiO_2）纳米颗粒的光敏剂染料。透光电极为：采用低熔点金属油墨或导电聚合物以丝网方式在所述太阳能电池薄膜上印刷或涂覆而成的栅格式，或采用低熔点金属油墨在所述太阳能电池薄膜上印刷或涂覆成薄膜后经氧化处理而成。低熔点金属油墨可采用氧化工艺或纳米颗粒掺杂而成。结合化学后处理工序在液态金属印刷基础上形成光伏发电元件，此方面存在着很大的探索空间。目前的印刷半导体在光电转换效率方面仍然存在局限，有待于进一步的研究。

值得提及的是，液态金属印刷适用于许多基底，这种有别于传统光伏电池薄膜制作方式的技术，可望打开许多普及应用的空间。可印刷式太阳能电池及其制作方法，用于捕获太阳能，利用低熔点金属油墨、光伏活性液态金属油墨或有机半导体油墨、透明导电电极油墨与各表面间的亲和特性，可按一定工序直接印制于基底上形成光伏发电器件，在常规条件下即可完成其制备过程，降低了对环境的要求，进而显著简化了太阳能电池制备工艺，提高其生产和应用效率，大大降低了成本。使用该方法得到的太阳能电池，可广泛用于回收太阳能，尤其可以简便地直接喷涂于各种基底如衣物、屋顶、玻璃、门窗、墙壁、广告牌、车辆/轮船/飞机外壁、路面上，可用于大量的太阳能发电环节，有助于推动太阳能发电的规模化普及应用。

14.7 小结

液态金属在诸多工业应用上正在展示巨大潜能[58]。这一系列材料的独特性在于，它们可用于打印具有广泛价值的电子及半导体材料。在目前的工作中，通过转移在特定条件下形成的液态金属氧化层，使用可扩展且简单的印刷方法在不同基底上制备出了大面积高质量的 2D 半导体薄膜。此外，对印刷 2D 半导体膜的电学特性进行的全面解释和分析，为进一步开发功能性液态金属印刷光电子器件提供了新的途径。

特别是，这些工作展示了基于 Ga_2O_3/Si p-n 结，对日盲紫外光探测显示出相当高的响应度和超强的探测能力。这种高效率、简单、大尺寸和低成本的制造工艺为具有不同工业价值的光电探测器、光伏发电器乃至显示器的发展提供了新的机遇,所提供的优点可以使由此生产的二维半导体成为印刷各种柔性光电子器件的优选材料,这为未来的大量工业化电子器件、传感器和功能器件制造提供了新的便捷手段。

-------------------------- 参 考 文 献 --------------------------

[1] Li Q, Lin J, Liu T Y, et al. Gas-mediated liquid metal printing toward large-scale 2D semiconductors and ultraviolet photodetector. npj 2D Mater Appl, 2021, 5 (36): 1 - 10.

[2] Forrest S R. The path to ubiquitous and low-cost organic electronic appliances on plastic. Nature, 2004, 428: 911 - 918.

[3] Novoselov K S, Jiang D, Schedin F, et al. Two-dimensional atomic crystals. PNAS, 2005, 102: 10451 - 10453.

[4] Van der Zande A M, Huang P Y, Chenet D A, et al. Grains and grain boundaries in highly crystalline monolayer molybdenum disulphide. Nat Mater, 2013, 12: 554 - 561.

[5] Kang K, Xie S, Huang L, et al. High-mobility three-atom-thick semiconducting films with wafer-scale homogeneity. Nature, 2015, 520: 656 - 660.

[6] 桂林,高猛,叶子,等. 液态金属微流体学. 上海:上海科学技术出版社,2021.

[7] Sun X, Liu J. Sensing materials: liquid metal-enabled flexible sensors for biomedical applications//Narayan R (Ed.). Encyclopedia of sensors and biosensors, Elsevier, 2023, 2: 114 - 129.

[8] Yu Y, Zhang J, Liu J. Biomedical implementation of liquid metal ink as drawable ECG electrode and skin circuit. PLoS ONE, 2013, 8: e58771.

[9] Li Q, Du B D, Gao J Y, et al. Room-temperature printing of ultrathin quasi-2D GaN semiconductor via liquid metal gallium surface confined nitridation reaction. Adv Mater Technol, 2022, 2200733, 1 - 11.

[10] Wang X, Zhang Y, Guo R, et al. Conformable liquid metal printed epidermal electronics for smart physiological monitoring and simulation treatment. J Micromech Microeng, 2018, 28(3): 034003.

[11] Guo R, Liu J. Implantable liquid metal-based flexible neural microelectrode array and its application in recovering animal locomotion functions. J Micromech Microeng, 2017, 27: 104002.

[12] Carey B J, Ou J Z, Clark R M, et al. Wafer-scale two-dimensional semiconductors from printed oxide skin of liquid metals. Nat Commun, 2017, 8: 14482.

[13] Lin J, Li Q, Liu T Y, et al. Printing of quasi 2D semiconducting β – Ga_2O_3 in constructing electronic devices via room temperature liquid metal oxide skin. Phys Status Solidi-R, 2019, 13: 1900271.

[14] Syed N, Zavabeti A, Ou J Z, et al. Printing two-dimensional gallium phosphate out of liquid metal. Nat Commun, 2018, 9: 3618.

[15] Syed N, Zavabeti A, Messalea K A, et al. Wafer-sized ultrathin gallium and indium nitride nanosheets through the ammonolysis of liquid metal derived oxides. J Am Chem Soc, 2019, 141: 104 – 108.

[16] Messalea K, Carey B J, Jannat A, et al. Bi_2O_3 monolayers from elemental liquid bismuth. Nanoscale, 2018, 10: 15615 – 15623.

[17] Daeneke T, Atkin P, Orrell-Trigg R, et al. Wafer-scale synthesis of semiconducting SnO monolayers from interfacial oxide layers of metallic liquid tin. ACS Nano, 2017, 11: 10974 – 10983.

[18] Atkin P, Orrell-Trigg R, Zavabeti A, et al. Evolution of 2D tin oxides on the surface of molten tin. Chem Commun, 2018, 54: 2102 – 2105.

[19] Datta R S, Syed N, Zavabeti A, et al. Flexible two-dimensional indium tin oxide fabricated using a liquid metal printing technique. Nat Electron, 2020, 3: 51 – 58.

[20] Alsaif M Y A, Pillai N, Kuriakose S, et al. Atomically thin Ga_2S_3 from skin of liquid metals for electrical, optical, and sensing applications. ACS Appl Nano Mater, 2019, 2: 4665 – 4672.

[21] Zeng M, Chen Y, Zhang E, et al. Molecular scaffold growth of two-dimensional, strong interlayer-bonding-layered materials. CCS Chem, 2019, 1: 117 – 127.

[22] Chen Y, Liu K, Liu J, et al. Growth of 2D GaN single crystals on liquid metals. J Am Chem Soc, 2018, 140: 16392 – 16395.

[23] Zavabeti A, Ou J Z, Carey B J, et al. A liquid metal reaction environment for the room-temperature synthesis of atomically thin metal oxides. Science, 2017, 358: 332 – 335.

[24] Sang L, Liao M, Sumiya M. A comprehensive review of semiconductor ultraviolet photodetectors: from thin film to one-dimensional nanostructures. Sensors, 2013, 13: 10482 – 10518.

[25] Guo D, Guo Q, Chen Z, et al. Review of Ga_2O_3 – based optoelectronic devices. Mater Today Phys, 2019, 11: 100157.

[26] Balakrishnan N, Kudrynskyi Z R, Smith E F, et al. Engineering p – n junctions and bandgap tuning of InSe nanolayers by controlled oxidation. 2D Mater, 2017, 4: 025043.

[27] Togo A, Oba F, Tanaka I. First-principles calculations of native defects in tin monoxide. Phys Rev B, 2006, 74: 195128.

[28] Sivaramasubramaniam R, Muhamad M R, Radhakrish S. Optical properties of annealed tin (II) oxide in different ambients. Phys Status Solidi a, 1993, 136: 215 –

222.

[29] Cabot A, Arbiol J, Ferre' R, et al. Surface states in template synthesized tin oxide nanoparticles. J Appl Phys, 2004, 95: 2178-2180.

[30] Mohamed M, Irmscher K, Janowitz C, et al. Schottky barrier height of Au on the transparent semiconducting oxide $\beta-Ga_2O_3$. Appl Phys Lett, 2012, 101: 132106.

[31] Sze S M, Ng K K. Physics of semiconductor devices. 3 rd Ed.. Wiley-Interscience, 2007.

[32] Zhou C, Raju S, Li B, et al. Self-driven metal-semiconductor-metal WSe_2 photodetector with asymmetric contact geometries. Adv Funct Mater, 2018, 28: 1802954.

[33] Zhu H, Shan C, Wang L K, et al. Metal-oxide-semiconductor-structured MgZnO ultraviolet photodetector with high internal gain. J Phys Chem C, 2010, 114: 7169-7172.

[34] Hu G C, Shan C X, Zhang N, et al. High gain Ga_2O_3 solar-blind photodetectors realized via acarrier multiplication process. Opt Express, 2015, 23: 13554-13561.

[35] An Y H, Guo D Y, Li Sy, et al. Influence of oxygen vacancies on the photoresponse of $\beta-Ga_2O_3$/SiC n-n type heterojunctions. J Phys D: Appl Phys, 2016, 49: 285111.

[36] Guo D Y, Shi H, Qian Y P, et al. Fabrication of $\beta-Ga_2O_3$/ZnO heterojunction for solar-blind deep ultraviolet photodetection. Semicond Sci Technol, 2017, 32: 03LT01.

[37] Guo X C, Hao N H, Guo D Y, et al. $\beta-Ga_2O_3$/p-Si heterojunction solar-blind ultraviolet photodetector with enhanced photoelectric responsivity. J Alloys Compd, 2016, 660: 136-140.

[38] Li Y, Tokizono T, Liao M, et al. Efficient assembly of bridged $\beta-Ga_2O_3$ nanowires for solar-blind photodetection. Adv Funct Mater, 2010, 20: 3972-3978.

[39] Chen H, Yu P, Zhang Z, et al. Ultrasensitive self-powered solar-blind deepultraviolet photodetector based on all-solid-state polyaniline/MgZnO bilayer. Small, 2016, 12: 5809-5816.

[40] Suzuki R, Nakagomi S, Kokubun Y, et al. Enhancement of responsivity in solar-blind $\beta-Ga_2O_3$ photodiodes with a Au Schottky contact fabricated on single crystal substrates by annealing. Appl Phys Lett, 2009, 94: 222102.

[41] Chen Y, Lu Y, Liao M, et al. 3D solar-blind Ga_2O_3 photodetector array realized via origami method. Adv Funct Mater, 2019, 29: 1906040.

[42] Wang H, Chen H, Li L, et al. High responsivity and high rejection ratio of self-powered solar-blind ultraviolet photodetector based on PEDOT: PSS/$\beta-Ga_2O_3$ organic/inorganic p-n junction. J Phys Chem Lett, 2019, 10: 6850-6856.

[43] Kong W Y, Wu G A, Wang K Y, et al. Graphene-$\beta-Ga_2O_3$ heterojunction for highly sensitive deep UV photodetector application. Adv Mater, 2016, 28: 10725-10731.

[44] Lin R, Zheng W, Zhang D, et al. High-performance graphene/$\beta-Ga_2O_3$

heterojunction deep ultraviolet photodetector with hot-electron excited carrier multiplication. ACS Appl Mater Inter, 2018, 10: 22419-22426.

[45] Kalra A, Rathkanthiwar S, Muralidharan R, et al. Material-to-device performance correlation for AlGaN-based solar-blind p-i-n photodiodes. Semicond Sci Technol, 2020, 35: 035001.

[46] Jiang K, Sun X, Zhang Z H, et al. Polarization-enhanced AlGaN solar-blind ultraviolet detectors. Photon Res, 2020, 8: 1243-1252.

[47] Liu H Y, Hou F Y, Chu H S. $Mg_{0.35}Zn_{0.65}O/Al/ZnO$ photodetectors with capability of identifying ultraviolet-A/ultraviolet-B. IEEE Trans Electron Devices, 2020, 67: 2812-2818.

[48] Li Y, Kuang D, Gao Y, et al. Titania: Graphdiyne nanocomposites for high-performance deep ultraviolet photodetectors based on mixed-phase MgZnO. J Alloys Compd, 2020, 825: 153882.

[49] Flemban T H, Md Azimul H, Idris A, et al. A photodetector based on p-Si/n-ZnO nanotube heterojunctions with high ultraviolet responsivity. ACS Appl Mater Inter, 2017, 9: 37120-37127.

[50] Liu Y, Song Z, Yuan S, et al. Enhanced ultra-violet photodetection based on a heterojunction consisted of ZnO nanowires and single-layer graphene on silicon substrate. Electron Mater Lett, 2020, 16: 81-88.

[51] Yao J D, Zheng Z Q, Shaoa J M, et al. Stable, highly-responsive and broadband photodetection based on large-area multilayered WS_2 films grown by pulsed-laser deposition. Nanoscale, 2015, 7: 14974-14981.

[52] Liu D, Li H J, Gao J, et al. High-performance ultraviolet photodetector based on graphene quantum dots decorated ZnO nanorods/GaN film isotype heterojunctions. Nanoscale Res Lett, 2018, 13: 261.

[53] Maculan G, Sheikh A D, Abdelhady A L, et al. $CH_3NH_3PbCl_3$ single crystals: inverse temperature crystallization and visible-blind UV-photodetector. J Phys Chem Lett, 2015, 6: 3781-3786.

[54] Zheng W, Lin R, Zhang Z, et al. An ultrafast-temporally-responsive flexible photodetector with high sensitivity based on high-crystallinity organic-inorganic perovskite nanoflake. Nanoscale, 2017, 9: 12718-12726.

[55] 刘静,邓月光,贾得巍. 超常规能源技术. 北京：科学出版社,2010.

[56] 刘静,盛磊,邓中山,等. 液态金属材料产业链. 昆明：云南出版集团, 2022.

[57] 刘静. 可涂敷式太阳能电池及其制作方法. 中国发明专利 No.201210322471.5,2012.

[58] 刘静,杨应宝,邓中山. 中国液态金属工业发展战略研究报告：一个全新工业的崛起. 昆明：云南科技出版社,2018.

第15章
面向消费者和个人用户的液态金属普惠印刷半导体

消费电子在现代文明中无处不在,与之对应的普惠型先进制造技术更显独特价值。液态金属印刷半导体乃至终端功能器件技术的建立[1],打开了许多前所未有的机遇,未来随处可见的低成本制造,将充分满足社会各界对电子器件大面积印刷、广泛适应性、个性化使用、高性能和环境友好性等的需求。液态金属印刷半导体可根据需要实现电子产品定制化,从平面到3D结构乃至任何期望的基材上均可成型,这将改变现代半导体和集成电路的应用理念。随着研究的拓展和系统化,各类液态金属电子功能材料及印刷技术还将进一步丰富[2],不断突破和促成新型电子产业的快速孵化和形成。液态金属印刷半导体技术本身就意味着大规模普及应用。作为全书最后一章,本章内容展望了即将到来的液态金属消费电子及个人用户时代[3],剖析了相应的工业化趋势和路线图,并展望了普惠半导体制造的前景。正如互联网和手机打破了信息的鸿沟那样,液态金属印刷技术使得电子和半导体制造进入寻常百姓家,人类社会或将迎来一个人人都是电子工程师的时代。

15.1 引言

消费电子产品是信息时代的标配。在过去数十年中,各种电子制造方法得到了广泛尝试。其中,Si基半导体微电子几乎占据了整个电子行业的绝对主导地位。由于这种集成电路制造的复杂性和所需的巨大投资,相应产线主要被世界上少数大公司掌握,导致个性化电子始终存在瓶颈。针对革新传统制备工艺、发展普惠半导体技术的目标,由经典有机和无机半导体材料组成的电子墨水的研发催生了仅通过印刷技术制造各种电子器件的探索。液态有机和无机半导体材料的最大特点在于它们不依赖于基底材料的导体或半导体特性,这种电子墨水可通过增材制造直接沉积在目标基底上,从而带来了与 Si 基微电子不同的选择。作为一种新的替代品,印刷半导体及电子产品正走向舞台的中央。

如本书前面阐述的那样,印刷半导体有着许多突出的优点,如大面积制备、低成本和环境友好性,这主要是由于其简化了处理过程并节省材料。与传统光刻成型工艺不同,印刷半导体无须胶接、曝光、显影和蚀刻等工艺步骤,省去了许多真空工艺和相当长的处理时间,基本上属于一步制造,效率极高[4]。以往,印刷半导体产品的主要限制在于其高性能油墨的获取以及由此涉及的印刷方式。对于经典的电子墨水包括许多具有优异导电性的无机纳米材料(例如 CNT、石墨烯、纳米 Cu、纳米 Ag),本质上其电学性质仅体现在单体材料中,比如单个 CNT 或单个石墨烯可以显示高电导率,然而一旦将其制成可印刷油墨,则印刷纳米材料电性能会显著降低,因而需要采取许多复杂的后续处理来确保最终的导电性。此外,内部颗粒团聚、印刷过程中化学性质变性也会影响导电油墨的最终性能,相应问题迄今未得到充分解决。液态金属印刷电子及半导体技术[1]的出现为解决这一瓶颈提供了变革性机会,这也使之成为当今印刷电子领域的重大主题[5]。从理论和技术两个方面来看,此种超越了传统范畴的电子及半导体制造策略正使普及电子成为现实,这将打开从科学、技术到工业化的许多可能,可望迎来新的个性化电子工程时代。

液态金属之所以日益成为制备电子及半导体墨水的理想选择,与其高电荷迁移率(高达 10^6 S/m)、可调物理和化学性质,如低熔点、高热导率和电导率等相关。Ga 基、Bi 基液态材料具有许多独特性质,熔点低[6],可通过掺杂改变自身特性[7],制造工艺无须高温条件。液态金属对环境友好,几乎无毒[8],包含了许多以前未被认识到的新颖特征,为大量新兴科技前沿提供了重大启示和极为丰富的研究空间[9]。液态金属印刷半导体在原理上与传统领域完全不同,通过引入由低熔点金属及其合金制成的高导电油墨,在此基础上作进一步化学后处理,可获得图案化半导体及电子互联,这意味着技术范式的转变。沿着这一方向,目前已有成型液态金属电子墨水和打印机技术问世,一些成熟的液态金属打印机、油墨和应用产品事实上已转化到工业[10],正迅速普及开来。

从液态金属印刷电子发展路线中,可以一窥大规模工业化发展的走向。

15.2　液态金属普惠印刷电子及半导体

　　作为新概念技术,液态金属印刷不仅提供了印刷电子和半导体产品的一般优势,还显示了许多独特价值,如易于操作、无须后处理和普遍适应性等。回顾液态金属印刷电子的发展历程,其出现既有偶然性,也有必然性,最早可以追溯到 21 世纪初,当时笔者实验室开发液态金属电子冷却中,在操纵实验对象时,液态金属液滴往往不经意间会飞溅到电脑屏幕上,这些金属飞沫牢固附着于屏幕,不易擦除,甚至越擦越稳固,形成严重的污渍。这种经历一开始并不让人愉快,然而随着时间的推移,本书作者之一刘静意识到,具有导电性的液态金属既然可沉积到桌面、衣物、手臂等表面,它应该可被用来制作电路包括导电纤维和布料等[11],这促成了液态金属印刷电子学概念的孕育和提出。然而,真正去实现印刷电子却花费了相当长时间,原因在于液态金属在未经处理的情况下并不容易写到基底上,同时,早期研究并未找到调控液态金属黏附性的方法。换言之,纯液态金属或相关合金由于其易流动性、高表面张力和与许多材料相容性差[12],严格意义上并不属于可印刷油墨。以往,由于对于这一事实缺乏认识,致使液态金属印刷电子长期未引发注意。正如已得到揭示的那样,调控液态金属与各种目标基材之间的界面特性和黏附力,是实现印刷的关键和核心,这使得"梦之墨"般的液态金属印刷电子技术得以问世,有关油墨不仅包括导电墨水,还包括半导体[13]或更多功能材料;甚至,墨水可以呈现各种色彩乃至发出荧光[14],电路可以制成彩色[15],或者印刷成透明电子产品[16, 17],从而显示令人愉悦的美学特征。随着时间的推移,全球范围越来越多的实验室加入了这一领域探索,促成了大量研究工作的开展,进一步推动了行业进步和完善。

　　液态金属由于表面张力高[18],在正常条件下不易润湿各种表面,因此实现液态金属与目标表面之间的紧密结合一度成为巨大挑战。经过多年的接力研究,笔者实验室 Gao 等[19]首次揭示了提高液态金属油墨附着力的微氧化策略,由此使得仅通过普通笔或刷在各种目标基材上印刷电子器件成为现实。相应方法允许在各种目标基材上直接写入电子组件。研究表明,氧化物的添加显著增加液态金属油墨的表面能,减少油墨与基材之间的接触角,从而改善发生黏附的趋势以及黏附牢度[19, 20]。考虑到常规液态金属的物理性质存在一定局限性,笔者实验室提出了纳米液态金属[7],可显著增强纳米粒子介导的液态金属复合材料的性能[21]。沿此方向,研究人员还探索了掺杂颗粒以改性液态金属油墨的预期黏附能力。根据设计,液态金属颗粒复合材料可对基材表现出特定润湿性。目前,已得到成功掺杂的金属颗粒包括 Cu、Ag、Fe、Ni、Mg、W 等。此外,液态金属添加物概念的提出[22],为更广泛的功能性复合材料的研制指出了方向,液态金属可与各种聚合物以及更多匹配材料形成液态金属复合材料,所得油墨可以灵活地应用于不同基材。复合物中分散的液态金属液滴,可通过特殊处理使其连通继而导电,如利用激光、低温、机械压力、超声、蒸发和拉伸等手段。此外,对于未来人人触手可及的液态金属印刷电子和半导体,实现彩色化、荧光化、可视化液态金属是一个饶有兴味的事情[23]。随着更多油墨和印刷方法的建立,液态金属已可用于印刷 2D 半导体[24],甚至直接构成晶体管和功能器件[25]。

从个人使用的实际角度看,实现液态金属印刷的自动化制造是至关重要的,因此,研发能够高效打印液态金属乃至半导体的设备具有重大意义。笔者实验室为此做出了大量努力,先后发明并研制出一系列设备,其中 2013 年液态金属电子电路打印机的推出是一个重要节点[26],引申出了个人电子产品制造的概念。首台室温液态金属电子打印机结合了良好性能的液态金属油墨、特制打印针头和打印机制,可在各种基材候选物中识别匹配纸张。特别地,通过加入 SiS_2 橡胶作为隔离油墨,该研究还展示了具有封装结构的三维(3D)多层混合机电打印,而以往大多数 3D 打印只能制作内部没有电子特征的机械物体。由此,各种典型的电路和功能部件可被快速打印出来,如导线、3D 导体线圈和柔性天线等。这种基本的电子制造方法可以扩展到更复杂的三维环境。2014 年,笔者实验室进一步推出的全自动液态金属打印机则使得应用完全简单化[27],其机器策略集成了包括上下敲击送墨、转印等在内的流体传输机制,解决了具有高表面张力的液态金属油墨难以通过常规方式平稳驱动的问题。通过这种方法,我们实现了液态金属油墨在基材上的可靠印刷、转移和黏附。由于显著的实用性,这种桌面式个人电子电路液态金属打印机此后快速进入工业用途,涉及集成电路(IC)、印刷电路板(PCB)、电子绘画或 DIY 等方面。值得指出的是,此类设备成本相对平民,因而为大规模个性化电子产品制造铺平了道路[9]。事实上,由此推出的市场化液态金属电路印刷机,正越来越广泛地得到使用。

在电子和半导体制造方面,一个基本的也许是终极问题之一会被提出,即用户可否在任何表面上印刷液态金属电子产品? 为回答这一问题,笔者实验室于 2013—2014 年[17]提出并证明了液态金属雾化喷涂打印方法,可在几乎所有固体材质表面印刷出电子图案。该方法具有普适性和灵活性,能够在各种消费品如家居、衣物、人体皮肤等表面直接制造电子部件,无论物体是否具有平坦或粗糙的表面,或由不同材料制成,或从一维到三维几何构型的不同取向均可适应。通过预先设计的掩膜,液态金属油墨可以直接沉积在基底上,形成特定图案,实现电子器件的快速原型化。若结合图案化丝网和气体高压,液态金属可以沉积出高分辨率复杂电子图案[28]。与接触式直写技术不同的是,喷墨打印的关键机制在于,雾化的液态金属微滴由于比表面积较大,可在空气中快速完成氧化,从而显著增强了黏附能力并将油墨牢固地沉积到基底上。这一发现为在各种基材上直接印刷电子产品铺平了道路,可在广泛的电气工程领域中发挥重要作用,这也是传统电子制造所不具备之处。新技术可适应许多不同的基材,如玻璃、布、纸、皮肤、树叶和其他任意材料。液态金属油墨甚至可以在水凝胶内印刷成三维器件,构成柔性电子[29]。

　　自诞生以来,液态金属印刷电子和半导体的范畴始终在不断丰富和扩展。其中,具有高制造效率的转印方法有其独特性。笔者实验室 Wang 等[30]发现在合金上引入冷冻处理会导致液态金属墨水呈显著的黏附变化,由此提出了液态金属双转印方法,其原理基于液态金属的冻结相变及其转移输送机制,预先印刷在聚氯乙烯(PVC)膜上的液态金属可以转移到所覆盖的聚二甲基硅氧烷(PDMS)上,由此克服了以往的障碍,并且可更简单、快速地制造封装在弹性基材中的柔性和功能电路。Guo 等[31]提出了一种具有普遍基材适应性的一步液态金属转印方法,整个系统分别由聚合物基胶黏剂、印刷机、液态金属油墨和软基材组成。即使在对液态金属印刷润湿性较弱的基材上,液态金属转印仍能很好地创建复杂的导电几何形状、多层电路和大面积导电图案,具有优异的转移效率、易于制造的工艺和显著的电稳定性,这为广泛的柔性电子制造提供了一种通用方法。将滚压和转移印刷结合在一起,Guo 等[32]还提出了智慧印刷技术(SMART),可快速制造具有高分辨率和大尺寸的多种复杂电子图案。这一过程比目前大多数现有的电子制造策略要快得多,比如几秒钟。上述方法具有广泛的用途,可以引入许多不同的黏附材料,例如超疏水涂层等,以实现选择性液态金属印刷[33]。此外,Zhao 等还提出并演示了多次转移,通过一种相当快速、容易和低成本的方式制造 3D 柔性电子器件[34]。而且,由于随处可用的电子制造技术的出现,对美丽电子及变色龙仿生机器人的需求,促成了彩色及荧光液态金属材料的提出[35]。随着大量试验和理论基础的奠定,液态金属印刷电子的产业化受到了极大鼓舞,促成业界在 2013 年左右成立了相应企业如中宣、梦之墨,一批商业产品已在市场上形成规模化销售[36]。

在未来一段时间内,液态金属印刷电子及半导体技术仍将不断发展。这些努力打破了个人电子制造的技术瓶颈和障碍,今后可望使得随处可见的消费电子制造成为现实。

15.3　商业产品开发及产业化路线图

工业化的意义是多方面的,既使社会从应用中获益,也推动了基础研究的开展。实践,始终是科学探索的终极目标。液态金属印刷半导体要实现工业化,首先需明确可望获得最佳应用的领域和方向,并开发出符合市场需求的产品。理想情况下,任何可用印刷代替传统电子制造的需求均可用液态金属印刷半导体技术实现,这表明了该领域巨大的市场前景。最直接的应用实例是PCB 及器件制造工艺,液态金属印刷半导体技术完全避免了传统途径的繁琐性,可用于实现单层和多层电路板的实时生产,因而为复杂电路设计和验证提供了便捷高效的基础工具,也为提高产品迭代周期创造了条件。如今,各种产品正在为工业化发展和广大用户个性化需求提供助力。如图 15.1 所示,一系列面向市场的核心产品和应用相继被推出,它们包括但不限于液态金属电子墨水、印刷基材和包装材料、液态金属电子手写笔、电子电路打印机、功能器件等[1, 14, 36]。

这些产品和应用与现有产品相比具有明显优势。例如,电路图案可由便携式电子笔直接形成,这有效地避免了腐蚀并缩短了生产过程,助力了环境保护。此外,高度自动化的液态金属电子电路打印机的出现使得可以在不同基材上快速写出功能电路,而无须复杂的后处理。在不久的将来,液态金属印刷半导体可以扩展到几乎所有的电气工程领域,特别是在智能穿戴设备、皮肤电子、柔性传感、生物医学和其他领域,同时也为教育和艺术创作提供了独特而有效的工具,这将大大促进电子设计个性化和消费化趋势的发展。预计将看到更多基于液态金属印刷技术的优秀产品和应用。此外,尽管液态金属基系列产品已投入生产,由于缺乏相关的液态金属国家标准,相应产品的推广和应用受到了明显阻碍,这也成了液态金属工业快速发展的不利因素。为解决这一问题,自 2017 年以来,学术界和工业界先后起草了一系列液态金属行业标

打印机

电子墨水

电子电路

功能物件

图 15.1　液态金属印刷电子及半导体的代表性产品和应用情况[1, 14, 36]

准。其中,"镓基液态金属"国家标准获得批准,并于 2021 年初正式发布[37],这将有利于液态金属行业的规范化,并会显著促进相关应用的进步。

　　回顾过去,可以看到一个新兴行业的发展总是在曲折中前进的,洞悉相关规律有助于稳步推进研发和产业化。笔者实验室 Chen 和 Liu[3]绘制了液态金属印刷电子行业的发展图,一方面既是对过去经验和教训的梳理,另一方面也可对未来路线提供参考。如图 15.2 所示,孵化于 21 世纪初的液态金属印刷电子理念,直到 2011 年才得以完整验证。此后,一系列突破不断取得。其中,2012 年实现的典型直写技术促成了产业化公司的创建。2015 年,液态金属打印机入围当年度 R&D 100 Awards Finalist,表明其在世界行业受到了广泛关注。以上进展可被视为液态金属印刷产业化的创新触发因素。在这一阶段,一系列技术突破引起了广泛关注,它们的工业化也曾被寄予厚望。此后,对液态金属印刷行业的最高关注度出现在 2016 年,当时人们期待已久的液态金属谷得以成立,而其最早的提议实际上早在 2008 年左右就已由笔者实验室提出。

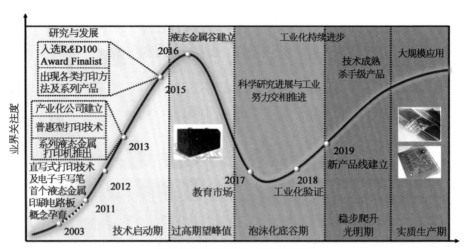

图 15.2　液态金属印刷电子学从概念孕育到工业化发展路径

技术普及化始终是一个系统性工程,会面临诸多挑战,这意味着在其发展过程中不可避免地会遇到意想不到的障碍。如图 15.2 所示,在创新触发阶段之后,出现了"膨胀预期的顶峰"阶段,随着世界各地关于液态金属印刷的大量科学新闻的报道和普及,对工业化前景的热切期望达到了顶峰[38]。然后,由于意想不到的障碍和不顺利的工业化进程,公众注意力可能会下降,从而导致工业化进入"幻灭低谷"阶段。这一阶段是对新技术工业化前景的重要考验,许多初创公司不幸在这一阶段夭折。令人鼓舞的是,液态金属因其所见即所得的独特优势在教育市场赢得了关注和认可,这为其后续产业化的稳步增长提供了有力支持。由于不断的科学研究和成功的工业化验证,液态金属印刷电子产业得以成功跨越死亡谷。在此阶段之后,基于液态金属印刷的产品变得更加丰富和具有竞争力。此外,相关市场得以进一步扩大,并促成了新生产线的建立,逐步满足各种市场需求。随着更成熟技术和应用的推出,液态金属印刷很快迎来大规模实践。有赖于成功的工业化,液态金属印刷再次受到公众的高度关注。这种发展趋势和波动上升的路线图将有助于激励社会克服每个阶段遇到的障碍,从而助推即将到来的大规模工业化。

纵观影响工业化发展的重要因素,首先,产品的成本对于任何行业的发展都是不可忽视的。目前,Ga 基液态金属的价格约为 Ag 价格的 1/4,似乎相当高。然而,最终产品的价格受到许多因素的影响,不仅包括原材料价格,还包括产品性能、竞争力、市场需求等。因此,保持合理的产品价格需要综合考虑诸多因素。除成本外,还有更多因素影响液态金属印刷电子行业的发展(图 15.3)。对于液态金属印刷电子产业,研究机构和大学为工业化提供了初始技术,这可以被视为工业化的基础。盈利企业是工业化的主体,其目标在于通过利润机制不断提高效率和降低成本。因此,必须建立和完善现行的公司制度,形成技术创新机制,提高技术创新能力,从而充分发挥企业在工业化中的先锋作用。政府和社会各机构在工业化过程中的作用主要体现在政策导向、组织协调和服务作用方面。尽管政府的这一角色不是决定性的,但它仍然至关重要,尤其是对于新兴的行业更是如此。此外,资金支持也是相当必要的,这不仅关系到新产业的顺利建立,也有利于其未来的持续发展。市场是科技成果转化为商品的起点和终点,决定着工业化的成功与否。市场需求和竞争促进了产品的不断完善。只有符合市场的先进产品才能实现工业化。对于一个新的行业来说,不断挖掘市场需求,开拓新市场是极其重要的。

图 15.3　影响液态金属印刷半导体行业发展的重要因素

　　总之,各种复杂因素共同作用,形成合力,有助于推动液态金属印刷电子产业化的快速发展。为了持续健康发展,必须处理好工业化、普及化过程中各种利益、个人和集体之间的关系,以及短期利益和长期产出之间的关系。在很大程度上,协调好各方的制约因素是产业持续发展的前提。

15.4　迎接液态金属半导体普惠印刷时代的到来

　　半导体意味着功能器件。液态金属印刷电子和半导体的主要特点和优势就在于针对广泛的个人使用、大面积打印、灵活性、低成本、环境友好和高性能,这在某种程度上代表了人类的终极目标。液态金属常温制造的全新策略,彻底改变了电子工程的传统理念。它在电子印刷中的所见即所得模式为开发个性化电子制造技术和重塑现代电子和集成电路制造规则开辟了一条现实道路。由于液态金属印刷技术的独特优点,它特别适用于没有经验的广大消费者。这意味着,任何人都可以自由使用液态金属打印机来制造自己的电路、半导体及功能器件。因此,这将显著加速个性化电子制造时代的到来。显然,这种影响不仅会在行业内发生,还会在教育、设计、文化创意等领域广泛反映。

　　液态金属印刷适用于各种基材并与多种材料兼容,由此可形成远超过去的应用范畴,如有机电子、塑料电子、柔性电子、透明电子、纸电子、皮肤电子、可穿戴电子等。图15.4说明了液态金属印刷电子及半导体特别可望发挥作用

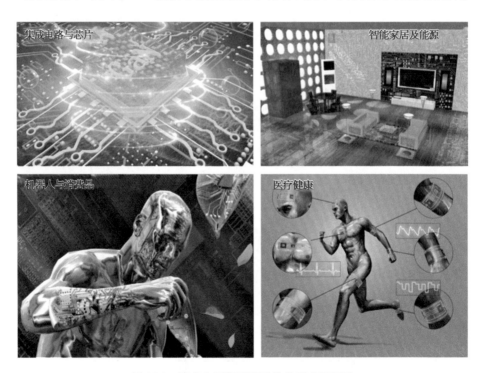

图15.4　液态金属印刷半导体典型应用场景

的几个层面,如集成电路和芯片、智能家居[39]与能源、柔性机器人以及用于人类健康护理的皮肤电子产品[40]等。

目前,世界各地越来越多的实验室和工业公司正加入液态金属相应的研发和产业推广,一个新的电子产业已悄然形成。柔性消费电子产品的市场是巨大的。根据可靠的统计和预测,柔性电子产品的市场将在几年内达到 3 000 亿美元(https://www.idtechex.com/)。此方面,预计液态金属印刷电子及半导体行业在未来将迎来快速发展。当然,知识和技术创新主要来自科学研究。根据工业发展路线图,科学研究的进一步突破将帮助工业发展到一个新阶段。从这个意义上讲,为实现行业的预期快速发展,迫切需要解决与应用技术相关的一些尚未解决的科学问题或挑战。

关键部分是提高制造的电子电路的分辨率和质量。到目前为止,商用液态金属电子电路打印机已经达到了几微米线宽水平。沿着这条道路的进一步完善对于液态金属印刷在微/纳电子方面的实践至关重要。如前所述,微氧化策略可以有效改善液态金属和基底之间的润湿性,但氧化也会损害其自身的高导电性。因此,在不损失油墨性能的情况下找到直接印刷的新策略是很有意义的。此外,正确的封装对于电子电路应用也很重要。产品的长期稳定性和耐久性至关重要,关于液态金属在长期使用下的毒性以及在各种应用条件下的老化试验,还有待于更多研究工作的开展。

在电子墨水方面,液态金属材料基因组项目的实施[41]将有助于在未来找寻到更多的液态金属候选者。同时,有必要探索包括降低成本在内的回收策略。此外,液态金属与柔性电子器件直接连接,具有优异流动性的液态金属允许由此制成的电子电路在诸如弯曲和拉伸的各种变形过程中保持出色的导电性,这给柔性电子领域带来了巨大的机遇。此外,液态金属油墨本身打印后就可转换为半导体,同时还可以很方便地与各种半导体结合,从而直接写出终端用户装置。这意味着,未来集成电路和功能产品可以直接打印出来,一个新的普惠电子时代即将到来。

15.5　小结

电子和半导体行业是世界上最大的行业之一,液态金属普惠消费电子展现出非凡的市场前景,巨大机会正孕育其中。工业化、普及化的关键在于找到合适的切入点(例如柔性 PCB、高频电子),这不仅反映了直接印刷的优势,而且可以鼓励市场需求。从长远来看,不同于传统范畴的液态金属普惠印刷半导体还可以激发和创造新市场。这是因为这种新一代技术在大面积印刷、印刷电子及半导体产品的灵活性和环境友好性方面的独特优势将促进新的消费需求。随着科技成果进入千家万户,各行各业将会受益,液态金属普惠印刷半导体行业将迎来辉煌和繁荣。

参 考 文 献

［1］ Zhang Q, Zheng Y, Liu J. Direct writing of electronics based on alloy and metal (DREAM) ink: a newly emerging area and its impact on energy, environment and health sciences. Front Energy, 2012, 6(4): 311 - 340.

［2］ Chen S, Liu J. Liquid metal printed electronics towards ubiquitous electrical engineering. Jpn J Appl Phys, 2022, 61: SE0801.

［3］ Chen S, Liu J. Pervasive liquid metal printed electronics: from concept incubation to industry. iScience, 2021, 24: 102026.

［4］ Cui Z. Printed electronics: materials, technologies and applications. Beijing: Higher Education Press & Wiley, 2016, 339 - 341.

［5］ 刘静,王倩. 液态金属印刷电子学. 上海:上海科学技术出版社,2019.

［6］ Liu J, Sheng L, He Z Z. Liquid metal soft machines: principles and applications. Springer, 2019.

［7］ Ma K, Liu J. Nano liquid-metal fluid as ultimate coolant. Phys Lett A, 2007, 361: 252 - 256.

［8］ Liu J, Yi L. Liquid metal biomaterials: principles and applications. Springer, 2018.

［9］ 刘静. 液态金属科技与工业的崛起:进展与机遇. 中国工程科学,2020,22(5): 93 - 103.

［10］ 王磊,刘静. 从电子工业脊梁到全面开花的镓元素. 化学教育,2019,40(20): 1 - 12.

［11］ 刘静,杨阳,邓中山. 一种含有液体金属的复合型面料. 中国发明专利 CN201010219755.2,2010.

［12］ Fu J H, Liu T Y, Cui Y T, et al. Interfacial engineering of room temperature liquid metals. Adv Mater Inter, 2021, 8(6): 2001936.

［13］ 刘静. 印刷式半导体器件及制作方法. 中国发明专利 CN201210357280.2,2012.

［14］ Duan L F, Zhou T, Zhang Y M, et al. Colourful liquid metals. Nat Rev Mater, 2022, 7: 929 - 931.

［15］ Liang S T, Liu J. Colorful liquid metal printed electronics. Sci China Technol Sci, 2018, 61(1): 110 - 116.

［16］ Mei S, Gao Y, Li H, et al. Thermally induced porous structures in printed gallium coating to make transparent conductive film. Appl Phys Lett, 2013, 102: 041905.

[17] Zhang Q, Gao Y X, Liu J. Atomized spraying of liquid metal droplets on desired substrate surfaces as a generalized way for ubiquitous printed electronics. Appl Phys A, 2014, 116: 1091 – 1097.

[18] Zhao X, Xu S, Liu J. Surface tension of liquid metal: role, mechanism and application. Front Energy, 2017, 11(4): 535 – 567.

[19] Gao Y X, Li H Y, Liu J. Direct writing of flexible electronics through room temperature liquid metal ink. PLoS ONE, 2012, 7(9): e45485.

[20] Gao Y X, Liu J. Gallium-based thermal interface material with high compliance and wettability. Appl Phys A, 2012, 107: 701 – 708.

[21] Liu J. Nano liquid metal materials: when nanotechnology meets with liquid metal. Nanotech Insights, 2016, 7: 2 – 7.

[22] Mei S, Gao Y, Deng Z S, et al. Thermally conductive and highly electrically resistive grease through homogeneously dispersing liquid metal droplets inside methyl silicone oil. ASME J Electronic Packaging, 2014, 136(1): 011009.

[23] Duan L F, Zhou T, Zhang Y M, et al. Surface optics and color effects of liquid metal materials. Adv Mater, 2023, 2210515.

[24] Lin J, Li Q, Liu T Y, et al. Printing of quasi-2D semiconducting beta-Ga$_2$O$_3$ in constructing electronic devices via room-temperature liquid metal oxide skin. Phys Status Solidi-R, 2019, 13: 1900271.

[25] Li Q, Lin J, Liu T, et al. Printed flexible thin-film transistors based on different types of modified liquid metal with good mobility. Sci China Inform Sci, 2019, 62: 202403.

[26] Zheng Y, He Z Z, Yang J, et al. Direct desktop Printed-Circuits-on-Paper flexible electronics. Sci Rep, 2013, 3: 1786 – 1 – 7.

[27] Zheng Y, He Z Z, Yang J, et al. Personal electronics printing via tapping mode composite liquid metal ink delivery and adhesion mechanism. Sci Rep, 2014, 4: 4588.

[28] Wang L, Liu J. Pressured liquid metal screen printing for rapid manufacture of high resolution electronic patterns. RSC Advances, 2015, 5: 57686 – 57691.

[29] Yu Y, Liu F, Zhang R, et al. Suspension 3D printing of liquid metal into self-healing hydrogel. Adv Mater Technol, 2017, 1700173.

[30] Wang Q, Yu Y, Yang J, et al. Fast fabrication of flexible functional circuits based on liquid metal dual-trans printing. Adv Mater, 2015, 27: 7109 – 7116.

[31] Guo R, Tang J, Dong S, et al. One-step liquid metal transfer printing: Toward fabrication of flexible electronics on wide range of substrates. Adv Mater Technol, 2018, 3: 1800265.

[32] Guo R, Yao S Y, Sun X Y, et al. Semi-liquid metal and adhesion-selection enabled rolling and transfer (SMART) printing: A general method towards fast fabrication of flexible electronics. Sci China Mater, 2019, 62: 982 – 994.

[33] Yao Y Y, Ding Y J, Li H P, et al. Multi-substrate liquid metal circuits printing via

superhydrophobic coating and adhesive patterning. Adv Eng Mater, 2019, 21: 1801363.

[34] Zhao R Q, Guo R, Xu X L, et al. A fast and cost-effective transfer printing of liquid metal inks for three-dimensional wiring in flexible electronics. ACS Appl Mater Inter, 2020, 12: 36723 - 36730.

[35] Liang S T, Rao W, Song K, et al. Fluorescent liquid metal as a transformable biomimetic chameleon. ACS Appl Mater Inter, 2018, 10: 1589 - 1596.

[36] 刘静, 杨应宝, 邓中山. 中国液态金属工业发展战略研究报告: 一个全新工业的崛起. 昆明: 云南科技出版社, 2018.

[37] 镓基液态金属中国国家标准. 百度百科 https://baike.baidu.com/item/镓基液态金属/56392020, 2022.6

[38] MIT Technology Review. Liquid Metal Printer Lays Electronic Circuits on Paper, Plastic, and Even Cotton. https://www.technologyreview.com/2013/11/19/112693/. November 19, 2013.

[39] Wang L, Liu J. Ink spraying based liquid metal printed electronics for directly making smart home appliances. ECS J Solid State Sci, 2015, 4: 3057 - 3062.

[40] Guo R, Wang X, Yu W, et al. A highly conductive and stretchable wearable liquid metal electronic skin for long-term conformable health monitoring. Sci China Technol Sci, 2018, 61(7): 1031 - 1037.

[41] 王应武, 鲍庆煌, 张爱敏. 云南省稀贵金属材料基因工程产业发展研究. 昆明: 云南人民出版社, 2020.

索　引

A

安德森规则　299

B

半导体墨水　40
半导体器件印制工艺　1
表面张力　38

C

侧栅设计　154
掺杂 Cu 的 Ga_2O_3　110
掺杂 Ga_2O_3　183
掺杂和改性　263
常温液态金属　16
场效应迁移率　150
冲击式印刷剥离方法　107
传统传输长度法　131
垂直溶质扩散合成 InP　163

D

打印温度范围　36
单壁碳纳米管　78
单层 2D Ga_2O_3　114
氮化　42
导电纤维　238
低熔点液态金属　6
低温等离子体技术　177
底栅顶接构型场效应晶体管　173
第四代半导体　2

电子墨水　6,34
电子油墨　34
顶部栅极-底部接触结构　268
短路电流　87
多功能 3D 电子电路　223

E

二维 Ga_2O_3 膜半导体　96
二维 GaN　9,139
二维 GaP 半导体　164
二维平面超薄半导体　8

F

发光二极管　162
阈值电压　124
范德华剥离法　180
范德华集成　280
范德华力　96
范德华力堆叠　193
范德华力转印　96
非晶态 Ga_2O_3　195
非晶衍射花样　195
费米能级　122
峰值响应　302
复合型纳米液态金属墨水　109

G

刚性结构　254
高功率和高速光电器件　37
高开关比　97

高迁移率　97
共焦激光扫描显微镜　229
共晶镓铟(EGaIn)纤维　240
刮刀　143
光电流和响应度　299
光生电子-空穴对　85

H

化合物半导体　2
辉光放电　141
混合金属氧化物　183
霍尔迁移率　122
霍尔系数　122

J

击穿电压　105
机电和热稳定性　242
机械强度　38
集成电路　258
"镓基液态金属"国家标准　317
价带(VB)光谱　121
价带顶　122
阶梯式滚印　147
接触角　224
金属油墨　34
晶体管印制与刻画　101

K

开路电压　87,134
可变形液态金属　21
可涂敷式太阳能电池　305
空气等离子体　131
空穴和电子传输性　273
跨导　88
宽带隙半导体 Ga_2O_3　180

L

拉伸循环试验　246

厘米级均匀半导体膜　148
离子注入　45
联合印刷技术　78
裂纹和孔洞　146
裂纹迹象　243
磷化物　162
硫化物半导体　162

M

梦之墨 DP-1 打印机　265

N

纳米液态金属　41
能带图　299
黏度　38
黏附　55
牛顿液体　37

O

欧姆接触　131

P

皮肤电子产品　321

Q

迁移率　88
浅受主杂质能级　121
全印刷 Ga_2O_3/Si 异质结光电探测器　286
全印刷日盲紫外光电探测器　299
全印刷紫外光电探测器　286
缺陷密度　130

R

热转印纸　216
人体可穿戴设备　176
柔性 TFT　268
柔性电路　35

柔性机器人 321
柔性碳纳米管 TFT 90
柔性液态金属碳纳米管薄膜晶体管 79
柔性液态金属碳纳米管光电子器件 77
软物质 22
软液态金属微/纳米材料 25
润湿特性 38

S

三元金属氧化物 119
室温 N_2 等离子体 141
室温下合成 139
室温印刷 9
手套箱 143

T

太阳光响应 174
太阳能电池 79
碳纳米管 77
碳纳米管薄膜印刷 84
弹性模量 233
填充因子 87
透明氧化物半导体 39
图案化半导体 19
图案化的半导体 96
图案化基底 169
图案化柔性显示器 68

W

外部量子效率 302
微笔（micropen） 33
物理气相沉积 31

X

纤锌矿结构 150
限域氮化反应 9
相对费米能级 121

相应转移特性 269
响应时间 302
消费电子产品 311
肖特基-莫特模型 297
肖特基势垒 196
选择性激光烧结（SLS）技术 224
选择性黏附机制 238
选择性黏附特性的滚动和转印（SMART）
    方法 209
选择性区域电子衍射 150

Y

亚阈值摆幅 150
氧化 41
氧化液态金属 225
氧空位 131
液态 Galinstan 184
液态 GIS 和 GISC 111
液态 In‐Sn 合金 182
液态金属 3D 打印方法 65
液态金属 3D 转印方法 224
液态金属材料基因组 19
液态金属打印机 59
液态金属电致发光 69
液态金属电子电路打印机 314
液态金属电子电路雾化喷印方法 60
液态金属电子墨水 1
液态金属电子墨水的可打印性 56
液态金属电子手写方式 58
液态金属复合材料 24
液态金属功能电子墨水 1
液态金属颗粒复合材料 55
液态金属全自动打印电子 59
液态金属时代 26
液态金属室温印刷半导体 10
液态金属双转印方法 62
液态金属碳纳米管晶体管 262

液态金属雾化喷墨印刷技术　62
液态金属雾化喷涂打印　315
液态金属纤维　239
液态金属悬浮 3D 打印　65
液态金属印刷半导体　312
液态金属印刷半导体技术　3
液态金属印刷电子　1
液态金属印刷电子及半导体　23
液态金属印刷电子及半导体技术　30
液态金属油墨　54
液态金属与碳纳米管的结合　77
液态金属作为源极-漏极接触　274
液态量子器件　25
液相 3D 打印　65
一步低温印刷策略　111
印刷 IC 集成液态金属材料系统　279
印刷侧栅 GaN FET　155
印刷电路板　59
印刷电子油墨　53
印刷集成电路　258
印刷集成电子学　258
印刷式 2D SnS 压电纳米发电器件　176
印刷液态金属 TFT 的逻辑电路　269
有机聚合物半导体溶液　306
原子级厚氧化层　289

Z

增材制造　31
整流特性　134
直接带隙半导体材料　295
直接书写　35
直接印刷　9
直接印刷的新策略　321
致密的 GaN 膜　146
智慧印刷　210
智慧印刷方法　64
智慧印刷技术　315

智能响应型液态金属纤维丛及半导体　248
转移特性曲线　197
转移印刷方法　62
准二维(2D)β-Ga_2O_3　96
紫外-可见分光光度法　297
自动化制造　314

2D Cu 掺杂的 Ga_2O_3　114
2D $GaPO_4$ 半导体　167
2D GaP 薄膜　165
2D GaS　169
2D GaS 晶体管　173
2D SnS　171
2D 氧化铟锡　182
Cabrera - Mott 过程　185
β-Ga_2O_3　19
β-Ga_2O_3 场效应晶体管(FET)　102
β-Ga_2O_3 膜表面形貌　100
CMOS 逻辑电路　261
Cu - Ga - In 涂层　248
Cu - Ga - In/纤维　248
DREAM Ink(梦之墨)　30
DREAM 墨水　34
Ecoflex　210
EDS 图谱　117
Ga_2O_3/Si p - n 异质结　299
Ga_2O_3 的薄层电阻　124
Ga_2O_3 同质结二极管　134
Ga_2S_3, Ag_2S, $AgGaS_2$ 薄膜　43
GaAs 制备　44
Ga - Cu 原子　120
Ga - Ga 原子　120
GaInSnO 薄膜 FET　196
GaInSnO 多层膜　180,186,189,193
GaN　42
GaP　162
GaSe 制备　44

GaS 晶体　163

InP　162

InSnO　189

LM – CNT 太阳能电池　86

n – Ga₂O₃　111

Ni – EGaIn 合金　210

N 等离子体　9

n 型和 p 型 Ga₂O₃　109

O – EGaIn 涂层　233

p – Ga₂O₃ 同质结二极管　111

p – n 二极管　110

p – n 结区　128

p 型 β – Ga₂O₃ FET　103

p 型 Ga₂O₃ 的印刷制备　111

SnS 压电纳米发电机　175

UV 日盲区　298

X 射线光电子能谱　186

ZnS 粉末　68